过程装备与控制工程专业核心课程教材
编写委员会

组织策划人员（按姓氏笔画排列）

丁信伟（全国高等学校化工类及相关专业教学指导委员会副主任委员兼化工装备教学指导组组长）

吴剑华（全国高等学校化工类及相关专业教学指导委员会委员）

涂善东（全国高等学校化工类及相关专业教学指导委员会委员）

董其伍（全国高等学校化工类及相关专业教学指导委员会委员）

蔡仁良（全国高等学校化工类及相关专业教学指导委员会委员）

编写人员（按姓氏笔画排列）

马连湘	王　毅	王良恩	王淑兰	叶德潜	刘敏珊	闫康平
毕明树	李　云	李建明	李德昌	肖泽仪	吴旨玉	张早校
陈文梅	陈志平	林兴华	卓　震	郑津洋	胡　涛	姜培正
钱才富	徐思浩	桑芝富	黄卫星	黄有发	董其伍	廖景娱
魏进家	魏新利					

主审人员（按姓氏笔画排列）

丁信伟　郁永章　施　仁　蔡天锡　潘永密　潘家祯

审定人员（按姓氏笔画排列）

丁信伟　吴剑华　涂善东　董其伍　蔡仁良

普通高等教育"十一五"国家级规划教材

工程材料

第 3 版

闫康平　吉华　罗春晖

 化学工业出版社

·北京·

本书按照普通高等教育"十一五"国家级规划教材的规划进行编写，以过程装备常用材料的性能和选材使用为主线，着力于融合材料选择所必需的基础知识，建立过程装备的用材体系。

全书共13章，分为三篇。第1篇金属材料基础，注重揭示材料微观结构与宏观性能的关系、金属的强化改性与组织结构的关系。第2篇过程装备用金属材料，重点阐明黑色金属材料的性能、失效和选材，并介绍有色金属的性能和选材。着重突出过程装备的压力容器、高低温、管道、回转件、腐蚀磨损等过程装备服役环境下的选材和举例。适应信息高速公路，简单介绍了选材原则和材料数据库、专家系统。第3篇过程装备用非金属材料，简要阐明高分子材料、非金属材料以及复合材料的特性和选材应用，重点是在过程装备应用的工程塑料、陶瓷和玻璃钢。

本书是过程装备与控制工程专业的核心课教材，也可供化工、轻工和制药类专业的学生选用，同时可供过程装备设计和制造的工程技术人员参考。

图书在版编目（CIP）数据

工程材料/闫康平，吉华，罗春晖编. —3 版. —北京：
化学工业出版社，2017.6 （2023.1重印）
普通高等教育"十一五"国家级规划教材
ISBN 978-7-122-29193-6

Ⅰ. ①工… Ⅱ. ①闫… ②吉… ③罗… Ⅲ. ①工程
材料-高等学校-教材 Ⅳ. ①TB3

中国版本图书馆 CIP 数据核字（2017）第 040905 号

责任编辑：程树珍　　　　　　　　　　　　装帧设计：韩　飞
责任校对：边　涛

出版发行：化学工业出版社（北京市东城区青年湖南街 13 号　邮政编码 100011）
印　　装：三河市延风印装有限公司
787mm×1092mm　1/16　印张 16¾　字数 433 千字　2023 年 1 月北京第 3 版第 5 次印刷

购书咨询：010-64518888　　　　　　　售后服务：010-64518899
网　　址：http://www.cip.com.cn
凡购买本书，如有缺损质量问题，本社销售中心负责调换。

定　　价：39.80 元

前　言

　　本修订版是在第二版普通高等教育"十一五"国家级规划教材《工程材料》（第 2 版）的基础上修订编写的，融合了工程材料学科的新发展和本课程多年的教学经验；修订内容充分听取了 2013 年和 2014 年由专业教学指导委员会和化学工业出版社共同组织召开的教材研讨会的相关意见和建议。

　　第 1 章和第 2 章对部分金相图更换为更加清晰的图片，增加了有关晶面、结晶、缺陷、滑移等的说明示意图及标注组织的 Fe-Fe₃C 合金相图。第 3 章修改了部分图表，增加其直观性和说服力。第 4 章增加了碳化物和非碳化物元素、扩大和缩小奥氏体相区元素在元素周期表的分布，规律性更加明显。根据新的钢分类和牌号，对内容作了调整和增加。第 5 章根据最新的力学性能指标表示方法，对原版中的屈服强度等力学性能做了修订。同时突出对拉伸过程中的机理解释，精简了细节叙述。第 6 章突出了"定义、特征、宏观形貌、微观形貌、机理、影响因素、对策"这一思路，对内容进行了条理化。增加了解理台阶断裂机理描述。第 7 章做了较大修改，首先对内容进行了精简，删除了与专业联系不十分密切的内容；并根据最新相关标准、文献以及工程技术人员的建议，对教材中出现的工程材料牌号进行了更新和补充，使之更具有典型性，尽量体现工程材料在过程装备中的服役现状；针对近年来我国工程技术水平和材料性能的较大提升，对相关材料的性能数据进行了尽可能的更新。第 8 章对钛材根据新国标修改了相关表格和内容。第 9 章更新了数据库内容，按新国标规范了相关牌号。第 10 章对高分子材料的部分基本概念、材料结构、组织形态与高分子材料性能的关系进行了补充和修订，简化了成型加工工艺的相关内容，突出了成型加工和改性方法对材料组织形态以及性能的影响。第 11 章强调高分子材料在过程装备中使用的特点，对相关内容进行了补充和修订，规范了相关描述。第 12 章按逻辑关系调整了无机非金属材料结构描述的章节层次，增加了氮化铝陶瓷，更新了保温隔热材料的定义及分类，简化了生产工艺的内容，重点阐述其应用特点。第 13 章简化了树脂基复合材料（玻璃钢）的组成材料与结构、玻璃钢的制备方法等内容，强化了使用特点；规范并细化了金属基复合材料的分类及应用，对陶瓷基复合材料的内容也进行了补充。

　　本次教材修订基于"过程装备与控制工程"的专业特点，丰富和完善了相关图表和内容，增强了前沿性、可读性和参考价值。

　　本次教材的编写修订工作得到同行专家和"工程材料"课程教师的帮助支持，得到原版编者的支持，得到四川大学教务处和化学工程学院的支持，在此一并致谢。

　　本书由闫康平、吉华、罗春晖负责编写修订，闫康平修订编写绪论、第 1～第 4 和第 8 章；吉华修订编写第 5～第 7 章；罗春晖修订编写第 9～第 13 章。

　　限于编者水平，书中存在的缺点和不足敬请指教。

编者

2017 年 1 月于四川大学

第 1 版序

按照国际标准化组织（ISO）的认定，社会经济过程中的全部产品通常分为四类，即硬件产品（hardware）、软件产品（software）、流程性材料产品（processed material）和服务产品（service）。在新世纪初，世界上各主要发达国家和我国都已把"先进制造技术"列为优先发展的战略性高技术之一。先进制造技术主要是指硬件产品的先进制造技术和流程性材料产品的先进制造技术。所谓"流程性材料"是指以流体（气、液、粉粒体等）形态为主的材料。

过程工业是加工制造流程性材料产品的现代国民经济的支柱产业之一。成套过程装置则是组成过程工业的工作母机群，它通常是由一系列的过程机器和过程设备，按一定的流程方式用管道、阀门等连接起来的一个独立的密闭连续系统，再配以必要的控制仪表和设备，即能平稳连续地把以流体为主的各种流程性材料，让其在装置内部经历必要的物理化学过程，制造出人们需要的新的流程性材料产品。单元过程设备（如塔、换热器、反应器与储罐等）与单元过程机器（如压缩机、泵与分离机等）二者统称为过程装备。为此，有关涉及流程性材料产品先进制造技术的主要研究发展领域应该包括以下几个方面：①过程原理与技术的创新；②成套装置流程技术的创新；③过程设备与过程机器——过程装备技术的创新；④过程控制技术的创新。于是把过程工业需要实现的最佳技术经济指标：高效、节能、清洁和安全不断推向新的技术水平，确保该产业在国际上的竞争力。

过程装备技术的创新，其关键首先应着重于装备内件技术的创新，而其内件技术的创新又与过程原理和技术的创新以及成套装置工艺流程技术的创新密不可分，它们互为依托，相辅相成。这一切也是流程性产品先进制造技术与一般硬件产品的先进制造技术的重大区别所在。另外，这两类不同的先进制造技术的理论基础也有着重大的区别，前者的理论基础主要是化学、固体力学、流体力学、热力学、机械学、化学工程与工艺学、电工电子学和信息技术科学等，而后者则主要侧重于固体力学、材料与加工学、机械机构学、电工电子学和信息技术科学等。

"过程装备与控制工程"本科专业在新世纪的根本任务是为国民经济培养大批优秀的能够掌握流程性材料产品先进制造技术的高级专业人才。

四年多来，教学指导委员会以邓小平同志提出的"教育要面向现代化，面向世界，面向未来"的思想为指针，在广泛调查研讨的基础上，分析了国内外化工类与机械类高等教育的现状、存在的问题和未来的发展，向教育部提出了把原"化工设备与机械"本科专业改造建设为"过程装备与控制工程"本科专业的总体设想和专业发展规划建议书，于 1998 年 3 月获得教育部的正式批准，设立了"过程装备与控制工程"本科专业。以此为契机，教学指导委员会制订了"高等教育面向 21 世纪'过程装备与控制工程'本科专业建设与人才培养的总体思路"，要求各院校从转变传统教育思想出发，拓宽专业范围，以培养学生的素质、知识与能力为目标，以发展先进制造技术作为本专业改革发展的出发点，重组课程体系，在加强通用基础理论与实践环节教学的同时，强化专业技术基础理论的教学，削减专业课程的分量，淡化专业技术教学，从而较大幅度地减少总的授课时数，以增加学生自学、自由探讨和发展的空间，以有利于逐步树立本科学生勇于思考与创新的精神。

高质量的教材是培养高素质人才的重要基础，因此组织编写面向 21 世纪的 6 种迫切需要的核心课程教材，是专业建设的重要内容。同时，还编写了 6 种选修课程教材。教学指导委员会明确要求教材作者以"教改"精神为指导，力求新教材从认知规律出发，阐明本课程的基本理论与应用及其现代进展，做到新体系、厚基础、重实践、易自学、引思考。新教材的编写实施主编负责制，主编都经过了投标竞聘，专家择优选定的过程，核心课程教材在完成主审程序后，还增设了审定制度。为确保教材编写质量，在开始编写时，主编、教学指导委员会和化学工业出版社三方面签订了正式出版合同，明确了各自的责、权、利。

　　"过程装备与控制工程"本科专业的建设将是一项长期的任务，以上所列工作只是一个开端。尽管我们在这套教材中，力求在内容和体系上能够体现创新，注重拓宽基础，强调能力培养，但是由于我们目前对教学改革的研究深度和认识水平所限，必然会有许多不妥之处。为此，恳请广大读者予以批评和指正。

全国高等学校化工类及相关专业教学指导委员会

副主任委员兼化工装备教学指导组组长

大连理工大学　博士生导师

丁信伟　教授

2001 年 3 月于大连

第 1 版前言

　　《工程材料》由全国高等学校化工类及相关专业教学指导委员会化工装备教学指导组确定为新编写的核心课教材之一。本书的编写大纲经 1999 年 1 月"过程装备与控制工程"专业全国高校会议讨论、修改和全国高等学校化工类及相关专业教学指导委员会化工装备教学指导组审定。因此内容的安排和取舍都围绕本专业的特点；在工程材料的分类和选材上与"过程装备"衔接。参考学时数 50 学时。

　　现有的"工程材料"教材一般是为机械制造或冷热加工专业编写的，知识内容是以材料性能和机械制造为主线，内容较多，专业知识较深。本教材以过程装备常用材料的性能和选材使用为主线，以过程装备选材为重点安排内容。

　　考虑到教材的系统性和过程装备用钢的特点，本书没有采用一般"工程材料"的关于黑色金属的分类（结构钢、机械零件用钢、合金工具钢、特殊性能钢、铸铁），而按过程装备设计使用的门类来组织教材内容；以组成过程装备构件的用材为纵线（即压力壳体、耐温构件、耐腐蚀构件、压力管道及专用零部件等），在内容上围绕性能要求和安全使用选材横向展开。结合计算机和信息高速公路的发展，在第 9 章增加了"材料数据库及选材专家系统"内容。有利学生结合专业特点学习提高和方便自学，在过程装备设计或选型时有针对性地、科学地选材。

　　本书由闫康平主编并编写绪论、第 1、第 2、第 3、第 4、第 13 章和第 11 章的部分内容；廖景娱编写第 5、第 6、第 7 章和第 9 章；黄有发编写第 10、第 11 章部分内容以及第 13 章"玻璃钢"部分；吴旨玉编写第 8 章和第 12 章。

　　全书由华东理工大学潘家祯教授主审；由全国高等学校化工及相关专业教学指导委员会委员、南京化工大学涂善东教授审定；华东理工大学柳曾典教授为第 2 篇内容提供了参考资料和意见；编写工作还得到了四川大学化工机械系、华南理工大学工业装备与控制工程系以及许多同事的支持和帮助；在此一并致谢。

　　真心希望广大读者对本书的不妥之处给予批评指正。

编者

2001.3

第 2 版前言

本教材是根据普通高等教育"十一五"国家级规划教材的规划进行修订和编写的，修订内容融合了原教材六年多的教学经验和使用本教材的部分高校的修改意见。

考虑到教材的系统性和过程装备的特点，将第一版的第 5 章和第 7 章的焊接内容合并到第 2 版的第 5 章；对第 1 版的第 7 章着重从过程装备对材料的要求角度进行了修改，并增加了金属耐蚀性的影响；在第 1 版的第 8 章增加了铝合金时效强化和部分合金的相图；对第 1 版的第 9 章做了全面改写；对第 1 版的第 10 章充实了过程装备学生欠缺的高分子材料的成型加工方法及设备等内容，考虑内容的相关性，修改原教材"高分子材料的改性"作为本书"10.4"节；第 11 章从过程装备学生的知识结构和应用出发，将工程塑料分类为耐腐蚀性、耐磨性、耐高温性塑料，并增加了聚乙烯，聚甲醛，超高分子量聚乙烯、聚苯硫醚、聚砜、聚酰亚胺等内容，并修改原书的"过程装备用高分子材料的选择原则"作为"11.1"节；第 12 章内容按照"无机非金属材料"内容进行修改和编写，并增加了化工搪瓷、隔热耐火材料和石墨材料等内容。

本书由闫康平主编并统稿，修订和编写了第 1～第 4、第 8 和第 13 章；吉华修订和编写第 5、第 6、第 7 和第 9 章；吴世见修订和编写了第 10、第 11 章；贾晓林修订和编写了第 12 章。

限于编者水平，书中存在的缺点和不足敬请指教。

编者
2008. 3

目　　录

第 1 篇　金属材料基础

第 2 篇　过程装备用金属材料

第3篇　过程装备用非金属材料

绪　　论

　　材料与工具一样伴随着人类的整个进化过程，是人类生活和从事生产的重要物质基础，也是人类社会文明水平的重要标志之一。人类历史时代被称为石器时代、青铜器时代和铁器时代等，正是历史学家根据人类使用生产工具的材料和性质而划分的。今天，人类已跨入人工合成材料的崭新时代。新材料对高科技和新技术具有非常关键的作用，没有新材料就没有发展高科技的物质基础，掌握新材料是一个国家在科技上处于领先地位的标志之一。面向21世纪，新材料有如下发展趋势：继续重视对新型金属材料的研究开发，开发非晶合金材料；发展在分子水平设计高分子材料的技术；继续发掘复合材料和半导体硅材料的潜在价值；大力发展纳米材料、信息材料、智能材料、生物材料和高性能陶瓷材料等。

　　20世纪后期，材料作为高技术的四大支柱（能源、材料、生命和信息）之一高速发展，新材料不断涌现，特别是非金属人工合成材料增长更为迅猛；随着金属与非金属材料的相互渗透，新型复合材料的异军突起；各种材料分析技术如衍射、电镜、探针也在快速进步；在此基础上，原有的金属学已经不能反映当今各类材料的生产和使用中的问题，从而形成和发展了探索材料组分、结构和性能之间关系的材料科学。同时，分析测试手段也出现了各种先进的方式和仪器，各种显微分析方法如扫描电镜、电子探针、透射电镜的发展以及数字化、计算机的连接，都有力地促进了对材料的显微结构的分析，从而对材料的发展提供技术指导。

　　通常所说的材料性能有两个方面的意义：一是材料的使用性能，指材料在服役条件下表现出的性能，如强度、塑性、韧性等力学性能，耐蚀性、耐热性等化学性能以及声、光、电、磁等物理性能；二是材料的工艺性能，指材料在加工工程中表现出的性能，如冷热加工、压力加工性能，焊接性能、铸造性能、切削性能等。工程材料是材料科学的应用部分，主要讨论结构材料的力学性能，阐述结构材料的组织、成分和性能的相互影响规律，解答工程应用问题。

　　工程材料有不同的分类方法，通常是将工程材料分为金属材料、非金属材料和复合材料。

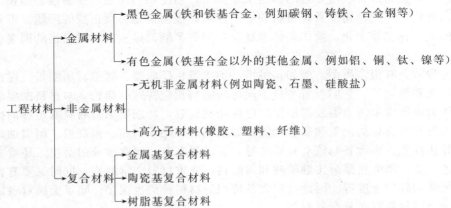

　　工程材料的研究着重点是在实际工况中要求强度、塑性和韧性等力学性能的结构材料，一般不讨论材料的功能和效应问题（如声、光、电、磁）。"过程装备与控制工程"专业学习本课程的目的是了解材料科学的基本理论，掌握材料的基本性能及其影响因素，为过程装备设计提供合理选材的基本原则和方法。

过程装备的种类很多，服役的工况复杂，如操作压力从真空、常压、中压、高压到超高压；使用的温度从极低温（－200℃）、常温、中温到高温（1000℃）；处理的介质从气体、液体、固体到固-液混合流体，常常还带有腐蚀性、磨损性或者易燃、易爆和剧毒等。在这样严酷的条件下长时间连续运转，过程装备会有各种各样的问题，出现各种各样的故障，其中许多问题是由于材料原因造成的。

过程装备大多数都使用在连续性生产过程中，整个生产过程由具有各种不同功能的过程装备分别承担自己的生产任务，单个过程装备组成不同的系列单元，再通过系列单元组成大生产系统的整体，其中一台装备失效，整个生产过程都受到影响。近年发展的石油化工、大化工的生产系统趋向大型化和高温高压，如果装备或构件发生失效，造成的损失更加严重。因此过程装备的选材和设计十分重要。

很多过程装备都在常温、常压下运转，此时，处理的介质常常是液体和固-液、气-固混合流体，因此材料发生的问题大多数集中在腐蚀、磨损和冲刷方面。材料的选择和装备设计除了力学性能的强度、韧性之外，应当注意全面腐蚀速度和局部腐蚀的发生条件。

对于常温、高压条件下的装备，特别是焊接结构的容器，容易发生脆性断裂、疲劳和应力腐蚀破裂。脆性断裂的危害巨大，往往是灾难性的，必须充分重视。脆性断裂与材料韧性、载荷应力、约束状态（壁厚等）以及存在的微裂纹密切相关，而疲劳和应力腐蚀破裂是产生微裂纹的主要原因。

在高温、高压下工作的装备也有许多，除了高压施加给材料的应力作用，高温使材料软化、强度降低，同时高温气体与金属反应造成氧化、硫化或脱碳等高温腐蚀使材料性能劣化，因此为了保证高温高压下的装备正常运转就必须保持材料的高温强度，抑制材料在高温下的组织变化和耐受高温气体的腐蚀。然而，寻求同时满足该条件的材料较为困难，需要精心的设计和选材。

工业低温一般指冷冻机温度（－15～－45℃），过程装备的某些工况也可达到－100～－150℃的极低温度。一般材料在低温工况下，硬度和强度增加，韧性降低，特别是像碳钢那样体心立方晶格的金属常常会丧失韧性，发生低温脆断现象。塑料制作的装备的低温脆性更为明显，文献报道许多塑料制造的反应器、储罐、管道在冬季发生脆性破坏事故。

材料是过程装备安全可靠运行的保障。制作为设备的材料发生变形和破坏，本身是强度和韧性的问题，但是过程装备处理的都是工业介质，强度和韧性往往受腐蚀、磨损、氧化等相互影响。另外，从应用角度看，材料的加工性和焊接性也是必须正视的问题。近年来伴随过程装备的大型化和精密化，操作条件也越发苛刻和严酷，显然，材料损伤的因素也就越发复杂。

单机过程装备有很多类型，例如各种塔、换热器、反应器、储槽、压缩机、搅拌器、离心机、泵、阀和管道等，它们有着各自不同的功能与相应特殊的结构，对材料的要求也就不同。例如压力容器常常因为裂纹扩展发生脆性断裂失效，特别要求材料具有足够的韧性和强度，还要求有非常良好的加工和焊接性能；如换热器，除了耐压、耐高温、耐腐蚀，还要求有良好的导热性能；塔设备与流动介质接触，要求耐高温、耐腐蚀及耐磨损，还要求有良好的加工工艺性能；磷酸料浆泵接触磷酸和硫酸钙，要求材料非常耐磨，同时又要有良好的耐蚀性和有足够的破裂强度等。因此过程装备使用的材料种类也很多，除了金属材料之外，还大量使用非金属材料以及复合材料等。

综上所述，生产工艺的多样性和过程装备的功能性，给过程装备的选材带来了复杂性，使选材成为装备设计的重要环节之一。合理选材所遵循的使用性能原则、工艺性能原则和经济性能原则，正是工程材料课程提供的知识和研究的主要内容。

第1篇 金属材料基础

单元提要

金属材料包括黑色金属和有色金属。本篇阐述了金属材料的基础知识，特别强调材料微观结构与材料性能、改性强化之间的关系。因此该篇在讲授金属基础理论的同时，注重揭示材料微观结构与宏观性能的关系，注重结合金属的强化改性与组织结构的关系。

主要思路

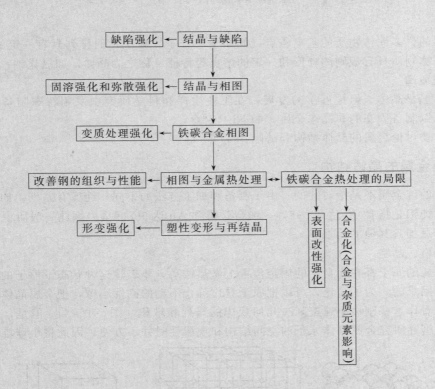

1 金属学基础

导读 本章主要介绍金属的基本知识，包括晶体和晶体缺陷、金属结晶、冷热加工对金属晶体的影响、合金相图，注重揭示金属微观组织与宏观性能的关系。本章是学习后续篇章的重要理论基础。

1.1　金属的晶体结构和缺陷

自然界的许多固体物质的基本质点（如原子、分子、离子）的排列具有一定的规律性，并且这些固体物质具有规则的外形和一定的熔点等特征，称之为晶体，如氯化钠；反之称为非晶体，如玻璃。

金属一般是晶体。但是近年的发展，在工业生产和科学研究中采用特殊制备工艺和手段，已经可以制备固态的非晶态金属，如 Ni-P 合金。

本章主要讨论金属的晶体结构和缺陷。

1.1.1　纯金属的晶体结构

工业上的纯金属不是绝对纯的，由于制备和加工方法的不同，纯度有差别，如工业和日常所说的高纯铝是指含 Al 达 99.98%，纯金是指含 Au 达 99.99%。因此一般所说的纯金属是指没有特意加入其他的元素。

（1）晶格、晶胞

组成金属的原子都在它自己的固定位置上做热振动，要表达这种状态下原子的排列和规律性是比较困难的。为了简化，可以把原子看作静止不动的刚性小球，把金属晶体中原子排列状态抽象看作这些刚性小球按某一几何规律的排列和堆积［图 1-1(a)］。但是，这种小球排列堆积模型在研究金属晶体原子的空间结构和规律性时并不方便，因此将小球堆积模型进

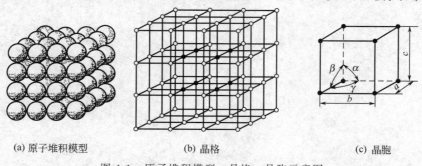

(a) 原子堆积模型　　　　　(b) 晶格　　　　　(c) 晶胞

图 1-1　原子堆积模型、晶格、晶胞示意图

一步抽象为空间格架，即把晶体原子的振动中心看作为结点，用线条把这些结点联结起来，这种空间格架称为"晶格或者点阵"［图 1-1(b)］。

这种晶格图能够表达晶体原子排列的规律性，但是由于晶体原子的排列具有周期性，只要从晶格中取出一个具有整个晶体全部几何特征的最小几何单元［称为晶胞，见图 1-1(c)］，就可以研究和表达整个晶格特性。因此金属晶体中原子排列周期性就是晶胞在三维空间中排列和堆积的结果。

（2）金属晶体的典型晶胞

对于晶胞的几何形状及大小，在三维空间中用晶胞的三条棱的边长 a、b、c 和三条棱边的夹角 α、β、γ 这六个参数来描述，其中 a、b、c 称为晶格常数，度量单位是 Å（1Å$=10^{-8}$cm）。

人们利用 X 射线衍射分析技术研究测定了金属的晶体结构，发现除了少数金属具有复杂晶体结构以外，绝大多数金属都属于体心立方、面心立方和密排六方三种典型结构。

体心立方　如图 1-2(a) 所示，体心立方晶格中，金属原子分布在立方晶胞的八个角上和体的中心，如金属 Mo、Cr、W、V 和 α-Fe 都具有体心立方晶格。

面心立方　如图 1-2(b) 所示，面心立方晶格中，金属原子分布在立方晶胞的八个角上和六个面的中心，如金属 Al、Cu、Ni、Pb 和 γ-Fe 都具有面心立方晶格。

密排六方　如图 1-2(c) 所示，密排六方晶格中，金属原子分布在六方晶胞的十二个角上和上下底面的中心以及两底面之间的三个均匀分布的间隙内，如金属 Zn、Mg 和 Be 都具有密排六方晶格。

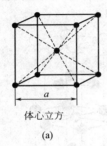
体心立方
(a)

面心立方
(b)

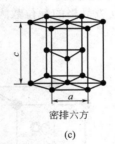
密排六方
(c)

图 1-2　金属的三种典型晶胞示意图

① 晶胞尺寸　晶格的大小即晶胞尺寸用晶格常数表达，体心立方和面心立方都是立方体，$a=b=c$，$\alpha=\beta=\gamma=90°$，因此晶胞尺寸只用一个晶格常数 a 表达即可。密排六方的晶格常数 $a_1=a_2=a_3\neq c$，因此需要用两个晶格常数 a 和 c 表达晶格尺寸。通常，金属的晶格常数大约在 $1\sim7$Å。

② 晶胞中的实际原子数　从图 1-2 可见，晶胞中每一个角上的原子实际上同时属于相邻的几个晶胞，因此一个晶胞中的实际原子数需要计算。

在体心立方晶格的晶胞中，每一个角上的原子同时属于相邻的 8 个晶胞，因此这个原子只有 1/8 属于一个晶胞，而立方体中心的原子是完全属于这个晶胞的，所以，体心立方的晶胞原子数为 2，即

$$\frac{1}{8}\times 8+1=2$$

同样，面心立方的晶胞原子数为 4，即

$$\frac{1}{8}\times 8+\frac{1}{2}\times 6=4$$

密排六方晶胞原子数为 6，即

$$\frac{1}{6}\times 12+3+\frac{1}{2}\times 2=6$$

③ 原子半径 如前所述，晶体中的原子可以近似地看作具有一定大小的刚性小球，因此原子半径 r 通常定义为晶胞中原子密度最大方向上的两个相邻原子之间平衡距离的一半，或者说是晶胞中相距最近的两个原子之间距离的一半。原子半径 r 与晶格常数有一定关系，体心立方晶胞中原子相距最近的是在体对角线上，因此

$$r = \frac{\sqrt{3}}{4}a$$

面心立方晶胞原子相距最近的是在面对角线上，因此

$$r = \frac{\sqrt{2}}{4}a$$

密排六方晶胞原子相距最近是在上下底面对角线上，因此

$$r = \frac{1}{2}a$$

应当注意，同一种金属原子处于不同类型的晶胞时，原子半径是不同的。

④ 晶格中原子排列的致密程度 原子排列的致密程度就是晶格中原子所占有的体积，一般用配位数和致密度表达晶格中原子排列的致密程度。

配位数 是晶格中与任一原子处于等距离且相距最近的原子数目。显然，配位数越大原子排列的致密度越高。图 1-3 是三种晶格配位数示意图。图中可见，体心立方晶格的配位数为 8，面心立方晶格的配位数为 12，密排六方晶格的配位数为 12。

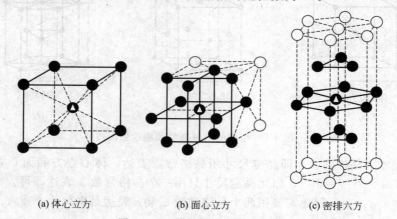

(a) 体心立方　　　　(b) 面心立方　　　　(c) 密排六方

图 1-3 三种晶格配位数示意图

致密度 是金属晶胞中的全部原子的体积占晶胞总体积的百分数，把原子看作刚性小球，如上所述，晶胞的原子半径为 r，晶胞中的实际原子数为 n，即

$$致密度 = \frac{晶胞全部原子的体积}{晶胞体积} = \frac{nv}{V}$$

体心立方晶胞

$$致密度 = \frac{2 \times \frac{4\pi}{3}r^3}{a^3} = \frac{2 \times \frac{4\pi}{3} \times \left(\frac{3^{1/2}}{4}a\right)^3}{a^3} \approx 0.68 = 68\%$$

面心立方晶胞

$$致密度 = \frac{4 \times \frac{4\pi}{3}r^3}{a^3} = \frac{4 \times \frac{4\pi}{3} \times \left(\frac{2^{1/2}}{4}a\right)^3}{a^3} \approx 0.74 = 74\%$$

密排六方晶胞

$$致密度=\dfrac{6\times\frac{4\pi}{3}r^3}{6\times\frac{3^{1/2}}{4}a\times a\times c}=\dfrac{6\times\frac{4\pi}{3}\times\left(\frac{1}{2}a\right)^3}{6\times\frac{3^{1/2}}{4}\times 1.633a^3}\approx0.74=74\%$$

这表明，体心立方晶胞中原子占据了 68%，其余 32% 是空隙；面心立方和密排六方晶胞中原子占据了 74%，其余 26% 是空隙。显然，配位数大的致密度也大。

某些金属在条件改变时，金属晶体会从一种结构转变为另一种结构，例如纯铁在 910℃ 以下为体心立方晶格，在 910~1392℃ 为面心立方晶格，在 1392℃ 以上为体心立方晶格。由于面心立方和密排六方的致密度（74%）大于体心立方的致密度（68%），因此前者转变为后者时，晶体的体积要增加，反之后者转变为前者时，体积要减少。

（3）晶向、晶面与各向异性

科学研究和工程实践表明，不同晶格结构的材料性能有很大差异；而且在同一类型晶胞的不同方向上的性能也有差异，人们采用晶向、晶面的概念表达这种差异。

① 晶向　通过原子中心的直线为原子列，它所代表的方向称为**晶向**，用晶向指数表示。确定晶向指数的方法和步骤如下（图 1-4）：

ⅰ. 选定任一结点为空间坐标原点，通过坐标原点引一条平行于所求晶向的直线；

ⅱ. 求出该直线上任意一点的三个坐标值；

ⅲ. 将这三个坐标值按比例化为最小整数，再把这三个整数不加标点写入一个方括号内，就得到晶向指数的一般形式 $[uvw]$，如 $[111]$、$[010]$、$[201]$ 等。

晶向指数 $[uvw]$　表示一组平行的晶向。但是晶体中具有不同指数的晶向，可能原子的排列状况完全相同。这些原子排列相同、方向不同的晶向可以归纳为一个晶向族 $\langle uvw\rangle$，如立方晶胞中的 $[100]$、$[010]$、$[001]$ 等，它们可以归纳为晶向族 $\langle 100\rangle$。

② 晶面　通过晶格中原子中心的平面称为**晶面**，用晶面指数表示，确定晶面指数的方法和步骤如下（图 1-4）：

ⅰ. 选定不在所求晶面上的晶格中的任意一个结点为空间坐标原点，以晶格的三条棱边为坐标轴，以晶格常数 a、b 和 c 分别作为相应坐标轴上的长度度量单位；

ⅱ. 计算出所求晶面在各坐标轴上的截距，并取截距的倒数；

ⅲ. 将这三个截距的倒数分别化为三个最小整数，再把三个整数不加标点写入一个圆括号内，就得到晶面指数的一般形式 (hkl)，如 (100)、(010)、(111) 等。

晶面指数 (hkl)　由于原点选取的位置不同，晶面的截距可能为负值，表达负的晶面指数时在指数上加"—"，例如 $(\overline{1}\overline{1}1)$ $(1\overline{1}1)$ 等。由于选择原点的随意性，晶面指数 (hkl) 实际表示一组原子排列相同的平行晶面。但是晶体中具有不同指数的晶面，可能原子的排列状况完全相同，这些原子排列相同、方向不同的晶面可以归纳为一个晶面族 $\{hkl\}$，例如体心立方晶胞中的 (100)、(010)、(001) 等，它们可以归纳为晶面族 $\{100\}$。

另外，六方晶系的晶面指数和晶向指数一般都采用四指数方法表达，如有需要，读者可以参阅有关文献。

③ 各向异性　晶体在不同方向上性能不相同的现象称为**各向异性**，它是区别晶体与非晶体的重要特征之一。例如，体心立方结构单晶体铁的弹性模量 E，在 $[111]$ 方向为 28400MPa，在 $[100]$ 方向为 132000MPa。高纯铝在 1.5mol/L 盐酸中的孔蚀电位，(100) 是 -898mV、(110) 是 -906mV、(111) 是 -930mV。体心立方金属最容易拉断或者劈裂的晶面是 $\{100\}$。这些表明金属晶体的物理、化学和力学性能具有显著的方向性。

而非晶体在各个方向上的性能完全相同，这种现象称为**各向同性**。

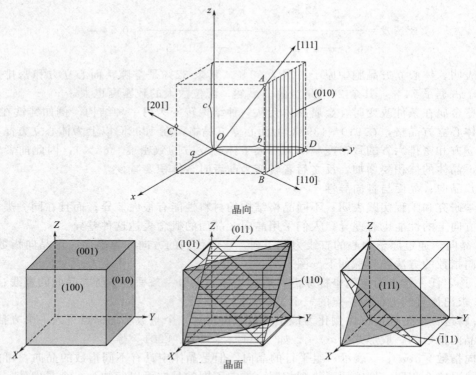

图 1-4 晶向和晶面指数的示意图

1.1.2 金属的晶体缺陷

工程中应用的金属材料，除了极其特殊的场合使用理想的单晶体，绝大多数使用的都是多晶体。多晶体是由许多小的单晶体组成的，多晶体中的单晶体称为晶粒；即使在一个晶粒内，金属的结构与上述理想完美的状态也有许多差异。因此由于许多因素的作用，金属结构中存在许多偏离理想晶体的微观区域，即存在着许多不同类型的晶体缺陷。晶体缺陷按几何特征可分为点缺陷、线缺陷和面缺陷三种类型，它们对金属的性能有极大影响。

（1）点缺陷

点缺陷的特点是三维空间几何尺寸都很小。点缺陷的主要类型有空位和间隙原子。

① 空位　就是没有原子占据的晶格结点（图 1-5）。高温、塑性变形和高能粒子辐射都能造成或者促进空位的形成，其中温度的作用最为明显。晶格中的原子总是在做热振动，由于受到周围其他原子的约束，处于平衡状态。升高温度后热能增加，某些原子的能量大大超过该温度下的平均能量，就有可能摆脱附近原子的约束，脱离原有的晶格结点，逐步跑到晶体的表面或者间隙中去，有的甚至蒸发，形成了空位。

② 间隙原子　就是处于晶格间隙中的原子（图 1-5）。有些间隙原子是从晶格结点上跑到间隙中的，这称为自间隙原子；有的间隙原子是由金属中存在的杂质原子进入间隙形成的，称为杂质间隙原子。如果杂质原子半径很小（例如 B、C、H、N 等），就比较容易进入晶格的间隙。

晶体中出现点缺陷后，破坏了原来原子排列的规律性，晶格发生局部弹性变形，造成晶格畸变。

（2）线缺陷

晶体中线缺陷的特点是空间二维尺寸很小、第三维尺寸较大。线缺陷的主要类型有刃型

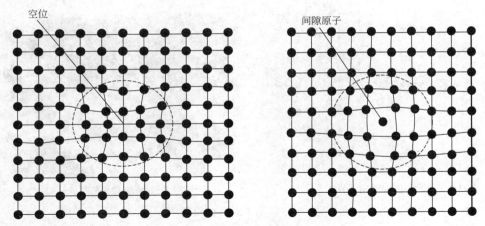

图 1-5　晶格中的点缺陷示意图

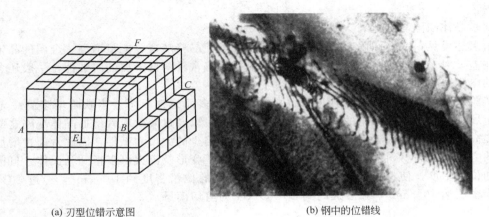

(a) 刃型位错示意图　　　　　(b) 钢中的位错线

图 1-6　线缺陷

位错和螺旋位错。如图 1-6 所示，刃型位错在 ABC 晶面上沿着 EF 线多排列了一个原子面，就好像一把刀刃切入晶体，停止在内部，使上下原子面不能对齐，这种原子面的错排称为刃型位错，EF 连线是刃型位错线，它附近的区域中，晶格发生很大的畸变。因此刃型位错是以 EF 为轴线，几个原子间隙宽为直径的长"管道"。在 ABC 晶面上方多排了原子，位错线附近的原子要受到压应力；反之，ABC 晶面下方位错线附近的原子要受到拉应力。

为了讨论方便，当多排的半个原子面位于晶体上方时称为正刃型位错（记为"⊥"）；当多排的半个原子面位于晶体下方时称为负刃型位错（记为"T"）。

（3）面缺陷

面缺陷的特点是空间二维尺寸很大、第三维尺寸较小，缺陷的主要类型有晶界和亚晶界。

① 晶界　实际金属是由许多小晶体（晶粒）组成的多晶体，如图 1-7 所示。一个晶粒内的所有原子都按相同方式和方位排列，但是晶粒彼此之间的位向却不同，把晶粒之间的接触界面称为晶界，实际晶界具有几个原子间距的宽度。由于晶界两侧相邻晶粒的取向不同，晶界上的原子排列不能有效堆积，规则性较差，晶界上的原子比晶粒内部的原子具有更高能量，晶界的原子致密度也较低，这些都会影响金属的性能。

② 亚晶界　每一个晶粒内部，原子的排列位向也不完全相同，晶粒内存在着许多尺寸

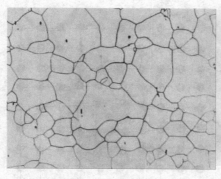
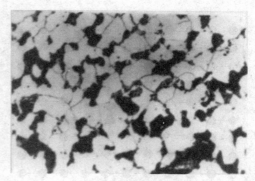

(a) 工业纯铁中的晶粒和晶界　　　　　　(b) 20号钢内的晶粒和晶界 (400×)

图 1-7　晶粒和晶界金相照片

更小、位向差也更小的小晶块（称为亚晶粒或者亚结构、镶嵌块），亚晶粒之间的界面称为亚晶界。

（4）晶体缺陷与强化

由上述可见，晶体缺陷破坏了晶体的完整性，使晶格畸变、能量增高、金属的晶体性质发生偏差，对金属性能有较大的影响。例如晶格缺陷常常降低金属的耐蚀性，一般还会增大金属的电阻。

实验表明，室温下金属的强度随晶体缺陷的增多而迅速下降，当缺陷增多到一定数量后，金属强度又随晶体缺陷的增加而增大。因此，可以通过减少或者增加晶体缺陷这两个方面来提高金属强度。由于实际工程中不容易制备缺陷少的大尺寸工件，因此常通过增加晶体缺陷的方法来提高材料强度。例如对金属进行冷加工变形及淬火可以得到马氏体、贝氏体组织增加位错密度，使材料强化。比如纯铁退火状态的位错密度约 $10^4/cm^2$，经过 10% 变形后位错密度达 $10^7/cm^2$，强度提高到 $G/200$（G 为剪切模量）。

1.2　金属的结晶

按照现在金属材料的生产方法，大多数金属零部件都要经过冶炼、铸锭、压力加工（如轧制、锻造）和机加工等过程。金属材料经冶炼铸锭得到的铸态组织是金属的原始组织，它影响铸件性能并影响金属的变形工艺性能和使用性能。金属从液态过渡到固体晶态的过程称为**一次结晶**；金属从一种固体晶态过渡到另一种固体晶态的过程称为再结晶（**二次结晶**）。金属的结晶就是从原子的一种排列状态过渡到另一种排列状态的过程。

1.2.1　纯金属的结晶过程

与实际金属和合金相比，纯金属的结晶过程比较简单，结晶时也没有成分的变化。因此先从纯金属的结晶入手学习便于理解。合金的凝固和结晶将在 1.4 节中学习。

（1）纯金属结晶的条件（过冷度与冷却曲线）

纯金属都有熔点，在熔点温度时，液态中的原子结晶进入固态的速度与固态晶格上的原子溶入液体的速度处于动态平衡，液体和固体共存，这是一种理想状态，实际很难实现。因此金属熔点称为理论结晶温度 T_0。

实际的液态金属要在理论结晶温度 T_0 以下的某一温度 T_n 才开始结晶，实际结晶温度 T_n 低于 T_0 的现象称为过冷，T_n 与 T_0 之差称为**过冷度 ΔT**，$\Delta T = T_0 - T_n$。过冷度与冷却速度有关，冷却速度越大，过冷度也越大。

用热分析实验测绘冷却曲线可以得到过冷度。如图 1-8 所示，先在坩埚内加热熔化金属，然后缓慢冷却，坩埚中预置的热电偶记录熔融金属的温度随时间的下降，测绘得到温度-时间曲线，即冷却曲线。由图 1-8 的冷却曲线可见，当液态金属从高温下降到某一温度 T_n 时，冷却曲线上出现平台，这是因为金属开始结晶，释放出结晶潜热，弥补了金属向周围散发的热量，使其温度保持不变。当液态金属结晶完毕后，没有潜热释放，金属的温度又继续下降。冷却曲线平台对应的温度（实际结晶温度）与理论结晶温度之差就是过冷度 ΔT。

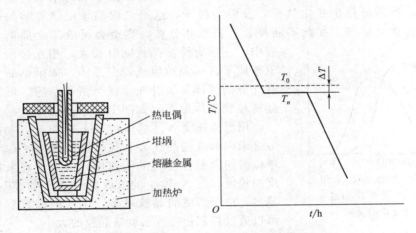

图 1-8　金属的热分析实验和冷却曲线

（2）纯金属的结晶过程

液态金属结晶时，总是先在液态金属中形成一些非常微小的晶体，称为**晶核**，然后这些晶核不断长大，同时，液态中继续形成新的晶核并不断长大，直至液态金属都结晶为固态。所以，金属结晶就是晶核不断形成和不断长大的过程。液态纯金属形成晶核和晶核长大的过程如图 1-9 表示。晶核形成有如下两种方式。

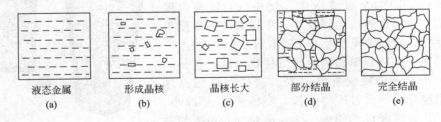

液态金属	形成晶核	晶核长大	部分结晶	完全结晶
(a)	(b)	(c)	(d)	(e)

图 1-9　金属结晶过程示意图

均质形核　依靠液态金属本身在过冷条件下形成晶核（又称自发晶核）。

异质形核　金属原子依附于固态杂质微粒的表面形成晶核（又称非自发晶核）。

实际生产中，异质形核和均质形核同时存在，但异质形核更为重要，往往起到优先和主导的作用。所以，实际金属凝固结晶的过冷度 ΔT 都不会超过 20℃。

晶核一旦生成便开始长大，但长大的方式受许多因素制约，其中最主要的是温度影响，通常在散热速度最快的方向上晶核的成长最快。

在晶核长大初期，由于原子排列的特性，晶体外形比较规则；随着晶体的长大，棱

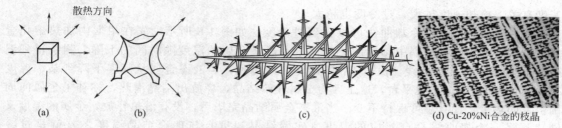

图 1-10 晶体生长示意图

角处的散热速度比较快，因此优先生长，如图 1-10 所示，先形成树干状的空间骨架，称为一次晶轴；然后分枝生长出枝芽，发展为枝干，这是二次晶轴；随着结晶进行，形成三次晶轴、四次晶轴等，如此不断伸长、长粗和分枝，直至金属液体全部消失。结晶过程中，一般有许多晶核同时长大，相互接触生长，最后就形成了许多晶粒组成的多晶体。如果结晶分枝之间没有充分的液体金属补充，就会留下空隙，可以明显观察到树枝状晶体形态，如图 1-10 (d) 所示。

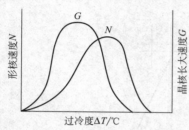

图 1-11 形核速度 N 和晶核长大速度 G 与过冷度 ΔT 的关系

用形核速度 N〔晶核数/（$mm^3 \cdot s$），每秒钟在每立方毫米内形成的晶核数〕和晶核长大速度 G（mm/min，单位时间内晶体生长的线速度）两个参数来描述结晶速度的快慢。而 N 和 G 的值取决于过冷度 ΔT（图 1-11）。显然，由于形成的晶核越多，生成的晶粒就越细，所以可以通过控制过冷度来调整晶粒的大小。

1.2.2 金属铸锭的组织和结构

（1）铸锭组织和结构

铸件是熔融金属浇注入模具经冷却凝固后获得的，铸锭可以看作形状简单的大铸件。铸锭（或者铸件）的内部宏观组织由三个各具特征的晶区组成（图 1-12）。

细晶区 铸锭金属的表层为一层很薄的、细小的等轴细晶区。这是因为金属液浇注入锭模时，锭模温度低，传热快，表层金属液受到激冷，在较大的过冷度下形成大量晶核，同时锭模壁及其杂质有异质形核作用。

柱状晶区 紧接着细晶区的就是柱状晶区，它是一层粗大的、垂直于模壁的柱状晶粒。铸件形成细晶区时，锭模温度升高导致过冷度降低，形核速度 N 减小，但是对晶粒长大速度 G 的影响不大，晶粒优先长大的方向与散热最快的方向（通常是向外并垂直于模壁的方向）的反方向一致，结果由外向内长成柱状晶。

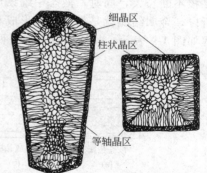

图 1-12 铸锭组织示意图

等轴晶区 铸锭的中心是一个粗大的、随机取向的等轴晶区。结晶进入到锭模中心，过冷度已大大减小，剩余液体的形核数量很少；同时金属液的温度趋于均匀化，散热失去方向性，因此主要由柱状晶上被冲下的多次晶轴的碎块或者一些固态杂质微粒作为晶核，在各个方向均匀长大成为粗大的等轴晶。

（2）镇静钢锭和沸腾钢锭的组织和缺陷

镇静钢 是在炼钢时使用 Mn、Al、Si 脱氧的钢，含氧量低，凝固时没有一氧化碳析出

（即没有沸腾现象），因此得名。镇静钢的宏观组织是由上述的细晶区、柱状晶区、等轴晶区组成。此外，镇静钢还有缩孔、疏松、气泡、成分偏析等缺陷。

沸腾钢 是在炼钢时仅使用 Mn 脱氧的钢，含氧量高，钢液凝固时碳和氧反应生成大量一氧化碳析出，钢液出现沸腾现象，因此得名。沸腾钢的成本较低，成材率高，冲压性能好。但是沸腾钢的疏松、气泡、成分偏析等缺陷比镇静钢严重，力学性能也不如镇静钢。

缩孔 金属结晶时，先结晶区域的体积收缩能够得到金属液的补充，后凝固结晶的部分得不到补充就会形成缩孔，在最后结晶凝固部位的缩孔称为集中缩孔，处于铸锭的上部，由于缩孔周围杂质多，在轧制时要切除，否则缩孔在热加工中会沿变形方向伸长破坏钢的连续性。

疏松 处于早期结晶包围的金属液体在凝固结晶时得不到母液的补充，便会形成微小和分散的缩孔，这称为分散缩孔或疏松，它降低钢材的力学性能，但大多数疏松在锻造或轧制时可以焊合。

偏析 早期结晶部位与后期结晶部位的化学成分不同造成宏观区域性成分不均匀，称为成分偏析或者区域偏析、宏观偏析。成分偏析使金属零部件经过热处理后各个部位的组织和强度不均匀，对钢件的性能有很大的影响。

气泡 金属液体凝固时，来不及逸出的气体保留在金属固体中，形成气泡。钢锭内部的大多数气泡在轧制中被焊合；钢锭表面的皮下气泡在轧制中常常造成细微裂纹，影响质量。

1.2.3 细晶强化与变质处理

（1）细晶强化

一般来说，晶粒越细小，金属的力学性能如强度、韧性、塑性就越好，见表 1-1。因此晶粒细化是提高金属力学性能的重要手段之一。工程上控制铸件晶粒的尺寸是提高铸件质量的重要措施。

表 1-1　不同晶粒大小纯铁的力学性能

晶粒直径/μm	强度 R_m/MPa	延伸率 A/%
70	184	30.6
25	216	39.5
1.6	270	50.7

增加金属过冷度 ΔT 可以细化晶粒。近年来由于超高速急冷技术（$10^5 \sim 10^{11}$ K/s）的发展，已经获得了具有优良机械和物化特性的超细化晶粒合金。

（2）变质处理

对于体积较大或者形状复杂的金属件，难以获得较大的过冷度 ΔT，生产中常采用变质处理获得细化晶粒的铸件。

变质处理是在液态金属中添加变质剂来细化晶粒。某些元素或它们的化合物符合作为非自发晶核的条件，把它作为变质剂，加入到液态金属中可以显著增加晶核数目，例如钢水中加入 Ti、V、Al、Nb 等细化晶粒。另一类元素和化合物能附着在晶体的结晶端，阻碍晶粒的长大，例如铝硅合金中添加钠盐降低硅的成长速度，也可以达到合金细化目的。

1.3　金属的塑性变形与再结晶

1.3.1 金属塑性变形对金属组织和性能的影响

（1）金属的冷加工与塑性变形

金属的一个重要特性是塑性，利用塑性可以对金属进行如轧制、挤压、锻造和冲压等各种压力加工，生产机械零部件或零件的毛坯，金属在这些加工中经历了塑性变形。实际金属都是多晶体，因此本节先介绍单晶体的塑性变形，再理解多晶体金属的塑性变形。

单晶体的塑性变形主要方式是滑移变形，其次是孪晶变形。

将一块抛光的金属单晶体进行拉伸变形后做光学显微镜观察，会发现许多平行的线条，这称为滑移带 [图 1-13(a)]。进一步在电子显微镜下观察会发现，滑移带是由许多更细的密集滑移线组成 [图 1-13(b)]。这表明单晶体金属在拉伸塑性变形时，晶体内部沿着原子排列最密的晶面和晶向（分别称为滑移面和滑移方向）发生了相对滑移，滑移面两侧晶体结构没有改变，晶格位向也基本一致，因此称为滑移变形，滑移的痕迹构成了滑移线。一个滑移面与该面上的一个滑移方向构成一个滑移系，因此晶体的滑移系越多，金属的塑性变形能力就越大。

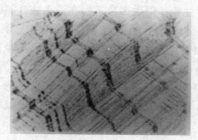

(a) 奥氏体冷加工滑移线照片(1000×)

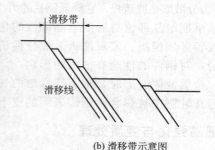

(b) 滑移带示意图

晶体结构	体心立方	面心立方	密排六方
滑移面	{110}	{111}	{0001}
滑移方向	〈111〉	〈110〉	〈11$\bar{2}$0〉
滑移系数目	6×2=12	4×3=12	1×3=3

(c) 三种常见金属晶体结构的滑移系

图 1-13　金属的滑移系和滑移带示意图

如图 1-13（c）所示，体心立方晶格原子密度最大的 〈110〉 面共有六个，原子密度最大的晶向 〈111〉 共有两个，由此可以计算出，体心立方晶格有 12 个滑移系。面心立方晶格有 4 个滑移面和 3 个滑移方向，所以有 12 个滑移系。密排六方晶格只有 3 个滑移系。显然，体心立方和面心立方金属的塑性优于密排六方金属；另外由于滑移方向对滑移的作用大于滑移面，因此面心立方金属的塑性优于体心立方金属。

实际金属一般都是多晶体，多晶体中的晶界原子排列不规则，缺陷和杂质集中，因此阻碍滑移，使变形抗力增加。另外，多晶体中各晶粒的位向不同，互相制约，也阻碍滑移变形，因此晶粒越小，强度和塑性越高。

（2）加工硬化

随塑性变形增加，金属晶格的位错密度不断增加，位错间的相互作用增强，提高了金属的塑性变形抗力，使金属的强度和硬度显著提高，塑性和韧性显著降低，这称为**加工硬化**（也称形变强化）。加工硬化是一种重要的强化手段，用于提高金属的强度，特别适合某些不能用热处理来强化的金属，例如自行车链条采用 19Mn 钢带制作，3.5mm 厚的链节料带经多次冷轧后硬度从 150HB 提高为 275HB。

另外，利用加工硬化可以使金属在冷加工中均匀变形，实现冷加工成型工艺，这是因为金属的变形部分已得到强化，不再继续变形，后续的冷加工变形主要集中在未变形（未加工）部位。例如冷拉拔钢丝和钢管、冲压加工，可以得到厚薄均匀的零部件。

但是，加工硬化使金属强度提高，常常给进一步的冷压力加工带来困难，大大增加了后工序冷加工的动力消耗，因此需要进行退火处理，增加了加工成本。

（3）组织和织构的变化

金属经塑性变形后，晶粒沿着变形方向被拉长，很大的变形量使晶粒拉成纤维组织，使金属性能产生各向异性，通常沿着纤维方向的强度及塑性大于垂直方向的强度及塑性。

当金属塑性变形达到 70%～90% 时，晶粒沿着变形方向发生转动，使各晶粒的位向趋向一致，这种择优取向形成的有序结构称为形变织构，它使金属性能产生各向异性。形变织构对金属的加工有很大影响，使用有形变织构的板材冲压圆筒零件，因为各个方向的塑性和变形能力不同，零件会产生边缘不齐、壁厚不均的"制耳"现象。

为了避免或者减少织构，工程上在加工较大变形量的零部件时，一般都分几次变形完成，之间还要进行退火处理。

（4）残余内应力

塑性变形后由于金属各部分受力和变形的不均匀，产生残余内应力。各部分之间的变形不均匀而造成的内应力称为宏观内应力或者第一类内应力；由各晶粒或者亚晶粒变形不均匀造成的内应力称为微观内应力或者第二类内应力；由位错、空位等晶格缺陷造成的内应力称为第三类内应力。

塑性变形时外力所做的功有 10% 左右转换为内应力残留在金属中，增加内能，使金属的耐腐蚀性能下降，承载能力下降，所以工程上通常要求作消除内应力的处理。

但是，工程中常常采用喷丸或滚压等表面处理来增加金属表面的压应力，用于抵消服役时的外来拉应力，可以防止或减少疲劳、应力腐蚀等，延长金属零部件的使用寿命。

1.3.2 塑性变形金属的加热回复与再结晶

为了消除金属经塑性变形后引起的组织、结构和性能的上述变化，可以通过加热使金属发生回复和再结晶，恢复和改善其性能，见图 1-14。

（1）回复

加热温度较低时，原子扩散能力不大，金属不会发生显微组织的变化。温度升高，热运动使晶格中大量空位扩散到晶界、表面或与间隙原子结合而消失；位错发生移动重新排列为更为稳定的状态，缺陷减少，宏观表现为金属的电阻和内应力显著降低，塑性略有恢复，强度和硬度稍有降低（图 1-14）。这个阶段称为回复，主要作用是消除冷加工金属零部件的残余内应力，防止变形和开裂，工程通常称为回复退火或者去应力退火。

（2）再结晶

随着加热温度提高，原子扩散能力增大，塑性变形金属的显微组织发生显著变化。在塑性变形中被拉长、碎化和纤维化的晶粒在温度作用下转变为均匀、细小的等轴晶粒；宏观表现为金属的强度和硬度显著降低，塑性和韧性明显提高。这个阶

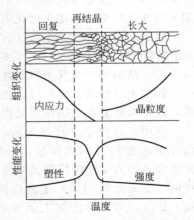

图 1-14 变形金属在加热时组织与性能变化示意图

段称为再结晶（图 1-14），主要作用是消除加工硬化，把金属的力学和物化性能基本恢复到变形前的水平，工程上通常称为再结晶退火。生产上用于金属冷压力加工过程中的中间处理，消除加工硬化作用使冷加工得以继续进行。

为了保证金属性能，必须正确制定再结晶退火工艺，控制再结晶温度和再结晶的晶粒度。

再结晶温度 再结晶与同素异构不同，是一种不发生晶格变化的固体变化，因此没有特定的再结晶温度，而是在一个温度范围内发生的。影响再结晶温度的主要因素是金属的变形程度，变形程度越大，金属的缺陷越多，组织越不稳定，开始再结晶的温度就越低。一般认为，变形程度大于 70%，保温 1 小时，能完成再结晶的最低温度为再结晶温度。另外晶粒大小、保温时间和金属的熔点都会影响再结晶温度。

再结晶的晶粒度 晶粒尺寸影响到金属的力学性能，必须进行控制。影响再结晶的晶粒度的因素有加热温度和变形度。再结晶退火温度越高，原子扩散能力越大，晶粒长大越快。当变形度很小时，不足以引起再结晶。当变形度达到 2%～10% 时，只有少数晶粒变形，因此再结晶的晶核较少，晶粒相互吞并长大得到粗大的晶粒，这种变形度称为临界变形度，工程上应当尽量避免在临界变形度范围冷加工。大于临界变形度之后，发生变形的晶粒愈来愈多，变形越均匀，因此再结晶的晶核增多，再结晶后的晶粒越细小。

可以采用再结晶全图（图 1-15）综合表达加热温度和变形度两个因素对再结晶粒度的影响。它是制定再结晶退火和塑性加工工艺的重要依据。

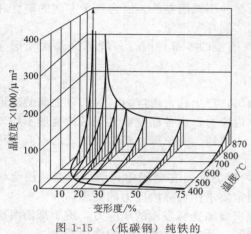

图 1-15 （低碳钢）纯铁的再结晶全图

1.3.3 金属的热加工

（1）金属的冷加工和热加工比较

金属的冷加工应用广泛，产品精度高、表面光洁、强度性能好；但是在冷加工时会产生很大的变形抗力，冷加工后还会产生加工硬化。

由于金属的强度和硬度通常随着温度升高而降低，塑性随温度升高而增大，所以工程中对截面积大、变形量大和塑性不好的金属零部件，一般都在加热的塑性状态下塑性成型，热加工塑性变形引起的加工硬化可以被随即发生的回复和再结晶所消除。

因此工程中金属的塑性加工方法就有冷加工和热加工之分。金属学以再结晶温度区分两者，在再结晶温度以下进行的塑性变形加工是冷加工，在再结晶温度以上进行的塑性变形加工是热加工。

（2）热加工对金属组织和性能的影响

热加工（如锻、轧）可以使金属中的气孔、裂纹、疏松焊合，使金属更加致密，减轻偏析，改善杂质分布，因而明显提高金属的力学性能。

热加工过程中，枝晶偏析、夹杂物和第二相等沿着塑性变形方向被拉长，形成纤维组织的流线。使得金属的力学性能特别是塑性和韧性具有方向性，纵向（沿着纤维组织）上的性能显著大于横向的性能。所以，零部件的加工制备中应力求考虑纤维流线分布合理。图 1-16（a）的曲轴采用毛坯锻件，流线分布与受力方向一致，曲轴不易断裂。图 1-16（b）

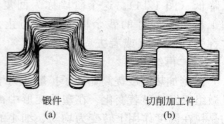

锻件　　　　　切削加工件
(a)　　　　　　(b)

图 1-16 曲轴的流线分布示意图

的曲轴采用切削加工，流线分布不合理，沿轴肩容易发生断裂。因此，载荷较大、受力复杂的重要零部件通常都采用热加工制造。

1.4　二元合金的相结构和相图

合金是指两种或两种以上金属元素或金属与非金属元素组成的具有金属特性的物质。组成合金的最基本的、独立的单元（元素或稳定化合物）称为组元。由两个组元组成的合金称为二元合金，例如工程中的铁碳合金、铜镍合金、铝铜合金等。由三个以上组元组成的合金称为多元合金。合金的力学性能一般都优于纯金属，许多合金还具有优异的物化性能，如电、磁、耐蚀性、耐热性、耐磨性等。

1.4.1　合金的相结构

合金中具有相同化学成分、相同晶体结构并有界面与其他部分隔开的均匀组成部分称为"相"，各种合金中存在多种多样的相，但可将它们归为两类：固溶体和金属间化合物。

（1）固溶体与固溶强化

在固态下，合金的组元相互溶解而形成的均匀的固相，称为**固溶体**。固溶体中，保持原有晶体结构的组元叫溶剂，其余组元叫溶质。显然，固溶体具有与溶剂相同的晶格类型，溶质组元分布在溶剂结构之中。固溶体用 α、β、γ 等表示。A、B 组元组成的固溶体也可表示为 $A(B)$，A 代表溶剂，B 代表溶质，例如铜锌合金中锌溶入铜形成的固溶体用 α 表示，也可表示为 Cu（Zn）。

按照溶质原子在溶剂中的位置不同，固溶体分为置换固溶体和间隙固溶体两大类。**间隙固溶体**中的溶质原子分布于溶剂晶格的间隙之中，如图 1-17(a) 所示；而**置换固溶体**中的溶质原子取代部分溶剂原子而占据晶格点位置，如图 1-17(b) 所示。按照溶质原子在溶剂中的溶解度可以把置换固溶体区分为有限固溶体和无限固溶体，如果溶质在溶剂中的溶解度没有限制，可以达到 100% 也不改变晶格类型，则是无限固溶体，否则是有限固溶体。因此形成无限固溶体的必要条件是溶质和溶剂的晶格类型完全相同。

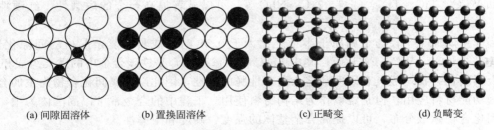

(a) 间隙固溶体　　　(b) 置换固溶体　　　(c) 正畸变　　　(d) 负畸变

图 1-17　固溶体结构和晶格畸变示意图

影响固溶体类型的主要因素是原子半径、晶格类型和电化学特性。原子半径及电化学特性相近、晶格类型相同的组元，一般形成置换固溶体。原子半径差别较大的组元容易形成间隙固溶体，一般原子半径较小的非金属元素如碳、氮、氢、硼、氧等作为溶质在合金中形成间隙固溶体，例如碳原子溶入 α-Fe 形成的铁素体和碳原子溶入 γ-Fe 形成的奥氏体。

如图 1-17 所示置换固溶体在溶质原子直径较大时形成正畸变（晶格常数增加），原子较小时形成负畸变（晶格常数减小）；间隙固溶体的晶格都形成正畸变；并且溶质的原子浓度越高晶格畸变越大。晶格畸变增加了位错运动的阻力，金属的滑移变形比较困难，塑性和韧性略有下降，使合金的强度和硬度随着溶质原子浓度的增加而提高，在工程上被称为固溶强化。

固溶强化是金属的一种重要强化方式，综合力学性能要求较高（即强度、韧性、塑性之间具有良好配合）的结构合金材料几乎都是采用固溶体作为基本相。

（2）金属间化合物与弥散强化

A 和 B 两组元组成合金，除了可以形成固溶体外，还可能产生晶格类型和特性完全不同于任一组元的新固相，这种新相称为**金属间化合物**或者中间相。金属间化合物的类型主要有正常价化合物、电子化合物、间隙化合物。

正常价化合物指分子式严格遵守化合价规律的化合物，它由电负性相差较大的两种原子构成，可用明确的分子式表示，如 MnS、ZnS、AlP、Mg_2Si 等。正常价化合物的特性是脆性大、硬度高。

电子化合物指不遵守化合价规律但按一定电子浓度组成的化合物，电子浓度是化合物的价电子数与原子数之比。例如 $CuZn$ 是电子化合物，Cu 的价电子数为 1，Zn 的价电子数为 2，化合物的总价电子数为 3，原子数为 2，所以 $CuZn$ 电子浓度等于 3/2。参见表 1-2。电子化合物的特性是具有明显金属特性、熔点和硬度较高、塑性差，是有色合金中的重要强化相。

表 1-2 电子化合物及其结构

合 金	电 子 浓 度		
	3/2，21/14	21/13	7/4，21/12
	β 相	γ 相	ε 相
	晶 体 结 构		
	体心立方	复杂立方	密排六方
Cu-Zn	$CuZn$	Cu_5Zn_8	$CuZn_3$
Cu-Sn	Cu_5Sn	$Cu_{31}Sn_8$	Cu_3Sn
Cu-Al	Cu_3Al	Cu_9Al_4	Cu_5Al_3

间隙化合物指过渡金属元素与原子半径较小的非金属元素碳、氮、氢、硼、氧等形成的化合物。当非金属原子半径与金属原子半径之比小于 0.59 时形成具有简单晶格的间隙化合物（又称为间隙相）。间隙相具有很高的熔点和硬度，因此是高合金钢和工具钢的重要组成相，如 W_2C、TiC、TiN、CrN、ZrC、NbC 等，可以显著提高合金的耐磨性、红硬性和热强性。

当非金属原子半径与金属原子半径之比大于 0.59 时形成具有复杂晶格的间隙化合物，如 Fe_3C、Cr_7C_3、WC、Fe_2B 等，其中 Fe_3C 称为渗碳体，是铁碳合金中的重要组成相。

金属间化合物一般具有硬度和熔点高、性脆的特性，因此以金属间化合物为主的合金可以作为功能材料应用，但是难以作为结构材料使用。工程中的合金常常以固溶体为主，辅以金属间化合物弥散分布，可以提高合金整体的强度、硬度和耐磨性。

这种强化方式称为**弥散强化**或者**第二相质点强化**，是合金钢和有色金属的重要强化手段。

1.4.2 二元合金相图的类型和分析

（1）二元合金的相图

合金相图是用图解的方法表示合金在极其缓慢的冷却速度下，合金状态随温度和化学成分的变化关系，又称为平衡图。

热分析方法建立合金相图。下面以 Cu-Ni 合金为例说明相图意义及其方法，见图 1-18。

ⅰ. 配制成分不同的 Cu-Ni 合金（100% Cu，70% Cu ＋ 30% Ni，50% Cu ＋ 50% Ni，

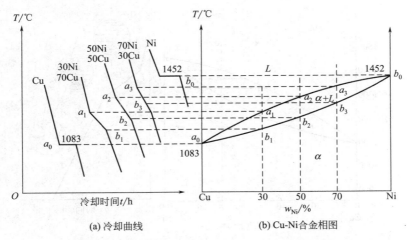

图 1-18 热分析方法测定和建立 Cu-Ni 合金相图

30%Cu+70%Ni，100%Ni）。

ⅱ．熔化上述合金，缓慢冷却，测定合金的冷却曲线和临界点（如转折点或平台）［图1-18(a)］。

ⅲ．建立以温度为纵坐标，成分为横坐标的坐标图，把临界点标入坐标图。

ⅳ．连接各个相同意义的临界点，得到 Cu-Ni 合金相图［图 1-18(b)］。

从图 1-18(a) 可以看出，纯 Cu 和纯 Ni 的冷却曲线各出现一个平台，平台温度是它们的结晶温度（即凝固点）。其他成分合金的冷却曲线不出现平台，但都有两次转折，表明这些合金的结晶是在一个温度范围内进行的，温度高的转折点对应于结晶开始点温度（即液相点），温度低的转折点对应于结晶终了温度（即固相点）。

图 1-18(b) 相图中各个液相的连线称为液相线，各个固相的连线称为固相线。处于固相线之下的合金为固态，用 α 表示；处于液相线之上的合金为液态，用 L 表示；处于液相线和固相线之间为液相与固相共存，用 $\alpha+L$ 表示。

通过相图可以预测合金在缓慢冷却或者加热时组织的形成和变化规律，为制定熔铸、锻造、热处理等工艺提供理论依据。许多实际合金的相图比较复杂，但都是由以下基本相图组成的。

（2）二元合金典型相图的分析

① 匀晶相图　两组元在液态和固态都能无限互溶，冷却产生匀晶反应形成的相图为匀晶相图。例如上述的 Cu-Ni 相图以及 Fe-Cr 和 Ag-Au 等合金相图。下面以 Cu-Ni 合金相图为例进行分析。

在图 1-19 的匀晶相图中（Cu-Ni 合金），L 是 Cu 和 Ni 形成的液相；α 是 Cu 和 Ni 形成的无限固溶体，$L+\alpha$ 是固相和液相共存的双相区。以含 70%Ni+30%Cu 的合金为例分析平衡结晶的过程。

合金在点 1 温度之上都是液相，当合金缓慢冷却到液相线的点 1 温度时，合金发生匀晶反应从液相 L_1 中逐渐结晶出成分为 α_1 的固溶体。继续冷却，固相逐渐增多，液相逐渐减少，达到点 2 温度时，结晶终了，液相全部转变为固相。

注意到 $L+\alpha$ 两相区中，在某一温度时存在着两个相，而且两个相的浓度和相对数量从宏观上看都不发生变化，两个相处于平衡状态（称为平衡相）。采用杠杆定律可以求出在该温度下究竟结晶出了多少固溶体和该固溶体 Ni 的含量，以及剩余多少液相和液相中 Ni 的含量。

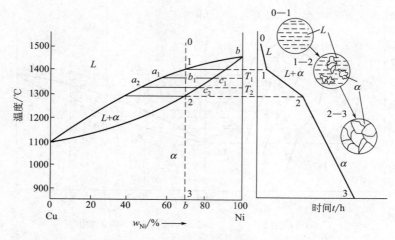

图 1-19　匀晶相图合金的结晶示意图

杠杆定律　在两相区内，过指定温度作水平线，分别交于固相线的 c_1 点和液相线的 a_1 点，那么 c_1 点和 a_1 点在横坐标的对应值就是 α 相和 L 相的成分，设：b_1c_1 和 a_1b_1 为线段长度，Q_l 和 Q_α 为液相和固相的质量，则它们满足下式

$$\frac{Q_l}{Q_\alpha} = \frac{b_1c_1}{a_1b_1}$$

该式与力学中的杠杆定律相似，亦称为杠杆定律。杠杆定律只适合于两相区，并且只能在平衡状态下使用。显然，由杠杆定律，合金中液相和固相在某一温度下的相对含量分别为

$$L\% = \frac{bc}{ac} \times 100\% \qquad \alpha\% = \frac{ab}{ac} \times 100\%$$

但是，实际生产一般都不是缓慢冷却，合金的冷却速度较快，固相中的原子扩散不能充分进行，导致先结晶的中心与后结晶部分的成分不同，造成晶内偏析。因为金属结晶常常以枝晶长大，先结晶的树枝晶轴含有较多的高熔点组元，后结晶的树枝晶枝干含有较多的低熔点组元，这种化学成分的不均匀称为枝晶偏析。枝晶偏析影响材料的力学、物理、化学和加工性能，因此生产中通常把偏析的合金加热到高温（低于固相线）进行长时间保温，促使合金内的原子充分扩散，消除枝晶偏析，这种热处理称**扩散退火**或者**均匀化**。

② 共晶相图　两组元在液态能无限互溶，在固态仅有限互溶，冷却产生共晶反应形成的相图为共晶相图。例如 Al-Si、Pb-Sn 和 Ag-Cu 等合金相图。下面以 Pb-Sn 合金形成的共晶相图为例进行分析。

在图 1-20 的 Pb-Sn 合金相图中，cf 线是 Sn 在 Pb 中的溶解度曲线，eg 线是 Pb 在 Sn 中的溶解度曲线，a 是 Pb 的熔点，b 是 Sn 的熔点。由于 Pb 和 Sn 在固态只能有限固溶，因此通常产生两种固溶体：一种是 Sn 溶于 Pb 的固溶体，以 α 表示；另一种是 Pb 溶于 Sn 的固溶体，以 β 表示。L 是液相。因此在相图中，α、β 和 L 分别形成三个单相区，两个单相区之间是相邻单相的共存区，形成 $L+\alpha$、$L+\beta$ 和 $\alpha+\beta$ 三个双相区。

共晶合金的结晶过程：水平恒温线 cde 是 $L+\alpha+\beta$ 的三相共存线（共晶反应线），d 点是共晶点，共晶点温度为共晶温度，共晶点附近的合金称为共晶合金。合金冷却到共晶点，共同结晶出 c 点成分的 α 相和 e 点成分的 β 相。由一种液态在恒温下同时结晶析出两种固相的反应叫做**共晶反应**，生成的两相混合物称为共晶体或共晶组织，可以用下式表示其共晶反应

$$L_d \xrightarrow{\text{恒温}} \alpha_c + \beta_e$$

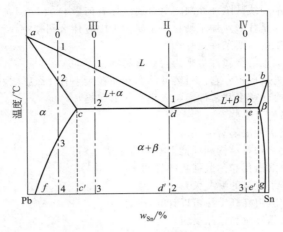

图 1-20　Pb-Sn 合金相图

凡是成分在 c 和 e 之间的合金，在共晶温度时都有共晶反应，合金的室温组织是由 α 相和 β 相组成的共晶体。

下面举例说明合金的结晶过程。

液态合金Ⅰ冷却到点 1 温度，进行匀晶结晶到点 2 温度完全结晶成为 α 固溶体，继续冷却到点 3 温度时 α 固溶体不变化，从点 3 温度开始，因为 Sn 在 α 相的溶解度沿着 cf 线减少，因此从 α 相中析出 $\beta_{\text{Ⅱ}}$ 相，继续降温，α 相中的 Sn 含量转变到 f 点，形成合金的室温组织为 $\alpha + \beta_{\text{Ⅱ}}$，组成是 f 点成分的 α 相和 g 点成分的 β 相，其相对质量按照杠杆定律变化。

合金Ⅱ是共晶合金，其液态合金冷却到点 1 温度（共晶点），进行共晶结晶形成 $\alpha_c + \beta_e$，从共晶温度开始冷却到室温，$\alpha_c + \beta_e$ 都发生二次结晶，从 α 相中析出 $\beta_{\text{Ⅱ}}$ 相，从 β 相中析出 $\alpha_{\text{Ⅱ}}$ 相，α 相中的成分转变到点 f，β 相中的成分转变到点 g，其相对质量按照杠杆定律变化，形成合金的室温组织为 $\alpha + \beta$。

合金Ⅲ处于 cd 之间，是亚共晶合金，其液态合金冷却到点 1 温度，进行匀晶结晶生成初生相 α 固溶体，点 1 到点 2 温度之间，α 相的成分沿着 ac 线变化，液相沿着 ad 线变化，两相质量遵循杠杆定律。继续冷却到点 2 温度（共晶点），液相中发生共晶反应生成 $\alpha_c + \beta_e$，此时初生相 α 不发生变化，合金变化为 $\alpha_c + (\alpha_c + \beta_e)$，继续冷却，初生相 α 中析出 $\beta_{\text{Ⅱ}}$ 相，α 的成分从 c 降低到 f，合金室温组织是 $\alpha + \beta_{\text{Ⅱ}} + (\alpha + \beta)$。合金的组成相是 $\alpha + \beta$。

合金Ⅳ处于 de 之间，是亚共晶合金，初生相是 β 固溶体，其他分析与合金Ⅲ类似。

（3）其他二元相图

两组元在液态能无限互溶，在固态仅有限互溶，冷却产生包晶反应形成的相图为包晶相图。例如 Sn-Sb、Pt-Ag 和 Ag-Sn 等合金相图。其他还有共析相图、含有稳定化合物的相图等。

许多实际合金的相图比较复杂，但都是由上述基本相图组成的，本书第 2 章以铁碳合金相图为例，介绍如何根据相图分析合金的性能。

习题和思考题

1.常见金属的晶格类型有哪些?

2.配位数和致密度可以用来说明哪些问题?

3.晶面指数和晶向指数有什么不同?

4. 实际晶体中的点缺陷、线缺陷和面缺陷对金属性能有何影响？

5. 产生加工硬化的原因是什么？加工硬化在金属加工中有什么利弊？

6. 划分冷加工和热加工的主要条件是什么？

7. 与冷加工比较，热加工给金属件带来的益处有哪些？

8. 什么是异质成核和均质成核？它们对铸件结晶和晶粒大小有什么影响？

9. 何谓过冷度？它对冷却速度和铸件晶粒大小有什么影响？

10. 进行细晶强化的措施有哪些？

11. 镇静钢锭和沸腾钢锭的缺陷有哪些？

12. 固溶体和金属间化合物在结构和性能上有什么主要差别？

13. 总结细晶强化、固溶强化和弥散强化的异同点？

14. 二元合金相图表达了合金的哪些关系？

15. 在二元合金相图中应用杠杆定律可以计算什么？

16. 何谓匀晶反应、共晶反应和包晶反应？

2 铁碳合金的结构和相图

导读 Fe-Fe₃C 合金相图表明了成分与组织和性能的关系，可以为钢铁材料的使用和加工提供指导性根据。本章通过铁碳合金相图进一步讲授相图的基本理论，通过讨论亚共析钢、共析钢和过共析钢的组织成分学习相图的实际应用。学习中应加深理解金属微观组织与宏观性能的关系。

碳钢和铸铁是工农业中应用最广泛的金属材料，由于它们是由铁和碳两种组元构成的二元合金，因此称为**铁碳合金**。通常所说的碳钢是指含碳量为 $0.02\%\sim2.11\%$ 的铁碳合金，铸铁是指含碳量大于 2.11% 的铁碳合金。本章通过铁碳合金相图讨论其成分、组织、性能之间的关系。

铁的熔点为 1538℃，密度 7.87g/cm³。铁冷却到 1394℃ 和 912℃ 先后发生两次晶格类型转变（同素异构转变）：

在 1538~1394℃ 之间，铁为体心立方的 δ-Fe；

在 1394~912℃ 之间，铁为面心立方的 γ-Fe；

低于 912℃ 的铁为体心立方的 α-Fe。

铁和碳形成的化合物主要有 Fe_3C、Fe_2C、FeC，因此铁碳可以构成 $Fe\text{-}Fe_3C$、$Fe_3C\text{-}Fe_2C$、$Fe_2C\text{-}FeC$、$FeC\text{-}C$ 等相图。由于 Fe_3C 含碳量为 6.69%，此时铁碳生成金属间化合物，脆性很大而没有实用价值，所以人们对铁碳相图通常深入研究的只是 $Fe\text{-}Fe_3C$ 相图部

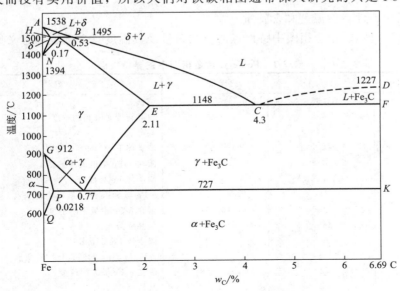

图 2-1 Fe-Fe₃C 合金相图

分。Fe-Fe₃C合金相图比较复杂，但主要是由包晶相图、共晶相图和共析相图三个基本相图组成的，见图2-1。

2.1 Fe-Fe₃C合金相图分析

2.1.1 铁碳合金相图中的基本相

（1）铁碳固溶体——铁素体和奥氏体

铁素体（用 F 或者 α 表示） 碳溶于 α-Fe 中形成的体心立方晶格的间隙固溶体，金相显微镜下为多边形晶粒。铁素体中碳的溶解度很小，在室温时小于 0.008%，在727℃时也只有 0.0218%。铁素体的强度和硬度低、塑性好，力学性能与纯铁相似。铁素体在770℃以下具有磁性。

奥氏体（用 A 或者 γ 表示） 碳溶于 γ-Fe 中形成的面心立方晶格的间隙固溶体，金相显微镜下为规则的多边形晶粒。奥氏体中碳的溶解度较大，在727℃时有 0.77%，1148℃时溶解度最大，达到 2.11%。奥氏体的强度和硬度不高，塑性好，容易压力加工。奥氏体没有磁性。

δ 固溶体 又称为**高温铁素体**。碳溶于 δ-Fe 中形成的体心立方晶格的间隙固溶体，用 δ 表示。δ 固溶体的性质与铁素体相同，但 δ 固溶体只存在于 1394～1538℃，在 1495℃碳的溶解度最大，达到 0.09%。

（2）铁碳化合物——渗碳体

渗碳体 即是 Fe₃C 相，含碳量为 6.69%，它是一种复杂铁碳间隙化合物。渗碳体的硬度很高，强度极低，脆性非常大，对铁碳合金的力学性能有很大影响。

（3）液相

液相 铁和碳在一定温度下生成的液相熔体，用 L 表示。

2.1.2 Fe-Fe₃C合金相图

（1）相图中特性点的温度和含碳量

图2-1的 Fe-Fe₃C 合金相图中特性点的英文符号及其温度、含碳量和意义见表2-1。

表 2-1 Fe-Fe₃C 合金相图中主要特性点

特性点的符号	温度/℃	含碳量/%	意　　义
A	1538	0	纯铁的熔点
B	1495	0.53	包晶转变时液相的浓度
C	1148	4.30	共晶点
D	1227	6.69	渗碳体 Fe₃C 的熔点
E	1148	2.11	碳在 γ-Fe 中最大溶解度
F	1148	6.69	渗碳体 Fe₃C 成分
G	912	0	α-Fe 与 γ-Fe 的同素异构转变点
H	1495	0.09	碳在 δ-Fe 中最大溶解度
J	1495	0.17	包晶成分点
K	727	6.69	渗碳体 Fe₃C 成分
N	1394	0	γ-Fe 与 δ-Fe 的同素异构转变点
P	727	0.0218	碳在 α-Fe 最大溶解度
S	727	0.77	共析点
Q	600	约 0.01	600℃时碳在 α-Fe 中的溶解度

（2）铁碳合金相的转变

Fe-Fe₃C 合金相图中的 *ABCD* 是液相线，铁碳合金冷却到此开始结晶凝固；*AHJECF* 是固相线，铁碳合金冷却到此全部结晶为固态。

在 Fe-Fe₃C 合金相图的水平线 *HJB* 线上有包晶点 *J*，凡是含碳量在 0.09%～0.53% 之间的铁碳合金，冷却到 1495℃时，*B* 点成分的 *L* 和 *H* 点成分的 δ 发生包晶反应，生成 *J* 点成分的 γ，即

$$L_B + \delta_H \xrightarrow{1495℃} \gamma_J$$

在 Fe-Fe₃C 合金相图的水平线 *ECF* 线上有共晶点 *C*，凡是含碳量在 2.11%～6.69% 之间的铁碳合金，冷却到 1148℃时，*C* 点成分的 *L* 发生共晶反应，生成 *E* 点成分的 γ 和 Fe₃C。共晶反应的产物是奥氏体与渗碳体的共晶混合物，称**莱氏体**，用 L_e 表示。即

$$L_C \xrightarrow{1148℃} \gamma_E + Fe_3C$$

在 Fe-Fe₃C 合金相图的水平线 *PSK* 线上有共析点 *S*，凡是含碳量在 0.028%～6.69% 之间的铁碳合金，冷却到 727℃时，*S* 点成分的 γ 发生共析反应，这是固态相变，生成 *P* 点成分的 α 和 Fe₃C，即

$$\gamma_S \xrightarrow{727℃} \alpha_P + Fe_3C$$

共析反应的产物是铁素体与渗碳体的共析混合物，**称珠光体**。用 *P* 表示。珠光体的强度较高，韧性与塑性在渗碳体和铁素体之间。

ES 线是碳在奥氏体 γ 中的溶解度曲线，在 1148℃时碳在 γ 中的溶解量最大，为 2.11%，随着温度降低，碳的溶解量减少，从奥氏体中析出的 Fe₃C 称为**二次渗碳体**。

PQ 线是碳在铁素体 α 中的溶解度曲线，在 727℃时碳在 α 中的溶解量最大，为 0.0218%，随着温度降低，碳的溶解量减少，从铁素体中析出的 Fe₃C 称为**三次渗碳体**，因含量很少，一般忽略不计。

2.2　典型铁碳合金的结晶过程及组织

依据图 2-1 的铁碳合金相图，Fe-Fe₃C 合金可分为以下三类。

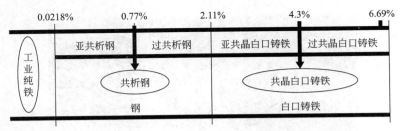

工业纯铁　$w_C \leqslant 0.0218\%$。

钢　$0.0218\% < w_C \leqslant 2.11\%$。其中又分为含碳量不同的亚共析钢（$0.0218\% < w_C < 0.77\%$）、共析钢（$w_C = 0.77\%$）和过亚共析钢（$0.77\% < w_C < 2.11\%$），它们分别形成于铁碳合金相图的不同部位。

白口铸铁　$2.11\% < w_C < 6.69\%$。其中又分为含碳量不同的亚共晶白口铸铁（$2.11\% < w_C < 4.3\%$）、共晶白口铸铁（$w_C = 4.3\%$）和过共晶白口铸铁（$4.3\% < w_C < 6.69\%$），它们分别形成于铁碳合金相图的不同部位。

下面主要分析钢的平衡结晶过程。

2.2.1 共析钢

共析钢的冷却曲线和平衡结晶如图 2-2 所示。合金冷却至点 1 开始从 L 中结晶出奥氏体 A，结晶到点 2 完毕，继续冷却到点 3（727℃）时发生共析转变生成珠光体，继续冷却时，珠光体不发生变化，因此共析钢室温组织为珠光体 P，呈层片状，见图 2-3。按杠杆定律计算生成 F 和 Fe_3C 的相对质量为

$$w_F \% = \frac{6.69 - 0.77}{6.69} \times 100\% = 88\%$$

$$w_{Fe_3C} \% = 1 - 88\% = 12\%$$

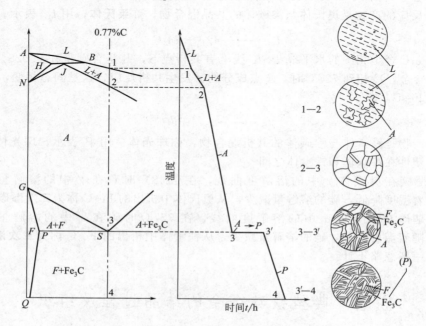

图 2-2 共析钢结晶示意

图 2-3 共析钢的室温珠光体

2.2.2 亚共析钢

亚共析钢的冷却曲线和平衡结晶如图 2-4 所示。合金冷却至点 1 开始从 L 中结晶出铁素体 δ，结晶到点 2 发生包晶转变生成 A，继续冷却到点 3 时全部转变为 A。3 和 4 之间 A 不变化，从 4 开始从 A 中析出 F。继续冷却到点 5，A 发生共析转变生成 P，F 不变化，继续冷却到点 6 合金组织不变化。因此亚共析钢室温组织为铁素体和珠光体构成，见图 2-5。按杠杆定律可以计算生成的 F 和 P 的相对质量。

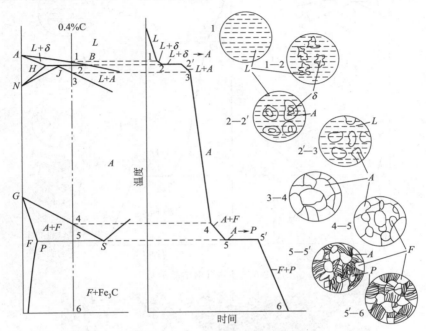

图 2-4　亚共析钢结晶示意

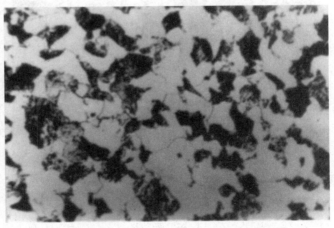

图 2-5　亚共析钢的室温组织（铁素体和珠光体）（400×）

2.2.3 过共析钢

过共析钢的冷却曲线和平衡结晶如图 2-6 所示。合金冷却至点 1 开始从 L 中结晶出奥氏体 A，结晶到点 2 完毕。点 2 和点 3 之间 A 不变化，点 3 开始从 A 中析出网状二次渗碳体

Fe_3C_{II}。继续冷却到点 4，奥氏体含碳量为 0.77%，A 发生共析转变生成 P，Fe_3C 不变化，继续冷却，合金组织不变化。因此过共析钢室温组织为网状二次渗碳体 Fe_3C_{II} 和珠光体构成，见图 2-7。按杠杆定律可以计算生成的相对质量。

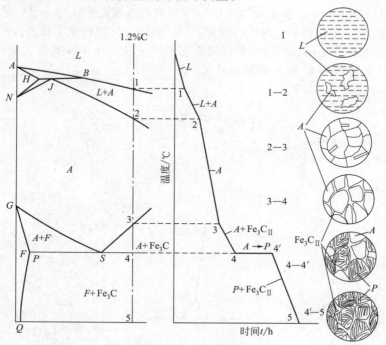

图 2-6　过共析钢结晶示意

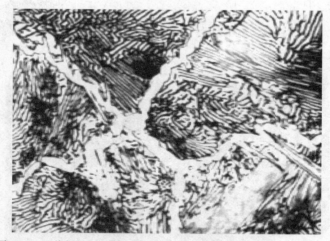

图 2-7　过共析钢的室温组织（网状二次渗碳体 Fe_3C_{II} 和珠光体）

2.3　铁碳合金性能与成分、组织的关系

2.3.1　合金性能与相图的关系

如上所述，碳是决定碳钢力学性能的主要元素，不同含碳量的合金具有不同的组织，必

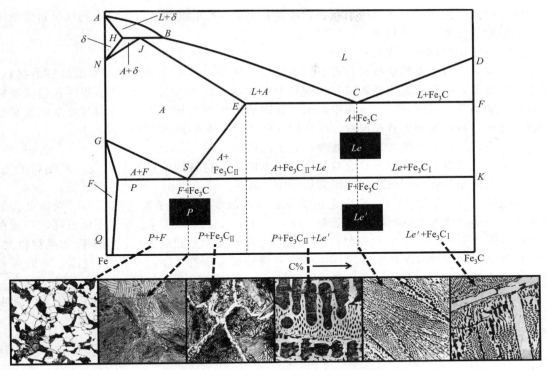

图 2-8 标注组织的 Fe-Fe$_3$C 合金相图

然具有不同的性能。铁碳合金在室温下的组织都是由铁素体 F 和 Fe$_3$C 两相组成（见图 2-8 标注组织的 Fe-Fe$_3$C 合金相图）。

铁素体具有良好的塑性，塑性变形都由铁素体提供，Fe$_3$C 既硬又脆，随着含碳量的增加，硬度大的 Fe$_3$C 增多，硬度小的铁素体减少，因此铁碳合金的硬度呈直线上升，塑性连续下降。铁碳合金全部是铁素体时硬度约为 80HB、全部是 Fe$_3$C 时硬度约为 800HB。当含碳量超过 0.9%，达到碳的过共析，在晶界析出网状二次渗碳体 Fe$_3$C$_{II}$，使合金的强度不断下降。所以工业使用的碳钢含碳量一般不超过 1.3%～1.4%。

铁碳合金的强度、硬度、塑性与含碳量之间的关系见图 2-9。

应当注意，Fe-Fe$_3$C 合金相图具有一定的局限性。该相图只能反映铁碳二元合金中相的平衡状态，实际工业的钢铁材料在铁碳以外还含有或者添加了其他元素，因此相图会发生一些变化。另外相图只是平衡状态的情况，就是在极其缓慢的冷却或者加热过程中才能达到的状态，在实际钢铁生产和热冷加工过程中的温度变化较快的条件下，常常难以完全用相图来分析。

2.3.2 Fe-Fe$_3$C 合金相图的应用

Fe-Fe$_3$C 合金相图表明了某些成分

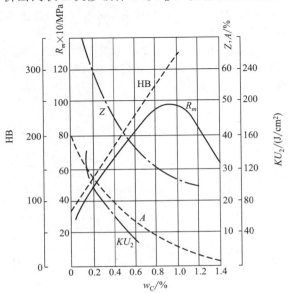

图 2-9 铁碳合金力学性能与含碳量的关系

与组织和性能的关系，上述分析了碳钢含碳量和组织、性能的关系，可以为钢铁材料的使用提供某些指导性依据，为指导生产应用奠定基础。

（1）钢铁选材的成分依据

工程设计中对服役的金属材料有不同的要求。例如同时要求塑性和韧性都较好的材料，如型钢和容器，一般应选用低碳钢（含碳量为 0.10%～0.25%）；同时要求塑性和强度较好的材料，如轴等机械零件，应选用中碳钢（含碳量为 0.25%～0.60%）；同时要求硬度和耐磨性都好的材料，例如工具和模具，应选用高碳钢（含碳量为 0.6%～1.3%）。

（2）钢铁热加工（铸、锻、热处理）的工艺依据

铸造工艺可以根据 Fe-Fe$_3$C 合金相图确定不同成分材料的熔点，制定浇注温度和工艺；根据相图的液相线和固相线之间的距离估计铸件质量，距离越小，铸造性能越好。

锻造工艺可以根据 Fe-Fe$_3$C 合金相图确定锻造温度。钢处于奥氏体状态时强度低、塑性较好，便于塑性加工，所以，锻造都选择在单相奥氏体区内进行。始锻不能过高，一般在固相线以下 100～200℃，以免钢材严重氧化；终锻时温度不能过低，以免奥氏体晶粒粗大，避免因为钢材塑性较差而产生裂纹。生产中一般始锻温度在 1150～1250℃ 范围，终锻温度在 750～850℃ 范围。

在热处理中，Fe-Fe$_3$C 合金相图对制定热处理（例如退火、正火、淬火等）工艺特别重要，将在下一章讨论。

习题和思考题

1. 什么是铁素体、奥氏体和渗碳体，其性能有何特点和差异？
2. 什么是莱氏体和珠光体，其性能和组织有何特点？
3. Fe-Fe$_3$C 合金相图有何作用？
4. 亚共析钢、共析钢和过共析钢的组织有何特点和异同点？
5. 一种钢材中含有 15% 珠光体和 85% 铁素体，请计算钢中的含碳量，并确定它是亚共析钢还是过共析钢。
6. 一种钢材中含有 88% 珠光体和 12% 二次渗碳体，请计算钢中的含碳量，并确定它是亚共析钢还是过共析钢。
7. 计算 Fe-1.4%C 合金在 700℃ 下各个相及其组分的数量和成分。
8. 一种钢材中含有 80% α 相和 20% 渗碳体，请计算钢中的含碳量，并确定它是亚共析钢还是过共析钢。

3 钢的热处理和表面改性

导读 热处理是改善金属使用性能和工艺性能最重要、最基本的加工方法，工业使用的大多数重要零部件都必须经过热处理。本章讲授热处理的基本理论，介绍热处理方法和其他表面处理工艺，学习中应注重理解热处理前后金属微观组织的改变对宏观性能改性的影响。

体系和思路如下。

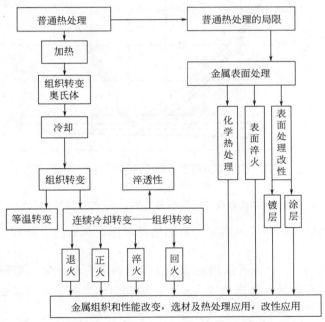

表面改性强化的目的是充分发挥材料的潜力，节约材料资源如 Cr、Ni、Co、Ti 等，并且赋予材料特殊的性能和功能，解决材料心部与表面性能要求的矛盾，提高材料的性能价格比。

3.1 钢在热处理时的组织转变

热处理就是将固态金属以一定的升温速度加热到既定的温度，保温一定时间，再以一定的降温速度冷却的工艺方法。目的是通过改变钢的组织结构而改善金属零件的使用性能和工艺性能。金属材料经过热处理，可以提高制品质量、延长使用寿命、改善加工性能，是金属零件的一种非常重要的加工方法，过程装备中的许多构件和金属零部件都必须进行热处理。

3.1.1　钢在加热时的组织转变

转变温度和奥氏体形成

加热是热处理的首道工序，目的是使金属全部或部分获得成分均匀、晶粒细小的奥氏体，即进行奥氏体化。

从 Fe-Fe$_3$C 合金相图可知，获得奥氏体的加热温度，共析钢应加热到 PSK 线（即 A_1）；亚共析钢，应加热到 GS 线（即 A_3）；过共析钢应加热到 ES 线（即 A_{cm}）。但是，实际的热处理生产的加热及冷却速度与相图的平衡状态有差别，实际加热温度都偏高，冷却温度都偏低，加热和冷却速度越大，这种差别越大，这使得钢在热处理时的临界点偏离了相图中的临界点。图 3-1 是加热和冷却速度（0.125℃/min）对临界点的影响。将实际加热转变为奥氏体的临界温度表示为 A_{c1}、A_{c3}、A_{ccm}，实际冷却温度表示为 A_{r1}、A_{r3}、A_{rcm}。

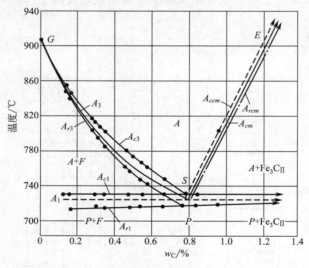

图 3-1　加热和冷却时钢临界点的移动（0.125℃/min）

热处理加热时奥氏体的形成也遵守一般的结晶规律，是通过形核和长大两个基本过程来完成的。

例如共析钢加热到 A_{c1}，原有组织的珠光体即要转变为奥氏体。新形成的奥氏体与原有的铁素体和渗碳体的含碳量及晶格有较大差异，因此新的奥氏体形成还包括渗碳体的完全溶解、铁素体的点阵重构和奥氏体中碳分布的均匀化等过程。

热处理温度到 A_{c1} 以上时，钢中的珠光体变得不稳定，因此在铁素体和渗碳体的交界面优先形成奥氏体晶核，随后向铁素体和渗碳体扩展长大，随着保温时间延长，铁素体全部转变为奥氏体，此时还有部分没有溶解的渗碳体在继续的保温过程中逐渐溶入奥氏体中而消失。渗碳体完全溶解时，奥氏体中碳的浓度很不均匀，在原来渗碳体的部位含碳量较高，原来铁素体的部位含碳量低，必须进一步延长保温时间，使碳扩散达到奥氏体的成分均匀化。

因此，珠光体转变为奥氏体的过程主要有三阶段：奥氏体的形核与长大；剩余渗碳体的溶解；奥氏体成分的均匀化。

（1）影响奥氏体转变的因素

加热的温度和速度　加热温度升高，碳原子的扩散速度增大，GS 线和 ES 线的间距大，奥氏体中碳浓度增大，使奥氏体的形成速度加快。实际热处理的加热速度增大，过热度越大，发生转变的温度越高，转变的温度范围越宽，转变速度越快。所以，高频感应加热一类的快速加热方法，不必考虑转变不及时的问题。

含碳量和合金元素 含碳量增加，渗碳体数量就增加，使渗碳体与铁素体的界面增大，促使奥氏体的形核增多，加快了转变速度。合金元素不影响转变的基本过程，但明显影响转变速度，其中 Co 和 Ni 等加快转变过程；Cr、Mo 和 V 等减慢转变过程；Si、Mn 和 Al 等基本不影响转变过程。

(2) 影响奥氏体晶粒度的因素

奥氏体的晶粒大小对钢的组织和力学性能（特别是韧性）有很大的影响。一般希望通过热处理获得细小的奥氏体晶粒，使钢具有较好的强度、塑性和韧性。

奥氏体的晶粒度有三种不同的概念：

起始晶粒度 指珠光体转变为奥氏体刚完成时的晶粒大小；

实际晶粒度 指在实际热处理或者热加工中获得的晶粒大小；

本质晶粒度 表示钢在一定条件下奥氏体晶粒长大的倾向。

某些钢随加热温度升高，奥氏体晶粒不容易长大，叫做本质细晶粒钢；某些钢随加热温度升高，奥氏体晶粒快速长大，叫做本质粗晶粒钢。冶金部标准规定，本质晶粒度是在加热到（930±10）℃、保温 8h，冷却后测量的晶粒度。一般结构钢的奥氏体晶粒度分为 8 级，1～4 级为粗晶粒，5～8 级为细晶粒（图 3-2）。钢的本质晶粒度与钢的冶炼方法和合金元素有关，用铝或钛脱氧的钢或者添加有 W、Mo、V、Zr 等元素时，晶粒长大倾向小，属于**本质细晶粒钢**；用硅、锰脱氧的钢，奥氏体晶粒长大倾向大，属于**本质粗晶粒钢**。

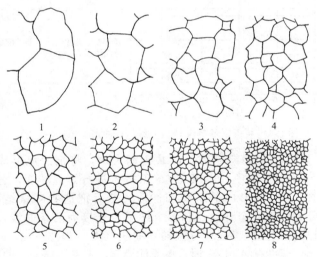

图 3-2 晶粒度等级的相对比较示意图

热处理中奥氏体形成之后如果继续保温，奥氏体晶粒会继续长大。奥氏体化温度越高，保温时间越长，奥氏体晶粒越大。

3.1.2 钢在冷却时的组织转变及 TTT 曲线

热处理的最后工序是冷却，冷却时的组织转变是指过冷奥氏体的转变。热处理有两种冷却方式：一种是**等温冷却**，即将钢由加热温度迅速冷却到临界点 A_{r1} 以下的既定温度，保温一定时间，进行恒温转变，然后再冷却到室温（图 3-3 曲线 2）；另一种是**连续冷却**，即将钢由加热温度连续冷却到室温，在临界点以下进行连续转变（图 3-3 曲线 1）。

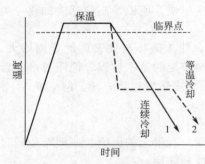

图 3-3 热处理的不同冷却方式

（1）过冷奥氏体的等温转变

奥氏体冷却到 A_1 以下时，处于不稳定状态，具有自发转换为稳定状态的趋势，这种在 A_1 温度以下还未发生转变的奥氏体称为**过冷奥氏体**。共析钢的过冷奥氏体在不同温度下发生等温转变时，按其转变温度的高低可以得到珠光体、索氏体、屈氏体、上贝氏体、下贝氏体和马氏体等组织，其变化规律采用钢在不同温度下的等温转变动力学曲线来描述，亦称 TTT 曲线（Time，Temperature，Transfomation）（图 3-4），由于该曲线形状像字母 C 故又将其简称为 C 曲线。共析钢、亚共析钢和过共析钢的 C 曲线位置不同，共析钢的 C 曲线见图 3-4；亚共析钢的 C 曲线发生右移，过共析钢的 C 曲线发生左移。

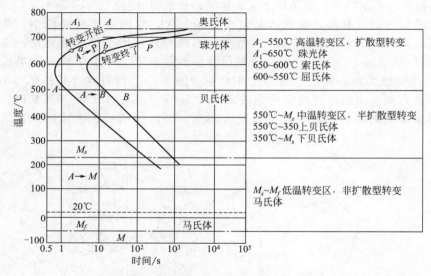

图 3-4 共析钢的等温转变曲线（C 曲线、TTT 曲线）

等温转变曲线 是通过实验绘制的，以共析钢为例，将钢加热形成奥氏体，再冷却到 A_{r1} 以下的各个温度（例如 700℃、650℃、600℃等）进行等温转变，分别测量奥氏体转变的开始时间和终了时间，以及形成的组织和性能，然后把这些测量结果标注在温度-时间（对数）坐标图中，再分别将各个开始点和各个终了点连接为两条曲线，得到开始转变线和转变终了线，即得到共析钢过冷奥氏体等温转变曲线（图 3-4）。

等温转变曲线表明，温度在 A_1 以上时，奥氏体稳定，不发生转变；如果将奥氏体冷却到低于 A_1 的某一温度，例如 650℃等温，则 650℃线与开始转变线交于 a 点，与终了转变线交于 b 点，表示奥氏体在 a 点时间开始等温转变，在 b 点时间转变终了，a 点之前的时间为转变的孕育期。

可以看出在 C 曲线的"鼻尖"（大约 550℃）附近的孕育期最短，过冷奥氏体的稳定性最小。在"鼻尖"之上，随着温度降低，孕育期变短，转变速度增加；在"鼻尖"之下，随着温度降低孕育期变长，转变速度减缓。图 3-4 的 C 曲线还有 M_s 和 M_f 两条水平线，分别是过冷奥氏体发生低温转变，形成马氏体的开始温度和终了温度。

C 曲线有如下三个转变区。

珠光体转变区（高温转变区） A_1 到"鼻尖"（550℃）温度区域内，转变产物是珠光体。此时，因为转变温度高，奥氏体中的碳原子可以充分扩散形成渗碳体，同时奥氏体（图3-5）将转变为铁素体，因此形成铁素体和渗碳体的机械混合物——**珠光体**（图3-6），渗碳体以层状分布在铁素体基体上，转变温度不同，铁素体与渗碳体片层厚薄不同。在 $A_1 \sim 650℃$ 形成片层较厚的铁素体和渗碳体混合物——珠光体。随着转变温度降低，在 $650 \sim 600℃$ 转变获得片层较薄的珠光体又称为**索氏体**。转变温度进一步降低，在 $600 \sim 550℃$ 转变得到片层更薄的珠光体称为**屈氏体**。它们在本质上没有区别，也没有严格界限，只是形态不同而已，珠

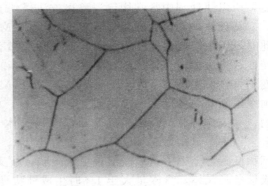

图 3-5　奥氏体（600×）

光体较粗，索氏体较细，屈氏体最细；片层越细，变形抗力越大，因此它们的强度、硬度和塑性依次增大。

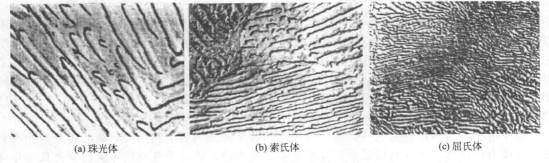

（a）珠光体　　　　　　　　（b）索氏体　　　　　　　　（c）屈氏体

图 3-6　珠光体、索氏体和屈氏体

贝氏体转变区（中温转变区）　"鼻尖"（550℃）$\sim M_s$ 温度区域内，转变产物是贝氏体。此时，因为转变温度低，碳原子来不及充分扩散，奥氏体转变形成碳过饱和的铁素体和细小碳化物的混合物——**贝氏体**。转变温度不同时，贝氏体的形态也有差别。通常将 $350 \sim 550℃$ 区间形成的称为**上贝氏体**，它的组织特点是渗碳体分布于条状铁素体之间，显微镜下的整体形貌呈羽毛状，所以又称羽毛状贝氏体 [图 3-7(a)]。$350 \sim 230℃$（M_s）区间内形成的称为**下贝氏体**，它的组织特点是渗碳体以细小颗粒分布于针状铁素体的内部，显微镜下的整体形貌呈针状组织 [图 3-7(b)]。上贝氏体的强度和韧性等力学性能都较差；下贝氏体的铁素体针状细小，没有方向性，位错密度大，碳化物分布均匀，因此具有较好的综合力学性

（a）上贝氏体（1300×）　　　　　　　　　（b）下贝氏体（500×）

图 3-7　贝氏体

能，所以热处理中常常用等温淬火方法得到下贝氏体。

马氏体转变区（低温转变区）　低于 M_s（230℃）的温度区域，转变产物是马氏体。此时，因为转变温度非常低，碳原子和铁都不能进行扩散，仅仅发生晶格改变，是非扩散型转变，奥氏体转变形成碳在 α-Fe 中的过饱和间隙固溶体——**马氏体**。事实上，马氏体的转变不是在恒温条件下发生的，而是在 $M_s \sim M_f$ 之间的一个温度范围内连续冷却完成的，必须在不断降温条件下转变才能够继续进行，中断冷却，转变立即停止。由钢中的含碳量不同，马氏体可分为高碳马氏体和低碳马氏体（图 3-8）。高碳马氏体主要是在高碳钢和高碳合金钢中，显微形貌呈针状（或者竹叶状），故又称**针状马氏体**；低碳马氏体主要是在低碳钢和低碳合金钢中，显微形貌呈板条状，故又称**板条马氏体**。一般当含碳量小于 0.6％时生成板条马氏体，含碳量大于 1％时生成针状马氏体，含碳量在 0.6％～1％之间生成两类马氏体的混合物。低碳马氏体的强度高、硬度不高、塑性和韧性较好，应用广泛；高碳马氏体的硬度高、塑性和韧性很差。

（2）过冷奥氏体的连续冷却转变

实际生产中的许多热处理和热加工都是在连续冷却状态下进行的，例如炉冷退火、水冷淬火以及铸造、焊接和锻轧的冷却等，所以需要了解过冷奥氏体的连续冷却转变曲线。

连续冷却转变曲线也是通过实验绘制的，以共析钢为例，将钢加热形成奥氏体，再以不同速度冷却，分别测量奥氏体转变的开始点与终了点的温度和时间以及形成的组织和性能，然后把这些测量结果标注在温度-时间（对数）坐标图中，分别将开始点和终了点连接为两条曲线，即为过冷奥氏体连续冷却转变曲线，它与过冷奥氏体的等温冷却转变曲线有些不同，图 3-9 是共析钢的连续冷却转变曲线（虚线）与等温转变曲线（实线）的比较。

图中可见，与等温转变曲线比较，连续冷却转变曲线向右下侧移动，表明转变的开始和终了温度有所降低，时间有所延长；连续冷却转变为珠光体的孕育期比等温转变更长，并且这种转变是在一个温度范围内进行的；另外，连续冷却转变曲线没有下部，表明连续冷却不会得到贝氏体。

图 3-8　低碳马氏体（500×）

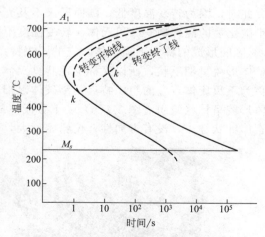

图 3-9　共析钢的连续冷却转变曲线
与等温转变曲线的比较

尽管如此，两种曲线还是存在许多联系，尤其是珠光体的转变。所以，由于连续冷却转变曲线的建立比较困难，可以采用等温转变曲线定性地分析连续冷却转变的组织和产物。

3.2 钢的热处理工艺对组织和性能的影响

根据钢在加热和冷却过程中组织和性能的变化规律，常规热处理工艺可以分为退火、正火、淬火和回火等。

3.2.1 钢的退火和正火

（1）退火

退火 就是将钢加热到临界点 A_{c1} 以上或者在临界点以下某一既定温度保温一定时间，然后缓慢冷却（一般是随炉冷却）的一种热处理工艺。依据不同的热处理目的和要求，退火分为完全退火、等温退火、球化退火、扩散退火和去应力退火等。

完全退火 其工艺是将钢加热到 A_{c3} 以上 30℃ 左右，保温一定时间后随炉（或埋入石灰、砂中）缓慢冷却，目的是通过完全重结晶，获得细化晶粒，并降低硬度，改善切削性能和消除内应力。主要用于中碳以上的亚共析成分碳钢和合金钢的铸件、锻件及热轧型材。完全退火花费的时间很长。

等温退火 其工艺是将钢加热到 A_{c3} 以上的温度，保温一定时间后，很快地冷却到珠光体区的某一温度，保持等温使奥氏体转变为珠光体，随后缓慢冷却。等温退火目的与完全退火相同，但其转变容易控制，退火时间也明显缩短。

球化退火 其工艺是将钢加热到 A_{c1} 以上 30℃ 左右，保温一定时间后随炉缓慢冷却到600℃后出炉空冷，使二次渗碳体和珠光体中的渗碳体球状化，目的是降低钢的硬度、改善切削性能，并为以后的淬火作准备。对于网状渗碳体严重的过共析钢，球化退火之前要采用正火消除网状渗碳体。球化退火主要用于共析成分和过共析成分的碳钢及合金钢，如工具钢和滚珠轴承钢等。

去应力退火（低温退火） 其工艺是将钢缓慢加热到 500～650℃（低于 A_{c1}），保温一定时间，然后随炉冷却。钢在去应力退火中不发生组织变化，而是发生应力松弛，部分弹性变形转变为塑性变形使内应力消除，目的是防止工件在使用或加工时发生变形、开裂。退火温度越高，应力消除越充分。主要用于消除铸造、锻造、焊接、冷加工和机加工等冷热加工在工件中造成的残留内应力。

扩散退火 其工艺是将钢加热到 A_{c3} 以上 200℃，长时间保温，然后缓慢冷却。使碳和合金元素充分扩散，消除偏析，减少钢锭、铸件和锻坯的成分和组织的不均匀。扩散退火造成晶粒粗大，通常还要进行完全退火和正火处理。

（2）正火

正火 是将钢加热到 A_{c3} 以上 30～50℃（亚共析钢）或者 A_{ccm} 以上 30～50℃（过共析钢），保温一定时间后在空气中冷却，得到索氏体组织。与退火的最大区别在于正火的冷却速度快，生产周期短，操作简便，强度和硬度稍有提高，因此，应用中可以根据实际情况考虑用正火代替退火。正火的目的如下。

ⅰ. 作为预备热处理，使组织粗大的铸件和锻件达到组织均匀、细化，为淬火和调质作准备。

ⅱ. 作为最终热处理，提高钢的强度、韧性和硬度，对于力学性能要求不高的普通结构钢件，可在正火状态使用。

ⅲ. 低碳钢退火后塑性和韧性太高，切削时难断屑，表面粗糙度高。正火可以获得适当硬度，改善低碳钢和低碳合金钢的切削性能。

3.2.2 钢的淬火

淬火 是将淬火钢加热到 A_{c3} 以上 30～50℃（亚共析钢）或者 A_{c1} 以上 30～50℃（共析钢、过共析钢），保温一定时间，然后快速冷却（油冷或水冷），使奥氏体转变为马氏体的热处理工艺。淬火的目的是获得马氏体组织以提高钢的强度和硬度。

（1）淬火时的组织转变

淬火的关键就是要获得马氏体。亚共析钢的铁素体和渗碳体在 A_{c3} 以上温度全部转变为细小的奥氏体，淬火时快速冷却转变为细小的马氏体组织；共析钢和过共析钢在 A_{c1} 以上温度转变为细小奥氏体与渗碳体混合物，淬火后得到细小的马氏体加渗碳体，硬度高、耐磨性好。

（2）淬火工艺及影响因素

淬火温度 亚共析钢仅仅加热在 A_{c3} 以下温度时，淬火组织中会残留少量铁素体，致使淬火钢的硬度降低。过共析钢加热在 A_{c1} 以上，目的是保留少量二次渗碳体，提高硬度和耐磨性并降低马氏体的脆性，见图 3-10。此外，淬火温度过高会造成马氏体组织粗大，增大淬火应力和变形、开裂倾向，导致力学性能下降。

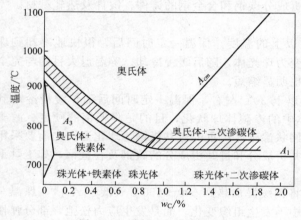

图 3-10 碳钢淬火温度范围

保温时间 保温目的是使钢件烧透，获得细小均匀的奥氏体。保温时间主要根据钢的成分、工件大小和形状、加热炉类型和加热介质确定。生产中可以通过实验或者根据相关手册的经验公式估算。

淬火冷却介质 理想冷却介质的冷却能力是既能获得马氏体又不使钢件造成大的内应力。亦即在 650℃ 以上时，在保证不生成非马氏体组织的前提下，冷却速度应当尽可能缓慢，以减少内应力；在 650～450℃ 范围应当快速冷却，

避免 C 曲线的"鼻尖"，防止奥氏体中途转变为非马氏体；在 300～200℃ 范围，要求缓慢冷却，减少内应力。常用的淬火冷却介质有油、水和盐水。油在 300～200℃ 范围的冷却能力小，可以减少钢件的变形；但在 650～550℃ 的冷却能力也小，不利于淬硬，通常作为合金钢的淬火冷却介质。水在 650～550℃ 和 300～200℃ 范围的冷却能力都较大，因此容易造成钢件过大的内应力，导致开裂和变形。生产中水冷主要用于形状简单、截面积较大的钢件淬火。为了改善水冷介质，添加了盐、碱和多种高聚物，见表 3-1。

表 3-1 淬火冷却介质比较

冷却介质	冷却能力/(℃/s)		冷却介质	冷却能力/(℃/s)	
	650～550℃	300～200℃		650～550℃	300～200℃
水(18℃)	600	270	10%Na$_2$CO$_3$(18℃)	800	270
水(25℃)	500	270	肥皂水	30	200
水(50℃)	100	270	机油	150	30
10%NaCl(18℃)	1100	300	植物油	200	35

（3）钢的淬透性及影响因素

钢的**淬透性**指在淬火时获得淬硬层的能力。**淬硬层**通常是指钢件表面到半马氏体层（马氏体占 50%）之间的区域。不同的钢的淬硬层深度不同。淬透性与淬硬性的含义是不同的，**淬硬性**指钢淬火能够达到的最高硬度，主要取决于马氏体的含碳量。

同一种钢材制备大小不同截面的钢件，在同一种条件淬火，如图 3-11（a）所示，水平虚线表示临界冷却速度。因为钢件表面的冷却速度快（大于临界冷却速度），可以完全淬火转变为马氏体；心部冷却速度慢（小于临界冷却速度），见图 3-11（b），大截面钢件的中心往往难以获得马氏体组织，转变形成了索氏体和屈氏体等组织。因此淬透性对钢的力学性能影响很大，如果选用的钢淬透性较高，钢件的全部截面都能够淬火成马氏体，通过回火可获得一致的力学性能［图 3-12（a）］；反之，如果钢的淬透性较低，钢件心部不能获得马氏体，则回火后的表面和心部在力学性能上存在较大差异［图 3-12（b）］，可能导致工件在使用中发生开裂、损坏。因此钢的淬透性是机械零部件选材和制定热处理工艺的重要依据。

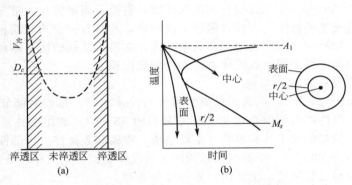

图 3-11　钢淬火沿截面的不同冷却速度示意

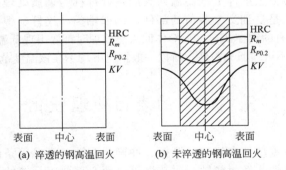

图 3-12　淬透性不同的钢调质后力学性能沿截面的分布

观察钢的 C 曲线可知，"鼻尖"离纵坐标越远，淬火的临界冷却速度越小，淬透性越好。由此分析，影响钢淬透性的因素如下。

合金元素　除钴以外的大多数合金元素都使 C 曲线右移，因此可以降低临界冷却速度，提高淬透性。

含碳量　亚共析钢的淬透性随含碳量增加而增大；过共析钢淬透性随含碳量增加而下降。

加热温度　奥氏体化温度越高，奥氏体晶粒粗大、成分均匀，因此减少了珠光体的形核率，可以降低钢的临界冷却速度，增加淬透性。

3.2.3 钢的回火

回火 是将淬火钢加热到 A_{c1} 以下的某一温度，保温一定时间，然后冷却至室温，改善组织并消除内应力的热处理工艺。

钢淬火得到的是脆性马氏体组织，并存在内应力，容易产生开裂和变形；另外，淬火马氏体和其中残余的奥氏体在室温都是不稳定组织，趋向于分解回到铁素体和碳化物的稳定状态，从而导致工件的尺寸和性能发生变化。因此淬火钢不能直接应用，必须通过回火处理，达到工况要求的强度、硬度、塑性和韧性。

（1）回火后的组织和性能

淬火钢回火时的组织变化包括：碳化物的析出和聚集，马氏体的分解，铁素体的回复和再结晶，残余奥氏体的转变等，大体分为四个阶段完成。回火后的组织有以下三类。

回火马氏体 100～300℃回火得到回火马氏体，它是低饱和度的 α 固溶体和细小的 ε 碳化物的混合物。其硬度与淬火马氏体相近。

回火屈氏体 350～500℃回火得到回火屈氏体，它是 α 固溶体与大量弥散分布的细小渗碳体的混合物。其硬度稍低于马氏体，但硬度也较高，并具有一定的韧性和塑性。

回火索氏体 500～650℃回火得到回火索氏体，它是再结晶的铁素体和颗粒状渗碳体的混合物。其硬度和强度低于回火屈氏体，但塑性和韧性较高。

（2）回火的种类和应用

低温回火（150～250℃） 低温回火得到回火马氏体组织，目的是部分降低淬火钢中的残余应力和脆性，保持淬火钢的高硬度（通常为 HRC58～64）和耐磨性。主要用于处理高碳钢或者高碳合金钢制作的工具和模具、滚动轴承、渗碳和表面淬火零部件。

中温回火（350～500℃） 中温回火得到回火屈氏体组织，钢的特性是既具有高的韧性，同时又有高的弹性和屈服强度，主要用于各种弹簧处理。

高温回火（500～650℃） 高温回火得到回火索氏体，使钢具有强度、塑性和韧性都良好的综合力学性能。习惯上把淬火加高温回火的热处理称为**调质处理**，它广泛应用于机器设备的重要零部件，尤其是受到交变载荷的部件，例如轴类、连杆、螺栓、齿轮等。

应当注意，几乎所有的钢在 250～350℃作回火热处理时都要出现低温回火脆性，由于这种脆性不能消除，故又称为不可逆回火脆性，所以一般情况下均不在该温度范围作回火处理。

3.3　钢的表面处理强化

机械设备中的一些零部件在运动、摩擦、冲刷、腐蚀、高温等条件下工作，因此要求表面具有高的硬度、耐磨性或者耐腐蚀、耐热性等，而心部要求足够的强度和韧性，此时仅仅从材料入手是难以解决的，工程上常常对钢铁采用表面处理强化。表面处理强化的方法和目的分别见表 3-2 和表 3-3。

表 3-2　表面处理强化目的

性能分类	项　　　目
表面强化力学性能	强度、韧性、硬度、内应力
表面加工和修复	修补性、焊接性能、精密加工性、补强性
表面耐磨性	抗腐蚀磨损、抗冲蚀磨损、抗磨料磨损、润滑性
表面防护性	防锈性、耐候性、防污染、抗黏着、耐腐蚀
耐热性	抗高温氧化性、抗热冲击性、热障性、导热性
功能性	导电性、绝缘性、电磁屏蔽、装饰性、磁性能

表 3-3 表面处理强化的方法

分 类		处 理 方 法 和 品 种
表面合金化	表面热处理	渗 C、渗 B、渗 N、感应加热淬火、火焰淬火
	堆焊	等离子堆焊、二氧化碳保护堆焊、埋弧堆焊、硬质合金
	激光熔覆	大功率激光熔覆
	热渗镀	液渗、气渗、等离子渗、固渗
表面覆层	热喷涂	火焰喷涂、电弧喷涂、等离子喷涂、爆炸喷涂、超声速喷涂
	电镀	电镀、化学镀、复合镀、电刷镀,纯金属、合金、非晶体
	转化膜	磷化、阳极氧化、钝化、化学氧化、溶胶-凝胶
	气相沉积	CVD、PVD、溅射、离子镀、蒸镀
	热浸镀	铝、锌、锌铝合金、锌-稀土合金、镉
	衬里	搪瓷、橡胶、玻璃钢、特种金属
	涂装	普通涂料、特种涂料、静电喷涂、普通喷涂、流化涂装
表面组织转化	高能束处理	激光相变硬化、电子束、电火花、离子注入
	形变强化	喷丸、滚压、机械镀
	表面热处理	高频淬火、火焰淬火,激光淬火

3.3.1 钢的表面热处理强化

表面热处理是仅仅加热、冷却钢的表面,使心部和表面具有不同的组织和相应的性能,而不改变钢的成分的热处理工艺。

(1) 表面淬火

表面淬火 就是将钢件表面快速加热到淬火温度,使表面转变为奥氏体,在热量尚未传到心部时,随即快速冷却淬火,在表面得到马氏体组织的一种局部淬火方法。表面淬火根据加热方式不同有多种方法,常用的是感应加热淬火。

感应加热表面淬火是在感应线圈中通入交流电,它的周围就会产生交变磁场,如果将钢件置入该磁场内,钢件中就会产生与线圈频率相同、方向相反的感应电流,并且由于电阻作用产生大量热量使钢件加热。另外,由于交流电的"集肤效应",钢件中心的电流趋近于零,表面的电流密度最大,因此表面的温度最高。

电流透入钢件表面的深度 δ 随着交流电频率 f 的升高而减少,对于碳钢有如下关系:$\delta(\text{mm}) = 500/f^{-1/2}$,所以,通过选择交流电频率可以得到不同的淬硬层深度。

高频淬火（100～1000kHz） 常用频率 200～300kHz,淬硬层深度为 0.2～2mm,适用中小零件。

中频淬火（0.5～100kHz） 常用频率 2.5～8kHz,淬硬层深度为 2～8mm,适用大中型零部件。

工频淬火（50Hz） 淬硬层深度为 10～15mm,适用大型部件。

感应加热淬火的加热速度快,容易控制及自动化,生产效率和质量高,淬火组织细小、硬度高,耐疲劳和冲击,因此在工业上得到广泛应用。但是它的设备复杂、成本高。

(2) 高能束表面淬火

高能束有激光和电子束、离子束等,它们都是高能量密度的能源,其特点是"快",将钢表面从室温加热到奥氏体化温度,仅仅需要毫秒级时间,并且冷却时间也大于 $10^4℃/s$。这样快速的加热和冷却时间赋予高能束表面强化全新的特点。

电子束表面淬火的功率密度控制为 $10^4 \sim 10^5$ W/cm^2，加热速度为 $10^3 \sim 10^5 ℃/s$，冷却速度也可以达到 $10^3 \sim 10^5 ℃/s$。激光淬火加热速度达到 $10^5 \sim 10^9 ℃/s$，冷却速度也可以大于 $10^4 ℃/s$。

淬火加热时高能束以高速度轰击金属表面，由于能量高，集中于金属表面使之升温极快，因而被加热层与基体之间形成很大的温度梯度，在金属表面被加热到淬火温度时，心部基体仍然保持较低温度（冷态），一旦停止高能束的轰击，热量迅速向冷态心部扩散，从而获得高的冷却速度，被加热的金属表面进行"自淬火"，淬火组织为细针马氏体。淬火机理与普通淬火没有根本区别。

高能束表面淬火可以得到理想的组织和硬度，可以显著提高耐疲劳性能，处理时材料变形小、表面质量好。

除激光淬火之外，高能束表面改性还有：电子束表面熔凝处理，电子束表面熔覆，激光熔凝，激光熔覆，激光表面合金化和激光冲击硬化、离子注入等表面处理强化的高新技术。

3.3.2　钢的化学热处理强化

化学热处理是将钢件置入特殊介质中加热保温，使特殊介质中的一种或几种元素渗入钢件表面，改变其成分和组织，从而改变钢件表面性能的热处理工艺。它可以提高钢件的耐蚀性、耐磨性、抗氧化性、耐热性和抗疲劳性。化学热处理按照渗入的元素可分为渗碳、渗氮、碳氮共渗以及渗铝、渗铬、渗硼、渗硫和多元共渗等，常用的化学处理方法如下。

（1）渗碳

渗碳　是使碳原子渗入钢件表面，使低碳钢（含碳量为 $0.15\% \sim 0.30\%$）的表层获得高的含碳量（含碳量为 $0.85\% \sim 1.0\%$），再经过淬火和低温回火处理，表面获得细小的回火马氏体加碳化物组织，渗碳层深度通常为 $0.5 \sim 2mm$ 之间。可以达到通常要求的硬度 $58 \sim 64HRC$。从而使钢件表面具有高硬度、抗疲劳性和耐磨性，心部仍然保持足够的韧性和强度。主要用于经受严重磨损和较大冲击载荷的零件，例如齿轮、凸轮轴、活塞销等。

常用渗碳方法有气体渗碳和固体渗碳，近年还发展了离子渗碳。

气体渗碳　将钢件置入密封的炉膛内，加热到 $900 \sim 950℃$，向炉内滴入碳氢化合物如煤油、甲苯、甲醇（或者直接通入含碳气体如煤气、液化气），高温裂解为 CO、CH_4，通过如下反应产生出活性碳原子 [C]

$$2CO \Longrightarrow CO_2 + [C]$$
$$CH_4 \Longrightarrow 2H_2 + [C]$$

活性碳原子渗入钢件表面被吸收、溶解并扩散，形成 $0.5 \sim 2mm$ 的渗碳层。

固体渗碳　将钢件置入填满了渗碳剂的渗碳箱内，加盖密封后，加热到 $900 \sim 950℃$ 保温渗碳。渗碳剂主要由木炭和催渗剂（$BaCO_3$ 或 Na_2CO_3）组成，反应产生活性碳原子 [C] 渗入钢件表面、形成渗碳层。

离子渗碳　将钢件置入真空加热器中，加热到 $900℃$，导入丙烷气体，施加直流电压，产生辉光放电，使碳离子轰击钢件表面，将钢件表面加热并被表面吸收，然后向内部扩散。离子渗碳不会使晶界硬化，同时表面渗碳量容易控制，多次循环处理可以形成复合硬化层。

（2）氮化

氮化　是使氮原子渗入钢件，使钢件表层获得富氮层。氮化用钢通常是合金钢，氮溶入铁素体和奥氏体中，与铁形成 Fe_4N（γ 相）和 Fe_3N（ε 相）。氮化性能优于渗碳，氮化后的硬度高达 HV$1000 \sim 1200$，并且在 $600℃$ 左右保持不下降，具有很高的耐磨性和热硬性；氮化后的钢件表面形成压应力，明显提高抗疲劳性；氮化表面的 ε 相具有耐蚀性，在水、蒸汽和碱中长期保持光亮。氮化后一般不再进行热处理。

常用的方法是**气体氮化**，在密封的加热炉内放入钢件，升温到 $500 \sim 600℃$，通氨（也

可以预先放入尿素，分解为氨），高温下分解出活性氮原子 [N]

$$2NH_3 \Longrightarrow 3H_2 + [N]$$

钢件吸收活性氮原子，渗入内部形成富氮硬化层。

（3）碳氮共渗及多元共渗

碳氮共渗就是同时向钢件表面渗入碳原子和氮原子，兼具渗碳和渗氮的特点，目的是提高钢件的硬度、耐磨性和抗疲劳性。

高温碳氮共渗　在 800～900℃进行，同时通入渗氮和渗碳气体，形成碳氮共渗层，但以渗碳为主。碳氮共渗层组织与渗碳层类似，但硬度、耐磨性、耐蚀性和抗疲劳性等性能都优于渗碳层。

低温碳氮共渗　在 500～600℃进行，同时通入渗氮和渗碳气体，形成碳氮共渗层，但以渗氮为主，又称为软氮化。其碳氮共渗层组织与氮化类似，但抗疲劳性优于渗碳和高温碳氮共渗；硬度低于氮化但仍然有耐磨性，并具有减摩作用。

上述钢的加热表面处理的性能和特点比较见表 3-4。

表 3-4　钢的加热表面处理之比较

方法	表面淬火	渗碳	氮化	碳氮共渗	高能束处理
工艺	淬火＋低温回火	渗碳＋淬火＋低温回火	氮化	共渗＋淬火＋低温回火	激光淬火电子束淬火
处理时间	Sec～Min	3～9h	30～50h	1～2h	10^4℃/s
处理层深度/mm	0.5～7	0.5～2	0.3～0.5	0.2～0.5	0.3～0.5
硬度/HRC	58～63	58～63	65～70	58～63	63
耐磨性	较好	好	很好	好	非常好
抗疲劳性	好	较好	很好	好	非常好
耐蚀性	可	可	好	较好	好
热处理变形	较小	较大	小	较小	非常小
适用场合	耐磨性和硬度要求不高，形状简单，变形要求小	耐磨性要求高，重载荷或者冲击载荷	耐磨性好，精度高	耐磨性要求高，形状复杂，变形要求小	形状复杂，体积小，要求高

（4）渗铬

将钢件埋入填满了渗铬剂的密封箱内，加热后保温进行渗铬。渗铬剂主要由金属铬粉和 SiO_2（或 Al_2O_3）添加氯化铵组成，反应产生活性 [Cr] 渗入钢件晶体、形成渗铬层。

渗铬层具有较好的耐蚀性和优良的抗氧化性、硬度和耐磨性也相当好。渗铬层可以代替不锈钢和耐热钢用于机械和工具制造。

（5）渗硼

渗硼方法有固体渗硼、气体渗硼、盐浴渗硼等。渗硼剂主要由碳化硼、硼砂、硼铁和少量氧化铝及氯化物组成，处理温度在 950～1000℃左右。

渗硼层具有十分优秀的耐磨性、耐腐蚀磨损和泥浆磨损的能力，渗硼层的耐磨性明显优于上述渗氮、碳和碳氮共渗层。渗硼层还有较好的耐酸性、耐盐水和氢氧化钠能力。但是，渗硼层不耐大气和水的腐蚀。渗硼主要用于泥浆泵零部件、热作模具和工夹具、各种兼具耐磨和耐蚀的用品。

3.3.3　钢的表面处理改性

（1）钢的金属镀层

钢的金属镀层可以通过电镀、化学镀以及复合镀的方法获得。镀层的目的是提高钢件表面的各种物化性能和改善外观，赋予表面耐蚀性、耐磨性、装饰性以及其他特性。

① 镀层分类　常用的金属镀层如下。

单金属镀层：铜、锌、镍、铬、镉等。

合金镀层：如锌-镍（7%～18%）合金、锌-镍（10%）-铁（5%）合金、镉-钛合金等。

复合镀层：耐磨性的 Ni-SiC、Ni-BC、Ni-金刚石，减摩性的 Ni-石墨、Ni-PTFE、Cu-石墨等。

防护装饰性：Au、铜-锌仿金镀、黑铬、黑镍、镀锌＋钝化等。

导电性：Au、Ag、Rh、Cu 等。

可焊性：Cu、Sn、Ag、Sn-Pb 等。

耐磨性镀层：镍-钨合金、镍-钼（20%）合金、镍-磷（4%～10%）合金、硬铬。

减摩性镀层：铅锡合金、铅锰合金、铅锑合金、松孔镀。

应当注意，在镀层服役的介质中，金属镀层的电极电位高于基体金属时是**阴极性镀层**、低于基体金属时是**阳极性镀层**（表 3-5）。镀层完好时，它们都可以保护基体金属；当镀层的完整性受到破坏时，阳极性镀层可以借助电化学作用（即作为牺牲阳极）继续保护基体金属免遭腐蚀，但是阴极性镀层将会因为构成电偶腐蚀（基体金属为阳极，镀层金属为阴极）加速基体金属的腐蚀。因此在过程装备中使用金属的镀层和涂层时必须注意选择。

表 3-5　常用金属镀层的极性分类

基体金属	阴极性镀层	阳极性镀层
钢	Cu、Ni、Cr、Ag、Sn、Pb、Au、Pt	Zn、Cd、Al
铝和铝合金	Cu、Ni、Cr、Ag、Sn	Zn、Cd
铜和铜合金	Au、Ag、Pt	Zn、Cd、Pb

② 电镀方法　获得金属镀层的基本方法如下。

电镀　采用直流电源和相应的镀液，钢件在电镀槽中作为阴极，待镀金属作为阳极，特殊情况下阳极用惰性材料制作，例如镀铬等；在金属工件的表面发生电化学反应，沉积一层不同于基体的金属或者合金镀层。例如镀铜，阳极反应为 $Cu - 2e \rightleftharpoons Cu^{2+}$，阴极（基体金属）反应为 $Cu^{2+} + 2e \rightleftharpoons Cu$。镀液中除了含有待镀金属离子以外，还有添加剂如络合剂、导电盐、整平剂等。普通的电镀槽参见图 3-13。

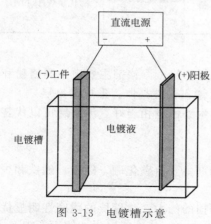

图 3-13　电镀槽示意

化学镀　镀槽不施加电流，利用镀液中的还原剂如次磷酸钠、甲醛、肼将金属离子还原沉积在钢件表面成为镀层。与电镀比较，化学镀的镀层致密、均匀；并且由于没有电镀那样的电流屏蔽问题，因此可以在形状复杂的工件表面沉积出厚度均匀的镀层；但是化学镀因为镀液稳定性较差、循环使用寿命短，因此镀层成本明显高于电镀。化学镀应用比较广泛的品种主要是 Ni-P 以及 Co、Cu。

复合镀　在适当的电镀或者化学镀溶液中加入经过预处理的固体微粒如 SiC、BC、PTFE、石墨等，搅拌悬浮使之与金属共沉积，获得微粒弥散分布的复合镀层，例如 Cu-SiC、Ni-P-BC、Au-PTFE、Ni-P-BC-PTFE 等，常常用于耐磨层、减摩层和功能性镀层。

表 3-6 以镀镍为例，说明了电镀、化学镀和复合镀的工艺异同点。

表 3-6　四种镀镍的工艺比较

镀种		电镀镍	化学镀镍	化学复合镀 Ni-P-SiC	复合电镀 Ni-SiC
镀液 /(g/L)	硫酸镍	250	25	25	250
	氯化镍	50	10	10	50
	硼酸	35	—	—	35
	乙酸钠	—	20	20	—
	乳酸	—	20	20	—
	乙酸铅	—	0.0005	0.0005	—
	润湿剂	0.06	0.05	—	—
	次亚磷酸钠	—	30	—	—
	固体微粉	—	—	PTFE(0.5μm),10	SiC(3μm),150
工艺	温度/℃	50	90	90	50
	pH	3.5	5.3	5.3	3.5
	电流/(A/dm²)	1.5	—	—	2.5
	搅拌	阴极移动	过滤	间歇搅拌悬浮	间歇搅拌悬浮
	阳极	金属镍板			金属镍板
	阴极	工件			工件

电刷镀　电刷镀是电镀的特殊形式。电刷镀方法不用镀槽，阳极是手持式的刷镀笔，一般采用石墨制作，石墨的端部包裹棉花和尼龙布，吸纳镀液后与阴极金属工件接触构成电镀反应的界面。刷镀液与电镀液不同，需要配置金属离子浓度很高的特殊镀液，刷镀的直流电源的电压也较高。电刷镀的施工的示意图见图 3-14。电刷镀使用方便、操作简单、镀层结合力大、镀层种类较多，主要应用于机械、化工、电子、轻工等的设备维修、改善金属零部件的局部表面性能，特别适合现场使用。但是，电刷镀的效率较低，不太适合大规模和大面积的生产需求。

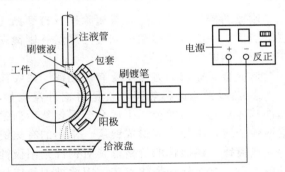

图 3-14　电刷镀的示意

使用过的工件表面有许多污垢、锈蚀、油泥等，必须仔细清理，首先采用电除油和盐酸活化，实用的工艺见表 3-7。电除油是利用除油剂的化学清洗功能和阴极析氢鼓泡的机械清洗功能去除工件表面的油污。盐酸活化是利用盐酸的化学去锈能力和阳极电化学活化功能，去除工件金属表面的锈蚀和氧化膜、去掉工件的毛刺和原有镀层，增加刷镀层与基体金属的结合强度。

表 3-7　部分电除油和电活化工艺

电除油工艺		电活化工艺		电除油工艺		电活化工艺	
成分	含量	成分	含量	成分	含量	成分	含量
NaOH	25g/L	HCl(30%)	35g/L	pH	11	pH	0.2
Na₃PO₄	50g/L	NaCl	140g/L	电压	10V	电压	10V
NaCO₃	20g/L	硫脲	8g/L	时间	60s	时间	30s
NaCl	2g/L	OP-10	2ml/L	工件	阴极	工件	阳极

与基体金属接触的第一层刷镀层（底镀层）主要是为了增加镀层和工件的结合强度，在结合牢固的底镀层表面就可以选择较厚的镀层（有加厚镍和加厚铜）修复工件，实用的工艺如表

3-8所示。底镀层的沉积速度比较低 [约 $30\mu m/(h \cdot dm^2)$]，但是酸性强，对金属有活化作用，在各种金属上都能够获得高质量的镀层；但是由于底镀层配方的限制，镀层加厚，应力增加引起爆皮，常用镀层仅 $1\sim2\mu m$。加厚镍与加厚铜的沉积速度快 [约 $60\sim85\mu m/(h \cdot dm^2)$]，可以获得较厚的镀层，常用 $10\sim20\mu m$，因此用于刷镀填补修复工件的低凹处。

加厚镍的镀层硬度较高约50HRC，用于表面层承受较大的压力和耐磨。加厚铜的镀层柔软硬度较低。另外加厚铜不能在钢铁工件表面直接刷镀，它会置换出疏松铜层，必须在镍镀层的基础上才能施镀。一般加厚铜可作为镀层的夹层使用，增加镀层厚度，减少应力。

表3-8 部分刷镀配方和工艺

底镀层		加厚镍		加厚铜	
成分	含量	成分	含量	成分	含量
硫酸镍	400g/L	硫酸镍	250g/L	硝酸铜	400g/L
氯化镍	15g/L	柠檬酸铵	50g/L	硫酸铜	40g/L
盐酸(30%)	25ml/L	次亚磷酸钠	25g/L		
柠檬酸	70g/L	氨水	100ml/L		
pH	0.3	pH	7.5	pH	2
电压	12V	电压	12V	电压	10V
工件	阴极	工件	阴极	工件	阴极

刷镀的操作工艺如下：金属除油→打磨抛光和修补→电除油→水洗→活化→水洗→底镀层溶液擦拭→刷镀底镀层→刷镀加厚层→刷镀表面层→后处理。

（2）钢的金属涂层

形成金属涂层的方法主要有热浸镀、热喷涂和堆焊。

① 热浸镀 简称热镀，就是将钢件浸入熔点较低的其他液态金属中进行镀层的方法。钢件基体首先与熔融金属生成合金层，然后当钢件从金属液中取出时，该合金层表面附着一层熔融金属，冷却凝固形成镀层。常用的有热镀锌、铝、锡、铅及其合金。

热镀锌 热镀锌的价格低，对钢件是阳极性镀层，具有牺牲性保护作用，是国际公认的经济实惠的材料保护强化工艺，因此被大量应用保护钢材防止大气腐蚀，工业型材常用的有镀锌钢板和镀锌钢管、镀锌钢丝；另外许多小型的标准件如螺帽、螺栓、弹簧等都采用热镀锌保护。热镀锌的方法较多，目前国内应用较为广泛的是干法热镀锌和氧化还原法热镀锌。

干法热镀锌首先将预处理洁净的金属工件进行溶剂预处理，溶剂工艺见表3-9，然后再把工件浸入熔融镀锌液中。溶剂处理是为了去除锈层、活化工件表面和提高在镀锌熔液中的润湿能力，增强锌镀层的结合强度。热镀锌的厚度为 $50\sim100\mu m$，加厚的可达 $200\mu m$，一般镀层的表层是 $30\sim40\mu m$ 的纯锌层，内部是 $20\sim50\mu m$ 的铁锌合金层。

表3-9 干法热镀锌的溶剂处理工艺

工艺编号	溶 剂 组 分	温度/℃	处理时间/min
1	$ZnCl_2$(700g/L)+NH_4Cl(100g/L)+乳化剂(2g/L)溶液	50~60	6~9
2	$ZnCl_2$(600g/L)+$AlCl_3$(70g/L)+乳化剂(2g/L)溶液	55~65	小于1
3	$ZnCl_2$(550g/L)+NH_4Cl(70g/L)+乳化剂(2g/L)溶液	45~55	3~5

热镀铝 除了具有优异的抗大气腐蚀外，热镀铝还具有良好的耐热性，在450℃连续使用不变色，广泛用于防止工业性和海洋大气腐蚀以及耐热镀层。热镀铝的工艺和反应机理与热镀锌相似。由于铝的钝化性，热镀铝的耐蚀性明显优于热镀锌，特别在含有二氧化硫、硫化氢、二氧化碳杂质的工业大气中尤为突出。热镀铝的耐热性很好，可以500℃左右长期服役，如果热镀铝层经过800℃的热扩散处理，可以用于700℃场合。热镀铝的应用见表3-10。

表 3-10　热镀铝钢材的应用

热镀铝型材	服役条件	主 要 使 用 场 合
热镀铝钢板	耐热	热交换器、燃烧室衬里、烟道、排气管
	耐蚀	通风管道、各种水槽和水箱、脱硫设备、汽车和轻工部件、户外用品
热镀铝钢管	耐蚀耐热	石油加工装置、煤气管线、热交换器和管道、合成氨设备、烟道、裂解炉管
热镀铝工件	耐蚀	铁塔构件、桥梁构件、高速公路护栏、各种户外用具
	耐热	工业炉各种挂具、耐热零部件、工具

热镀锌铝合金　这是在镀锌熔液中添加铝开发出的新品种，进一步提高镀锌层的耐蚀性，主要有 55％Al-Zn 和 Zn-5％Al-Re 合金镀层，它们的耐蚀性大大优于单一镀锌层，耐热性也优于镀锌层，因此正在逐步取代镀锌层。

热镀锡　用于生产镀锡钢板，主要用作食品包装罐头、乳类及其制品的存储和运输容器。但是由于锡资源的匮缺，目前热镀锡（镀层较厚）已基本被电镀锡（镀层较薄）取代。

② **热喷涂**　使用电弧、离子弧或燃烧火焰的高温将金属粉末或金属丝熔融，同时利用气流使之高速雾化，并使雾化的金属熔滴喷向钢件基体，冷凝后形成结合层。

热喷涂几乎可以喷涂所有材料，如金属、陶瓷、石墨、硬质合金以及塑料，形成的涂层具有耐磨、耐蚀、抗氧化、减摩等性能（表 3-11）。热喷涂施工方便、效率高、钢件的尺寸和形状不受限制，因此在各个工业部门广泛应用于提高钢件的性能和使用寿命，修复废旧零部件（表 3-12）。

表 3-11　热喷涂层的使用类别和材料

类　别	热 喷 涂 材 料
抗高温氧化	Al_2O_3、Si、CrSi、Ni-Cr、TiO_2、镍包氧化铝、镍包碳化铬
耐腐蚀	Zn、Al、Al-Zn、Ni、Sn、塑料
耐磨性	碳化铬、WC-Co、Al_2O_3-TiO_2、镍包 WC、铝包 WC
自润滑、减摩	镍包石墨、铜包石墨、镍包二硫化钼、铜基合金

表 3-12　热喷涂的应用效果

涂 层 使 用 场 所	使 用 效 果
硫酸生产的沸腾炉的复水管	火焰喷涂和等离子喷涂，耐 SO_2 气体腐蚀
输电铁塔、电视铁塔	电弧喷涂，长效防腐
化工厂的钢铁构件	喷涂铝涂层，已使用 20 多年
汽轮机叶片	火焰喷涂，防水冲蚀、盐蚀
大型立式乙醇储罐	火焰喷涂＋封孔，1991 年至今使用完好
船闸闸门、河闸门	电弧火焰喷涂，1966 年至今使用完好
油田大型储油罐	喷涂铝涂层，防止大气和海洋腐蚀
压缩机高速轴颈和转子	等离子喷涂修复和强化，耐磨损
氮肥厂氨泵柱塞	等离子喷涂，寿命提高 3 倍
机床、柴油机活塞环和钢套	等离子喷涂，寿命提高 1～2 倍
内燃机曲轴、汽车曲轴	火焰喷涂耐磨层，修复尺寸
减速箱巴式合金轴瓦	火焰喷涂耐磨层
钛合金人工关节、人工牙	热喷涂陶瓷，解决了腐蚀及生物相容性等问题

③ **堆焊**　就是用焊接的方法把填充金属熔覆在钢件基体表面，使之获得某些特殊物化性能和尺寸，堆焊层与基体有牢固的冶金结合。堆焊技术有四种类型：包覆层堆焊、耐磨层堆焊、堆积层堆焊和隔离层堆焊。堆焊技术发展初期只是单纯地恢复钢件尺寸，现在堆焊已

发展成为重要的机械制造和维修手段，赋予钢件表面以高的耐磨性、抗疲劳性、耐热性和耐蚀性等特性。

堆焊的方法主要有氧-乙炔焰堆焊、手工电弧堆焊、钨极电弧堆焊、熔化极气体保护堆焊、埋弧堆焊、等离子弧堆焊和电渣堆焊。堆焊材料的种类较多，其选择和性能比较见图 3-15。

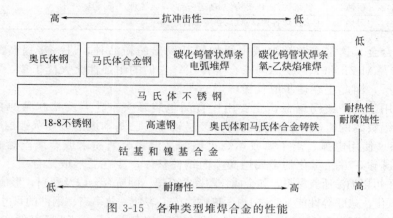

图 3-15　各种类型堆焊合金的性能

（3）钢的非金属涂层

钢的非金属涂层主要是各种高分子涂料。涂料以前统称"油漆"，但是现代所用的许多涂料已经不是传统意义上的油漆了。涂料的施工称为涂装，钢件上实施涂装的主要目的是防锈、防腐、耐酸碱、耐潮湿和装饰性、功能性，见表 3-13。

表 3-13　非金属涂层的主要用途

主要用途	项　　　目
防护性	防锈、防潮、防污、耐酸、耐碱、耐油、减摩、杀菌
装饰性	色彩、光泽、舒适感、立体感、美观
标志性	交通标志、厂区车间标志、广告、地面标志
功能性	绝缘、消声、阻燃防火、防尘、屏蔽、磁性、卫生、导电
特种涂料	示温、隐身、耐高温、隔热烧蚀、伪装、防污、阻尼、减振

早期的涂装主要依靠手工涂刷和手工喷漆，现代的涂装工艺已发展成为质量可靠、自动化程度高的静电喷涂、电泳涂装和粉末涂装。涂料涂装使用的高分子材料的性能见第 10、第 11 章。中国的涂料品种按成膜物质分类有 17 大类，常用于涂料作为成膜物质的聚合物树脂的特点见表 3-14。

表 3-14　涂料常用的合成树脂特点

树　脂	代号	主要优点	缺点
丙烯酸树脂	B	涂装干燥快、耐候性好	耐溶剂性较差
过氯乙烯类树脂	G	干燥快、耐化学药品和耐水性好	耐溶剂性较差
醇酸树脂	C	耐候性、附着性好	耐化学药品性和耐水性较差
酚醛树脂	F	耐化学药品性、耐油性和耐水性好	耐候性较差，容易发黄
环氧树脂	H	耐化学药品性、耐溶剂性和耐水性好	耐候性较差
聚氨酯树脂	S	耐化学药品性、耐候性和耐磨性好	容易发黄
有机硅树脂	W	耐候性和耐热性好	附着性较差
氯化橡胶	J	干燥快、耐化学药品性和耐水性好	耐溶剂性较差

习题和思考题

1. 简述等温转变动力学曲线（C 曲线）的意义和应用。

2. 什么是贝氏体、珠光体和马氏体？其性能和组织有何特点？

3. 为什么要对钢件进行热处理？

4. 淬火的目的是什么？常用的淬火操作有哪几种？指出各种淬火操作在应用和材料组织结构上的异同点。

5. 回火的目的是什么？常用的回火操作有哪几种？

6. 试分析各种回火操作在应用和材料组织结构上的异同点。

7. 简述退火、正火、淬火和回火对组织结构影响和特点。

8. 简述金属镀层和涂层在工艺和应用方面的异同点。

9. 电镀、化学镀和复合镀在工艺和应用方面的有什么异同点？

10. 堆焊和热喷涂在工艺和应用上分别有何优缺点？

11. 参看下图，根据共析钢不同热处理方式的温度变化曲线与 C 曲线的相交判断其转变产物。

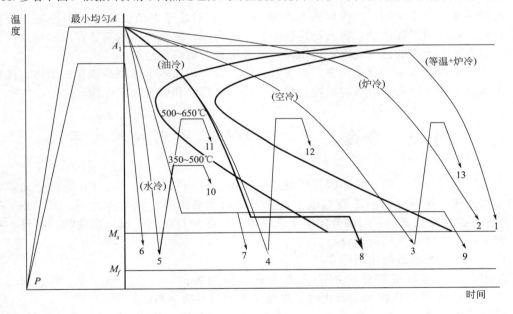

4 钢的合金化对组织和性能的影响

导读 合金化是改善金属使用和加工性能最根本的方法，工业使用的许多重要零部件都采用合金钢制造。本章主要讲授合金元素对钢的组织和性能、热处理和加工的影响，介绍碳素钢和合金钢的分类和牌号命名方法。学习中应注重理解合金化改变微观组织对宏观性能的影响。

碳钢是基本工业用钢，约占钢铁总产量的 80%。但是碳钢的性能有许多不足，特别是淬透性低，强度和屈强比低，回火稳定性差；在抗高压、耐腐蚀、耐高、低温和耐磨方面也较差；随着工业生产的迅速发展，迫切需要改善钢铁的组织和性能。

在碳钢中特意添加了合金元素，制备合金钢。合金化的基本原则是强化铁素体，细化晶粒，提高淬透性、回火抗力和耐蚀性，防止高温回火脆性和改善加工性能。

4.1　合金元素在钢中的存在形式和作用

合金元素添加后主要与铁和碳发生反应。其中：Si、Al、Co、Ni、Cu 等合金元素称为**非碳化物元素**，在钢中它们不能与碳形成化合物，主要固溶于铁素体之中；Ti、Zr、Mo、Mn 等称为**碳化物元素**，它们部分固溶于铁素体中，部分与碳化合成为碳化物。另外，在高合金钢中还可能形成金属间化合物。

（1）合金元素与碳的作用

按照合金元素形成碳化物的能力由大到小排列为：Ti、Zr、Nb、V、W、Mo、Cr、Mn、Fe。图 4-1 是碳化物和非碳化物元素在元素周期表的分布，其中：

强碳化物形成元素 Ti、Zr、Nb、V 都形成**特殊碳化物**，其碳化物不同于一般渗碳体；

中等碳化物形成元素 Cr、Mo、W 含量较低时与铁形成**合金渗碳体**，含量较高时可形成新的**合金碳化物**；

弱碳化物形成元素 Mn、Fe 少部分溶于渗碳体中，大部分溶于铁素体或奥氏体。

合金渗碳体是部分铁原子被碳化物元素置换后的渗碳体，例如 $(Fe, Cr)_3C$、$(Fe, W)_3C$，它们的稳定性和硬度略高于渗碳体，可以提高钢的耐磨性。合金碳化物 Mn_3C、Cr_7C_3、$Cr_{23}C_6$、Fe_3Mo_3C 和特殊碳化物 VC、TiC、NbC 等具有高的稳定性、熔点和硬度，加热时很难溶于奥氏体，对钢的力学性能和加工工艺都有很大影响，是合金钢的重要强化相。

上述的渗碳体、合金渗碳体、合金碳化物、特殊碳化物，其稳定性和硬度依次增高。

（2）合金元素与铁的作用

几乎所有合金元素都可以与铁作用形成合金铁素体或者合金奥氏体。除了 C、N、B 与

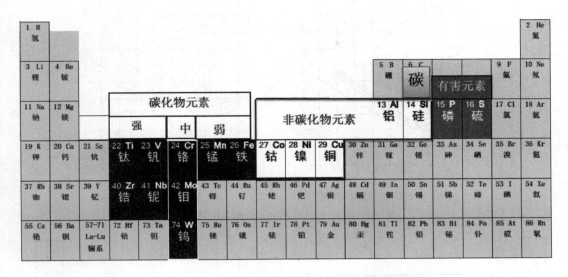

图 4-1　碳化物和非碳化物元素在元素周期表的分布

铁形成间隙固溶体外，其他合金元素均与铁形成置换固溶体。合金元素都可以在不同程度上提高固溶体的强度和硬度，并降低冲击韧性，其中 Si 和 Mn 对铁素体固溶强化效果最为显著，镍还可以减少钢的冷脆性并增加塑性和韧性。

4.2　合金元素对钢热处理的影响

4.2.1　合金元素对 Fe-Fe₃C 相图的影响

（1）改变 γ 相区

扩大 γ 相区的元素 Mn、Ni、Co、C、N、Cu 添加后，使 A_1 点下降，扩大了 γ 相奥氏体的存在区域，故这些元素又称为**奥氏体稳定化元素**。其中被称为"完全扩大 γ 相区元素"的 Ni 和 Mn 含量较多时，可以在室温下得到单相奥氏体组织［图 4-2(a)］，例如 12Cr18Ni9 的高镍奥氏体不锈钢、ZGMn13 高锰耐磨钢等。这正是实际生产奥氏体不锈钢的基础。

缩小 γ 相区的元素 Cr、Mo、V、W、Ti、Si、Al、B、Nb 添加后，使 A_1 点上升，缩小了 γ 相奥氏体的存在区域，扩大了铁素体存在范围，故这些元素又称为**铁素体稳定化元素**。其中被称为"完全封闭 γ 相区元素"的 Cr、Ti 和 Si 含量较多时，可以在室温下得到单相铁素体组织［图 4-2(b)］，例如 10Cr17 的高铬铁素体不锈钢等。这正是实际生产铁素体和耐热钢的基础。这些元素在元素周期表的分布见图 4-3。

（2）S 和 E 点移动

合金元素的添加会显著改变共析钢的含碳量 S 点和奥氏体的最大含碳量 E 点在相图的位置，即移向含碳量较小的方向。因此，合金钢共析体的含碳量小于碳钢共析体 0.77% 的含碳量。

（3）对高合金钢组织的影响

高合金钢（不锈钢）中加入的合金元素总量为 12%～38%，常加入的合金元素有 Cr、Ni、Si、Mo、Cu、Mn、N、Ti、Nb 等。合金元素对高合金钢基体组织结构的影响可分为

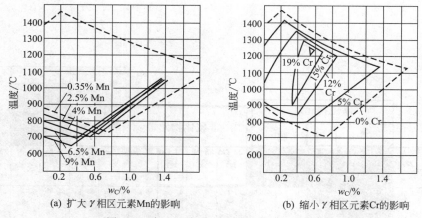

(a) 扩大 γ 相区元素Mn的影响　　　(b) 缩小 γ 相区元素Cr的影响

图 4-2　合金元素对 Fe-Fe₃C 相图的影响

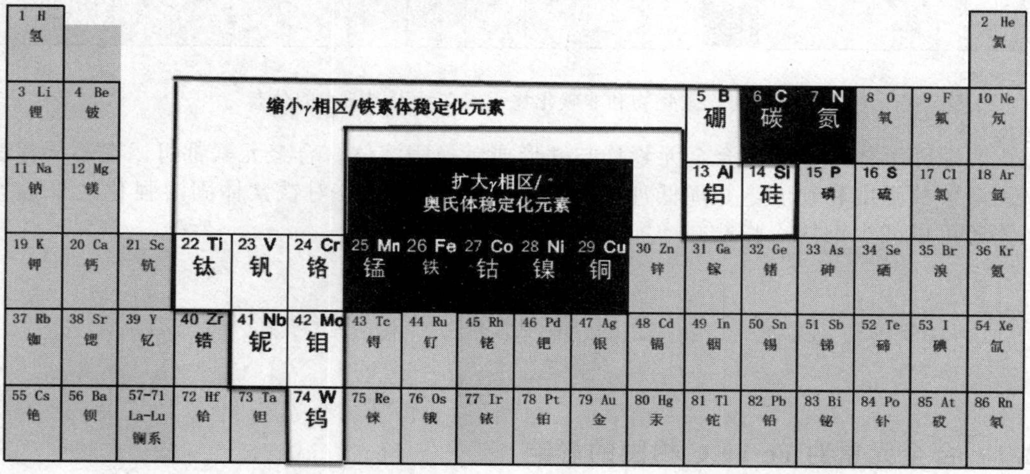

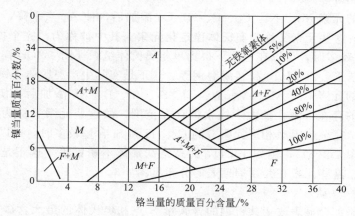

图 4-3　扩大和缩小 γ（奥氏体）相区的元素在元素周期表的分布

图 4-4　不锈钢的组织图

A—奥氏体；F—铁素体；M—马氏体

两类：一类是扩大奥氏体相区的元素，如 Ni、C、N、Mn、Cu 等；另一类是缩小奥氏体相区的元素，如 Cr、Si、Mo、Nb、Ti 等。根据钢的化学成分可借助 Schaeffler 图来近似判别钢的组织类别，如图 4-4 所示。图中把合金元素归一化，利用镍当量及铬当量表示。

$$Ni\ 当量 = \%Ni + 30(\%C) + 25(\%N) + 0.5(\%Mn) + 0.3(\%Cu)$$
$$Cr\ 当量 = \%Cr + 2(\%Si) + 1.5(\%Mo) + 1.75(\%Nb) + 1.5(\%Ti)$$

目前工程上普遍按钢的化学成分与组织结构特点结合起来分类，由于不同的铬当量及镍当量使高合金钢呈现不同的组织结构，因此就有：铬当量高的铁素体钢、镍当量高的奥氏体钢、铬镍当量不高的马氏体钢及复相体系的各种组织结构。这些钢将在第 7 章中详细介绍。

4.2.2　合金元素对加热和冷却转变的影响

（1）对加热转变的影响

由于奥氏体的形成过程都与碳的扩散有关，因此，碳化物形成元素（特别是强碳化物形成元素）与碳有较大的亲和力，必然阻滞碳的扩散，大大减缓奥氏体的形成。反之，非碳化物形成元素可以增大碳在奥氏体中的扩散速度，加快奥氏体的形成。

由于强碳化物形成元素 Ti、Zr、Nb、V 等形成具有高熔点和高稳定性的特殊碳化物，Al 形成高熔点的 AlN、Al_2O_3 微质点，因此它们都显著阻止晶粒长大，对合金钢起到细化晶粒作用；中等碳化物形成元素 W、Mo、Cr 具有中等阻止晶粒长大的作用。所以，合金钢热处理可以获得比碳钢细小的显微组织，具有更好的力学性能。而非碳化物元素 Co、Si、Ni、Cu 对阻止晶粒长大的作用不大。

Mn、P 以及 B 有促进奥氏体晶粒长大的倾向。

（2）对冷却转变的影响

冷却时，珠光体和贝氏体的转变主要受到碳扩散速度的控制，加之合金元素的扩散速度也较慢，所以几乎所有合金元素（Co 除外）都不同程度地延缓其转变，增大过冷奥氏体的稳定性，使 C 曲线右移，提高了钢的淬透性。

但是除 Co、Si 和 Al 之外，大多数合金元素会降低 M_s 和 M_f 点，使钢中残余奥氏体量增加，从而降低了钢的硬度和抗疲劳性、耐磨性。解决的方法是冷处理或者多次回火。

4.2.3　合金元素对回火转变的影响

（1）提高回火稳定性

合金元素溶入马氏体和奥氏体中，在回火过程中推迟了马氏体分解和残余奥氏体的转变；提高了铁素体的再结晶温度；同时，合金钢中的碳化物在较高回火温度时仍能保持均匀弥散分布的细小颗粒，这些都提高了钢的回火稳定性。即在同一温度下回火，合金钢的硬度和强度高于碳钢，或者说在保证相同强度条件下，合金钢可以在更高的温度回火，消除应力，从而使塑性和韧性更好。

（2）高温回火脆性

与碳钢一样，合金钢在 250～350℃作回火热处理时也要出现低温回火脆性，由于这种脆性不能消除，故又称为不可逆回火脆性。但是，合金钢尤其是含有 Cr、Mn、Ni 等元素的合金钢在 450～650℃又要出现回火脆性，称为高温回火脆性。这是可逆的回火脆性，只在回火后缓慢冷却时才出现，采用回火快速冷却可避免发生。高温回火脆性产生的原因主要是回火时某些杂质元素（如磷）在奥氏体晶界富集，增加脆断倾向，加入 W 或 Mo 可以基本消除这类脆性。

4.3　合金元素对钢加工性能的影响

铸造　合金元素（如 Cr、Mo、V、Ti）形成了许多高熔点碳化物或氧化物微粒（如

Al），增大了液态钢的黏度，降低其流动性，恶化了铸造性能。

焊接　焊接性能最好的是低碳钢。添加合金元素提高了淬透性，即增加了脆性组织马氏体的形成。因此，随着合金元素含量增加，焊接性能下降。合金钢中含有少量 Ti 和 V 可以改善焊接性能。

热处理　合金钢的淬透性提高，回火稳定性增加，减少变形及开裂倾向，使热处理操作容易。

锻造　合金元素溶入固溶体或形成碳化物，提高了热变形抗力，降低了热塑性和导热性，容易锻裂。因此，合金钢的锻造性能明显低于碳钢。

冷加工　合金元素溶入固溶体或形成碳化物，提高合金钢的冷加工硬化倾向，使之变得硬、脆、易裂。

切削　由于合金钢中的碳化物比较耐磨，耐热钢具有高温硬度，奥氏体不锈钢有加工硬化，所以一般合金钢的切削性能不如碳钢。

另外，合金元素对钢材的耐蚀性能有重大影响，请参见第7章对具体钢种的介绍。

合金元素对钢性能的影响可以参见表4-1。

表 4-1　合金元素对钢性能的影响

元素	对组织结构影响			对加工性能影响				耐蚀性
	形成碳化物	强化铁素体	细化晶粒	淬透性	回火脆性	抗回火软化	热强性	
锰	小	大	中等	大	增加	小	提高	—
硅	石墨化	最大	无	小	—	中等	—	提高
钨	较大	小	中等	中等	减小	大	提高	—
钒	大	小	大	大	减小	大	提高	—
镍	不	小	小	中等	较小	小	提高	提高
铬	中等	小	小	大	较小	中等	提高	提高
钛	大	大	最大	无	—	无	—	提高
钼	大	小	中等	大	消除	大	提高	提高
铝	无	不	大	很小	—	—	—	提高

合金元素对高合金钢耐蚀性的影响见表4-2。

表 4-2　合金元素对高合金钢耐蚀性的影响

腐蚀类型		合金元素												
		C	Mn	Si	P	S	Cr	Ni	Mo	Cu	N	Ti	Nb	V	Re
均匀腐蚀	氧化性介质	×	—	√	×	√	√	×	×	○	×	×	—	√
	还原性介质	×	—	○	×	×	√	√	√	√	√	—	—	—
局部腐蚀	晶间腐蚀	×	—	—	—	—	√	—	√	—	—	√	√	—
	孔蚀与缝隙腐蚀	×	—	√	—	—	√	√	√	—	√	—	√	√
	应力腐蚀	×	—	—	—	—	—	√	—	—	—	—	—	—

注：√—提高耐蚀性；×—降低耐蚀性；○—随介质而定；—作用不明显或未作深入研究。

4.4　钢中杂质对性能的影响

锰杂质的影响　锰杂质一般是随着炼钢脱氧剂带入，锰与硫的结合力较强，生成的 MnS 夹杂在钢中，影响钢的性能，所以碳钢规定含锰量小于 0.8%。

硅杂质的影响 硅杂质一般是随着炼钢脱氧剂带入，硅与氧的结合力较强，生成的 SiO_2 夹杂在钢中，影响钢的性能，所以碳钢规定含硅量小于 0.5%。

硫杂质的影响 硫与铁常常是共生矿，钢铁中的硫是炼钢中没有能够除尽的杂质，硫难溶于铁，生成的 FeS 分布在奥氏体晶界，使钢材在 1000℃ 左右热轧时产生热脆，导致开裂。硫与其他杂质形成的夹杂物常导致钢材开裂。硫还容易使焊缝热脆，并使焊缝产生气孔和裂纹。因此，必须控制硫的含量，规定了钢材中含硫量的下限，普通碳钢 0.055%，优质钢 0.040%。

磷杂质的影响 磷是炼钢难以除尽的杂质，它固溶在铁素体中，显著降低钢的塑性和韧性，尤其是低温韧性，使钢材脆性增加，称为冷脆。磷使钢产生偏析影响焊接性能。因此必须加以控制，一般规定，普通碳钢小于 0.045%，优质钢小于 0.040%。

4.5 钢的分类简介

4.5.1 碳钢的分类和牌号

（1）碳钢的分类

碳钢分类见表 4-3。具体钢种的性能和用途在第 7 章中详细介绍。

表 4-3 碳钢的分类

分类方法	名　称	特　点	举　例
钢的碳含量	低碳钢	$w_C \leqslant 0.25\%$	
	中碳钢	$0.25\% < w_C \leqslant 0.6\%$	
	高碳钢	$w_C > 0.6\%$	
钢的质量	普通碳素钢（普通质量非合金钢）	$w_S \geqslant 0.040\%, w_P \geqslant 0.040\%$	Q235B,Q275B
	优质碳素钢（优质非合金钢）	$w_S \leqslant 0.040\%, w_P \leqslant 0.040\%$	Q235C,Q245R,10,20
	特殊质量碳素钢（特殊质量非合金钢）	$w_S \leqslant 0.025\%, w_P \leqslant 0.025\%$	65Mn,70Mn,70,80
钢铁的用途	碳素结构钢	制作各种金属构件和机器零部件	
	碳素工具钢	制作各种工具（刃具、模具等）	
钢的冶炼方法	平炉钢	采用平炉冶炼	
	转炉钢	采用转炉冶炼	

（2）碳钢牌号和命名

① 普通碳素结构钢 这类钢主要保障材料的力学性能，因此，牌号反映出了力学性能，采用 Q+数字表示牌号，"Q" 是屈服强度的拼音，数字表示屈服强度值，例如 Q235 表示屈服强度 235MPa。牌号后缀的字母 A、B、C、D 表示含硫量和含磷量，A 含量最多，D 最少，即从 A 到 D 的字母表示钢材质量逐步提高。如果在此之后标注字母 "F"，则表示是沸腾钢；"b" 表示是半沸腾钢；没有标注即为镇静钢。例如 Q235A·F，表示屈服强度 235MPa 的 A 级沸腾钢。

普通碳素结构钢一般都在供货状态下使用，不作热处理。

② 优质碳素结构钢 这类钢材必须同时保障材料的力学性能和化学成分，因此，牌号反映出化学成分，采用两位数字表示钢材中的平均含碳量的万分数的数字，例如 20 钢表示平均含碳量为 0.20%，45 钢的平均含碳量为 0.45%。如果钢材中的含锰量比较高，则必须

把锰标出，在数字后缀 Mn，在例如 45Mn、15Mn 等。

优质碳素结构钢制作的零部件一般都要经过热处理后使用。

③ 碳素工具钢　碳素工具钢的牌号采用"碳"的拼音"T"后缀数字表示，数字表示钢材中平均含碳量千分数的数值，例如 T9 表示平均含碳量为 0.9%，T12 表示含碳量为 1.2%。碳素工具钢一般都是优质钢，如果是高级优质钢，则在钢号后加"A"，例如 T10A 等。

碳素工具钢用于制作量具、刀具和模具等，使用前都要经过热处理。

4.5.2　合金钢的分类

（1）合金钢的分类

合金钢的含量界限和分类见表 4-4 和表 4-5。具体钢种的性能和用途在第 7 章中介绍。

表 4-4　非合金钢、低合金钢和合金钢的常见合金元素规定含量界限值（摘录于 GB/T 13304.1—2008）

合金元素	合金元素规定含量（质量分数）界限值/%		
	非合金钢（碳素钢）	低合金钢	合金钢
Mn	<1.00	1.00~<1.40	≥1.4
Cr	<0.30	0.30~<0.50	≥0.50
Ni	<0.30	0.30~<0.50	≥0.50
Cu	<0.10	0.10~<0.50	≥0.50
V	<0.04	0.04~<0.12	≥0.12
Zr	<0.05	0.05~<0.12	≥0.12
Co	<0.10	—	≥0.10
Mo	<0.10	0.05~<0.10	≥0.10
Si	<0.50	0.50~<0.90	≥0.90
Nb	<0.02	0.02~<0.06	≥0.06
其他规定元素（S、P、C、N 除外）	<0.05	—	≥0.05

表 4-5　合金钢的分类

分类方法	名　称	说　　　明	举例
钢的合金元素含量	低合金钢		
	合金钢		
钢的质量	普通质量合金钢	w_S≥0.040%，w_P≥0.040%	Q295A
	优质合金钢	w_S≤0.040%，w_P≤0.040%	Q295B，16Mn，15MnV
	特殊质量合金钢	w_S≤0.025%，w_P≤0.025%	Q420，12MnNiVR
钢的组织	珠光体钢，马氏体钢，奥氏体钢，铁素体钢，莱氏体钢等等		
钢的主要合金元素	铬钢，铬镍钢，锰钢，硅锰钢，硅钢等等		
钢的用途	结构钢		
	工具钢		
	特殊性能钢（如不锈钢，耐热钢，耐磨钢）		

（2）合金钢的牌号和命名

① 合金结构钢　这类合金的牌号采用数字＋合金元素＋数字表示，前面的数字表示钢中平均含碳量的万分数，合金元素用化学符号表示，后面的数字表示合金元素含量的百分数，如果合金元素含量小于 1.5%，则牌号只标明合金元素；如果平均含量大于或等于 1.5%、2.5%、3.5%等，牌号中相应表示为 2、3、4 等。如 40 铬或 40Cr，表示平均含碳量为 0.40%，含铬量小于 1.5%。60Si2Mn 表示平均含碳量为 0.60%，含硅量 1.5%～2.5%，含锰小于 1.5%。

另外，滚珠轴承钢在牌号前加"滚"或者"G"，后缀合金含量的千分数，例如 GCr15或滚铬 15 表示含碳量约为 1.0%，含铬量约为 1.5%。

含硫量和含磷量很低的高级优质钢则在牌号最后冠以"A"，例如 20Cr2Ni4A。易切削钢在牌号前冠以"Y"。

② 合金工具钢　除了含碳量的表示方法不同之外，合金工具钢牌号其余部分的表示与合金结构钢相同。合金工具钢在含碳量不小于 1%时不标注，小于 1%时用千分数表示。例如 5CrMnMo 的平均含碳量为 0.5%，含有铬、锰和钼三种合金元素，含量都在 0.15%以下。另外，由于高速工具钢一般都是含碳不小于 0.7%的高碳钢，所以含碳量小于 1%时也不标注，例如 W6Mo5Cr4V2。为了区别牌号，在牌号前加"C"表示高碳高速工具钢，例如 CW6Mo5Cr4V2。

③ 特殊性能钢（不锈钢和耐热钢）　GB/T 221—2008 规定，特殊性能钢的合金元素用化学符号表示，后面的数字表示合金元素含量的百分数，钢中有意加入的铌、钛、锆、氮等合金元素，虽然含量很低，也应在牌号中标出。Cr 之前的数字就是碳含量百分比小数点后面的数字，表示碳的万分之几或者万分之十几的含量。例如 06Cr19Ni10，表示碳含量万分之六（0.06%），含铬 19%，含镍 10%；12Cr17Mn6Ni5N，表示碳含量万分之十二（0.12%）；022Cr17Ni12Mo2，表示碳含量万分之二点二（0.022%）。为了对比，将几种常用不锈钢的牌号列入表 4-6。

表 4-6　几种常用不锈钢的牌号近似对比

中国标准（GB）		日本（JIS）	美国	
新标准	旧标准		ASTM	UNS
12Cr17Mn6Ni5N	1Cr17Mn6Ni5N	SUS201	201	S20100
06Cr19Ni10	0Cr18Ni9	SUS304	304	S30400
022Cr19Ni10	00Cr19Ni10	SUS304L	304L	S30403
06Cr19Ni10N	0Cr19Ni9N	SUS304N1	304N	S30451
06Cr18Ni11Ti	0Cr18Ni10Ti	SUS321	321	S32100
06Cr17Ni12Mo2	0Cr17Ni12Mo2	SUS316	316	S31600
022Cr17Ni12Mo2	00Cr17Ni14Mo2	SUS316L	316L	S31603
022Cr17Ni13Mo2N	00Cr17Ni13Mo2N	SUS316LN	316LN	S31653
06Cr19Ni13Mo3	0Cr19Ni13Mo3	SUS317	317	S31700
10Cr17	1Cr17	SUS430	430	S43000
12Cr12	1Cr12	SUS403	403	S40300
022Cr19Ni5Mo3Si2N	00Cr18Ni5Mo3Si2	SUS329J3L	—	S31500

习题和思考题

1. 如何解释 Si 和 Mn 强化铁素体的作用大于 Cr 和 Mo?
2. 就 Si 和 Mn 在合金中的作用说明合金元素的含量对钢材性能的影响。
3. 合金元素在奥氏体化和淬火的热处理中发生着什么样的作用?
4. 合金元素在钢淬火后的回火热处理中有什么作用?
5. 合金中的杂质元素在热处理中是怎样影响合金性能的?
6. 合金元素与碳和铁的作用有何异同点、对合金性能的影响有何异同点?

第2篇　过程装备用金属材料

单元提要

　　制造过程装备用的金属材料包括黑色金属和有色金属。过程装备在不同的工艺过程环境下工作，在不同程度上承受着力、温度及介质的作用，使材料发生变形、断裂、变质及表面损伤等作用。不同功能的过程装备及其构件对结构材料有不同的要求，过程装备及其构件失效与材料有着密切的关系。

　　本篇的内容是金属材料的性能和选材原则，为此首先介绍衡量金属材料性能的指标和过程装备失效与材料的关系；然后以黑色金属为重点，介绍不同功能的装备构件对材料性能的要求与选用，同时介绍常用有色金属性能及其应用，为合理选材学习基本的知识；为提高选材能力，本篇最后对金属材料数据库及选材专家系统作简单的介绍。

主要思路

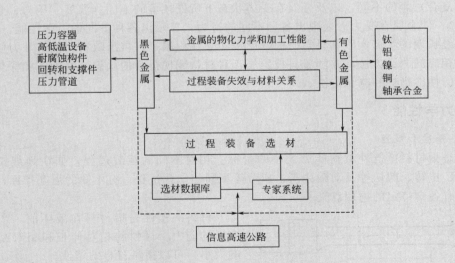

5 金属材料的主要性能

导读 过程装备及其构件要选用合适的金属材料，首先要了解其性能。金属材料的主要性能包括力学性能、加工工艺性能、物理性能和耐腐蚀性能。不同的性能用不同的性能指标衡量，各种性能指标有标准的测试方法，性能的优劣以性能指标值显示。为此本章要掌握各种性能指标的含义、测试方法及影响金属材料性能的因素。

5.1 金属材料的力学性能

金属材料的力学性能是指材料在力或能量的作用下所表现的行为。由于作用力特点的不同，如力的种类（静态力、动态力、磨蚀力等）、施力方式（速度、方向及大小的变化，局部或全面施力等）、应力状态（简单应力——拉、压、弯、剪、扭；复杂应力——两种以上简单应力的复合）等的不同，以及金属在受力状态下所处环境的不同（温度、压力、介质、特殊空间等），使金属在受力后表现出各种不同的行为，显示出各种不同的力学性能。

人们经长期的生产实践和科学研究，已经建立并积累了许多反映材料抵抗外力使其失效的指标和相应的测试方法，并随着科技发展，对材料表现行为的认识不断创新和深化，会不断出现新的性能指标和测试方法。

5.1.1 力学性能

5.1.1.1 强度和塑性

强度是指材料抵抗外载荷能力大小的指标。相对不同的承载过程，如在静载拉伸、压缩、弯曲、扭转、剪切等及动载冲击、疲劳等不同的承载过程，有不同的强度指标，每一个强度指标有各自特定的物理意义。

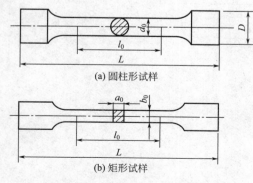

(a) 圆柱形试样

(b) 矩形试样

图 5-1 标准拉伸试样形状

材料的塑性是指材料在破坏前，产生永久变形的能力。材料的相对伸长和相对断面收缩的大小，可以衡量材料的塑性。

（1）拉伸试验与拉伸曲线

通过静载试验能确定工程材料的强度和塑性，这些数据广泛应用于装备和构件的强度设计和刚度设计。静载试验方法有拉伸、压缩、弯曲、扭转、剪切等类型，但拉伸试验的应用最为普遍。

拉伸试样的形状主要有截面为圆形和矩形的两种，图 5-1 示出两种标准拉伸试样的形状。

图中：

l_0——试样的原始标距，mm；

d_0——圆柱形试样的原始直径，mm；

a_0,b_0——矩形试样的厚度和宽度，mm；

A_0——试样的原横截面积，mm^2；

将试样安装在拉伸试验机上，按一定的加力速率缓慢地施加拉伸力，自动记录拉伸力与变形量的数值，绘出图形，图 5-2 为低碳钢的拉伸试验所得的拉伸曲线。它反映了试样在静拉伸力作用下的变形过程。

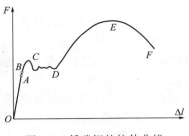

图 5-2 低碳钢的拉伸曲线

（2）应力-应变曲线和强度、塑性指标

为了消除试件尺寸的影响，以反映材料本身的特性。用拉伸力 F 除以试样原始截面积 A_0，得到应力 R，即

$$R = F/A_0$$

用试样的绝对伸长 Δl 除以原始标距 l_0，得到应变 e，即

$$e = \Delta l / l_0$$

把拉伸试验测取的拉伸力与变形量换算为应力与应变，标示在纵轴标为应力，横轴标为应变的座标上，则得到应力-应变曲线。低碳钢的应力-应变曲线如图 5-3（a）所示。图 5-3（b）为铸铁的应力-应变曲线曲线，以作对比。

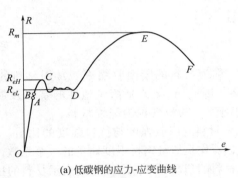

(a) 低碳钢的应力-应变曲线

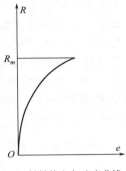

(b) 铸铁的应力-应变曲线

图 5-3 低碳钢与铸铁的应力-应变曲线

下面根据应力-应变曲线讨论低碳钢拉伸时的力学性能。

① *OB* 弹性段 *OB* 段由 *OA* 倾斜直线段和 *AB* 微弯曲段构成。在该段内，由外力所引起的变形 Δl，当外力消除后可完全恢复，故 *OB* 段又称为弹性阶段。在 *OA* 直线段部分，应变与应力成正比例关系，即 $R=Ee$。因 *AB* 微弯曲段曲率很小，仍可近似地认为应变与应力成正比。**弹性模量**是一个对组织不敏感的物理性能，其大小主要取决于材料本性和原子间作用力，它与显微组织关系较小。因此，热处理、合金化、冷变形对其影响不大。

② *BD* 屈服段 *BD* 段由波纹线段构成。当应力超过 *B* 点后，即使外力完全消除，试样的变形 Δl 也不可能完全恢复，通常把不能恢复的变形称为塑性变形。应力值超过 *B* 点进入 *BD* 段后，不仅有塑性变形产生，而且试样表面变粗，光泽度下降，并出现与轴线相交为 $45°\sim55°$ 的倾斜直线，该倾斜直线常称为滑移线。当观察试样变形时，发现在外力变化很小时，其变形也很大，因此在应力-应变曲线上出现波纹线段，此时试件变形的显著增大，就好像固体材料丧失了抵抗变形的能力，这种现象被称为材料的屈服现象。在波纹线内通常有两个极限应力，它们分别是：

上屈服强度 R_{eH} 试样发生屈服而应力首次下降前的最大应力。

下屈服强度 R_{eL} 在屈服期间不计初始瞬间效应时的最小应力。

R_{eH} 受影响的因素多, 上下波动较大, R_{eL} 受影响因素少, 比较稳定, 在过程装备中 R_{eL} 更为常用, 有时也直接称之为材料的**屈服强度**。

有些塑性材料在拉伸时没有明显的屈服现象, 无法测定 R_{eL}, 采用 $R_{p0.2}$ 代替。$R_{p0.2}$ 为规定塑性延伸强度, 表示规定塑性延伸率为 0.2% 时的应力。

③ DE 强化段 DE 段为一上升的曲线, 到曲线顶点 E 时, 试样迅速断裂破坏, E 点的极限应力称为材料的**抗拉强度 R_m**。

当应力值超过屈服段时, 材料晶粒间的滑动已到一定程度, 材料抵抗变形的能力得到强化, 试件变形速度下降, 只有外力增加幅度较大时, 才能使试件的变形继续增加, 故 DE 段称为强化段。

④ EF 颈缩段 试件的应力达到抗拉强度 R_m 时, 在试件的某一部位处的横截面面积迅速减小而出现"颈缩"现象。过了 E 点后, 因颈缩处截面面积显著减小, 此时试件继续变形所需的拉力随之减小, 应力-应变曲线 (EF 段) 下弯, 最后至 F 点试件断裂。

试样断裂后, 载荷完全消除, 弹性变形恢复, 仅保留塑性变形。设试样断裂后合拢的断后标距长度为 l_u, 颈缩部分断后最小横截面积为 S_u, 则

$$断后伸长率 \quad A = \frac{l_u - l_0}{l_0} \times 100\% \tag{5-1}$$

$$断面收缩率 \quad Z = \frac{S_0 - S_u}{S_0} \times 100\% \tag{5-2}$$

式中　l_0——未变形时的标距长度;
　　　S_0——未变形时试样的横截面面积;
　　　l_u——变形后的标距长度;
　　　S_0——变形后试样的横截面面积。

通常把 A 称为材料的断后伸长率, Z 称为材料的断面收缩率。常用材料的断后伸长率 A 及断面收缩率 Z 来判断材料塑性的好坏, 因此 A 及 Z 是衡量塑性的基本参数。工程中把 A 大于 5% 的材料称为塑料材料。把 A 小于 5% 的材料称为脆性材料。

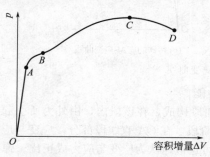

图 5-4 压力容器的爆破曲线

材料的屈服强度与抗拉强度的比值, 称为屈强比。可以看作是衡量钢材强度储备的一个系数。屈强比低表示材料的塑性较好; 屈强比高表示材料的抗变形能力较强, 不易发生塑性变形。对于机器零件 (如轴、齿轮、叶轮) 而言一般要求屈强比高, 以避免产生不必要的塑性变形, 同时节约材料, 减轻重量。而压力容器用钢则不要求太高屈强比, 以留有更多的强度储备。

GB/T 228《金属材料 拉伸试验》是拉伸试验常用标准。

在典型的压力容器静压爆破试验中, 材料受到拉应力而失效, 也有类似的应力-应变曲线, 如图 5-4 所示。

5.1.1.2 硬度

硬度是衡量材料软硬程度的一种性能指标。测量硬度的试验方法很多, 主要有压入法、回跳法和刻画法三大类。

生产中应用最多的是压入法测定的硬度, 主要有布氏硬度、洛氏硬度、维氏硬度等几种不同的测定方法, 这些方法测得的硬度值, 均表征材料表面抵抗外物压入时所引起局部塑性变形的能力。这里仅介绍压入法测定的硬度。

由于压头压入时, 材料发生了塑性变形, 塑性变形的抗力决定了压入硬度值, 压入硬度值和

金属抗拉强度 R_m 之间近似地成正比关系，如 R_m 和布氏硬度值 HB 之间近似关系可写为

$$R_m = K \times HB \tag{5-3}$$

对不同材料，有不同的 K 值。对铜及其合金和不锈钢，$K = 0.4 \sim 0.55$，对钢铁材料，K 值约为 $0.33 \sim 0.36$，可粗略地认为 $K = 1/3$。铝合金也基本如此。由此可见，只要知道了硬度值，就可间接推知许多其他力学性能数据。

硬度试验由于设备简单，操作方便、迅速，同时又能敏感地反映出金属材料的化学成分和组织结构的差异，因而被广泛用于检查金属材料的性能、热加工工艺的质量或研究金属组织结构的变化。因此，硬度试验特别是压入法硬度试验在生产及科学研究中得到了泛的应用。

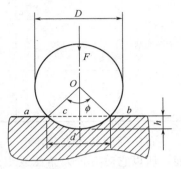

图 5-5 布氏硬度试验原理

常用的硬度有布氏硬度、洛氏硬度、维氏硬度，它们的数值在一定条件下可以相互转换。

(1) 布氏硬度

布氏硬度试验是采用一定直径 D 的钢球或硬质合金球压头，以相应的试验力 F 压入试样表面，如图 5-5 所示，经规定保持时间，卸力后，按式(5-4)根据试样表面压痕直径 d 计算材料的布氏硬度值。试验时，当材料布氏硬度≤450 时，采用钢球压头，用 HBS 表示布氏硬度值；当材料布氏硬度≤650 时，则采用硬质合金球压头，用 HBW 表示布氏硬度值；当硬度＞650HBW 时，测量不准确，改用洛氏硬度测定法。

$$HBS \text{ 或 } HBW = 0.102 \frac{F}{A} = 0.102 \frac{2F}{\pi D (D - \sqrt{D^2 - d^2})} \tag{5-4}$$

$$A = \frac{1}{2} \pi D (D - \sqrt{D^2 - d^2}) \tag{5-5}$$

式中　F——试验力，N；

　　　A——压坑面积，mm²；

　　　D——压头直径，mm；

　　　d——压痕直径，mm。

布氏硬度值就是压痕单位表面积所承受的压力。一般不标出单位（单位为 9.8N/mm²）。硬度值越高，材料的变形抗力越大。

为了使试验结果能互相比较，试验必须在统一的国家标准下进行。GB/T 231《金属材料 布氏硬度试验》是常用的国家标准。国家标准根据材料种类及布氏硬度范围和厚度，规定了 F/D^2 值、压头直径 D、试验力 F 及试验力持续时间，见表 5-1。

表 5-1　布氏硬度试验规范

金属类型	布氏硬度值 /HBS(或 HBW)	试样厚度 /mm	试验力 F 与压头直径 D 的关系 0.102F/D²	压头直径 D /mm	试验力 F/N	试验力持续时间/s
黑色金属	≥140	6～3	30	10	29.42×10³	10～15
		4～2		5	7.355×10³	
		<2		2.5	1.839×10³	
	<140	>6	10	10	9.807×10³	10～15
		6～3		5	2.452×10³	
		<3		2.5	612.9	

续表

金属类型	布氏硬度值 /HBS(或 HBW)	试样厚度 /mm	试验力 F 与压头 直径 D 的关系 $0.102F/D^2$	压头直径 D /mm	试验力 F/N	试验力持续 时间/s
有色金属	>130	6～3 4～2 <2	30	10 5 2.5	29.42×10^3 7.355×10^3 1.839×10^3	30±2
	35～130	9～3 6～3 <3	10(5 或 15)	10 5 2.5	9.807×10^3 2.452×10^3 612.4	30±2
	<35	>6 6～3 <3	5(2.5 或 1.5)	10 5 2.5	2.452×10^3 612.4 153.2	60±2

布氏硬度的优点是：由于压痕面积较大，能较好地反映较大体积范围内的综合平均性能，所以它对有较大晶粒或组成相的材料仍能适用。数据也较稳定。只要在规程范围内应用，其数值由大到小是统一的。其缺点是：由于压痕较大，不宜在成品上进行检验，也不宜于薄件试验。此外，不同材料需更换压头直径和改变试验力、压痕直径的测量也较麻烦，故要求大量快速检测成品时不适用。

(2) 洛氏硬度

洛氏硬度试验原理如图 5-6 所示。把具有标准形状和尺寸的压头（金刚石圆锥或大钢球），先用一初载荷 F_0 压入材料，压到位置 1-1，压入深度为 h_1。再加一主载荷，压倒位置 2-2。最后撤去主载荷（初载荷不撤掉），压痕弹回至位置 3，其深度为 h_3。两次载荷作用后压痕深度差为 $h=h_3-h_1$。洛氏硬度就用试件表面留下的深度差 h 来表示（加初载荷是为了消除试件表面不平对结果的影响）。

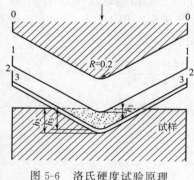

图 5-6 洛氏硬度试验原理

如果用 h 大小作为硬度指标，将出现材料愈软，压痕愈深，h 愈大的情况，这与人们习惯不一致。人们习惯认为材料愈硬，压痕愈浅、硬度愈高。为此，以选定某一常数减去 h 的差值作为硬度值，对于 HRA 和 HRC，此常数为 0.20mm，而对于 HRB，此常数选为 0.26mm。此外，再规定压下 0.002mm 作为一个洛氏硬度单位，这样洛氏硬度的计算公式为

$$\text{HRC 或 HRA}=\frac{0.2-h}{0.002}=100-\frac{h}{0.002} \tag{5-6}$$

$$\text{HRB}=\frac{0.26-h}{0.002}=130-\frac{h}{0.002} \tag{5-7}$$

式中 h——残余压痕深度增量，mm。

GB/T 230《金属材料 洛氏硬度试验》是常用的国家标准。常用的 HRA、HRB、HRC 洛氏硬度试验适用范围见表 5-2。

洛氏硬度试验的优点是：操作简便、迅速，硬度可直接读出；压痕较小，可在工件上进行试验；采用不同标尺可测定各种软硬不同的金属和厚薄不一的试样的硬度。其缺点是：压痕较小，代表性差；若材料中有偏析及组织不均匀等缺陷，则所测硬度值重复性差，分散度大；此外，用不同标尺测得的硬度值彼此没有联系，不能直接比较。

表 5-2 洛氏硬度试验适用范围

硬度符号	压头类型	初始试验力 F_0/N	主试验力 F_1/N	硬度范围
HRA	金刚石圆锥	98.07	490.3	20～88HRA
HRB	直径 1.5875mm 钢球	98.07	882.6	20～100HRB
HRC	金刚石圆锥	98.07	1373.0	20～70HRC

(3) 维氏硬度及显微硬度

维氏硬度的测定原理基本上和布氏硬度相同，也是根据压痕单位面积上的试验力来计算硬度值。试验原理如图 5-7 所示。所不同的是维氏硬度试验的压头不是钢球，而是金刚石的正四棱锥体。试验时，在试验力 F 的作用下，试样表面上压出一个四方锥形的压痕，测量压痕对角线长度 d，用以计算压痕的表面积 A，以压痕单位面积上的力表示试样的硬度值，用符号 HV 表示。

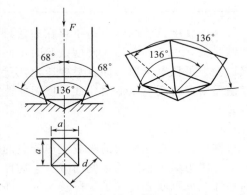

图 5-7 维氏硬度试验原理图

$$HV = \frac{0.102F}{A} = 0.1891 \frac{F}{d^2} \qquad (5-8)$$

式中 F——试验力，N；

      A——压痕表面积，$A = d^2/2\sin 68° = d^2/1.8544$，$mm^2$；

      d——压痕两条对角线长度的算术平均值，mm。

维氏硬度试验用的正四棱锥金刚石压头上两相对面间夹角为 136°，这是为了在较低硬度时，其硬度值与布氏硬度值相等或接近。

GB/T 4340《金属材料 维氏硬度试验》是维氏硬度常用的国家标准。表 5-3 给出了不同维氏硬度的试验方法。维氏硬度试验所用的试验力可根据试样大小、厚薄等条件选择，表 5-4 提供参考。显微维氏硬度实质上就是极小载荷的维氏硬度，主要用来测定微观组成相的硬度。

表 5-3 不同维氏硬度试验规范

硬度符号	试验力/N	试样或试验层厚度	试样要求
$HV_5 \sim HV_{100}$	49.03～980.7	至少为压痕对角线平均长度的 1.5 倍，即 ≥1.5d	试验面为平面，表面粗糙度 $Ra = 0.2\mu m$ 从曲面上测得硬度值按标准附录修正
$HV_{0.2} \sim HV_3$	1.961～<49.03	≥1.5d	试验面为平面，表面粗糙度 $Ra = 0.1\mu m$ 从曲面上测得硬度值按标准附录修正
$HV_{0.01} \sim HV_{0.2}$	$98.07 \times 10^{-3} \sim$ <1.961	≥1.5d 试验后支撑背面不应出现变形痕迹	试验面为光滑平面，表面粗糙度 Ra 不大于 $0.1\mu m$

表 5-4　维氏硬度测量试验力选择参考

工件厚度 /mm	在下列 HV 值内采用的试验力/N			
	25～50	50～100	100～300	300～900
0.3～0.5	—	—	—	49.03～98.07
0.5～1.0	—	—	49.03～98.07	98.07～196.14
1～2	49.03～98.07	98.07～245.05	98.07～196.14	—
2～4	98.07～196.14	～294.21	196.14～490.35	196.4～490.35
>4	≥196.14	≥294.21	≥490.35	—

维氏硬度试验的优点是不存在布氏硬度试验时要求试验力 F 与压头直径之间所规定条件的约束，也不存在洛氏硬度试验时不同标尺的硬度值无法统一的弊端。维氏硬度试验时不仅试验力可任意选取，而且只要压痕测量的精度较高，硬度值即较为精确。唯一的缺点是硬度值需要通过测量压痕对角线长度后才能进行计算或查表，因此，工作效率比洛氏硬度法低得多。

5.1.1.3　韧性

韧性是材料在断裂前吸收变形能量的能力。金属的韧性通常随加载速度的提高、温度的降低、应力集中程度的加剧而减少。韧性高的材料在断裂前要发生明显的塑性变形，由可见的塑性变形至断裂经过了一段较长的时间，能引起注意，一般不会造成严重事故；韧性低的材料，脆性大，材料断裂前没有明显的征兆，因而危险性极大。韧度是度量材料韧性的力学性能指标，其中又分静力韧度、冲击韧度和断裂韧度。

（1）静力韧度

静力韧度是金属材料在静拉伸时单位体积材料断裂前所吸收的功。它是强度和塑性的综合指标。在 5.1.1.1 中论及的工程上广泛使用的应力-应变曲线，$R = F/A_0$，$e = \Delta l/l_0$，应力的变化是以不变的原始截面积 A_0 来计量，而应变是以原始的试样标距长度 l_0 来度量。但实际上在变形过程的每一瞬时试样的截面积和长度都在变化。真实应力-应变曲线则真实反映变形过程中的应力和应变的变化。测出材料真实应力-应变曲线所包围的面积，可以精确获得静力韧度值。图 5-8 为真实应力-应变曲线和工程应力-应变曲线比较；图 5-9 为材料的静力韧度。

静力韧度对于按屈服强度设计，在服役中有可能遇到偶然过载的机件，如链起重吊钩等，是必须考虑的重要指标。过程装备中用于评定材料韧性的常用力学性能指标是冲击韧度和断裂韧度。

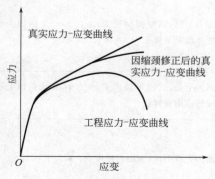

图 5-8　真实应力-应变曲线
和工程应力-应变曲线比较

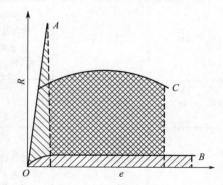

图 5-9　材料的静力韧度
A—高强度材料；B—高塑性材料；C—高韧性材料

（2）冲击韧性及指标

冲击韧性是材料在冲击载荷作用下吸收塑性变形功和断裂功的能力，单位为 J。测试试样有 V 形缺口试样和 U 形缺口试样。根据摆锤刀刃直径和试样的不同，有 KU_2、KU_8、KV_2、KV_8 等指标。

工程材料的冲击吸收功在不同的温度下有不同的数值，随温度下降而降低。当试验温度低于某一温度值 T_k 时会有明显的降低，材料由韧性状态变为脆性状态，这种现象称为低温脆性。T_k 称为韧脆转变温度。常用冲击韧性指标为夏比 V 形缺口冲击功 KV_2，其中 V 表示缺口几何形状为 V 形缺口，2 表示摆锤刀刃半径为 2mm。夏比 V 形缺口冲击功 KV_2 并不是单位面积上所消耗的功，而是标准试样在冲击试验中所消耗的功，可由 h 和 h' 计算获得。图 5-10 为 KV_2 测试用的一种标准试样的示意图；图 5-11 表示了一次摆锤冲击试验的原理和试样摆放位置。图 5-10 和图 5-11 共同表示了半径为 2mm 的摆锤刀刃冲击试样时的位置。

GB/T 229《金属夏比缺口冲击试验方法》是冲击韧性测试常用标准。

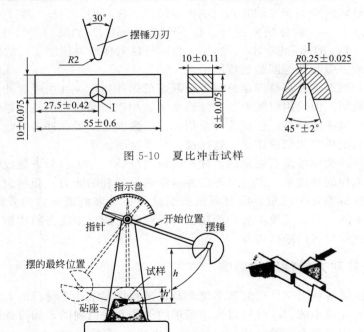

图 5-10　夏比冲击试样

图 5-11　一次摆锤冲击试验示意

（3）断裂韧性及指标

传统的观念认为金属材料是理想的均匀连续体，不存在裂纹，但工程材料实际上都存在微小的宏观裂纹，这些宏观裂纹可能是原材料中的冶金缺陷，也可能是加工过程中产生的（如热处理裂纹、焊接裂纹、锻造裂纹等），或使用环境因素引发的（如疲劳裂纹、应力腐蚀裂纹等）。这些宏观裂纹的存在使材料在受力时易引起低应力断裂。因此断裂力学提出了材料抵抗断裂的力学性能——断裂韧性，断裂韧性的衡量指标是断裂韧度。

线弹性断裂的断裂韧度参量为 K_{1c}，K_{1c} 是材料在平面应变状态下抵抗裂纹失稳扩展的能力，单位为 MPa·m$^{1/2}$，高强度材料构件或中低强度材料的大截面构件，裂纹尖端塑性区较小，其断裂多属于低应力脆断，可用 K_{1c} 进行断裂分析。如材料存在裂纹长度为 $2a$，工作应力为 σ，线弹性断裂力学建立一个参量 $K_1 = Y\sigma a^{1/2}$，K_1 称为张开型裂纹尖端应力场强度因子，Y 为裂纹的几何形状因子，$Y = 1 \sim 2$。当 $K_1 \geqslant K_{1c}$ 时，材料发生低应力断裂；

当 $K_1 < K_{1c}$ 时，材料安全可靠。因此 $K_1 = K_{1c}$ 是材料发生低应力断裂的临界条件，即 $K_1 = Y\sigma a^{1/2} = K_{1c}$。要使材料不发生低应力断裂，可控制 K_{1c}、σ 和 a 这三个参数。K_{1c} 与冲击吸收功 A_K 一样，不同的材料成分、不同的材料洁净度、不同的热处理，K_{1c} 是不同的。K_{1c} 愈高，材料抵抗裂纹失稳扩展的能力愈强。

弹塑性断裂的断裂韧度参量为 δ_c 和 J_{1c}。两者均是考虑材料在断裂前裂纹尖端相当大的区域会产生明显的塑性变形的情况下，材料抵抗裂纹失稳扩展的能力。δ_c 的单位是 mm，J_{1c} 的单位是 MPa·mm^{-1}。工程上大量使用中低强度材料的构件，裂纹尖端的塑性区已接近或超过裂纹尺寸，其断裂分析必须用弹塑性断裂力学。材料中存在的裂纹尖端张开位移 δ 大于临界值 δ_c 时，裂纹失稳扩展，材料的 δ_c 愈大，塑性储备愈高，断裂韧度愈高。材料裂纹扩展所消耗的能量也可用一个围绕裂纹尖端的任意回路的能量线积分 J 求得，用以表征裂纹尖端周围区域的局部应力-应变场，J 可看作弹塑性情况下的裂纹扩展力或裂纹扩展能量率，当裂纹扩展时的 J 积分达到材料的临界值 J_{1c}，则裂纹迅速失稳扩展，材料的 J_{1c} 愈大，材料的应变能力愈强，塑性储备愈高，断裂韧度愈高。

我国对测定材料的断裂韧度均有相应的国家标准：K_{1c} 的测定按 GB/T 4161《金属材料平面应变断裂韧度 K_{1c} 试验方法》进行；δ_c 的测定按 GB/T 2358《裂纹张开位移（COD）试验方法》进行；J_{1c} 的测定按 GB/T 2038《金属材料延性断裂韧度 J_{1c} 试验方法》进行。

（4）材料的冲击吸收功与断裂韧度的关系

冲击吸收功和断裂韧度都是评定材料抵抗断裂的韧性指标。冲击吸收功值作为材料韧脆程度的判据虽不确切，但使用时间长了，经验多了，用以检验材料的脆化趋势、检测冶金工艺质量、尤其对低温使用材料，已成为仲裁指标。一般而言，提高冲击吸收功的有效韧化措施，对提高断裂韧度具有相似的作用，这已被试验所证明。

冲击吸收功与断裂韧度是有区别的。冲击吸收功反映在冲击载荷下裂纹的形成、扩展直至断裂全过程所消耗的总能量，即材料抵抗冲击断裂全过程的能力；而断裂韧度只反映已有裂纹失稳扩展过程所消耗的能量，即材料抵抗裂纹失稳扩展的能力，两者的含义是有差别的。随着材料强度的提高，裂纹扩展的能量在材料断裂总能量中所占的比例不断下降，很难从冲击吸收功来衡量材料的断裂韧度。

5.1.2　服役条件对力学性能的影响

上节介绍了金属材料力学性能的基本概念及在试验规定条件下材料的力学性能，这是用形状比较简单、尺寸较小的标准试样以比较简单的加载方式得到的，如拉伸试验，即在一定的承载性质（恒定加载速度的静载荷）、一定的应力状态（单向拉应力）、一定的温度、一定的实验室环境条件下得到的力学性能。如果试验的条件改变了，或是材料制成构件与设备在生产现场使用的服役条件改变了，材料的力学性能是会变化的，这是必须要认识的问题。

（1）温度对力学性能的影响

温度对力学性能的影响是最大的。一般认为，$t < 200℃$ 为常温考虑，$200℃ \leqslant t \leqslant 400℃$ 为中温考虑，温度再高为高温。低于 $0℃$ 则为低温。

以钢材为例，在常、中温条件下，抗拉强度 R_m 在 $250 \sim 300℃$ 前随温度增加而逐渐升高，以后逐渐下降；屈服强度随温度升高而下降；断后伸长率 A 和断面收缩率 Z 在 $300℃$ 前略有下降，随后很快提高，如图 5-12

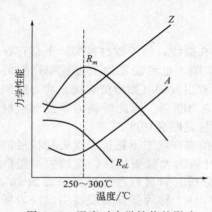

图 5-12　温度对力学性能的影响

所示。这是常、中温下在瞬态测得的钢材短时力学性能数据规律。这一现象说明了钢材随温度升高力学性能变化的总趋势是：强度下降、塑性提高、韧性变化不大。因为韧性与塑性和强度有关（塑性和强度都是决定韧性值的因素之一）。

如温度再升高，材料进入高温工作状态，此时材料的力学性能不仅与温度有关系，与负载持续时间也密切相关，材料在高温下随负载持续时间增加，力学性能明显下降。如温度下降至 0℃以下，材料进入低温工作状态，低温主要影响材料的塑性，使材料向冷脆性转变。钢材在高温及低温的力学性能在第 7 章详细介绍。

（2）承载条件对力学性能的影响

在不同的承载条件下，材料抵抗变形及破坏的能力是不同的，最明显的例子是静力拉断钢丝的力要比反复弯断钢丝的力要大得多。材料的抗拉强度与抗疲劳强度相差较大，钢材的弯曲疲劳强度约为抗拉强度的 40%～60%。

承载条件一般包括承载性质及加载次序。承载性质指静载荷、冲击载荷或是不同规律的变载荷，拉伸、压缩、弯曲、扭转、剪切、接触或是各种复合加载形式产生不同的应力。加载次序指试验或服役期间的载荷谱，包括加载水平及变化规律、加载速度的快慢等。在不同的承载条件下，材料有不同的力学性能，不能混淆使用。如碳钢的抗拉强度与抗压强度相差不大，但铸铁的抗拉强度只有抗压强度的 1/4～1/3。较高的加载速度使材料强度提高，脆性增大，实验室数据可使应力值达到静拉伸屈服极限的 10 倍。

（3）其他影响因素

材料制成构件及设备，不仅实际温度、承载条件与试验条件不同使力学性能有较大变化，且尺寸效应、周围介质氛围等都有不同程度的影响。如大尺寸构件的性能总是低于小试样的力学性能。大尺寸构件出现大尺寸缺陷的机会增多，应力集中程度增大；大尺寸构件受载时易处于平面应变状态，塑性变形困难，易产生低应力脆断；大尺寸构件的加工成型过程难以保证质量均匀，从而影响力学性能等，这是尺寸效应导致力学性能下降的原因。而实际构件或设备服役的环境则比实验室复杂恶劣得多，除了温度高低变化幅度大，周围环境可能存在酸、碱、盐、有机物等，或者是存在氢、氯、氨、硫化氢等有害气氛或溶液，材料与之接触将会引起材质的物理、化学变化，导致力学性能的下降。

由于材料的力学性能受多因素的影响，在以实验室测取的力学性能作为构件或设备结构设计依据时，需全面考虑留有安全裕度。

5.2 金属材料的加工工艺性能

金属材料通过一定的加工工艺才能形成构件或设备。材料的加工工艺性能是指保证加工质量的前提下，加工过程的难易程度。金属材料的加工分为冷加工和热加工。冷加工包括冷冲压、冷锻、冷挤压与机械加工，而热加工包括铸造、热锻、热压、焊接与热处理。以过程装备最典型的压力容器为例，其加工工艺包括轧制钢板弯圆或滚圆、压制封头、锻制法兰及连接件的压力加工，支座的铸造，配合零件的机加工，筒体、封头及接管的焊接及热处理等。本节重点介绍金属材料的焊接性能，并对铸造性能、压力加工性能、机加工性能及热处理性能作简单介绍。

5.2.1 焊接性能

焊接形式众多，材料各异。压力容器常以焊接成形，下面围绕压力容器介绍材料的焊接性能。其中焊接过程中裂纹的产生部分以电弧焊为例。

（1）焊接过程中裂纹的产生

焊接过程是一个时间短、变化复杂的物理化学冶金过程，与普通炼钢的冶金过程有相似之处，但也有自身的特点，如：温度高、温度梯度大、熔池体积小、各个物理化学过程分段连续进行。图 5-13 是不易淬火钢焊接热影响区的组织分布，从图中也可得到焊接与一般的冶金过程的一些异同点。

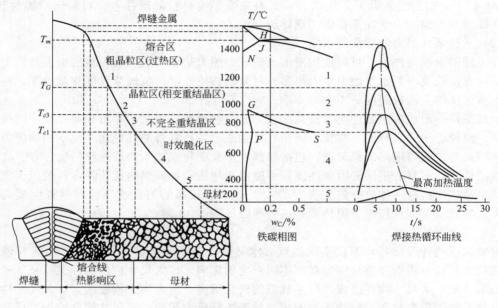

图 5-13　不易淬火钢焊接热影响区的组织分布

① 热裂纹的形成　在压力容器焊接接头中，常见热裂纹有：结晶裂纹和液化裂纹两种。结晶裂纹是焊接熔池初次结晶过程中形成的裂纹，是焊缝金属沿初次结晶晶界的开裂。而液化裂纹是紧靠熔合线的母材晶界被局部重熔，在收缩应力作用下而产生的裂纹。这两种裂纹虽然都是在高温下产生的，但其形成的机理不同。

结晶裂纹　当焊接电弧建立后，焊接材料和母材熔化而形成熔池。此时熔池在电弧热的作用下被加热到相当高的温度。熔池受热膨胀，作为熔池底模的母材不能自由收缩，故高温液态熔池受到一定的压应力的作用。随着焊接热源向前移动，焊接熔池开始逐渐冷却，并以处于冷态的母材为晶核开始初结晶。最先结晶的是纯度较高的合金，最后凝固的是低熔点共晶体。低熔点共晶体的数量，取决于焊接金属中 C、S、P 等元素的含量。一种情况是低熔点共晶体量极少，它们在初生晶粒间不可能形成液态膜。由于焊接熔池的冷却速度很高，低熔点共晶体几乎与初析相同时完成结晶。因此，不断冷却的金属熔池，虽然受到收缩应力的作用也不致产生晶间裂纹。当焊缝金属中的低熔共晶体量较多时，初次结晶的偏析程度加大，并在初次结晶的晶体之间形成晶间的液膜，当焊接熔池随着冷却而受到收缩时，被液膜分隔的晶体边界就会被拉开而形成裂纹。

为了防止焊缝金属中热裂纹的形成，应严格控制焊缝金属中 C、S、P、含量超过 0.4% 的 Si、Ni 和其他易形成低熔共晶体的合金成分的含量，这些元素和杂质的含量愈低，则焊缝金属的抗热裂能力愈高。一般焊缝金属中碳含量大于 0.15%，硫含量大于 0.04% 就可能出现裂纹。在压力容器中，常用的碳钢和低合金钢碳含量最大可能达到 0.25%。在这种情况下，首先必须选用低碳的优质焊接材料，使之与母材混合后形成的焊缝中碳、硫等含量低于上列临界值。

液化裂纹 焊接过程中，紧靠熔合线的母材区域被加热到接近钢熔点的高温，此时母材晶体本身未发生熔化，而晶界的低熔点共晶则已完全熔化。当焊接熔池冷却时，焊缝应变速度较高。如果在这些低熔共晶体未完全重新凝固之前，接合区就已受到较大应变，则在这些晶界上就会出现裂纹。

根据以上分析不难看出，液化裂纹的形成归因于母材晶粒边界的低熔点共晶物。因此液化裂纹多产生于 C、S、P 杂质较高的母材与焊缝的熔合边界。为防止液化裂纹，首先应从材料上着手，选用 S、P 杂质含量低的母材，往往 S、P 含量接近标准范围上限的钢材就可能产生液化裂纹。而防止液化裂纹的根本办法是选用 C、S、P 含量较低的材料。钢中碳含量在 0.20% 以下，S、P 含量在 0.03% 以下就不会再出现近缝区的液化裂纹。

② 冷裂纹的形成　下面以焊接热影响区的冷裂纹为例，说明这种裂纹的形成过程。焊接接头热影响区在焊接过程中热循环的特点是，急骤加热到相当高的奥氏体化温度和快速冷却。即焊接接头的紧靠熔合线区域被急骤加热到 1350℃，这一区域的晶粒全部转变为奥氏体。由于奥氏体化温度相当高，晶粒急剧长大，形成粗大的奥氏体，随即快速冷却，使奥氏体过冷并在较低的温度下发生马氏体或中间级组织的相变。

由于原先的奥氏体晶粒相当粗大，故形成了粗大的马氏体组织。这种马氏体组织的塑性相当低，并由于马氏体转变的体积变化产生了较高的相变应力，它和焊接残余应力叠加很容易在马氏体晶体的交界面上形成显微区晶体缺陷，这就构成裂纹形成的最初阶段。如没有其他因素的联合作用，这种晶体缺陷不可能发展成为宏观裂纹。但是在焊接过程中，熔池金属会从电弧气氛中吸收大量的氢气，当焊缝金属产生二次相变，即从奥氏体转变为铁素体时，氢气开始从浓度较高的焊缝金属向热影响区扩散。

热影响区金属由于过冷尚处于奥氏体状态，故大量氢就集聚在紧靠熔合线的近缝区。当热影响区的奥氏体转变为铁素体时，由于温度已经降低，氢的扩散速度减慢，大量氢就以过饱和状态残留近缝区。游离氢的特点是倾向于在晶体缺陷之类的空腔内集聚，并从原子氢转变为分子氢，使氢压急剧增加，这种压力在缺陷的尖端引起应力集中，促使氢进一步集聚和晶体间内压的进一步增高。当应力增至超过晶体间的结合力时，就使晶体缺陷逐步扩展成显微裂纹，甚至肉眼就能发现的宏观裂纹。

热影响区或焊缝金属内淬硬组织的形成是冷裂纹的根本原因。也就是说，只有在金属内形成淬硬组织以后，氢和焊接内应力才能起促使冷裂纹产生的作用。试验和生产经验表明，在不可淬硬的低碳钢和奥氏体钢中，即使采用氢含量较高的酸性焊条，并在焊接内应力较高的工件上焊接亦不会出现任何冷裂纹。相反，在合金成分较高，淬硬倾向严重的高强度钢接头中，即使将氢含量控制在较低的水平，也很容易形成冷裂纹。

（2）焊接性

目前常用碳当量 C_{eq} 和冷裂纹敏感系数 P_c 两个指标评估钢的焊接性，新材料或重要结构，还需进行专门的焊接性试验。

① 碳当量　钢的焊接性与其化学成分关系很大，其中影响最大的是含碳量。因为钢中含碳量增加，塑性下降，淬硬倾向增大，容易产生裂纹。一般钢中含有多种合金元素，影响是综合性的，因此，往往用碳当量来估评钢的焊接性。碳当量是指钢中的含碳量与其他合金元素按其作用折算成相当的碳含量的总和。各国所采用碳当量的计算方法不大相同，国际焊接协会所提出的碳当量计算式被采用得较多。

$$C_{eq}=C+\frac{Mn}{6}+\frac{Cr+Mo+V}{5}+\frac{Ni+Cu}{15}(\%) \tag{5-9}$$

式中的符号均代表该元素在钢中的百分数含量。一般认为 $C_{eq}<0.45\%$ 的钢材焊接性较好。

$C_{eq}>0.6\%$ 的钢材，淬硬倾向强，属于比较难焊的材料，需采用较高的预热温度和严格的工艺措施。硫、磷对钢的焊接性有很坏的影响，因合格钢材中，硫、磷受到严格的控制，因此，碳当量计算中未考虑硫、磷的影响。但在实际使用中，当钢材出现裂纹时，需化验硫、磷含量，以便分析产生裂纹的原因。

② 冷裂纹敏感系数　碳当量只是对焊接产生冷裂纹倾向及脆化倾向的一种估算方法，由于只以碳当量衡量焊接性，不够全面，因为钢的焊接性还受钢板厚度、焊后应力条件、焊缝氢含量的影响。当钢板厚度增加时，结构刚度增大，焊后残余应力也增大，焊缝中必将出现三向拉应力，这时，实际允许的碳当量将降低。用 C_{eq} 直接判断是否发生冷裂纹，误差很大。为此，日本的伊藤等人曾用 200 多种低碳低合金高强度钢进行大量实际试验，提出钢材焊接冷裂纹敏感系数 P_c 如下。

$$P_c=C+\frac{Si}{30}+\frac{Mn+Cu+Cr}{20}+\frac{Ni}{60}+\frac{Mo}{15}+\frac{V}{10}+5B+\frac{h}{600}+\frac{H}{60}(\%) \qquad (5\text{-}10)$$

式中　h——板厚，mm；

H——焊缝金属中扩散氢含量，ml/100g。

式(5-10)适用于下列化学成分的钢：$\omega_C=0.07\%\sim0.22\%$；$\omega_{Si}<0.60\%$；$\omega_{Mn}=0.40\%\sim1.40\%$；$\omega_{Cu}<0.50\%$；$\omega_{Ni}<1.20\%$；$\omega_{Cr}<1.20\%$；$\omega_{Mo}<0.70\%$；$\omega_V<0.12\%$；$\omega_{Nb}<0.04\%$；$\omega_{Ti}<0.05\%$；$\omega_B<0.005\%$。此外，焊缝扩散氢为 $1.0\sim5.0$ml/100g（急冷法测定）；板厚 h 为 $19\sim50$mm；焊接线能量为 $17\sim30$kJ/cm。按式(5-10)可以求出需要的预热温度 $T_0=1440P_c-392$（℃），可作为焊接规范参考。

用 P_c 值来判断钢材焊接时的冷裂纹敏感性比 C_{eq} 值更全面，因为式中前数项反映了合金元素对裂纹的敏感性，与 C_{eq} 有相同的作用，后两项考虑了板厚拘束及扩散氢含量。当 P_c 大于某钢种产生冷裂纹的临界敏感指数 P_{cr}，则会产生冷裂纹。关于 h 和 H 在更大范围变化的应用及 P_{cr} 的数值，目前国内外研究有较大的发展，考虑更复杂影响因素，应予关注。

(3) 焊接性试验

由于焊接性的影响因素复杂，简单的碳当量计算式及冷裂纹敏感系数只是常用钢的经验积累间接估评方法。构件及设备具体材料的焊接性往往通过直接的焊接性试验获取准确的数据。目前世界上所采用的焊接性试验方法有数百种，每种方法都是从某一角度去反映金属材料焊接性的。其中斜 Y 坡口焊接裂纹试验、插销试验、刚性固定对接裂纹试验和可变拘束裂纹试验是较常用的。

中国推荐使用的焊接性试验标准有：

GB/T 4675.1 斜 Y 型坡口焊接裂纹试验方法；

GB/T 4675.2 搭接接头（CTS）焊接裂纹试验方法；

GB/T 4675.3 T 型接头焊接裂纹试验方法；

GB/T 4675.4 压板对接（FISCO）焊接裂纹试验方法；

GB/T 9446 焊接用插销冷裂纹试验方法等。

5.2.2　铸造性能

铸造性能是指金属材料是否适于铸造及所铸构件质量的好坏。金属材料的铸造性能包括流动性、收缩性和偏析等方面。流动性是指液态金属充满铸模的能力，流动性愈好，愈易铸造细薄精致的铸件；收缩性是指铸件凝固时体积收缩的程度，收缩愈小，铸件凝固时变形愈小；偏析是指化学成分不均匀，偏析愈严重，铸件各部位的性能愈不均匀，铸件可靠性愈小。

成分接近共晶点的合金的铸造性能最好，因此专用于铸造成型构件的材料成分接近共晶点，例如铝硅明、铸铁等。但共晶合金的力学性能往往较差，在性能要求高时，铸造生产的合金也不在共晶点附近。铸造性能一般较好的金属材料主要是各种铸钢、铸铁、铸造铝合金和铜合金等。比较而言，铸造铝合金和铜合金的铸造性能优于铸铁和铸钢，而铸铁又优于铸钢，其中以灰口铸铁的铸造性能最好。

5.2.3 压力加工性能

压力加工是使材料产生塑性变形的加工方法。变形量小可用冷加工，变形量大要用热加工。在冷或热状态的压力作用下，材料产生塑性变形的能力叫做压力加工性能。既要有足够的塑性变形能力，又不能产生不允许的塑性裂纹。压力加工性能要包括有必需的固态活动性，较低的对模具壁的摩擦阻力，强的抵抗氧化起皮及热裂能力，低的冷作硬化及皱折、开裂倾向等。

低碳钢的压力加工性能比中碳钢、高碳钢好，低碳钢比低合金钢好，各种铸铁属于脆性材料，不能承受压力加工。

金属的压力加工性能，常用金属的塑性和变形抗力来综合衡量。塑性愈大，则变形抗力愈小，其压力加工性能愈好。金属材料的冷加工性能一般还用冷弯试验衡量。冷弯试验是把材料试样按一定的弯芯直径冷弯 180°，观察材料承受弯曲变形的能力和材料示出的缺陷。冷弯性能的好坏也能反映材料塑性的高低，有时还可采用专门的试验来衡量材料的压力加工性能。

5.2.4 机加工性能

机加工性能即切削加工性能，是指金属材料被机床刀具切削加工的难易程度。金属材料机加工的难易，视具体加工要求和加工条件而定，一般来说，若刀具耐用度高、许用切削速度较高，加工表面质量易于保证，或断屑问题易于解决，则这种材料容易机加工。此时金属材料的硬度和韧性要适中。硬度过大、过小或韧性过大，则机加工性能不好，合适的硬度大约是 HBS = 140~250。奥氏体不锈钢韧性好，但难于机加工。

5.2.5 热处理性能

金属材料适应各种热处理工艺的性能称为热处理性能。衡量金属材料热处理工艺性能指标包括导热系数、淬硬性、淬透性、淬火变形、开裂趋势、表面氧化及脱碳趋势、过热及过烧的敏感趋势、晶粒长大趋势、回火脆性等。

5.3 金属材料的物理性能与耐腐蚀性能

5.3.1 物理性能

材料的物理性能也是过程装备选材要考虑的。如压力容器使用在不同的场合，对材料的物理性能也有不同的要求。高温容器要用熔点高的材料，熔点高的材料再结晶软化温度较高；进行换热的容器要用导热系数较高的材料，可节省材料；带衬里的容器则要求衬里材料与基体材料的线膨胀系数比较接近，否则有温度变化时，由于两种材料的膨胀量不一致，衬里常常会发生开裂。

过程装备用材要考虑的物理性能参数通常是弹性模量 E、密度 ρ、熔点 T_m、比热容 c、导热系数 λ、线膨胀系数 α 等。表 5-5 所列为几种常用金属材料的物理性能数据。

表 5-5　几种常用金属材料的物理性能

性能 金属	密度 ρ /(g/cm^3)	熔点 T_m /℃	比热容 c/[J/ (kg·K)]	导热系 数 λ/[W/ (m·K)]	线膨胀系 数 $\alpha \times 10^6$ /(1/℃)	电阻率 ρ /[Ω·mm^2/ m]	弹性模量 $E \times 10^{-5}$ /MPa	泊松比 μ
低碳钢及低合金钢	7.8	1400～ 1500	460.57	46.52～ 58.15	11～12	0.11～ 0.13	2.0～ 2.1	0.24～ 0.28
铬镍奥氏体钢	7.9	1370～ 1430	502.44	13.96～ 18.61	16～17	0.70～ 0.75	2.0	0.25～ 0.3
紫铜	8.9	1083	385.20	384.95	16.5	0.017	1.12	0.31～ 0.34
纯铝	2.7	660	900.20	220.97	23.6	0.027	0.75	0.32～ 0.36
纯铅	11.3	327	129.80	34.89	29.3	0.188	0.15	0.42
纯钛	4.5	1688	577.81	15.12	8.5	0.45	1.09	

5.3.2　耐腐蚀性能

耐腐蚀性能是材料在使用工艺条件下抵抗腐蚀性介质侵蚀的能力。材料遭受腐蚀后，其质量、厚度、力学性能、组织结构及电极过程等都可能发生变化，其变化程度可用以衡量材料的耐腐蚀性能。

对于均匀腐蚀，通常以腐蚀速率来衡量金属材料的耐腐蚀性能。腐蚀速率有质量指标、深度指标和电流指标，工程设计上多用前两种指标，尤其是深度指标。

质量指标腐蚀速率

$$K = \frac{W_0 - W_1}{A \times t} \tag{5-11}$$

深度指标腐蚀速率

$$K_d = 8.75 \frac{K}{\rho} \tag{5-12}$$

式中　K——单位表面积、单位时间内由于腐蚀而引起的质量变化，g/(m^2·h)；

K_d——单位时间内由于腐蚀而引起的厚度减薄量，mm/a；

W_0——材料的初始质量，g；

W_1——消除腐蚀产物后材料的质量，g；

A——材料与腐蚀介质接触的面积，m^2；

t——腐蚀作用时间，h；

ρ——材料的密度，g/cm^3。

工程上常按腐蚀深度三级标准评定金属的耐均匀腐蚀性能，如表 5-6 所示。各种腐蚀性介质对常用材料的均匀腐蚀速率可以从有关腐蚀手册中查得。

表 5-6　金属材料耐均匀腐蚀性能三级标准

耐均匀腐蚀性能评定	耐均匀腐蚀性能等级	均匀腐蚀深度/(mm/a)
耐蚀	1	<0.1
可用	2	0.1～1.0
不可用	3	>1.0

当金属材料发生局部腐蚀时，采用平均腐蚀速率来衡量材料的耐腐蚀性能是不适当的。大多数局部腐蚀的结果，如点腐蚀、晶间腐蚀、应力腐蚀、氢腐蚀及腐蚀疲劳等，几乎都是

在无明显的质量损失的情况下遭受突然破坏。对于这些类型的腐蚀应通过各种相应的试验方法来判断材料对这些腐蚀行为的倾向。如把腐蚀前后的金属进行拉伸、弯曲、扭转等试验，以测定金属的强度、塑性等性能的变化；把腐蚀前后的材料试样进行金相分析或电镜分析，以观测腐蚀前后材料的组织结构变化、化学成分变化及裂纹萌生、扩展情况；也可以把腐蚀前后的金属材料作电极过程的测试，以分析其电化学腐蚀的行为等。不能用增加腐蚀裕度的方法来解决金属材料的局部腐蚀问题，而应当选择相应的耐腐蚀材料及防护措施。

习题和思考题

1. 金属材料的力学性能指的是什么性能？常用的力学性能包括哪些方面的内容？

2. 衡量金属材料强度、塑性及韧性用哪些性能指标？各用什么符号和单位表示？

3. 硬度是否为金属材料独立的性能指标？它反映金属材料的什么能力？有 5 种材料其硬度分别为 449HV、80HRB、291HBS、77HRA、62HRC，试比较 5 种材料硬度的高低。

4. 为什么说金属材料的力学性能是一个可变化的性能指标？

5. 金属材料的焊接性能包含哪些内容？常用什么指标估算金属材料的焊接性能？

6. 如何表示金属材料耐腐蚀性能的高低？

6 过程装备失效与材料的关系

导读 过程装备及其构件的失效形式有过量变形、断裂及表面损伤三大类型。失效的原因可能是结构、选材、加工、安装或实际操作等环节的具体问题所引起。但材料是构成装备的物质基础，失效的具体现象却呈现在装备及其构件材料的宏观及微观的各种形貌及性能行为上，失效与材料密切相关，通过对失效材料的分析，可以找出装备及构件失效的原因，从而提出改进措施。

本章学习金属材料失效分析的初步知识，包括金属材料各种常见失效形式的特征、失效过程中材料组织结构及性能的变化及影响因素等，通过这些内容的学习，认识过程装备失效与材料的关系，失效分析是科学选材的基础。

6.1 金属材料常见失效形式及其判断

任何过程装备都是为完成某种规定的功能而设计制造的。例如，容器是用以承载物料或容纳操作内件的；换热器是用以进行两种或两种以上物料的热量传递的；搅拌器是用以使质量场或温度场均匀的。这些装备在使用过程中，由于应力、时间、温度和环境介质等因素的作用，失去其原有功能的现象时有发生。这种丧失其规定功能的现象称为**失效**。

过程装备失效存在着各种不同的情况。例如，压力容器在运行中突然产生壳体开裂，介质外泄，这种完全失去原有功能的现象毫无疑问是失效；但有时装备性能劣化，不能完成指定的任务，如换热器流道变形、污垢堵塞使传热系数下降，旋风除尘器内壁磨损降低了除尘效率，这时虽然换热器和除尘器尚未完全不能使用，也可以认为已经失效；有时过程装备整体功能并无任何变化，但其中某个构件部分或全部失去功能，此时虽然在一般情况下装备还能正常工作，但在某些特殊情况下就可能导致重大事故，这种失去安全工作能力的情况也属于失效，例如锅炉和压力容器的安全阀失灵等。

过程装备的整体失效很少，往往是某个构件先失效而导致设备失效。金属构件的失效按材料失效的性质分类，常见的失效形式分为三大类：变形失效、断裂失效及表面损伤。各种失效形式均有其产生的条件、特征及判断的依据，前人已归纳出丰富和明确的规律和知识，但实际的失效往往是多种因素共同作用的结果，是多种特征的掺和，分析时要注意。

6.1.1 变形失效

金属构件在外力作用下产生形状和尺寸的变化称为变形。根据外力去除后变形能否恢复，分为弹性变形和塑性变形。从 5.1 节拉伸曲线中可看出，金属材料在外力的作用下，会产生弹性变形、塑性变形和断裂三种现象。在未产生断裂前的变形阶段，如果材料的变形量和变形特性超过原来规定的程度，影响构件的规定功能，则认为是**变形失效**。

变形失效都是逐步进行的，一般属于非灾难性的，因此这类失效并不引起人们的关注。但是忽视变形失效的监督和预防，也会导致很大的损失。

（1）在常温或温度不很高情况下的变形失效

在常温或温度不很高的情况下金属材料的变形失效主要有弹性变形失效和塑性变形失效。

弹性变形失效　有两种情况：一种是金属材料失去了弹性功能；另一种是过量的弹性变形。弹性变形失效如果是失去了弹性的能力，它是属于功能性的失效，弹性功能失效也可能导致整台装备失效。如压力容器安全阀弹簧是安全阀的重要构件，当弹簧材料失去了变形的可逆性、应力与应变的单值对应性及小变形量的弹性变形特点时，安全阀就不能在原来的压力给定值范围内开启至全启，当容器超载时，压力未能及时泄放，可能导致整台容器超载变形以至爆破失效。弹性变形失效如果是过量的弹性变形引起，则主要发生在构件间有尺寸匹配的情况下。如卧式容器支承在双鞍座上，双鞍座垫板上的地脚螺钉孔有两种形状，一个鞍座垫板要选圆形螺钉孔，一个鞍座垫板要选长圆形螺钉孔，这主要是考虑容器工作时轴向伸长的弹性变形。曾有工厂的回转圆筒干燥器，超温操作弹性变形过量，变形受约束引起倒塌事故。

塑性变形失效　主要是构件失效时，材料产生的塑性变形量超过允许的数值。塑性变形量过大说明构件的受力过大，材料的应力达到或超过屈服强度，使其产生过量的永久变形。过量的塑性变形使构件的承载截面积减小，降低承载能力；且塑性变形时金属内部组织结构发生变化，晶粒歪扭，亚晶结构形成，个别部位出现裂纹及扩展。材料过量的塑性变形会引起构件的歪扭、弯曲、薄壁壳的鼓胀及凹陷等变形特征，其变形尺寸及强度可进行测量。压力管道及液化石油气罐鼓胀是过量塑性变形失效的典型例子。

（2）在高温下的蠕变变形失效

金属材料在长时间恒温、恒应力作用下，即使应力低于屈服点也会缓慢产生塑性变形，这种现象称为蠕变。低温下蠕变也会发生，但只有当温度高于 $0.3T_m$（以绝对温度表示的熔点）时才较显著。碳钢加热温度超过 350℃ 及普通低合金钢温度超过 400℃ 时，要考虑蠕变的影响。当蠕变变形量超过规定的要求时，则称为**蠕变变形失效**。压力容器的蠕变变形量一般规定在 10^5 小时为 1%。即蠕变速度为 10^{-5} %/h。过量的蠕变变形最终会导致断裂。

高温下不仅有蠕变变形引起的构件外部尺寸的变化，还有金属内部组织结构发生的变化。如珠光体耐热钢在长期高温下会发生珠光体球化、石墨化，碳化物的聚集与长大、再结晶，固溶体及碳化物中合金元素重新分布等。这些内部组织结构的变化导致高温力学性能下降、构件承载能力下降、蠕变速度加快、失效加快。

汽轮机的叶片、叶轮、隔板和汽缸等构件，在高温应力下长期运行，不允许有较大的变形，因此设计时有较严格的蠕变变形量的要求。而锅炉受热面管子及蒸汽管道由于实际操作的短期超温及长期超温，往往造成管子蠕胀及爆破，这是过量高温蠕变变形引起的普遍且典型的例子。

（3）变形失效的原因及改进措施

如果是由载荷及温度而引起的弹性变形失效，则可以通过选择合适的材料和改进结构来降低变形失效的概率。如弹性模量高的材料，不容易引起弹性变形；改进结构增加承载面积、降低应力水平可降低弹性变形量；适当的匹配材料及设计，可避免温差引起的弹性变形失效等。

如果是过量塑性变形而引起的失效，从设计、制造、操作等环节中降低构件实际应力，包括工作应力、残余应力及各种应力集中，可以有效减少塑性变形，或选择高屈服强度材料及合适的热处理工艺规范，对提高材料抵抗塑性变形的能力是有效的。

防止高温蠕变变形失效的方法主要是选用抗蠕变性能合适的材料与防止装备中构件的超温使用。

6.1.2　断裂失效

断裂是金属材料在应力的作用下分为互不相连的两个或两个以上部分的现象。断裂过程一般都经历三个阶段，即裂纹的萌生、裂纹的亚稳扩展及失稳扩展，最后是断裂。金属材料的断裂能在各种不同的条件下和不同的应力类型下发生，并受到环境因素及承载状态的影响，因此有不同特征的各种类型的断裂失效。所有材料断裂后，在断裂部位都有匹配的两个断裂表面，称为**断口**，断口及其周围留下与断裂过程有密切相关的信息。

断裂是金属材料常见的失效形式之一，又是危害性较大的失效形式。且工程中金属构件断裂的原因往往又不是单一的，而是几个因素共同作用的结果，因此对断裂失效要足够重视。本节学习断裂失效的分类、各种断裂失效的特征及断口分析，以便确定断裂失效的原因和找出预防的措施。

6.1.2.1　断裂的分类

断裂的分类见表 6-1。

表 6-1　断裂的分类

分类方法	名　称	特　征
按断裂前变形程度分类	韧性断裂	断裂前产生显著的塑性变形(例如断裂应变＞5％)，断裂过程中吸收了较多的能量，一般是在高于材料屈服应力条件下的高能断裂
	脆性断裂	断裂之前的变形量很小，没有明显的可以觉察出来的宏观变形量。断裂过程中材料吸收的能量很小，一般是在低于许用应力条件下的低能断裂
按造成断裂的应力类型及断面的宏观取向与应力的相对位置分类	正断	当外加作用力引起构件的正应力分量超过材料的正断抗力时发生的断裂称为正断。断裂面垂直于正应力方向或最大的拉伸应变方向
	切断	当外加作用力引起构件的切应力分量超过材料在滑移面上的切断抗力时发生的断裂称为切断。断裂面平行于最大切应力或最大切应变方向，而与最大正应力约呈 45°交角
按断裂过程中裂纹扩展所经的途径分类(图 6-1)	沿晶断裂	裂纹萌生扩展路径沿着晶界进行
	穿晶断裂	裂纹萌生和扩展路径穿过晶粒内部
	混晶断裂	裂纹萌生和扩展路径沿着晶界并且穿过晶粒内部，断裂路径是二者的混合交错
按载荷的性质及应力产生的原因分类	疲劳断裂	疲劳断裂是材料在交变载荷下发生的断裂
	环境断裂	材料在环境作用下引起的低应力断裂称为环境断裂。主要包括应力腐蚀断裂和氢脆断裂
按微观断裂机制分类	解理断裂	解理断裂是在正应力(拉力)作用下，裂纹沿特定的结晶学平面扩展而导致的穿晶脆断，但有时也可沿滑移面或孪晶界分离
	微坑断裂	在外力作用下因微孔聚集相互连通而造成的断裂
	疲劳断裂	在交变应力作用下以疲劳裂纹为标志的断裂
	蠕变断裂	蠕变断裂是材料在一定的温度下，恒载经一定时间后产生累进式变形并产生蠕变裂纹而导致的断裂
	结合力弱化断裂	裂纹沿着由于各种原因而引起的结合力弱化所造成的脆弱区域扩展而形成的断裂

6.1.2.2 韧性断裂

在断裂之前产生显著的宏观塑性变形的断裂叫做**韧性断裂**。图 6-2 是液氨管道的韧性断裂失效实物照片。

图 6-1 裂纹扩展路径示意图

A—晶间裂纹；B—穿晶裂纹；C—混晶裂纹

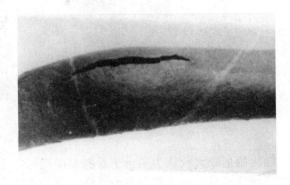

图 6-2 液氨管道的韧性断裂失效

（1）韧性断裂的特征

韧性断裂是一个缓慢的断裂过程，塑性变形与裂纹成长同时进行。裂纹萌生及亚稳扩展阻力大、速度慢，材料在断裂过程中需要不断消耗相当多的能量。随着塑性变形的不断增加，承载面积减小，至材料承受的载荷超过了强度极限时，裂纹扩展达到临界长度，就发生韧性断裂。断裂应变可大于 5％ 以上。由于韧性断裂前发生明显的塑性变形，一般会引起注意，不会造成严重事故。

（2）韧性断裂的断口形态

① 断口的宏观形态　韧性断裂的宏观断口可分为三个区域，即纤维区、放射区和剪切唇区。在圆棒试样和平板试样的断口上都能观察到三个区域。图 6-3 为圆棒拉伸韧性断口的宏观形貌，两个断面呈匹配的杯锥状 [图 6-3(a)、(b)]。

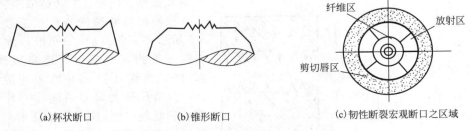

(a)杯状断口　　　　　(b)锥形断口　　　　　(c)韧性断裂宏观断口之区域

图 6-3　圆棒试样韧性断口宏观形貌

纤维区　是韧性断裂断口的最突出特征，常位于断裂的起点，即裂纹萌生处，在光滑圆形试样拉伸断口中，它位于中心部位，断面与主应力相垂直，是材料内部处在三向应力作用下裂纹缓慢扩展所形成的。一般情况下，纤维区呈现凹凸不平的宏观形貌。

放射区　是裂纹快速扩展的结果，通常呈放射状，当构件为板状时也呈人字条纹。

剪切唇区　是断裂最后阶段形成的，这时构件的断面处在平面应力状态下，撕裂面与主应力（拉伸轴）成 45°角，断面平滑呈灰色。剪切唇区往往在断口的边缘出现。

上述三个区域所占整个断面的面积比例随着加载速度、温度及构件的尺寸而变化。当加载速度降低、温度升高、构件尺寸变小时，都可使纤维区和剪切唇区增大。

② 断口的显微形态　韧性断裂的微观断口常见韧窝及蛇形花样，如图 6-4 所示。

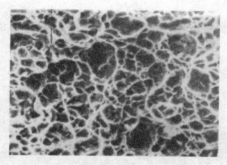

(a) 韧窝 (500×)　　　　　　　　　　　(b) 蛇形花样 (2000×)

图 6-4　韧性断口微观花样

韧窝的形成大致认为是由于材料显微孔洞在受力产生塑性变形过程中，孔洞变大、孔洞间的壁厚逐渐减薄至断裂分离而形成。据受力状态不同，有三种不同形态的韧窝：在正应力均匀作用下形成等轴韧窝，在切应力作用下形成切变韧窝，在撕裂应力作用下出现伸长的或呈抛物线状的撕裂韧窝。韧窝的数量取决于显微孔洞数目的多少，韧窝的大小和深浅与材料的塑性有关，通常韧窝愈大愈深，材料的塑性愈好。在韧窝的中心常有夹杂物或第二相质点。

在某些金属材料中，由于较大塑性变形后，沿滑移面分离，而形成起伏弯曲的条纹等形貌，一般称为蛇形花样。它通常是由于交叉滑移的结果。若应变继续下去，某些蛇形花样展开，形成较光滑的涟波状花样和无特征区域。

（3）微孔聚集断裂机制

韧性断裂的微观机制多为微孔聚集断裂机制。当材料所受的应力超过材料的屈服强度后，材料便开始产生塑性变形，在材料内部的夹杂物、析出相、晶界、亚晶界或其他塑性流变不连续的地方发生位错塞积，产生了应力集中，进而开始形成显微孔洞，开始孔洞较少，而且相互隔离，随着应变的增加，显微孔洞不断增加、不断长大，孔洞间的壁厚不断减少，孔洞聚集相互连通，最终造成断裂。

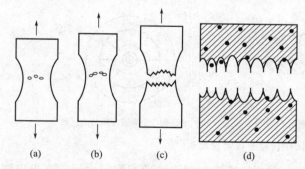

(a)　　　(b)　　　(c)　　　(d)

图 6-5　拉伸韧性断裂的微孔聚集过程

拉伸韧性断裂的微孔聚集过程如图 6-5 所示。其图（a）是刚形成缩颈时因材料过度的塑性变形而逐步出现微孔。图（b）为微孔长大并增多的情况。图（c）为微孔长大增多后连成一片便形成裂纹和断裂。图（d）为微孔聚集形成的断口，即为宏观上的纤维区。纤维区是断裂慢速扩展所致，一般属穿晶断裂。

（4）韧性断裂的原因及改进措施

韧性断裂往往材料所受的应力超过材料的屈服强度。常见的原因有由于承受载荷的面积减少，实际承受载荷大于设计载荷，以及使用温度大于设计温度。

机器零件在使用的过程中由于磨损而造成横截面积减少，压力容器在使用过程中由于腐蚀造成容器壁减薄，都有可能使得材料所承受的实际应力大于材料的屈服强度，而发生韧性断裂。过程装备在正常情况下所承受的载荷，不会产生使材料发生韧性断裂的应力，但是在一些异常情况下所产生的超载也是非常危险的。内盛易燃易爆危险化学品的真空（负压）容器，由于密封接口发生泄漏吸入空气发生燃烧，放出的反应热就会使温度急剧升高。此时真空容器就会立即变为承受内压且内压很大的容器，最终就会发生大变形而发生韧性断裂。

当操作温度明显超出设计温度时会导致材料的强度明显下降，构件承受载荷即使不变但也更接近甚至超过温度上升后的材料屈服强度，这将使结构的某一区域或整体上发生明显的过度变形，最严重的是导致韧性断裂。

选用强度较高的金属材料，设计时充分考虑构件的承载能力，实际操作中严禁超载、超温、超速，注意构件及设备异常的变形，对防止韧性断裂发生都是有效的。

6.1.2.3 脆性断裂

金属材料在断裂之前没有发生或很少发生宏观可见的塑性变形的断裂叫做脆性断裂。图 6-6 是螺栓的脆性断裂失效实物照片。

图 6-6 螺栓折断的脆性断口

（1）脆性断裂的特征

脆性断裂是一个快速断裂的过程，材料内部的微裂纹很快扩展达到临界长度，几乎不经历裂纹亚稳扩展阶段就进入裂纹失稳扩展阶段，裂纹扩展阻力小，扩展速度很快，最大可达声音在该材料中的传播速度。由于脆性断裂前材料仍处在低应力工作状态，没有可见的塑性变形，由于没有变形先兆，危害性很大。

（2）脆性断裂的断口形态

① 断口的宏观形态　脆性断裂的断口一般与正应力垂直，宏观表面平齐，颜色光亮。常能在断口上看见两个明显的特征：一为小刻面，一为人字条纹或山形条纹。当对光转动刚裂开的断口时，断口上有闪闪发光的小平面，因为脆性断裂的裂纹是沿晶体解理面扩展，断裂面则是晶体的解理面，光线照在这些平整的解理面上反射出闪闪亮光，此为断口小刻面。脆性断口更常见的宏观形态是裂纹急速扩展时形成的放射状线条。这些条纹是由于不在同一平面上的微裂纹急速扩展并相交的结果。图 6-6 的螺栓断口照片，是急速爆炸折断的断口，箭头标示为裂纹源，始于裂纹源的放射条纹形似人字或山形。可见，人字条纹矢形指向和山形条纹汇集方向为裂纹源。

② 断口的微观形态　脆性断口的微观形态常见解理台阶与河流花样、舌状花样、鱼骨状花样等。如图 6-7 所示。这些花纹出现的原因是脆性断裂裂纹沿解理面扩展，不同高度的解理面之间的裂纹相互贯通便形成解理台阶，许多的解理台阶的相互汇合便形成河流条纹。所以河流条纹实际上是断裂面上的微小解理台阶在图像上的表现，河流条纹就是相当于各个解理平面的交割。河流条纹的流向也是裂纹扩展的方向，河流的上游（即河流分叉方向）是裂纹源。解理裂纹扩展遇上形变孪晶，则裂纹改道越过孪晶，从孪晶两侧继续扩展，形成舌

(a) 河流花样 (7300×)

(b) 舌状花样 (24000×)

(c) 鱼骨状花样 (20000×)

图 6-7 脆性断口的微观花样

状花样；如裂纹扩展与形变孪晶相交，则会造成鱼骨状花样。

（3）解理断裂机制

解理断裂是表 6-1 中脆性断裂的一种。

解理断裂是在正应力作用产生的一种穿晶断裂，即断裂面沿一定的晶面（即解理面）分离。解理断裂是穿晶型脆性断裂的重要机制。

以铁素体为基体的钢铁材料在常温及常温以上时表现出很好的塑性与韧性，然而一到低温下这些材料则转变为脆性，过载时或受冲击时极易发生宏观上显示为脆性的断裂，而且是一种没有或很少有塑性变形的脆性解理断裂。

铁素体钢的晶胞为体心立方的结构，解理时易沿表面能量最小晶面发生解理，如图 1-4 中，｛100｝晶面称为主解理面，而｛110｝晶面为次解理面。由于解理是沿某一结晶面断裂的，因此解理必然是一种穿晶断裂。

如图 6-8 所示，这三个晶粒内的解理面并非一裂到底，在每个晶粒内的解理面有许许多多，各相邻解理面之间会出现与之相垂直方向的"台阶"，这样裂纹从一端进入某一晶粒后，在承受到最大正应力方向的｛100｝晶面首先发生解理，同时会出现一系列解理台阶，最终形成的曲折解理面总体上可以保持与拉应力（外加应力）相垂直。形成解理台阶的原因有许多，例如裂纹扩展中碰到了晶格缺陷。图 6-9 所示的是裂纹从某一解理面由右上方向左下方扩展时遇到了原已存在螺旋位错时，就会形成一个台阶。

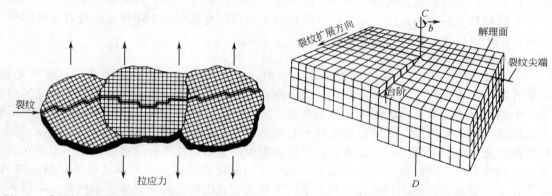

图 6-8　多晶体解理断裂的解理路径、解理面和台阶　　　　图 6-9　螺旋位错形成的解理台阶

（4）产生脆性断裂的原因

根据脆性断裂失效分析以及历史上重大脆性断裂事故的记载，发生脆性断裂的主要原因有以下几个方面。

① 应力状态与缺口效应　应力状态是指构件所受应力的类型、分布、大小和方向。不同的应力状态对脆性断裂有不同的影响，如最大拉伸应力（σ_{max}）和最大切应力（τ_{max}）对形变和断裂起不同的作用，最大切应力促进塑性滑移的发展，是位错移动的推动力，它对形变和断裂的发生和发展过程都产生影响；而最大拉伸应力则只促进脆性裂纹的扩展。因此，最大拉应力与最大切应力的比值（σ_{max}/τ_{max}）愈大，构件失效脆性断裂的可能性愈大。在三向拉伸应力状态下比值（σ_{max}/τ_{max}）最大，极易导致脆性断裂。在实际金属构件中，常见由于应力分布不均匀而造成的三向应力状态，如构件的截面突然变化、小的圆角半径、预存裂纹、刀痕、尖锐缺口尖端处往往由应力集中而引起应力不均匀分布，周围区域为了保持变形协调，便对高应力区以约束作用，即造成三向拉伸应力状态。这些都是造成金属构件在静态低载荷下产生脆性断裂的重要原因。

② 温度的影响　温度是造成工程构件脆性断裂的重要因素之一。对许多脆性断裂事故进行分析表明，其中不少是发生在低温条件下，而且脆性断裂源是产生于缺陷附近区域。

工程上大量使用的碳素钢、低合金钢及高合金的铁素体钢，都有低温脆性。低温下构件的脆性断裂是由于温度的改变引起某些材料本身的性能变化。随着温度的降低，钢的屈服应力增加，韧性下降，解理应力也随着下降。当温度在材料脆性转变温度以下时，材料的解理应力小于其屈服应力，材料的断裂由韧性断裂转为脆性断裂。

长期实践与经验的积累，工程界采用的脆性转变温度判据主要有下列几种，均按国家标准进行测试。

韧脆转变温度　在一系列不同温度的冲击试验中，冲击吸收功 A_K 急剧变化或断口韧性转变的温度区域（GB/T 229《金属夏比缺口冲击试验方法》）。

断口形貌转变温度 FATT　按标准冲击试验后，试样脆性断口面积占试样断口总面积50％时对应的试验温度（GB/T 229《金属夏比缺口冲击试验方法》）。

无塑性转变温度 NDT　按标准落锤试验方法试验时，试样发生断裂的最高温度，它表征含有小裂纹的钢材，在动态加载屈服应力下发生脆断的最高温度（GB/T 6803《铁素体钢的无塑性转变温度落锤试验方法》）。

③ 尺寸效应　近年来随着工程结构的大型化，所使用的钢板与锻件的厚度不断增加，如厚壁高压容器的厚度高达 100mm，甚至 300mm。钢板与锻件的厚度对脆性断裂有较大的影响，当钢的洁净度不够高，同一钢号随厚度的增加，其韧性有显著的变化。

④ 焊接质量　许多脆性断裂事故往往出现在焊接构件中，焊接构件的脆性断裂主要取决于工作温度、缺陷尺寸、应力状态、材料本身的脆性以及焊接影响因素（例如焊缝的含氢量、焊接残余应力、角变形、焊接错边等）。焊接缺陷一般有夹杂、气孔、未焊透和焊接裂纹等，而其中焊接残余应力与裂纹的存在对焊接构件的断裂起着重要的作用，尤其是厚的焊接构件，由于其拘束度大，在焊接后往往有很高的拉伸残余应力，在此拉应力区往往萌生裂纹，引起脆断。

⑤ 工作介质　金属构件在腐蚀介质中，受应力（尤其拉应力）作用，同时又有电化学腐蚀时，极易导致早期脆性断裂。

构件在加工或成型过程中，如铸造、锻造、轧制、挤压、机械加工、焊接、热处理等工序中产生的残余应力，若其中有较高的应力水平，则与特定腐蚀介质的协调作用下极易产生应力腐蚀而导致脆性断裂。

例如蒸汽锅炉上铆钉的断裂，奥氏体不锈钢在盐水溶液、海水、苛性钠溶液产生的应力腐蚀断裂，铝合金在氯化钠水溶液、海水等介质中产生的断裂，铜合金在氨气、氨的水溶液等介质中产生的断裂都是由于构件本身存在应力，且在特定腐蚀介质环境下工作而产生应力腐蚀断裂。特别是高强度钢构件，如果在较低的静载荷下发生突然的断裂事故，就应考虑是否发生了应力腐蚀或氢脆而造成的破坏。

⑥ 材料和组织因素　脆性材料、劣等冶金质量、有氢脆倾向的材料以及缺口敏感性大的钢种都能促使发生脆性断裂；不良热处理产生脆性组织状态，如组织偏析、脆性相析出、晶间脆性析出物、淬火裂纹、淬火后消除应力处理不及时或不充分等也能促进脆性断裂的发生。

（5）防止脆性断裂的途径

为确保构件在使用中的安全，传统的强度计算是以材料的屈服点作为设计依据，这种设计不可能避免构件的脆性断裂。因为传统设计不包含脆性强度概念，没有考虑缺陷大小、温度、加载速度、构件尺寸效应、三向应力状态等引起脆性断裂的因素。随着近代工业的发展，人们逐渐认识到除合理选择材料外，设计和制造方面在防止构件的脆性断裂也起着重要的作用。

防止脆性断裂的合理结构设计应控制影响脆断的因素有：材料的断裂韧性水平，构件的最低工作温度和构件的应力状态，承受的载荷类型（交变载荷、冲击载荷等）以及环境腐蚀介质。

温度是引起构件脆断的重要因素之一，设计者必须考虑构件的最低工作温度应高于材料的脆性转变温度。若所设计的构件工作温度较低，甚至低于该材料的脆性转变温度，则必须降低设计应力水平，使应力低于不会发生裂纹扩展的水平；若其设计应力不能降低，则应更换材料，选择韧性更高、脆性转变温度更低的材料。

设计者在选择材料时，除考虑材料的强度外，还应保证材料有足够的韧性。应该从断裂力学的观点来选择材料，若材料有较高的断裂韧性时，则构件中允许有较大的缺陷存在。

为了减少构件脆性断裂，在结构设计时，应使得由缺陷所产生的应力集中减小到最低限度，例如减少尖锐角，消除未熔合与未熔透的焊缝，结构设计时应尽量保证结构几何尺寸的连续性。因为在结构不连续的过渡部位往往使构件应力集中而形成高应力区，同时过渡段的连接应采用正确的焊接方法。尽量减少由焊接产生的缺陷。这种设计包括选择合适的焊接材料，焊接预热和焊后的热处理制度，制定正确的焊接工艺规范以减少产生缺陷。如果在焊接和制造时可能产生缺陷，则应将这些部位放在远离应力集中并便于检验的区域（焊接接头离应力集中区愈远愈好）。

设计焊接结构时要特别细致，设计中应尽量减少和避免焊缝集中和重叠交叉。需采用较好的焊接方法，保证熔透，尽量避免焊缝表面缺陷。对焊接接管和其他配件端部在全部焊完后应磨出一个光滑圆角，以减少应力集中。在条件允许的情况下焊接结构应尽量消除焊接残余应力。

6.1.2.4　疲劳断裂

金属材料在交变载荷作用下，经过一定的周期后所发生的断裂叫做**疲劳断裂**。

（1）疲劳断裂的特征

ⅰ.疲劳载荷是交变载荷，其载荷形式虽然有许多变化，但其基本形式有三种：反向载荷、单向载荷及单向导前载荷，如图 6-10 的图（a）、图（b）、图（c）所示。实际构件的实际运转的疲劳载荷波谱是多种多样的。图 6-10(d) 是实际构件在实际运转时的随机疲劳波形的一种。不论疲劳载荷如何多变，其基本特点是载荷随时间而交变（应力波形、应力大小、应力方向）。

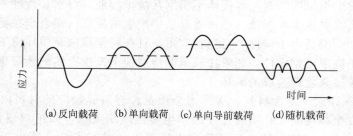

图 6-10　疲劳应力随时间变化曲线

ⅱ.金属构件在交变载荷作用下，一次应力循环对构件不产生明显的破坏作用，不足以使构件发生断裂。构件疲劳断裂是在载荷经多次循环，如几十次或几百万次以后才发生的。

一般将断裂循环次数 $N>10^5$ 的疲劳称为高周疲劳。高速回转的泵轴，离心式压缩机、风机轴或往复式压缩机的曲轴与连杆的疲劳断裂均属于高周疲劳问题。高周疲劳零部件的设计，传统按疲劳设计曲线（$\sigma\text{-}N$ 曲线，图 6-11）进行。

低周疲劳是指经 $10^2 \sim 10^5$ 次循环即会发生破断的疲劳问题。循环次数无疑与高应力幅有关，其应力可大到材料的屈服点之上，每一交变循环会使结构应力集中地方的材料发生拉伸屈服和压缩屈服，材料受到的变形损伤很大，在很少的交变周次后即发生疲劳破坏。所以，低周疲劳必然与应变屈服相联系，亦称应变疲劳，疲劳的控制因数不再是应力幅而是应变幅。压力容器的疲劳问题主要是低周疲劳。如接管根部、开孔或其他局部结构不连续引起的应力集中会使应力的峰值大大超过材料的屈服点，导致很小范围内的材料

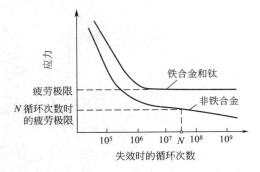

图 6-11　疲劳曲线示意图

进入塑性应变状态，反复的塑性应变损伤将导致原应力集中部位很快萌生出疲劳裂纹以致破坏。

ⅲ. 疲劳破坏只可能在有使材料分离扯开的交变拉伸（或挤压）和交变切应力的情况下出现，交变的纯压缩载荷不会出现疲劳破坏，压应力使裂纹闭合而不会使裂纹扩展。疲劳起源点往往出现在最大拉应力处。

ⅳ. 疲劳断裂在断口附近没有宏观的塑性变形，因此，疲劳断裂在宏观上往往被称为脆性断裂。而在微观认识上，高周疲劳与低周疲劳的变形特征有程度上的差异。在高周疲劳中，应力标称是弹性的，构件在破坏之前仅发生极小的总变形；而在低周疲劳中，应力往往大到足以使每个循环周期产生可观的塑性变形。对同种材料，低周疲劳比高周疲劳更具韧性特征。

（2）疲劳断裂机制

具有良好韧性的金属材料疲劳破坏的全过程通常可分为三个阶段，即疲劳裂纹成核阶段、疲劳裂纹扩展阶段以及疲劳裂纹最终断裂阶段，如图 6-12 所示。

① 疲劳裂纹的成核机制　金属的多晶结构中必有一部分晶粒的晶格排列方向处于受力不利的情况，例如一些晶面与主应力方向约成 45°，正好承受最大切应力而容易发生滑移。在反复切应力作用下，这些晶面反复发生滑移的结果就会使部分表面材料被挤出而突出，同时也会有另一部分表面材料被嵌入，这样就逐步萌生出疲劳裂纹的核心，图 6-13 所示是这种过程的描绘。疲劳裂纹萌生成核阶段有以下特点。

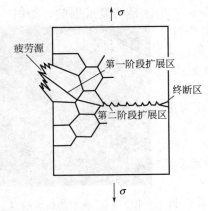

图 6-12　疲劳断裂的三个阶段

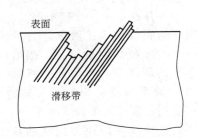

图 6-13　滑移带中产生的"挤入"及"挤出"示意图

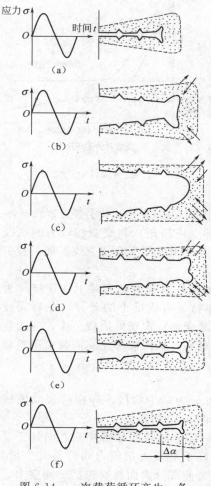

图 6-14　一次载荷循环产生一条
疲劳辉纹的过程示意图

　　ⅰ.成核一般在金属构件的表面。内部的夹杂或气孔都可能在交变载荷下萌生出疲劳裂纹核心。机体表面的粗糙和结构的应力集中（亦包括材料内部缺陷）都是促进疲劳裂纹萌生的重要因素。

　　ⅱ.一般仅达几个晶粒的深度，即只有埃米的尺度，然后便进入疲劳裂纹扩展阶段。

　　ⅲ.疲劳裂纹的成核（包括以后的扩展）一般是穿晶的。

　　② 疲劳裂纹的扩展机制　成核后的疲劳裂纹逐步扩展成宏观可见的裂纹，每次载荷循环中裂纹的疲劳扩展可用图 6-14 描述其机理。当加载使裂纹张开时，如图 6-14（b）、图（c），在裂尖 45°方向可以出现若干滑移线，逐步使裂尖钝化。在卸载或反向加载时，如图 6-14（d），裂尖钝化区在反向应力作用下发生 45°方向的反向滑移变形。在恢复原闭合位置时，如图 6-14（e），裂纹已扩展了一个微量 $\Delta\alpha$。每重复一个载荷循环，裂纹就向前扩展一个微量。这样的扩展必然在断口上留下塑性变形的痕迹。疲劳裂纹进入第二阶段的扩展之后，断口则从初始约 45°的方向逐步转向与主应力相垂直。

　　这一阶段中最突出的显微特征是裂纹内表面存在着大量的、相互平行的条纹，称为"疲劳辉纹"。

　　③ 疲劳裂纹的最终断裂　当疲劳裂纹扩展到接近断裂的临界尺寸时，就会在非常有限的循环次数内发生快速疲劳扩展而断裂破坏，疲劳寿命即告终止。而这个临界尺寸可以分别由两种情况求得：一是由断裂力学求得的失稳断裂临界尺寸，这多适用于韧性较差的材料；另一则是由剩余截面塑性垮塌的极限载荷所决定的临界尺寸，这多适用于韧性好的材料。

　　（3）疲劳断裂的断口形态

　　① 断口的宏观形态　从裂纹萌生开始形成的疲劳断口三个区是明显区别的，如图 6-15 所示。疲劳源区形成较早，裂纹反复张合时相互摩擦次数多，一般较平整和光滑，源区可以是一个或多个，源区愈多，反映外加应力愈高，应力集中位置愈多或应力集中系数愈大，多源断口的源区存在台阶，比较粗糙。

　　工程构件的裂纹稳定扩展区通常形成海滩花样或贝壳花样，这是由于实际载荷间歇停顿、幅值或频率改变引起裂纹扩展变化形成的圆弧线，称为疲劳弧线，疲劳源位于疲劳弧线凹的一方，像弧线发射中心。实验室试验时，载荷稳定，一般难于观察到宏观疲劳弧线。

　　快速断裂区特征与静拉伸快速断裂区相似，视金属材料塑性高低显示韧性断裂斜断口或脆性断裂平断口。

　　疲劳断口宏观三个区的比例决定于应力状态、试样形状

图 6-15　典型的疲劳断口
a—疲劳源区；b—裂纹
扩展区；c—终断区

及材料力学性能。如高周疲劳应力水平低、试样材质均匀无缺口、材料力学性能高，则终断区面积较小。

② 断口的显微形貌　疲劳断口的显微形貌最突出的特征是疲劳辉纹及轮胎压痕花样，常作为疲劳断裂判断依据，即在未知断口上，如能观察到这两种微观特征形貌之一，就可判断未知断口为疲劳断口。

疲劳辉纹是一系列基本相互平行的条纹，略带弯曲，呈波浪状，并与裂纹扩展方向相垂直。每一条疲劳辉纹表示该循环下疲劳裂纹扩展前沿在前进过程中瞬时微观位置，辉纹的数目与载荷循环次数相等。断裂三阶段的疲劳辉纹略有区别，疲劳源区由很多细滑移线组成，以后形成致密的条痕，随着裂纹的扩展，应力逐渐增加，疲劳条纹距离随之增加。图 6-16 为疲劳断面不同部位疲劳条纹形态，即依次观察到：弱波浪状条纹→细条纹→深条纹。

在疲劳断口上有时可见到类似汽车轮胎走过泥地时留下的痕迹，这种花样称为轮胎压痕花样，如图 6-17 所示。它是由于疲劳断口两个匹配断面之间重复冲击和相互运动所形成的机械损伤；也可能是由于松动的自由粒子（硬质点）在匹配断面上作用的结果。

（4）疲劳断裂的原因及改进措施

疲劳断裂是过程装备及其构件常见的断裂失效形式，因为很多因素都会降低疲劳抗力、加快裂纹扩展速率、缩短疲劳寿命，如载荷类型、应力状态、材料本质、构件表面质量、环境因素等。在此，只分析引起疲劳断裂常见的原因及提高金属构件疲劳抗力的几个实际问题。

① 表面状态　大量疲劳失效分析表明，疲劳断裂多数起源于构件的表面，这是由于工作时表面应力最高，加上各类加工工艺程序难以确保表面加工质量而造成的。因此，提高构件的表面加工质量及强化表面处理是提高构件疲劳抗力的重要途径。

② 缺口效应与应力集中　金属构件常有缺口及与缺口相类似的结构形状，在缺口的根部及其附近有高的峰值应力和形成应力集中区。缺口效应大大降低材料的疲劳强度。图 6-18 表示尖锐缺口对不同拉伸强度水平的疲劳强度的影响。从图中可看出，材料的抗拉强度愈高，缺口对疲劳强度削弱愈大，高强度材料削弱最严重。因此构件应避免应力集中，缺口结构设计一定要考虑疲劳断裂问题，避免选用缺口敏感的材料。

③ 残余应力　金属构件在几乎每个制造工序都不同程度地产生残余应力，如果是残余的拉应力，则与操作载荷叠加，应力水平提高，对疲劳是不利的。工艺制造上应避免残余拉应力的产生，或使构件表面诱发产生残余压应力以起降低表面拉应力数值的作用（如喷丸、滚压等）。由焊接产生的残余拉应力是在焊接结束后从焊接温度冷却时金属收缩时形成的，要采取有效的焊后热处理以降低或消除焊后残余应力。

(a)疲劳源区形成大量滑移线(500×)

(b)裂纹扩展初期的较密条纹(3000×)

(c)裂纹扩展后期的较稀条纹(3000×)

图 6-16　疲劳断面不同部位
疲劳条纹形态

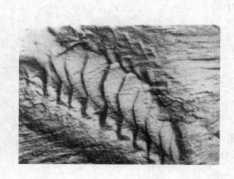

图 6-17 轮胎压痕花样（3000×）

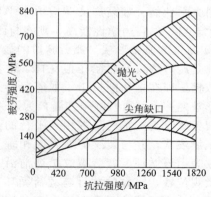

图 6-18 尖锐缺口对疲劳
强度的影响

④ 材料本质 不同的材料有不同的疲劳抗力，一般可从疲劳强度与抗拉强度的比值，即疲劳比反映出来。中低强度钢疲劳比为 0.5，灰口铸铁疲劳比为 0.42，球墨铸铁疲劳比为 0.48，18-8 铬镍奥氏体不锈钢疲劳比为 0.38。对于高强度钢，尽管抗拉强度大于 1400MPa，疲劳强度也不超过 700MPa，因此高强度钢容易引发疲劳裂纹。疲劳强度与抗拉强度之比不遵循线性关系。

材料一定时，其洁净度和组织状态对疲劳抗力也有显著的影响。材料中的夹杂物可以成为疲劳裂纹源，导致疲劳抗力降低。

疲劳抗力低的材料制造构件容易过载引至疲劳失效。因此，在疲劳工况下操作的装备应选用疲劳抗力高的材料制造构件。成分均匀、洁净度高、组织细小均匀、无内在连续缺陷、缺口敏感性小、强度高、韧性大的材料，其疲劳抗力高。如细小均匀的回火马氏体组织有较好的抗疲劳性能；真空冶炼的钢比普通电炉冶炼的钢有高的疲劳强度。

⑤ 温度与腐蚀介质 高温使金属材料强度降低，低温使金属材料脆性增加，疲劳裂纹都容易形成和扩展，降低了疲劳抗力。

腐蚀介质对构件表面损伤诱发疲劳裂纹源，使钢铁材料的疲劳强度随使用时间增加而降低，使钢铁材料疲劳曲线上的水平部分消失。

设计选材必须考虑环境条件因素，预防疲劳断裂发生。

6.1.3 表面损伤

6.1.3.1 腐蚀

腐蚀 是材料表面与服役环境发生物理或化学的反应使材料发生损坏或变质的现象。随着过程装备的大型化及向高压、高温、高流速开拓，材料的腐蚀更显严重。在化工、石油、轻工、能源等行业中，约 60% 的装备失效与腐蚀有关。

金属的腐蚀现象各异，为了更好地认识各类腐蚀的特点，便于分析找出腐蚀失效的原因，这里介绍按腐蚀机理及腐蚀形态两种常用的分类方法。

（1）按腐蚀机理分类

按腐蚀机理分类有三种类型：化学腐蚀、电化学腐蚀与物理腐蚀。

化学腐蚀 是指金属表面与非电解质直接发生纯化学作用而引起的破坏，在化学腐蚀过程中不产生电流。如钢在高温下最初的氧化是通过化学反应而完成的，金属材料在不含水的有机溶剂中的反应也属于化学腐蚀。

电化学腐蚀 是指金属表面与电解质因发生电化学作用而产生的破坏，按电化学机理进行的腐蚀至少包含一个阳极反应和一个阴极反应，并以流过金属内部的电流和介质中的离子流联系在一起。阳极反应是金属离子从金属转移到介质中并放出电子的阳极氧化过程；阴极反应是介质中氧化剂组分得到来自阳极的电子的还原过程。金属材料在潮湿的空气、海水及电解质溶液中的腐蚀都属于电化学腐蚀。

物理腐蚀　是指金属材料由于单纯的物理作用所引起的材料恶化或损失。例如用来盛放熔融锌的钢容器，由于钢铁被液态锌所溶解，钢容器逐渐变薄了；近年来引起广泛关注的金属尘化，也是一种物理作用的高温气相腐蚀。金属尘化一般是指一些金属（如铁、镍、钴及其合金）在高温碳（碳氢、碳氧气体）环境下碎化为由金属碳化物、氧化物、金属和碳等组成的混合物而致金属损失的行为，由于金属尘化通常与金属材料的渗碳有关，而且腐蚀速度较快，所以又称为灾难性渗碳腐蚀。文献报道，很多过程装备都可能发生金属尘化腐蚀，例如脱氢装置、各种加热炉、裂解炉、热处理炉、煤气转化气化设备、甚至燃气涡轮发动机等。

（2）按腐蚀形态分类

过程装备或构件发生腐蚀失效，首先能观察到金属材料的表面腐蚀形态，按腐蚀形态基本特征可把腐蚀分为全面腐蚀（均匀腐蚀）和局部腐蚀。**局部腐蚀**常见类型有点腐蚀、晶间腐蚀、应力腐蚀开裂、氢腐蚀和腐蚀疲劳等，而其中最常见又最危险的是应力腐蚀开裂。

均匀腐蚀　在材料整个暴露表面上或者在大面积上产生程度基本相同的腐蚀称为均匀腐蚀，又称全面腐蚀。均匀腐蚀使材料厚度均匀减薄，承载能力逐渐下降而失效。如果构件设计时考虑足够的腐蚀裕度，则能在设计寿命内安全使用。

点腐蚀　在材料表面出现个别深坑或密集斑点的腐蚀称为点腐蚀，又称孔蚀或小孔腐蚀。蚀孔直径小，一般只有数十微米，且蚀孔比较深，深度等于或大于孔径。孔蚀是具有破坏性的和隐藏的腐蚀形态之一，它常常使得构件在整个失重还很小的时候，承载能力下降或孔蚀穿透而致失效。蚀孔常被腐蚀产物遮盖，不易被发现。大多数孔蚀是由于含氯离子的溶液腐蚀钝化金属而引起的。

缝隙腐蚀　金属之间或金属与非金属之间形成很小的缝隙（一般＜0.1mm 宽度），使缝隙内介质处于静滞状态，引起缝内金属加速腐蚀的一种局部腐蚀。许多金属构件如法兰连接面、螺母压紧面、锈层等，在金属表面上形成了缝隙，缝内外难以进行介质交换，形成氧浓差电池，促使 Cl^- 进入缝隙，在水解酸化和自催化作用下，引起严重的缝隙腐蚀。

晶间腐蚀　局限在金属晶界，晶粒本身腐蚀比较小。晶间腐蚀降低金属晶粒之间的结合力，容易造成晶粒脱落或使材料强度明显下降。晶间腐蚀不易被发现，常常造成构件突然破坏，危害性很大。

应力腐蚀开裂（SCC）　是材料在特定的腐蚀性介质与拉应力共同作用下引起的，材料发生应力腐蚀时，腐蚀与拉应力是互相促进的。开始是腐蚀过程的集中或是应力的集中在材料表面处形成微裂纹，继而裂纹向材料内部扩展，其扩展方向与主应力方向垂直，既有沿晶裂纹，又可有穿晶裂纹，在主干裂纹延伸的同时有很多分支。随着裂纹的进一步扩展，尽管构件是塑性材料制造的，最后也导致脆性断裂。应力腐蚀开裂是一种危险的腐蚀失效形态，往往没有预兆，发生应力腐蚀开裂的时间有长有短，通常有一个潜伏期。引起应力腐蚀开裂的应力主要是拉应力。引起应力腐蚀开裂的应力来源可以是外加的（构件操作运行时的工作应力、热应力等），也可以是构件制造的残余应力（焊接、冷加工及安装时的残余应力等）。对于应力腐蚀开裂来说，焊接和冷加工的残余应力有时是最主要的。

氢腐蚀　常见于碳钢或低合金钢在温度高于 $200\sim300℃$、一定的氢分压工作条件下。吸附在钢表面的氢原子沿晶界向钢材内部扩散，在高温高压下与钢中不稳定碳化物发生反应生成甲烷。甲烷积聚使钢材内部产生很大的内应力，并伴随着脱碳、显微裂纹以及宏观鼓泡的形成，其结果使材料强度及韧性大大下降，严重时使构件断裂。

腐蚀疲劳 是构件材料在腐蚀性介质与交变应力共同作用下引起的，有疲劳断裂的特征。疲劳裂纹源往往是表面的腐蚀坑，腐蚀加速疲劳裂纹的扩展。裂纹穿晶分布并向内部扩展，只有主干裂纹，没有分支。腐蚀疲劳因降低材料疲劳强度而导致构件失效。

过程装备大多在腐蚀环境下操作，目前还没有在各种腐蚀条件下均耐蚀的工程材料，因此要针对不同的工况采取不同的防腐措施。

① 选材　选择耐腐蚀材料制造过程装备构件，根据不同的工况分别选择高、中、低合金钢及各种有色金属、碳钢或铸铁等。

② 保护　选择适当的表面覆盖层可以隔离金属表面与腐蚀性介质的接触，有效的表面覆盖层能起到屏蔽作用。如各种电镀层、热浸镀和喷涂层、化学转化膜、有机和无机涂层等。

电化学保护可使金属材料腐蚀速度大大降低。常用牺牲阳极的阴极保护、外加电流阴极保护，在金属可以钝化时采用阳极保护。

去除有害物质（如孔蚀的氯离子、磨蚀的固体颗粒）、添加缓蚀剂、钝化剂等。

③ 设计　例如对有应力腐蚀倾向的材料，设计应降低构件应力水平，减少或降低引起应力腐蚀的特定介质组分等。合理的设计还可减少双金属腐蚀、减少缝隙腐蚀和磨蚀等。

6.1.3.2　磨损

当材料的表面相互接触或材料表面与流体接触并作相对运动时，由于物理或化学的作用，材料表面的形状、尺寸或质量发生变化的过程，叫做**磨损**，由磨损而导致构件功能丧失，称为磨损失效。

过程装备的机器在运转时，任何在接触状态下发生相对运动的构件之间都会发生磨损，如轴与轴承、活塞环与汽缸套、十字头与滑块等。当流体以高速流动或流体夹带固体颗粒流动，设备或管道的材料表面也会被磨损。磨损破坏材料表面原始状态，影响互相配合构件的正常工作；磨损削弱构件承载截面可能导致断裂；磨损还会产生噪声、引起振动、加速腐蚀等副作用。磨损不像断裂或腐蚀那么严重，不是突发性的，是一种累积损伤，但一些机器设备发生事故却源于构件磨损。据美国、英国、日本、德国等国家统计估计，每年因磨损而引起的损失约占国民经济总产值的 1%。

过程装备常见的磨损类型有粘着磨损、磨料磨损、冲击磨损、腐蚀磨损和疲劳磨损等。

粘着磨损 是指相对滑动的两个金属表面，由于微观并不完全平滑，在压力作用下，仅仅在少数几个隆起的点或线相互接触，在较高压力和局部发热温度作用下，接触处焊合在一起，在随后的滑动中，焊合处表面撕裂，金属颗粒从金属表面撕下，或者金属表面被金属颗粒擦伤，即粘着磨损。配合转动齿轮的齿牙与齿牙、蜗轮蜗杆的啮合，螺栓螺母的拧紧常常会出现粘着磨损。

磨料磨损 在相对运动中，表面之间坚硬的颗粒或硬的突起物引起构件表面材料局部脱落，或借助液流或气流输送硬物颗粒时与构件表面摩擦都会产生磨料磨损。因构件本身磨损产物随润滑油存在于磨面之间，任何在润滑油润湿表面下相对运动的表面都可能产生磨料磨损。输送含尘废气的烟囱、旋风除尘器、喷砂装置及管道等磨料磨损是相当严重的。

冲击磨损 在金属构件表面上重复施加冲击载荷，使表面材料被破坏和磨去的现象称为冲击磨损。这种冲击载荷通常是由液流向固体表面不断进行动态撞击产生的。在固体表面损伤过程中，腐蚀不是主要的，液体冲击磨损是主要的。在一些暴露于含水滴的高速气流和液流的构件上，如换热器的导管及大型汽轮机中的低压端叶片，常常能观察到液体冲击磨损。

微动磨损 任意两个彼此受压表面，当受小振幅的周期性相对运动时，接触面上会出现微动磨损。微动磨损结果使配合尺寸变大或局部应力水平过高，影响使用功能及寿命。换热器管子在支承板处被切断，主要是微动磨损引起的。

腐蚀磨损 是有化学或电化学腐蚀参与作用下的磨损。金属表面在环境介质作用下生成腐蚀产物，腐蚀产物受各种摩擦作用自金属表面脱落。金属材料常见的腐蚀磨损是氧化磨损，构件表面形成的氧化膜在摩擦接触时遭到破坏，紧接着又在该处立即形成新的氧化膜，这种氧化膜不断自金属表面脱离又反复形成，造成金属表面材料不断损耗。

6.1.3.3 接触疲劳

接触疲劳是机械构件两接触面作滚动或滚动加滑动摩擦时，在交变接触压应力长期作用下，材料表面因疲劳损伤，导致局部区域产生小片或小块状金属剥落而使物质损失的现象，又称表面疲劳磨损或疲劳磨损。机械构件中，如轴承、齿轮、钢轨、凸轮和轧辊等在接触应力作用下，经过一定的应力循环之后，其工作表面的局部区域产生小片或小块金属剥落，形成圆点或凹坑。由此而使零件工作时振动增加、噪声变大、温度升高、磨损加剧和效率降低，最后导致构件不能正常工作，这种现象称为接触疲劳失效。

材料中非金属夹杂物、热处理状态、表面硬度、表面硬化层深度、表面残余应力对接触疲劳强度影响较大。

6.2 过程装备及其构件失效的原因和失效分析

过程装备及其构件在设计寿命内究竟会在何时、以何种方式发生失效，这是随机事件，无法完全预料，但对已经发生的失效现象进行分析，找出失效的原因，提出预防措施，能减少或防止同类失效的发生，有着巨大的经济效益和社会效益。

6.2.1 过程装备及其构件失效的原因

过程装备及其构件在设计寿命内发生失效，失效的原因是多方面的。但大体上认为是由设计不合理、选材不当及材料缺陷、制造工艺不合理、操作和维修不当四方面引起的，也可能是它们之间的交错影响，要具体分析。

（1）设计不合理

由于设计上考虑不周密或认识水平的限制，构件或装备在使用过程中失效是时有发生的，其中结构或形状不合理，构件存在缺口、转角处过渡圆弧过小、不同形状过渡区等高应力区未能恰当设计引起的失效比较常见。

如碟形封头的设计，按 GB 150《压力容器》规定的强度公式进行强度计算，原要求过渡区尺寸 $r/D_i \geqslant 0.06\%$，后修订为按 $r/D_i \geqslant 0.10\%$ 进行结构设计，减少了过渡区失效的发生。无折边锥形封头使用范围半锥角 $\alpha \leqslant 30°$ 也是失效得来的教训。某酒精厂蒸煮锅上封头采用 $\alpha = 80°$ 的无折边锥形封头，在 0.5MPa 的工作压力下操作发生爆炸引起事故。

某厂引进的大型再沸器，结构为卧式 U 形管束换热器，由于管束上方汽液通道截面过小，形成汽液流速过高，造成管束冲刷腐蚀失效。

总之，设计中的过载荷、应力集中、结构选择不当及配合不合适等都会导致构件及装备失效。构件及装备的设计要有足够的强度、刚度、稳定性，结构设计要合理。

（2）选材不当及材料缺陷

选材不当引起构件及金属设备的失效已引起足够重视，但仍有发生。如构件高温蠕变失效屡见不鲜，某厂油气化的立式火管锅炉，壳体材料为 Q345R，火管材料为 10 号无缝钢管，流体入口温度超过 1000℃，出口温度为 240℃，压力为 4MPa。这种结构的火管，经一段时间使用后，局部过热而烧穿。因为高温炉管选用 10 号钢是不合理的，后改用含 Cr、Mo 元素高的耐热合金钢管子。又如某厂原使用引进的管壳式热交换器一台，壳体及管子均为 18-8CrNi 奥氏体不锈钢，扩大生产仍按原图纸再加工一台，把壳体改为低碳钢与 18-8CrNi 复合钢板，管子仍为 18-8CrNi 钢，投入使用即发生壳体横向开裂，分析原因表明，管壳因材料热膨胀系数差异引起过大的轴向温差应力，是热交换器壳体材料选用不当造成失效。

金属设备及构件所用材料一般经冶炼、轧制、锻造或铸造，在这些工艺过程中所造成的缺陷往往也会导致早期失效。冶炼工艺较差会使钢中有较多的氧、氢、硫、磷，并有较多的夹杂，这不仅会使钢的性能下降，夹杂甚至还会成为疲劳源，导致早期失效。轧制工艺控制不好，会使钢材表面粗糙、凹凸不平、产生划痕、折叠等。铸件容易产生疏松、裂纹、夹杂沿晶界析出引起脆断，因此较高拉应力的重要构件较少用铸件。由于锻造可明显改善材料的力学性能。因此，许多受较高应力的零部件尽量采用锻钢，如高颈对焊法兰、整锻件开孔补强等，而锻造过程中也会产生各种缺陷，如过热、裂纹等，使构件在使用过程中导致失效。

（3）制造工艺不合理

金属设备及其构件往往要经过机加工（车、铣、刨、磨、钻等）、冷热成形（冲、压、卷、弯等）、焊接、装配等制造工艺过程。若工艺规范制定欠合理，则金属设备或构件在这些加工成形过程中，往往会留下各种各样的缺陷。如机加工常出现的圆角过小、倒角尖锐、裂纹、划痕；冷热成形的表面凹凸不平、不直、不圆和裂纹；在焊接时会产生焊缝表面缺陷（咬边、焊缝凹陷、焊缝过高）、焊接裂纹、焊缝内部缺陷（未熔透、未熔合、气孔、夹渣），焊接的热影响区更因在焊接过程经受的温度不同，使发生组织转变不同，有可能产生组织脆化和裂纹等缺陷；组装的位错、不同心度、不对中及强行组装留下较大的内应力等。所有这些缺陷如超过限度则会导致构件以及设备早期失效。

（4）操作和维修不当

操作不当是金属设备失效的重要原因，如违章操作，超载、超温、超速；缺乏经验、判断错误；无知和训练不够；主观臆测、责任心不强、粗心大意等都是不安全的行为。如某时期统计 260 次压力容器和锅炉事故中，操作事故 194 次，占 74.5%。

设备是要进行定期维修和保养的，如对设备的检查、检修和更换不及时或没有采取适当的修理、防护措施，也会引起设备早期失效。

6.2.2　失效分析方法简介

对过程装备或构件在使用过程中发生的失效现象进行分析研究，从而找出失效的原因，并提出相应的改进措施称为失效分析。通过失效分析，明确失效类型和失效机理，可以防止类似的失效在设计寿命内再发生，对装备设计、选材、加工及使用都有指导意义，这就是失效分析的目的。从技术上或经济上没有必要要求装备及构件永不失效，具有无限的使用寿命，而是保证装备在给定的寿命期内不发生早期失效或只需更换易损件。

失效分析必须有科学的方法。对于简单影响因素的构件失效，通过具体模式分析，从现象到本质，不难找出失效原因。对于影响因素复杂交错的体系，如整机装备、整套系统或工厂等，难以用一般的失效模式直接分析失效原因，则需应用"失效分析系统工程"的方法来进行失效分析。失效分析系统工程的方法很多，表 6-2 介绍了几种方法的名称及其功能特点，其中失效模式和影响分析（FMEA）及失效树分析（FTA）应用广泛。

无论失效现象如何复杂交错，失效分析一般通过如下的程序取原始数据提供分析使用。对简单的构件失效也可简化程序。

表 6-2   几种失效分析系统工程方法的功能特点

分 析 方 法	主 要 功 能 特 点
主次图分析	便于分析系统中的基本环节与关键
特征、因素图分析（HBA）	全面分析，排除影响特征的次要因素，逐渐突出基本的或主要的影响因素
失效模式分析（FMA）	直接从失效特征确定失效模式
失效影响分析（FEA）	从该失效的各种模式中比较对系统的不同影响
失效树分析（FTA）	是一种对失效事件的图解演绎和逻辑推理方法，直观性好且逻辑性强
FMA 和 FEA 综合分析（FMEA）	具有 FMA 和 FEA 的综合功能
FMEA 和 FTA 综合分析	具有 FMEA 和 FTA 的综合功能

① 接受任务，明确要求   在接受失效分析任务时都应明确：

ⅰ.明确分析的对象；

ⅱ.明确分析的目的和要求。

② 调查研究   其目的是为了进一步了解失效件的背景和现场情况，在尽可能短的时间内获得分析所必需的证据。调查的内容有如下几个方面。

ⅰ.现场调查：失效件材料损伤情况、外观检查与拍照、事故发生过程及对周围事物的影响；选取失效分析试样并妥善保存，尤其要保护好断裂失效件的断口。

ⅱ.收集失效件的背景资料：工况、环境条件、运行历史。

ⅲ.收集工程设计、选材、供材与制造检验的原始资料。

ⅳ.了解操作者的人为因素及生产管理等。

③ 失效件的测试   现场测试：变形尺寸、厚度、硬度、现场金相等。实验室测试：化学成分、金相组织、材质缺陷、断口形貌、应力计算或测试、材料力学性能及理化性能等。

④ 失效分析确定失效原因、采取对策   整理现场调查、测试及实验室测试的所有数据，选用合适的失效分析系统工程方法，在判断失效模式、失效机理的基础上，确定失效的原因。

无论是通过哪一种分析思路和方法得出的失效原因，在条件认可或有必要的情况下，应进行失效再现的验证试验。通过验证性试验，若得到预期效果，则证明所找到的原因是正确的，否则还需要再深入研究。

失效分析的根本目的是防止失效的再发生，因而确定失效原因后，还要根据判明的失效原因，提出改进的措施，并按措施改进后进行试验直至跟踪实际运行。如果运行正常，则失效分析工作结束。否则失效分析要重新进行。

根据设备或构件的失效特点，失效分析可按上述全部或部分程序进行。进行金属设备的失效分析必须具有高度的责任心和科学态度、实事求是的精神、正确的思维方法和广泛的知识素养等。

失效分析工作完成后，总结报告至少应包括下列内容：失效过程的描述、失效类型的分析和规模的估计、现场记录和单项试验记录计算的结果、失效原因、处理意见（报废、降级、修理等）、对安全防护的建议及最重要的知识和经验的总结等。

习题和思考题

1. 名词解释

   失效　　失效分析　　弹性变形失效　　塑性变形失效　　蠕变变形失效

   韧性断裂　　脆性断裂　　疲劳断裂　　腐蚀　　磨损

2. 列举弹性变形失效及塑性变形失效的例子，总结两种变形失效的特征及预防措施。

3. 如何区别韧性断裂及脆性断裂？分析两种断裂失效产生的原因及预防断裂的措施。

4. 分析疲劳断裂的特征及预防疲劳断裂的措施。疲劳断口宏观形貌的疲劳弧线与微观形貌的疲劳辉纹有何不同？

5. 常见的腐蚀失效有哪几种类型？各种腐蚀有何特征？

6. 常见的磨损失效有哪几种类型？有无可能各种磨损同时在同一个构件上发生？

7. 综合分析过程装备及其构件失效的原因。

8. 失效分析通常通过哪几个程序？

7 黑色金属及其选用

导读 通过第1篇金属材料基础及本篇前两章金属材料的主要性能及过程装备失效与材料的关系的学习，具备了过程装备及其构件选用材料的基本知识。本章从工程实用出发，讲述过程装备的压力容器、高温及低温构件、耐腐蚀构件、零部件及管道等使用的黑色金属的性能特点，介绍常用材料，并结合实用举例。

7.1 压力容器用钢

7.1.1 压力容器的工况分析

过程装备品种繁多，例如换热设备、传质设备、化学反应设备及各种储罐等。这些设备都有容纳工作物料与操作内件的工作空间，此工作空间由受载外壳所形成与限制，此受载外壳就是压力容器。压力容器在石油、化工、能源、轻工、食品、医药、航空航天等部门得到广泛应用。

压力容器的工作环境往往面临着高温、高压、易燃、易爆、有毒介质，它们的安全至关重要。压力容器的工作环境各异，失效形式多样，下面列举了常见的由于力学性能因素引起的失效。

① 韧性断裂　当压力容器内部压力载荷大大超过设计数值，或者由于均匀腐蚀、高温氧化、磨损等原因造成承载壁厚减薄，都将造成壳体应力大于许用值而引起容器的韧性断裂失效。

② 脆性断裂　压力容器虽然都选用韧性高的材料制造，但在使用或制造过程中受环境因素及各种条件的影响，材料性能会发生变化，如氢脆、碱脆、σ 相脆化、碳化物析出脆化、低温脆化、辐照脆化等，材料脆化容易使容器使用过程中产生低应力脆断。

③ 疲劳断裂　导致压力容器产生疲劳的原因不仅仅是压力载荷引起的，当流体通过设备而产生振动、周期性的温度变化等都会产生疲劳破坏。机械零件通常承受高周低应力疲劳，其承受的应力远远低于材料的屈服极限；而压力容器则多为低周高应力疲劳，在每次应力循环中除了发生弹性变形之外，还发生微量的塑性变形。

7.1.2 压力容器对材料性能的要求

压力容器用材和一般通用材料相比有不少特殊的技术要求，一般都制定有压力容器专用的材料标准。

① 压力容器用钢大都为低碳钢　一般情况下，用于焊接结构压力容器主要受压元件的碳钢和低合金钢，钢材的含碳量≤0.25%，且碳当量 C_{eq}≤0.45%。在特殊情况下，如需选

用含碳量大于 0.25% 的钢材，也必须满足 $C_{eq} \leqslant 0.45\%$。在常用低碳钢范围内，随着碳含量增加，组织中珠光体相对量增加，从而使钢的强度、硬度上升，塑性、韧性降低。低碳钢有较好的强度与塑性的配合，冲击韧性值高，而且低碳钢的焊接性能和冷成形性能好。

②良好的冶金质量　钢材的质量主要是指其冶金质量，冶金质量具体是指钢材成分均匀与否，杂质含量高低。杂质含量的高低决定钢材的好坏和价格的高低。这与薄膜理论中材料性能的各向同性假设是一致的，从压力容器设计计算原理来理解，这正是满足了薄膜理论的前提条件。

对于压力容器这类承受薄膜应力的结构元件而言，杂质主要是指钢中的硫、磷含量。用于焊接结构压力容器主要受压元件的碳钢和低合金碳钢，钢材的含磷量不应大于 0.035%，含硫量不应大于 0.035%。

受压元件用钢应由电炉或氧气转炉冶炼以得到较高质量的钢材。

③优良的综合力学性能　压力容器用钢除了应有较高的强度，还应有足够的塑性和韧性储备，即强度、塑性和韧性要合理配合，要有良好的综合力学性能。材料的塑性、韧性与压力容器安全有很大的关系，材料有足够的塑性和韧性，承压壳体才能在正常工作条件下承受压力不致发生脆性破坏。材料即使存在宏观裂纹，良好的韧塑性使裂纹不扩展或扩展速率很低，不致产生灾难性的事故。必须防止片面追求材料强度而忽视对塑性和韧性的要求，也要防止过分追求材料韧性和塑性而使材料强度不足。

过程设备选材比较重视屈强比，希望这个值小，这也是与机器构件（如轴、齿轮）选择金属材料的不同之处。机器构件往往希望提高材料的"屈强比"，这样可以充分发挥材料的强度性能，保证机器构件变形较小。化工设备特别是钢制压力容器对材料的要求则相反，一般情况下应避免采用调质热处理等方法来不恰当地提高材料的强度，以留有一定的塑性储备量。

④良好的材料组织和组织稳定性　屈服强度在 500MPa 以下的低合金高强度钢，其组织一般为铁素体加珠光体。屈服强度更高者有低碳贝氏体、铁素体-贝氏体、铁素体-马氏体组织。

压力容器服役条件严酷，要求材料组织均匀、晶粒细化、尽可能少的组织缺陷，在长期使用时组织稳定，这是压力容器材料保证使用寿命的前提。

⑤良好的加工工艺性能和焊接性能　压力容器成形大多要经卷圆、冲压或滚压（旋压等）和焊接。因此要求材料有良好的加工工艺性能和焊接性能，保证容易加工成形，加工过程防止产生裂纹和各种缺陷，不影响材料的使用性能。

7.1.3　压力容器用钢

压力容器的使用工况（如压力、温度、介质特性和操作特点等）差别很大，制造压力容器所用的钢类很多，既有碳素钢、低合金高强度钢和低温钢，也有中温抗氢钢、不锈钢和耐热钢，还有复合钢板。压力容器受压元件所用的钢材品种有钢板、钢管、锻钢、棒钢和铸钢等。

压力容器常用钢材见表 7-1。

表 7-1　压力容器常用钢材

	低碳钢	Q235B、Q235C、Q245R
钢板	低合金钢	Q345R、Q370R、Q420R、18MnMoNbR、13MnNiMoR、15CrMoR、14Cr1MoR、12Cr2Mo1R、12Cr1MoVR、12Cr2Mo1VR、07Cr2AlMoR、16MnDR、15MnNiDR、15MnNiNbDR、09MnNiDR、08Ni3DR、06Ni9DR、07MnMoVR、07MnNiVDR、07MnNiMoDR
	高合金钢	06Cr13、06Cr13Al、019Cr19Mo2NbTi、022Cr19Ni5Mo3Si2N、022Cr22Ni5Mo3N、022Cr23Ni5Mo3N、06Cr19Ni10、022Cr19Ni10、07Cr19Ni10、06Cr25Ni20、06Cr17Ni12Mo2、022Cr17Ni12Mo2、06Cr17Ni12Mo2Ti、06Cr19Ni13Mo3、022Cr19Ni13Mo3、06Cr18Ni11Ti、015Cr21Ni26Mo5Cu2
	复合钢板	不锈钢-钢复合板、镍-钢复合板、钛-钢复合板、铜-钢复合板

续表

钢管	低碳钢	10、20
	低合金钢	Q345D、16Mn、12CrMo、15CrMo、12Cr1MoVG、09MnD、09MnNiD、08Cr2AlMo、09CrCuSb
	高合金钢	06Cr19Ni10、022Cr19Ni10、06Cr18Ni11Ti、06Cr17Ni12Mo2、022Cr17Ni12Mo2、06Cr17Ni12Mo2Ti、06Cr19Ni13Mo3、022Cr19Ni13Mo3、06Cr25Ni20、07Cr19Ni10、022Cr19Ni5Mo3Si2N、022Cr22Ni5Mo3N、022Cr23Ni5Mo3N、022Cr25Ni7Mo4N
锻件	低碳钢	20、35
	低合金钢	16Mn、20MnMo、20MnMoNb、20MnNiMo、35CrMo、15CrMo、14Cr1Mo、12Cr2Mo1、12Cr1MoV、12Cr2Mo1V、12Cr3Mo1V、1Cr5Mo、16MnD、20MnMoD、08MnNiMoVD、10Ni3MoVD、09MnNiD、08Ni3D
	高合金钢	06Cr13、06Cr19Ni10、022Cr19Ni10、07Cr19Ni10、06Cr25Ni20、06Cr17Ni12Mo2、022Cr17Ni12Mo2、06Cr17Ni12Mo2Ti、022Cr19Ni13Mo3、06Cr18Ni11Ti、015Cr21Ni26Mo5Cu2、022Cr19Ni5Mo3Si2N、022Cr22Ni5Mo3N、022Cr23Ni5Mo3N

本节只学习压力容器常用碳素钢和低合金高强度钢，以板材为例。低温钢、中温抗氢钢、不锈钢及耐热钢在本章相应各节介绍。

（1）低碳钢

低碳钢有一定的强度、良好的塑性、韧性和加工工艺性，特别焊接性能良好。虽然强度低一些，但仍能满足一般压力容器的要求，且价格低廉，因而得以广泛应用。按照 GB 150—2011《压力容器》推荐使用的低碳钢钢号为碳素结构钢 Q235B、Q235C 及压力容器专用钢 Q245R。

表 7-2 为压力容器推荐使用低碳钢的化学成分，表 7-3 是其力学性能和冷弯性能。

表 7-2 低碳钢的化学成分（GB 150—2011，GB/T 700—2006，GB 713—2014）

牌号	化学成分（质量分数）/%					
	C	Si	Mn	P	S	其他
Q235B	≤0.20	≤0.35	≤1.40	≤0.035	≤0.035	
Q235C	≤0.17	≤0.35	≤1.40	≤0.035	≤0.035	
Q245R	≤0.20	≤0.35	0.50~1.10	≤0.025	≤0.010	$w_{Cu} \leq 0.30$，$w_{Ni} \leq 0.30$，$w_{Cr} \leq 0.30$，$w_{Mo} \leq 0.08$，$w_{Nb} \leq 0.050$，$w_{V} \leq 0.050$，$w_{Ti} \leq 0.030$，$w_{Alt} \geq 0.020$，$w_{Cu+Ni+Cr+Mo} \leq 0.70$

Q235B、Q235C 是屈服点为 235MPa 的低碳镇静钢，钢板质量等级分别为 B、C，钢板性能检验都需提供拉伸试验的 R_m、R_{eH} 和 A 值，此外，分别要作常温冲击试验及 0℃冲击试验，都需保证 KV_2 不小于 27J。

Q245R 为平均含碳量小于 0.20% 的容器专用优质碳素钢钢板。含 P、S 杂质比普通碳钢要低，钢的力学性能除保证 R_m、R_{eL} 和 A 外，对冲击韧性有更严格的要求。

由于 Q235B 和 Q235C 不是压力容器专用钢板，所以 GB 150—2011 对其应用还做了特别规定，主要如下。

磷、硫含量要求更高。在 GB/T 700—2006 中，要求 Q235B 的 S、P 含量小于 0.045%，Q235C 的 S、P 含量小于 0.040%，GB 150—2011 要求 Q235B 和 Q235C 的 P、S 均含量小于 0.035%。

表 7-3 低碳钢的力学性能和冷弯性能

(GB 150—2011，GB 713—2014，GB/T 700—2006，GB/T 3274—2007)

钢号	交货状态	钢板厚度/mm	拉伸试验			冲击试验		弯曲试验
			R_m /MPa	R_{eH}/R_{eL} [a] /MPa	$A/\%$	温度/℃	KV_2/J	180° $b=2a$
			不小于				不小于	
Q235B	热轧，控轧 或正火	≤16	370~500	235	26	20	27	$D=a$(纵) $D=1.5a$(横)
		>16~30		225				
Q235C		≤16		235		0	27	
		>16~40		225				
Q245R	热轧，控轧 或正火	3~16	400~520	245	25	0	34	$D=1.5a$
		>16~36		235				
		>36~60		225				
		>60~100	390~510	205	24			
		>100~150	380~500	185				$D=2a$
		>150~250	370~490	175				

a：Q235B 和 Q235C，使用上屈服强度 R_{eH}；Q245R 使用下屈服强度 R_{eL}。

容器的设计压力小于 1.6MPa。

钢板的使用温度：Q235B 钢板为 20~300℃；Q235C 钢板为 0~300℃。

用于容器壳体的钢板厚度：Q235B 和 Q235C 不大于 16mm。用于其他受压元件的钢板厚度：Q235B 不大于 30mm，Q235C 不大于 40mm。所以在表 7-3 中没有列出 Q235B 的 30~200mm 和 Q235C 的 40~200mm 的钢板的力学性能。

不得用于毒性程度为极度或高度危害的介质。

（2）低合金高强度钢

在优质碳素钢的基础上，少量加入一种或多种合金元素（合金元素总含量在 5% 以下，一般不超过 3%），以提高钢的屈服强度和改善综合性能为主要目的，这类钢材称为低合金高强度钢。用低合金高强度钢代替普通碳素钢，能减轻装备自重，节省钢材 1/3~2/3。

低合金高强度钢常用的合金元素按其在钢的强化机制中的作用可分为：固溶强化元素（Mn、Si、Al、Cr、Ni、Mo、Cu 等），细化晶粒元素（Al、Nb、V、Ti、N 等），沉淀硬化元素（Nb、V、Ti 等）。低合金高强度钢都严格保证低 S、P。

按照 GB 150—2011《压力容器》推荐使用的低合金高强钢钢板为 Q345R、Q370R、Q420R、18MnMoNbR、13MnNiMoR 和后面章节介绍的 16MnDR 等低温用低合金钢。以上各种低合金高强钢钢板的化学成分、力学性能指标见表 7-4 和表 7-5。

Q345R、Q370R、Q420R 即 16MnR、15MnNbR、17MnNiVNbR，都是在 20 号钢的基础上加价格便宜的锰进行强化形成的碳锰钢系低合金钢，屈服强度级别分别为 345MPa、370MPa 和 420MPa。

锰可溶于铁素体中产生较强的固溶强化效应，加入 1% 的锰可使钢材屈服强度提高约 0.56MPa；锰能降低奥氏体分解温度，细化铁素体晶粒，并使珠光量增加，晶片变细，消除晶界上的粗大片状碳化物，从而提高钢的强度和韧性；锰还能降低钢的韧脆转变温度，使钢有较好的低温韧性。但加入锰量不能太多，当锰含量超过 1.5% 时，因为贝氏体出现，使钢的塑性、韧性下降，焊接性能变坏，容易产生裂纹。

表 7-4 典型低合金容器用钢的化学成分（GB 713—2014）

牌号	化学成分(质量分数)/%													
	C	Si	Mn	Cu	Ni	Cr	Mo	Nb	V	Ti	Alt	P	S	其他
Q345R	≤0.20	≤0.55	1.20~1.70	≤0.30	≤0.30	≤0.30	≤0.08	≤0.050	≤0.050	≤0.030	≥0.020	≤0.025	≤0.010	
Q370R	≤0.18	≤0.55	1.20~1.70	≤0.30	≤0.30	≤0.30	≤0.08	0.015~0.050		≤0.050	≤0.030	—	≤0.020	≤0.010
Q420R	≤0.20	≤0.55	1.30~1.70	≤0.30	0.20~0.50	≤0.30	≤0.08	0.015~0.050		≤0.100	≤0.030	—	≤0.020	≤0.010
18MnMoNbR	≤0.21	0.15~0.50	1.20~1.60	≤0.30	≤0.30		0.45~0.65	≤0.025~0.050				—	≤0.020	≤0.010
13MnNiMoR	≤0.15	0.15~0.50	1.20~1.60	≤0.30	0.60~1.00	0.20~0.40	0.20~0.40	0.005~0.020				—	≤0.020	≤0.010

表 7-5 典型低合金容器用钢的力学性能（GB 713—2014）

牌号	交货状态	钢板厚度/mm	拉伸试验			冲击试验		弯曲试验
			R_m/MPa	R_{eL}/MPa	断后伸长率 A/%	温度/℃	KV_2/J	180° b=2a
				不小于	不小于		不小于	
Q345R	热轧控轧或正火	3~16	510~640	345	21	0	41	D=2a
		>16~36	500~630	325				
		>36~60	490~620	315				D=3a
		>60~100	490~620	305				
		>100~150	480~610	285	20			
		>150~250	470~600	265				
Q370R	正火	10~16	530~630	370	20	−20	47	D=2a
		>16~36		360				
		>36~60	520~620	340				D=3a
		>60~100	510~610	330				
Q420R		10~20	590~720	420	18	−20	60	D=3a
		>20~30	570~700	400				
18MnMoNbR	正火加回火	30~60	570~720	400	18	0	47	D=3a
		>60~100		390				
13MnNiMoR		30~100	570~720	390	18	0	47	D=3a
		>100~150		380				

　　Q345R 是锅炉、压力容器中应用范围最广、使用量最大的一个牌号，广泛应用于制造单层卷焊容器、多层包扎容器、整体多层夹紧容器、热套容器和球形容器。

　　Q370R 是 Q345R 的改进型。焊接性、抗硫化氢应力腐蚀性能与 Q345R 相近，强度比 Q345R 稍高，韧性大为提高。主要应用于大型球形储罐的建造。

Q420R 具有高强度、高韧性及良好的焊接性能的正火型钢板，主要应用于汽车罐车罐体。

18MnMoNb 是屈服强度为 400MPa 级的锰钼钢系低合金钢。主要用于制造高压容器承压壳体，如氨合成塔和尿素合成塔等单层厚壁容器及锅炉汽包用钢板。

13MnNiMoNbR 是锰镍钼系低合金钢。是目前我国单层卷焊厚壁压力容器的一个综合性能较理想的钢号。因固溶强化而提高钢材的热强性，在 400℃ 温度屈服强度仍可达 300MPa，所以在推荐使用温度约 400℃ 有理想的中温强度；该钢 Nb 元素加入并控制轧制，使钢材呈现微合金化组织；在钢材洁净化上把 S、P 尽量降低，使之≤0.025％。通过这些措施，钢板的韧性、塑性很高，在低温下，也有高的冲击吸收功。主要用以制造超高压电站锅炉和亚临界电站锅炉的汽包壳体以及一些大型高压容器。

7.2 高温及低温构件用钢

7.2.1 高温用钢

在高温下工作的过程装备及构件大多数使用耐高温金属材料制造，包括耐热钢和高温合金。本节内容学习高温用的耐热钢。"高温"未有固定的界限，常指高于 450℃ 的工作温度。"耐热"即指材料在高温下有热稳定性和热强性。碳钢使用温度一般在 450℃ 以下。高于 450℃ 则推荐使用耐热钢，高于 800℃，常用其他高温材料。

7.2.1.1 高温用钢的工况和特点分析

在高温工作条件下使用的钢有如下主要特点：高温下钢会产生蠕变现象、高温下钢的力学性能随温度及载荷持续时间而变化、高温下钢的组织结构常会发生转变。

① 高温蠕变现象 金属在长时间的恒温、恒应力作用下，发生缓慢的塑性变形的现象称为**蠕变**。产生蠕变现象的原因是高温下金属材料的内部原子活动的能力提高，在外力作用下抵抗变形的能力减小所造成的。蠕变使材料性质发生变化，一般是变脆；蠕变使材料力学性能下降，以致断裂。温度愈高，蠕变变形愈快。

蠕变在较低温度下也会产生，但只有当温度高于金属材料的 $0.3T_m$（以绝对温度表示的熔点）时才显著，如对碳钢和普通低合金钢，当温度高于 350～400℃，低合金铬钼钢温度高于 450℃，高合金钢温度高于 550℃ 不能忽略蠕变现象，对蠕变变形要进行计算。

蠕变可以在单一应力（拉力或扭力），也可以在复合应力下产生。但实际上，零部件往往承受的是复合应力，如蠕变加疲劳，蠕变拉伸加扭转等。目前各个国家都开展了各种复合蠕变的研究。但通常的蠕变试验还是在拉伸的条件进行的。

典型的蠕变曲线如图 7-1 所示。

Oa 为开始加载后所引起的瞬时变形。如果应力超过金属在该温度下的弹性极限，则 Oa 由弹性变形加塑性变形组成。

ab 为蠕变的第Ⅰ阶段，在这阶段中，蠕变的速度随时间的增加而逐渐减少。

bc 为蠕变的第Ⅱ阶段，是蠕变的稳定阶段，蠕变的速度基本上不变。通常就用这一阶段曲线倾角 α 的

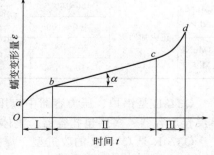

图 7-1 典型蠕变曲线

正切值来表示材料的蠕变速度。

cd 为蠕变的第Ⅲ阶段，在这阶段中，蠕变加速进行，直到 *d* 点断裂为止。

不同材料在不同条件下得到的蠕变曲线不同，同一种材料的蠕变曲线也随着应力和温度的不同而异，但蠕变的三个阶段的特点仍然保持，而各个阶段的持续时间则有了很大的改变。当减小应力或降低温度时，蠕变的第Ⅱ阶段增长，甚至第Ⅲ阶段可能不发生；当增加应力或升高温度时，蠕变的第Ⅱ阶段随之缩短，甚至几乎没有，只有第Ⅰ阶段和第Ⅲ阶段，试样将在很短的时间内发生断裂。见图 7-2 及图 7-3。

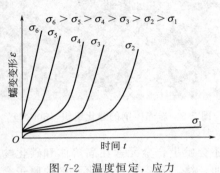

图 7-2 温度恒定，应力
改变时的蠕变曲线

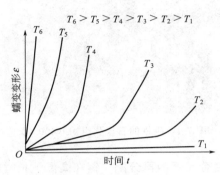

图 7-3 应力恒定，温度
改变时的蠕变曲线

一种理想的材料，要求它的蠕变曲线具有很小的起始蠕变（第Ⅰ阶段）和低的蠕变速率（第Ⅱ阶段），以便延长产生 1% 变形量的时间。同时也要有一个明显的第Ⅲ阶段，这可预示材料将要蠕变断裂，断裂时有一定的塑性。

过程装备在高温下由于蠕变而导致的失效主要有三类。

ⅰ.过量变形失效：例如高温构件中梁的弯曲，杆件、容器壳体的失稳，汽缸蠕胀而泄漏等。

ⅱ.蠕变断裂：当蠕变发展到第Ⅲ阶段末，构件发生断裂或容器发生破裂。

ⅲ.应力松弛：装备构件在高温长期应力作用下，其总变形不变，所受的应力随时间的增加而自发的逐渐降低的现象，例如在高温下的一些紧固件，如压紧螺栓、铆钉等，会由于蠕变而发生紧固力的降低。应力松弛也是蠕变的结果，蠕变现象是在温度相应力恒定的情况下，塑性变形随时间的增加而不断增加，而应力松弛现象是在温度和总应变量不变的情况下，由于弹性变形转化为塑性变形，即逐渐发生蠕变，从而使初始应力不断下降。

② 高温组织结构变化　耐热钢在高温下长期运行，不仅会发生蠕变，而且钢材的组织结构也会发生变化。常见的变化现象有：渗碳体的石墨化、珠光体的球化、合金元素的再分配、新相的形成等。由于组织的不稳定性会引起钢性能退化，特别是影响高温力学性能。

石墨化　是钢材在高温作用下渗碳体自行分解的一种现象，也称为析墨现象 $Fe_3C \longrightarrow 3Fe + C$（石墨），开始时石墨以微细的点状出现，随后逐渐聚集。石墨的强度极低，实际上相当于金属内部产生了空穴，空穴周围出现应力集中，使材料脆化、材料强度与塑性降低，如石墨颗粒聚集成链状出现，则会导致材料断裂。碳钢的石墨化组织如图 7-4 所示。

球化　是低合金珠光体耐热钢在高温长期作用下，珠光体组织中片状渗碳体逐渐转变为球状渗碳体，并逐渐聚集长大的现象。球化主要是降低钢材的强度，尤其是高温强度。如中等球化会使低碳钢和低碳钼钢常温强度指标下降 10％～15％；严重球化下降 20％～30％。但严重球化会使低碳钢和钼钢的高温强度下降到 50％，甚至更低。珠光体钢的球化组织如图 7-5 所示。

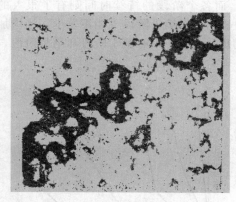 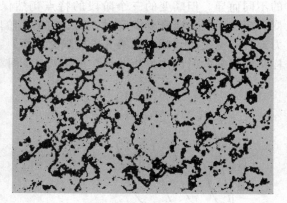

图 7-4　碳钢的石墨化组织（400×）　　　　图 7-5　珠光体钢的球化组织（600×）

合金元素的再分配　钢在高温下长时间工作，还会发生合金元素在固溶体和碳化物之间的重新分配，这是高温使合金元素原子的活动力增加，铬、钼、钒等强化元素的原子会由固溶体向碳化物转移，其中钼是最活跃的。合金元素从固溶体中脱溶后，使固溶强化作用显著降低，从而导致耐热钢的高温强度下降。如在 510℃ 下工作 10^5 h 的 12CrMo 钢，高温强度下降约 25％，经分析，钢中约有一半的钼从固溶体转移到碳化物中，锰和铬也转移了约 20％和 10％。当然，高温强度的下降还应包括高温蠕变、珠光体球化等的影响。

新相的形成　耐热钢在高温下运行，除了渗碳体变成石墨、珠光体球化严重使珠光体消失等相变化外，还进行着碳化物结构类型、数量和分布的变化，变化的结果是趋向形成稳定状态的碳化物。这些变化同样明显影响耐热钢的高温强度。如锅炉的高温承压构件常用的 12Cr1MoV 钢，其在运行过程中碳化物的变化是渗碳体型的碳化物 Fe_3C 不断地由于合金元素的重新分配，而被复杂的碳化物 M_7C_3 和 $M_{23}C_6$ 所代替（M 可为 Cr、Mn、Mo、Fe 等元素）。这些变化同样影响钢的高温强度。

③ **高温腐蚀**　过程装备构件的高温环境往往是含氧、硫、氢、氮等的高温气体，高温用钢与这些气体接触，就会发生反应，损耗金属，而且大多会在其表面上生成氧化物、硫化物、氮化物等各种固体表面膜。高温用钢的化学稳定性，一则决定于氧化反应的热力学与动力学条件，二则取决于表面膜的结构与性能。

金属氧化的动力学曲线大体上遵循直线、抛物线、立方、对数和反对数五种规律，如图 7-6 所示。金属氧化时，若不能生成保护性氧化膜，或在反应期间形成气相或液相产物而脱离金属表面，则氧化速率直接由形成氧化物的化学反应所决定，因而氧化速率恒定不变，动力学曲线呈直线规律。Mg、Mo、V 等金属高温氧化时遵循直线规律。如果金属表面形成的膜具有保护性，即金属表面上形成较致密的氧化膜，动力学曲线呈抛物线规律。Fe 在高温空气中，Cu 在 800℃ 的空气中氧化遵循抛物线规律。某些金属在某一条件下氧化时，其氧化速度比抛物线规律

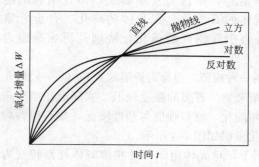

图 7-6　金属氧化的各种动力学曲线

进行还要缓慢，其动力学曲线表现为对数规律。如 Fe 在 375℃ 以下氧化，Cr、Al、Si 金属的氧化遵循对数规律。反对数规律在实际中很难和对数规律区分开。

在上述各种高温气氛中钢铁表面形成的固态氧化膜结构与性能各不相同，其保护性能的好坏取决于氧化物的高温稳定性，氧化膜的完整性、致密性、氧化膜的组织结构和厚度、膜与金属材料的相对热膨胀系数以及氧化膜的生长应力等因素，在这些因素中，氧化膜的完整性和致密性是至关重要的，而它又与膜的组织结构和氧化物高温稳定性的关系最为密切。

在钢中加入铬、铝和硅对提高它的抗氧化能力有显著的效果，因为钢中的 Cr、Al、Si 在高温氧化时能与氧形成一层完整致密具有保护性的氧化膜。稀土元素也有同样的作用。

7.2.1.2 高温用钢的性能要求

（1）高温用钢力学性能的考虑

材料在高温下的力学性能特点都是和蠕变过程紧密相连的。在常、中温负载下工作的金属材料，其力学性能只与温度有很大的关系，而与负载持续时间关系不大，但在高温下，负载的持续时间对力学性能却有很大的影响。例如：450℃ 下 20 钢的屈服点大约是 147MPa，而在 120MPa 应力作用下并未达到材料的屈服点，按理不会引起材料的屈服变形，但因在高温长期负载下，材料会随着时间的增长而缓慢地产生塑性变形，使材料承载能力下降而至断裂。常温 $R_m = 420$MPa 的 20 钢，在 450℃ 时短时的拉伸强度是 330MPa，但在试样承受 230MPa 的应力时，持续了 300h 左右就发生断裂；如将应力降低到 120MPa，则持续 10000h 也能使试样断裂。因此，对于高温下材料的力学性能，不能只用应力-应变关系来评定，需要考虑时间和温度两个因素，研究材料在一定温度下的应力、应变与时间的关系，建立材料高温力学性能指标。

规定塑性应变强度　当考虑构件或零件过量变形失效时，人们最关心的是什么时候会达到失效的形变限度。此时最需要知道的是材料在某温度下、承受多大的应力才不至于在使用期内超过允许的应变量。

规定塑性应变强度为在一定的工作温度下，在规定的使用时间内，其变形量不超过某一规定值的最大应力。

例如：对于最大塑性应变量为 0.2%，达到应变时间为 1000h，试验温度 $T = 650$℃ 的规定塑性应变强度用表示为：$R_{p\,0.2\,1000/650}$。

持久强度　许多构件只要不发生断裂即能完成其应有的功能，如某些容器、管道之类。此时人们采用金属在给定的温度、给定时间条件不发生断裂的最大应力作为强度指标，称为持久强度。它反映了材料在高温下经过额定时间发生断裂时的破坏能力。

例如：对于蠕变断裂时间 $t_u = 100000$h，试验温度 $T = 550$℃ 所测定的持久强度表示为 $R_{u\,100000/500}$。

一般过程装备构件设计寿命取 12 年，相应的时间约 10^5h。此时的持久强度也常常表示为 R_D^t。例如对于 12Cr1MoVR 板材，$R_D^{525} = 123$MPa。表示 12Cr1MoVR 板材在 525℃ 的温度下，经 10^5 小时工作或试验后断裂的承载应力应为 123MPa。

松弛稳定性　松弛稳定性指标有多种，其中最常用的是以金属在一定温度 T 和一定的初应力 σ_0 作用下，经规定时间 τ 后的剩余应力 σ 的大小来表示。如图 7-7 所示，在初应力 σ_0 和温度 T 下，σ_1 为 τ_1 时间后的剩余应力；σ_2 为 τ_2 时间后的剩余应力。对不同材料，在相同试验温度和初

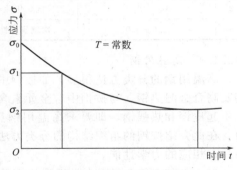

图 7-7　松弛曲线示意图

应力下，如剩余应力愈高，便表明材料的松弛稳定性好。

为了比较高温的影响，表 7-6 给出了一些材料屈服强度和持久强度随温度升高而降低的数据。

表 7-6　几种高压锅炉用无缝钢管的力学性能（GB 5310—2008）

牌号	常温力学性能				高温下屈服强度和持久强度 /MPa（温度高于 500℃　第 1 行 $R_{p0.2}$；第 2 行 100 000hR_D）　不小于														
	R_m /MPa	R_{eL} 或 $R_{p0.2}$ /MPa	A（纵向）/%	KV_2（纵向）/J	温度 /℃														
			不小于		100	150	200	250	300	350	400	450	500	550	600	650	700	750
20G	410～550	245	24	40			215	196	177	157	137 128	98 74	49 39					
12CrMoG	410～560	205	21	40	193	187	181	175	170	165	159	150	140 113					
15CrMoG	440～640	295	21	40			269	256	242	228	216	205	198 145	— 61				
12Cr1MoVG	470—640	255	21	40				230	225	219	211	201 184	187 110	— 55				
07Cr19Ni10	≥515	205	35		170	154	144	135	129	123	119	114	105	101 96	63	40	26	
07Cr25Ni21NbN	≥655	295	30		573	523	490	468	451	440	429	421	410	397	374 160	103	62	

（2）抗氧化性

硫化、氮化、碳化、卤化等类型的高温腐蚀也是广义的氧化。金属材料的抗氧化性的评价与其他腐蚀一样，采用失重法、增重法测定，采用腐蚀速度或腐蚀速率表示，根据 GB/T 13303—91《钢的抗氧化性测定方法》的规定，钢铁材料的抗氧化性可分为五级，如表 7-7 所示。

表 7-7　钢铁材料抗氧化性的级别（GB/T 13303—91）

级别	氧化速度/[g/(mm²·h)]	抗氧化性分类	级别	氧化速度/[g/(mm²·h)]	抗氧化性分类
1	<0.1	完全抗氧化性	4	3.0～10.0	弱抗氧化性
2	0.1～1.0	抗氧化性	5	>10.0	不抗氧化性
3	1.0～3.0	次抗氧化性			

7.2.1.3　高温用钢

高温用钢的分类方法很多，如按钢中的合金元素含量分类，可分为低碳钢、低合金耐热钢及高合金耐热钢，与按钢中合金元素含量分类是一致的；如按钢的特性分类，可分为抗氧化不起皮钢和热强钢，即要求高温用钢具有较好的抗氧化性能或要求在高温下能承受高应力。在此介绍按钢的组织结构的分类方法，不同的组织结构取决于钢的成分、热处理制度，并具有相应的力学性能。

表 7-8 列出了一些国内常用耐热钢数据。

表 7-8 国内常用耐热钢的主要化学成分、热处理、力学性能

类别	钢号	主要化学成分(质量分数)/%						热处理	力学性能(不小于)				高温强度 10万小时 R_D/MPa	用途举例
		C	Cr	Mo	V	Ni	其他		R_m/MPa	R_{eL}($R_{p0.2}$)/MPa	A/%	KV_2(KV)/J		
低碳钢	Q245R	0.17~0.24						热轧或正火	390	245	22	27	450℃ 91	≤450℃锅炉与压力容器常用高温低碳钢
珠光体钢	12CrMo	0.08~0.15	0.4~0.7	0.4~0.55				正火+回火	410	205	21	55	525℃ 75	≤550℃高中压蒸汽管
	15CrMo	0.12~0.18	0.8~1.10	0.4~0.55				正火+回火	440	235	21	47	550℃ 56	≤550℃高中压蒸汽管
	12Cr1MoV	0.08~0.15	0.9~1.20	0.25~0.35	0.15~0.30			正火+回火	470	255	21	(59)	575℃ 52	≤580℃高压锅炉过热器管、联箱、主蒸汽管
	12Cr2Mo1	0.08~0.15	2.00~2.50	0.90~1.10				正火+回火	450	270	20	56	575℃ 56	≤590℃过热器管
	1Cr5Mo	0.15	4.00~6.00	0.45~0.60				退火	390	185	22		600℃ 27	≤570℃蒸汽管高温抗氢压力容器件
马氏体钢	20Cr13	0.08~0.15	12.00~14.00			(0.06)		退火	640	440	20	63		淬火状态下硬度高、耐蚀性良好。汽轮机叶片
	42Cr9Si2	0.35~0.50	8.00~10.00			0.60	Si 2.00~3.00	退火	885	590	19	(20)		铬硅马氏体阀门钢，750℃以下耐氧化。用于制作内燃机进气阀，发动机的排气阀
铁素体钢	06Cr13Al	0.08	11.50~14.50			0.60	Si 1.0	固溶	600	400	15			燃气透平压缩机叶片
	10Cr17	0.12	16.00~18.00			0.75	Si 1.0	固溶	500	280	16			900℃以下耐氧化部件
奥氏体钢	06Cr19Ni10	0.08	18.00~20.00			8.00~10.50		固溶	515	205	40		700℃ 37 (1万小时)	≤800℃反复加热耐氧化介质装备构件
	12Cr18Ni9	0.15	17.00~19.00			8.00~11.00		固溶	515	205	40		700℃ 98 (1万小时)	≤800℃反复加热耐氧化介质装备构件
	06Cr17Ni12Mo2	0.08	16.0~18.0	2.0~3.0		10.0~14.0		固溶	515	205	40		800℃ 24 (1万小时)	≤800℃反复加热耐氧化及还原介质装备构件
	20Cr25Ni20	0.25	24.0~26.0			19.0~22.0		固溶	515	205	40		800℃ 29 (1万小时)	≤1050℃反复加热抗氧化钢炉用部件

珠光体耐热钢　这类钢在正火状态下的显微组织是细片珠光体＋铁素体。其碳含量为 $0.1\%\sim0.4\%$，常加入的合金元素有 Cr、Mo、W、V 等，它们的主要作用是强化铁素体，防止高温下片状渗碳体的球化与石墨化，提高钢的高温强度。由于这类钢中合金元素含量少，因而其膨胀系数小，导热性好，并具有良好的冷、热加工性能和焊接性能，广泛用于制造工作温度小于 600℃ 的锅炉及管道、压力容器、汽轮机转子等。常用钢号有 15CrMo、12Cr1MoV 等，热处理简单，通常采用正火处理。

马氏体耐热钢　这类钢淬透性好，空冷就能得到马氏体。包括两种类型，一类是低碳高铬钢，它是在 Cr13 型不锈钢基础上加入 Mo、W、V、Ti、Nb 等合金元素，以便强化铁素体，形成稳定的碳化物，提高钢的高温强度。常用的钢号有 22Cr12WMoV、20Cr13 等，它们在 500℃ 以下具有良好的蠕变抗力和优良的消振性，最宜制造汽轮机的叶片，故又称叶片钢。另一类是中碳铬硅钢，其抗氧化性好、蠕变抗力高，还有较高的硬度和耐磨性。常用的钢号有 42Cr9Si2、40Cr10Si2Mo 等，主要用于制造使用温度低于 750℃ 的发动机排气阀，故又称气阀钢。此类钢通常是在淬火（1000～1100℃ 加热后空冷或油冷）及高温回火（650～800℃ 空冷或油冷）后获得具有马氏体形态的回火索氏体状态下使用。

铁素体耐热钢　这类钢包括只含 13% 或 17% 铬的简单铁素体钢及在其基础上加入了 Si、Al 等合金元素以提高抗氧化性的铁素体耐热钢。此类钢的特点是抗氧化性强，但高温强度低，焊接性能差，脆性大，多用于受力不大的加热锅炉构件，常用的钢号有 06Cr13SiAl、10Cr17、022Cr11NbTi 等。此类钢通常采用正火处理（700～800℃ 加热空冷），得到铁素体组织。

奥氏体耐热钢　这类钢是铬镍含量 18-8 及 25-20 的简单奥氏体钢及在其基础上加入了 W、Mo、V、Ti、Nb、Al 等元素，用以强化奥氏体，形成稳定碳化物和金属间化合物，以提高钢的高温强度的多元合金化奥氏体耐热钢。此类钢具有高的热强性和抗氧化性，高的塑性和韧性、良好的可焊性和冷成形性。主要用于制造工作温度在 600～850℃ 的高压锅炉过热器、承压反应管、汽轮机叶片、叶轮、发动机气阀等。常用的钢号有 12Cr18Ni9、06Cr19Ni10、06Cr17Ni12Mo2、20Cr25Ni20 等。奥氏体耐热钢一般采用固溶处理（1000～1150℃ 加热后水冷或油冷）或是固溶处理加时效处理（时效温度比使用温度高 60～100℃，保温 10h 以上），获得单相奥氏体或是奥氏体加弥散碳化物和金属间化合物的组织。

7.2.2　低温用钢

目前由于能源结构的变化，愈来愈普遍地使用液化天然气、液化石油气、液氧（－183℃）、液氢（－252.8℃）、液氮（－195.8℃）、液氦（－269℃）和液体二氧化碳（－78.5℃）等液化气体，生产、储存、运输和使用这些液化气体的过程装备及构件也愈来愈多地在低温工况下工作。另外，寒冷地区的过程装备及其构件常常使用在低温环境中。然而，低温下使用的压力容器、管道、设备及其构件脆性断裂时有发生。因此，对低温材料的强韧性提出了高的要求。

一般用于 0℃ 以下温度的材料称为低温材料，低温金属材料普遍使用低合金钢、镍钢和铬镍奥氏体钢，还有使用钛合金、铝合金等有色金属。

（1）低温用钢的工况和特点分析

过程装备在低温下工作，可能塑性、韧性降低，发生低应力低温脆断。低温脆断有如下特点。

ⅰ.低温脆断的名义应力都较低，一般低于材料的屈服强度，往往还低于设计应力，因此，有时也称为低应力脆断；

ⅱ.构件低温脆断之前没有明显的塑性变形，或只有局部的少量塑性变形，断裂总是从缺陷处（尤其是焊缝缺陷）或几何形状突变的应力或应变集中处开始，有脆性断口的特征；

ⅲ. 脆性破坏一旦开始，便以极高的速度发展，一般是声速的 1/3 左右，例如在钢中可达 1200～1800m/s；

ⅳ. 低温下脆性断裂的材料，其原有韧性均较低，尤其有缺口试样，低温缺口敏感性更大，韧性更差。

（2）低温用钢的力学性能要求

由于低温下，钢材可能因为韧性下降而发生脆性断裂，所以力学性能提出了韧性，特别是低温韧性的要求。

① R_m/R_{eL} 比值　大量低温脆断事故与材料的低温力学行为密切相关。如图 7-8 所示的 20 号低碳钢低温拉伸实验曲线及图 7-9 所示的 20 号低碳钢力学性能指标与温度的关系，从图示可以看出，钢在拉伸载荷下，随温度的降低，屈服强度和抗拉强度均升高，但屈服强度上升更快，延伸率开始缓慢下降，当超过某一温度时便突然下降，在此温度下屈服强度几乎等于抗拉强度，材料发生了韧脆转变。可见，在低温下，钢材的抗拉强度与屈服强度之比可以简单地判断在该温度下材料的脆性行为，比值愈接近 1，变脆的可能性愈大，因此 R_m/R_{eL} 比值是低温构件设计必须考虑的力学性能指标。

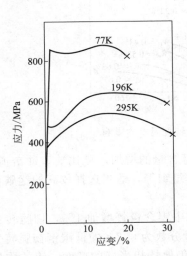

图 7-8　正火态含碳 0.2％普通碳钢
在不同温度下的应力-应变曲线

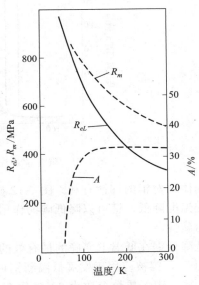

图 7-9　含碳 0.2％普通碳钢的
R_m、R_{eL}、A 与温度的关系

② 低温冲击韧性及韧脆转变温度　工程上认为用缺口试样的系列冲击实验来评价低温韧性不仅方法比较简单，而且符合实际情况。根据系列冲击实验的结果，可以得到图 7-10 的曲线。曲线图不仅显示了不同温度下材料的冲击韧性值，而且可以根据冲击吸收功 KV 的规定数值来确定某种材料在低温下的韧脆转变温度。一般规定夏比 V 形缺口冲击吸收功降至 20J 所对应的温度作为该材料的韧脆转变温度。

（3）低温韧性的影响因素

① 晶体结构　不同晶体结构的金属材料，低温对

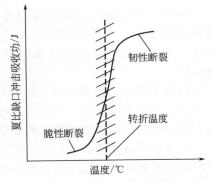

图 7-10　低温下冲击功的变化

其韧性的影响有很大的区别。对三种常见晶体结构钢作比较,具有体心立方晶格结构的铁素体钢的脆性转变温度较高,在低温下材料的韧性差,脆性断裂倾向较大;密排六方结构次之;面心立方晶格的奥氏体钢基本上没有低温脆性,即在低温下,即使−196℃及−253℃的低温下,面心立方晶格的奥氏体 Cr-Ni 钢的韧性不随温度下降而突然下降。其主要原因是当温度下降时,面心立方金属的屈服强度没有显著变化,且不易产生形变孪晶,位错容易运动,局部应力易于松弛,裂纹不易传播,一般没有脆性转变温度;但体心立方金属在低温下随温度下降,屈服强度很快增加,最后几乎与抗拉强度相等,一般屈服强度增加 6.9MPa,韧脆转变温度增加 2℃,在低温下又容易产生形变孪晶,故容易引起低温脆性。

② 化学成分　化学成分变化对金属材料低温韧性有明显影响。一般认为添加形成铁素体的元素会降低韧性,影响低温韧性较明显的元素有碳、锰、镍、硅、铝和微量有害元素。

钢中碳含量增加使低温韧性下降,图 7-11 表明,随钢中碳含量增加,夏比缺口冲击值明显降低,韧性转变温度明显升高,因此从低温韧性考虑,含碳量必须限制在 0.2% 以下。

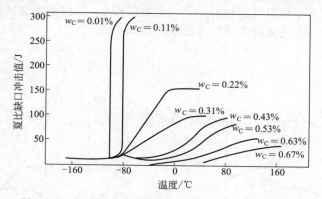

图 7-11　碳含量对普通碳钢冲击能及转变温度的影响

锰的添加对钢的韧性有利,图 7-12 显示,随钢中锰含量的增加,夏比缺口冲击值提高,韧脆转变温度降低,锰可以降低碳的作用,细化珠光体组织等,适当选择较高的锰碳比,可降低低温脆性。

镍是降低钢在低温下变脆的最有效的合金元素,钢中镍含量每增加 1%,韧脆转变温度约降低 10℃,镍被应用于发展低温新钢种,如碳的质量分数为 0.2% 的低碳钢韧脆转变温度约为 −20℃,镍的质量分数为 2% 的钢在 −70℃左右,仍保持相当好的韧性;镍的质量分数为 3.5%～5% 的钢在温度降至 −130℃,镍的质量分数为 13% 的钢在整个低温实验温度范围,几乎保持室温下的韧性值,没有韧脆转变,如图 7-13 所示。

硅和铝是炼钢时为脱氧而加进去的,脱氧彻底的镇静钢比半镇静钢及沸腾钢有较低的韧脆转变温度。铝的作用较大,硅含量只在 <0.30% 才可降低韧脆转变温度。钒、钛、铌等元素加到钢中形成碳化物阻碍铁素体晶粒长大,并降低珠光体量,也能降低韧脆转变温度。

钢的洁净度是影响钢的韧性的关键因素,钢中存在微量的磷、硫、砷、锡、铅、锑等元素及氮、氧、氢等气体,对钢的韧性起有害作用。图 7-14 为磷含量与韧脆转变温度的关系,随着磷含量的提高,钢的韧脆转变温度升高,但随着钢中锰与碳之比增加,磷的有害作用减小,可显著降低韧脆转变温度;图中三条曲线变化规律也表明:锰与碳之比高的钢中随磷含量增加,其韧脆转变温度升高倾向性较小。一般认为,微量有害元素使钢在低温发生脆性的原因是由于这些元素偏析于晶界,降低晶界表面能,从而产生晶界断裂。

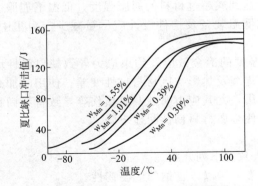

图 7-12 锰含量对 $w_C = 0.3\%$ 钢的夏
比 V 形缺口冲击值的影响

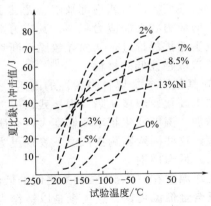

图 7-13 镍含量对钢的夏
比 V 形缺口冲击值影响

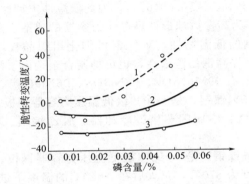

图 7-14 磷含量与钢脆性转变温度的关系的影响

1—$w_C = 0.25\%$、$w_{Mn} = 0.45\%$半镇静钢；2—$w_C = 0.2\%$、$w_{Mn} =$
1.0%镇静钢；3—$w_C = 0.2\%$、$w_{Mn} = 0.85\%$半镇静钢

③ 晶粒尺寸 晶粒尺寸是影响钢的低温脆断的重要因素。细晶粒不仅使金属有较高的断裂强度，而且使脆性转变温度降低。这是由于晶界存在杂质和脆性相，往往是裂纹源。晶粒细化，一方面使单位面积上的脆性相相对减少，表面能提高，裂纹形核和扩展的概率就降低，从而提高了钢的低温抵抗脆断能力；另一方面细晶粒钢性能比较均匀，降低了脆性转变温度。

④ 热处理与显微组织 热处理对钢的低温脆断有很大的影响。一般规律是：当钢的化学成分相同时，经调质处理后的低温韧性较好，经正火处理后的次之，经退火处理后的低温韧性较差，热处理的作用之一是细化奥氏体和铁素体晶粒，使碳化物和其他析出相弥散分布。当弥散相的尺寸很小时，由于固定位错列长度减小，而可能使基体塑性增加，从而使应力集中和裂纹成核的概率减小。

热处理还有抑制脆性相从晶界析出、改变析出相的形态、大小、数量、分布、均匀组织、改善钢的强度和低温韧性的作用。在回火组织（回火马氏体）中有一定量的残余奥氏体或铁素体，可有效地阻止裂纹扩展。淬火时效和应变时效，都使钢的脆性转变温度升高，增加低温脆断的敏感性。因此，对时效敏感的沸腾钢不能用作低温钢。

⑤ 缺口效应和应力集中 低温装备或构件材料的断裂，往往起源于应力集中处。构件

存在形状突变、缺口或内部缺陷（尤其是裂纹），都会引起局部应力集中，特别是尖锐裂纹尖端三向应力状态的应力集中，其应力水平很快达到或超过材料的屈服强度，低温下屈服区的裂纹迅速扩展推进，从而导致脆性断裂。因此低温装备及构件设计应尽量减少应力集中，选择缺口敏感性低的材料。

⑥ 其他影响金属材料韧性的因素　如钢板厚度的冶金效应及约束应力导致缺口脆性增加；加工硬化、焊接缺陷及焊接残余应力存在使焊缝及热影响区材料韧性变差；使用时加载速度增加，温度变化频率及幅度大，介质化学作用，尤其应力腐蚀及氢损伤等导致材料韧脆转变等，这些因素影响在低温下表现更为强烈，使金属材料韧性明显下降。

（4）低温用钢

工作温度在 $-20 \sim -269℃$ 之间的低温用钢大致有下列几类。

低合金低温用钢　这类钢是以锰作为主加元素，用以改善钢的低温韧性。

低温压力容器用钢主要有 C-Mn 钢和调质型高强度钢。C-Mn 钢主要有 16MnDR、15MnNiDR、15MnNiNbDR；调质型高强度钢主要有 07MnNiVDR、07MnNiMoDR。

在 $-40℃$ 低温下使用的钢板 16MnDR，其硫、磷等杂质含量比 16MnR（Q345）要低（16MnDR 中 $w_P \leqslant 0.0020\%$，$w_S \leqslant 0.0010\%$），因此低温冲击韧性优于一般的 16MnR。

07MnNiMoDR 主要作为高参数球形储罐等压力容器的建造。降低钢中 C 含量提高焊接性能，加入 Ni 元素提高钢的低温韧性，V 元素可细化组织晶粒，提高强度和韧性，加入 Mo 能促进组织转变，显著提高钢的淬透性，也可抑制合金钢由于淬火而引起的脆性。

镍钢　低温用镍钢通常有 09MnNiDR、08Ni3DR、06Ni9DR。

09MnNiDR 又称为 0.5%镍钢，是 $-70℃$ 级低温压力容器钢板。主要应用于石油、化工设备脱乙烷塔、CO_2 吸收塔、中压闪蒸塔、冷却器、脱乙烷塔、再吸收塔、压缩机机壳、丙烷低温储罐制造等。

08Ni3DR 又称为 3.5%镍钢，是 $-196℃$ 级低温压力容器钢板。常用作低温热交换器的钢管。它正火时的加热温度为 870℃，正火后在 $\leqslant 640℃$ 的温度下进行回火，以消除内应力，改善低温韧性。

06Ni9DR 又称为 9.0%镍钢，是 $-100℃$ 级低温压力容器钢板。广泛应用于液化天然气储罐。这种钢正火后的组织是马氏体＋贝氏体。由于其共析转变温度降低（$A_{c1} = 550℃$），正火后的回火过程中会有奥氏体出现。也就是说，在回火保温阶段钢中存在着铁素体＋碳化物＋奥氏体三相。在回火时形成的奥氏体，由于碳化物的溶入，而导致碳的含量增高，因而使 M_s 和 M_f 点向更低的温度方向移动。所以这种奥氏体在低温时极为稳定而不易发生相变，钢的低温韧性显著提高。

高锰奥氏体钢　高锰奥氏体钢是通过下述三方面的措施改善其低温性能，降低高锰钢中的碳的含量，以提高钢的低温韧性；增加锰的含量和加入其他奥氏体形成元素（如铝、氮、铜等），以保证获得奥氏体，并使奥氏体在低温下稳定；加入强化元素使奥氏体固溶强化，并使其晶粒细化。

目前用得较多的是 20Mn23Al 钢和 15Mn26A14 钢，可分别使用在 $-196℃$ 和 $-253℃$ 下。这两种钢都是单相的 Fe-Mn-Al 奥氏体钢，不仅在低温下具有良好的塑性和韧性，而且加工工艺性比较好，基本上与 18-8 型奥氏体不锈钢相似。

铬镍奥氏体不锈钢　18-8 型奥氏体不锈钢是在 $-200℃$ 以下使用的低温用钢，常用的有06Cr19Ni10、12Cr18Ni9 等。

奥氏体不锈钢在低温下长期使用，会发生奥氏体向马氏体的转变，使塑性和韧性有所降低。但有资料表明，即使出现大量的相变，钢的塑性和韧性仍能维持较高的水平。此外，奥氏体不锈钢还具有在液氢温度（$-253℃$）下阻止应力集中部位破裂的特性，因此在深冷条件下被广泛采用。

常用的低温用钢见表 7-9。

表 7-9　常用低温钢的主要化学成分、热处理及力学性能

| 钢　号 | 主要化学成分(质量分数)/% | | | | | 热处理 | 常温力学性能(不小于) | | | 低温冲击韧性 | |
	C	Mn	Ni	Si	其他		R_m/MPa	R_{eL} 或 $R_{p0.2}$/MPa	A/%	温度	KV_2
16MnDR	≤0.20	1.20~1.60	≤0.40	0.15~0.50	Alt≥0.020	正火或调质	440	265	21	−40℃	≥47
15MnNiDR	≤0.18	1.20~1.60	0.20~0.60	0.15~0.50	V≤0.05 Alt≥0.020	正火或正火+回火	470	305	20	−45℃	≥60
15MnNiNbDR	≤0.18	1.20~1.60	0.30~0.70	0.15~0.50	Nb 0.015~0.040	正火或正火+回火	520	350	20	−50℃	≥60
07MnNiVDR	≤0.09	1.20~1.60	0.20~0.50	0.15~0.50	V 0.02~0.06	调质	610	490	17	−20℃	≥80
07MnNiMoDR	≤0.09	1.20~1.60	0.30~0.60	0.15~0.40	Mo0.10~0.30	调质	610	490	17	−40℃	≥80
09MnNiDR	≤0.12	1.20~1.60	0.30~0.80	0.15~0.50	Nb≤0.04 Alt≥0.020	正火或正火+回火	420	260	23	−70℃	≥60
08Ni3DR	≤0.10	0.30~0.80	3.25~3.70	0.15~0.35	Mo≤0.12 V≤0.05	正火或调质	480	300	21	−100℃	≥60
06Ni9DR	≤0.08	0.30~0.80	8.50~10.00	0.15~0.35	Mo≤0.10 V≤0.01	调质	680	550	18	−196℃	≥100
15Mn26Al4	0.13~0.19	24.5~27.0	—	3.80~4.70	—	热轧固溶	480	200	30	−253℃	≥120
06Cr19Ni10	0.08	2.00	8.00~11.00	1.00	Cr18.00~20.00	固溶	520	205	40	≥−196℃，免做冲击试验	

7.3　耐腐蚀构件用钢

腐蚀造成的损失是极其惊人的，中国 1995 年统计，腐蚀经济损失高达 1500 亿人民币，约占国民生产总值的 4%。腐蚀是影响金属设备及其构件使用寿命的主要因素之一。在化工、石化、轻工、能源等行业中，约 60% 的过程装备失效都与腐蚀有关。提高过程装备及构件用钢的耐蚀性，是根本性的防腐蚀途径。本节介绍各种耐腐蚀用钢的特点及耐蚀性能。

7.3.1　腐蚀的工况特点

过程装备往往在腐蚀性介质中工作，可能因为腐蚀或者腐蚀和其他力学性能、结构等因素共同作用引起失效。在化工生产中的腐蚀危害居所有行业之首，表现在腐蚀的经济损失最大，最易发生突发的恶性事故，造成的环境污染最严重，阻碍新工艺新技术实现的概率最大，消耗人类的资源最多。

腐蚀种类多，机理各异，不同行业各有特点。6.1.3 节中的腐蚀部分按破坏的特征列举了部分腐蚀失效方式。腐蚀的防护除了从结构、力学性能、介质等因素考虑，最主要的是通过改善材料的耐蚀性能达到降低腐蚀的目的，其中又以金属的合金化为最主要的手段。

7.3.2　合金元素对金属耐蚀性的影响

（1）铬（Cr）

铬是热力学上不稳定但易钝化的金属，并具有过钝化倾向，铬的腐蚀电位较铁更负，钝化能力比铁更强。当它组成 Fe-Cr 合金时，在可能钝化环境下，如氧化性适中的介质中，随着 Cr 含量的增加合金腐蚀率减小，在不能钝化的环境下，如还原性或弱氧化介质中，合金中含 Cr 愈高，腐蚀速率愈大。

（2）镍（Ni）

镍属于热力学不够稳定的金属，其电极电位较铁正，钝化倾向较铁大些，但不如 Cr。通常情况下，Ni 常和 Cr 同时加入作为不锈钢的主要合金化元素，使不锈钢既耐氧化性介质腐蚀，也对不太强的还原性介质具有一定耐蚀性。Ni 又是扩大 γ-区的有效元素，使不锈钢获得具有优良冷热加工性能、可焊性的奥氏体组织。

（3）钼（Mo）

钼是铁素体稳定元素，其耐蚀特点是使添加 Mo 的合金增加钝化能力，增加合金抗还原性介质、耐氯离子和耐点蚀的能力。在 Fe-Cr 合金中加入 Mo 后，合金钝态稳定性和抗孔蚀能力大大提高。Fe-Cr-Ni 合金中添加 Mo，可促使合金钢在还原性介质中的钝化能力增强并改善其耐孔蚀性能。应该指出，含 Mo 钢抗孔蚀性能的获得是以 Cr 足够含量和 Mo 同时加入为前提条件。

（4）硅（Si）

合金元素 Si 常被添加到不锈钢、低合金钢、铸钢等耐蚀合金中，以提高这些合金的耐蚀性，使它们具有耐氯化物应力腐蚀破裂、耐孔蚀、耐热浓硝酸腐蚀、抗氧化、耐海水腐蚀等性能。

Si 能提高 Cr-Ni 奥氏体不锈钢在 154℃沸腾 $MgCl_2$ 中的抗应力腐蚀性能，却对 130℃下沸腾 $MgCl_2$ 中的应力腐蚀开裂敏感性无明显影响，在钢中同时含有 0.02%～4%Mo 时，含 Si 量（2%～3%）不高对应力腐蚀有不利影响。只当提高 Si 含量到 3%～4%时才能有所改善。

在低合金高强钢，加入大于 1.5%Si 能提高高强度钢在 3.5%NaCl 溶液中的应力腐蚀开裂寿命。研究表明，Si 和 Mo 同时加到 Cr-Ni 不锈钢中，既能提高抗应力腐蚀能力，又能具有抗孔蚀性能。

高 Si 含量的 Cr-Ni 不锈钢具有优良的耐热浓硝酸性能，无论是高铬、高镍、高硅不锈钢还是低铬高镍高硅不锈钢都是如此。含硅不锈钢的耐强氧化性介质腐蚀的良好作用，是由于钢表面氧化膜富集有硅和铬。

在湿热大气环境中，硅明显改善碳钢和低合金钢的耐大气腐蚀性能。另外，硅还能提高低合金钢在海水中飞溅带的耐蚀性。

（5）铜（Cu）

从图 7-15 可以看出，含 Cu 量（0.1%～0.2%）很低的碳钢即产生良好的耐大气腐蚀性能，而加入更多含量的 Cu 并不起太明显作用。一般解释为铜对低合金钢在大气腐蚀中起着活化阴极作用。从而促进了铜的阳极钝化，此时应保证氧对阴极的充分供应以及破坏钝化膜的卤素元素离子存在。

添加 Cu 的不锈钢具有良好的耐硫酸腐蚀性能。同时加入元素 Mo 和 2%～3%Cu 的 Cr-Ni 不锈钢耐中等浓度（40%～60%）热硫酸腐蚀。

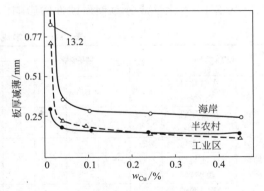

图 7-15 钢中的铜对大气腐蚀的影响

Cu 对提高不锈钢在海水中的缝隙腐蚀也有不同程度的良好作用，如 1Cr18Ni9Ti 钢中添加 Cu 使其缝隙腐蚀量约减一半。Cu 的加入减弱不锈钢缝隙腐蚀解释为，Cu 的添加使钢的阳极过程受到程度不同的阻滞，钢的腐蚀电位和钝化临界电位均移向正电位方向，钝化临界电流密度也有所减小。又如添加 Cu 的 18Cr-2Mo 铁素体不锈钢，在 NaCl 水溶液中的孔蚀击穿电位正移，对局部腐蚀的萌生起阻滞作用。

（6）钛（Ti）和铌（Nb）

Ti 和 Nb 常作为稳定化元素添加到 Cr-Ni 奥氏体不锈钢中。Ti 和 Nb 在高温下很活泼，它们和钢中 C 的亲和力比钢中 Cr 和 C 亲和力大。添加 Ti 和 Nb 后钢中容易形成 TiC、NbC 等形式的碳化物，取代了 Cr 的碳化物，从而避免了晶界 Cr 的碳化物形成带来 Cr 的贫化，有效地提高了抗不锈钢晶间腐蚀性能。

（7）氮（N）

N 对提高奥氏体不锈钢耐蚀性有益。N 提高奥氏体不锈钢在氯化物环境中耐孔蚀和缝隙腐蚀性能，其能力相当 Cr 的 30 倍。适量 N 有利于钢的耐晶间腐蚀和晶间应力腐蚀性能，这是由于钢中 N 降低了 Cr 的活性，它在晶界偏聚形成 Cr_2N 型氮化物，抑制了 $Cr_{23}O_6$ 形成，降低了晶界贫铬，改善表面膜性能。氮在界面富集，使表面富 Cr，提高了钢的钝化能力及钝态稳定性，同时 N 还可形成 NH_4^+ 抑制微区溶液 pH 值下降，N 还形成 NO_3^-，有利于钢的钝化和再钝化。

研究表明，N 常常仅是强化 Cr、Mo 等元素在奥氏体不锈钢的耐蚀作用。所以 N 改善奥氏体不锈钢耐蚀性常常要以钢中存在 Cr、Mo 为前提。

N 在双相不锈钢中存在不仅有利于 $\alpha+\gamma$ 两相的控制，而且推迟高温单相铁素体组织的出现和有害金属间化合物析出，显著提高双相不锈钢抗孔蚀性能，它影响钢中 Cr、Mo、Ni 元素在两相中的分布，抑制了蚀孔从表往深方向扩展。同时，因为 N 在表面膜和膜与基体界面处富集，提高表面膜稳定性。N 固溶于奥氏体中，提高 γ 相耐蚀性，N 原子可消耗 H^+，减缓微区 pH 值的降低，起到缓蚀作用。N 对双相不锈钢耐缝隙腐蚀性能亦有益，原因与耐孔蚀作用的机理相同。N 对双相不锈钢应力腐蚀破裂的影响因介质不同而异。

一般 N 与钢的耐蚀性随钢的化学成分、N 含量及环境介质而有差异。在酸中一般耐蚀性随着 N 的加入，钢的耐蚀性提高，倘若加入过量 N 将使钢出现晶间腐蚀。普通低碳、超低碳钢中含有较高的对非敏化晶间腐蚀有害的 P、S、Si 等杂质，例如 P，如果钢中添加元素 N，则产生氮在晶界偏析，抑制了有害元素 P 的晶界偏析，对提高耐非敏化态晶间腐蚀有益。然而，就高纯奥氏体不锈钢而言，P 含量低（低于 0.0005%），对钢的非敏化态晶间腐蚀没有影响，当加入氮时发生氮在晶界偏析，加速了钢的非敏化态腐蚀，对耐非敏化晶间腐蚀有害。

表 7-10 为化学成分对钢耐蚀性的影响。

表 7-10 化学成分对钢耐蚀性的影响

腐蚀类型		合金元素													
		C	Mn	Si	P	S	Cr	Ni	Mo	Cu	N	Ti	Nb	V	Re
均匀腐蚀	在氧化性介质中	×	—	√	×	×	√	×	×	×	○	×	—	—	√
	在还原性介质中	×	—	○	×	×	○	√	√	√	√	—	—	—	—
局部腐蚀	晶间腐蚀	×	—	○	×	×	√	—	√	—	×	√	√	√	—
	孔蚀与缝隙腐蚀	×	—	√	—	×	√	—	√	○	√	○	○	√	√
	应力腐蚀	○	—	○	—	—	○	○	○	○	○	○	○	—	—

注：√—提高耐蚀性；×—降低耐蚀性；○—随介质而定；——作用不明显或未作深入研究。

7.3.3 杂质对钢铁耐蚀性的影响

（1）杂质 C

C 是钢中强烈形成和稳定奥氏体元素。它以间隙原子存在，随着 C 含量的增加钢的强度、硬度增加，而耐蚀性能降低。

只当在马氏体不锈钢中 $w_C < 0.2\%$，在沉淀硬化不锈钢中 $w_C < 0.1\%$，在马氏体时效钢中 $w_C < 0.03\%$ 时，这些马氏体不锈钢的良好耐蚀性才能保持。奥氏体不锈钢在 $450 \sim 850℃$ 加热，钢中 C 与 Cr 容易形成 $Cr_{23}C_6$ 型碳化物，导致晶界局部贫 Cr，钢的抗敏化态晶间腐蚀性能恶化。C 还增加奥氏体不锈钢的孔蚀倾向。C 使铁素体不锈钢具有非常高的晶间腐蚀敏感性，并随着含 C 量的增加，晶间腐蚀敏感性增加，对铁素体不锈钢一般腐蚀、点腐蚀、缝隙腐蚀和应力腐蚀也均有害。

（2）杂质 N

N 作为一合金元素加入不锈钢中以改善其耐蚀性能，然而在一些情况下和 P、C 一样，N 使铁素体不锈钢对晶间腐蚀敏感，随着 w_{C+N} 量增加敏感性增加。此外，N 对孔蚀、缝隙腐蚀、应力腐蚀也均有害，见图 7-16 和图 7-17。钢中含有一定量的 N+C，使 Fe-Cr 合金韧性、焊后塑性和耐晶界腐蚀性能变坏。

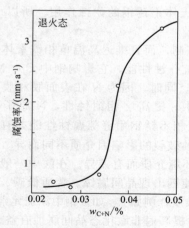

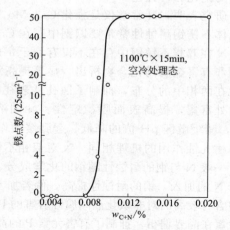

图 7-16 在 65% 沸 HNO_3 中，含 C＋N 量对 Cr21Mo3 铁素体钢耐蚀性的影响

图 7-17 在 5% NaCl 中（35℃），含 C＋N 量对 Cr16 铁素体钢耐蚀性的影响

（3）杂质 P

钢中杂质 P 是有害元素。在 Cr-Ni 奥氏体不锈钢（18-8 型和 25Cr-20Ni 型）中，P 的存在明显降低固溶态和敏化态钢在各浓度硝酸中的耐蚀性能，降低钢在浓硝酸、尿素生产介质氨基甲酸和氨气液相中的耐晶间腐蚀性能，其主要原因是 P 多在晶界偏聚。

杂质 P 元素对低碳、超低碳不锈钢非敏化态晶间腐蚀有害，同时 P 和 N 对高纯奥氏体不锈钢非敏化态晶间腐蚀也有害，这都是因为它们在晶界偏析的结果。

（4）杂质 Si

不锈钢中 Si 含量在 0.8%~1.0% 正常范围内，它降低钢耐硝酸腐蚀性，使固溶态晶间腐蚀敏感性增加，这是因为 Si 沿晶界偏聚的结果。将 Si 降低到极低，如硅的质量分数为 0.01%，Cr-Ni 奥氏体不锈钢则具有良好的耐硝酸性能，硝酸级不锈钢 $w_C < 0.015\%$，也要求 $w_{Si} < 0.1\%$。在实际中，极低 Si 含量不易达到。如前所述，将 Si 作为合金元素加入不锈钢中，发展的高 Si 不锈钢中 Si 含量在 4%~6% 来提高抗浓硝酸和含 Cr^{6+} 的硝酸性能。

（5）杂质 S

钢中杂质 S 一般是有害元素，钢中 S 易和钢中 Mn 化合，形成硫化物 MnS，该类硫化物易溶于酸性氯化物溶液中，使得钢对点腐蚀、缝隙腐蚀敏感。

研究表明，杂质 S 对奥氏体不锈钢耐蚀性的有害影响，与 Mn、S 比值大小有关。当 Mn、S 比值低时，钢的耐孔蚀性能则优良，这与硫化物夹杂中 Cr 含量提高，难于溶解在酸性氯化物溶液中有关。

（6）杂质 Mn

作为杂质，硫化锰的存在会导致 Cr-Ni 不锈钢耐氯化物点腐蚀，缝隙腐蚀性能下降。若将硫的质量分数降至 0.1%，钢的耐孔蚀性能可达含 2% Mo 不锈钢的水平。一般作为合金元素加 3% Mn，这样，对钢的耐蚀性影响则不大。

7.3.4 碳钢的耐蚀性

由于碳钢会在大气和水中生锈，所以人们往往不把它当作耐蚀材料。其实，除了在强腐蚀性介质中外，碳钢通常对很宽范围的腐蚀介质具有某种程度的耐蚀能力。同时，碳钢成本低，对碳钢设备可用涂料、缓蚀剂和电化学等手段进行防腐，因而应用范围极广。作为结构材料，最常使用的是低碳结构钢，所以，在以后关于碳钢腐蚀行为的讨论中，低碳钢是讨论的主要对象。

碳钢具有一定的钝化特性，其基本组成为铁素体和渗碳体。铁素体的电势比渗碳体低，在微电池中作为阳极而被腐蚀，渗碳体为阴极。

碳钢在强腐蚀介质、大气、海水、土壤中都不耐蚀，需采取各种保护措施。

碳钢在室温的碱或碱性溶液中是耐蚀的；当水溶液中 NaOH 含量超过 1g/L 时（pH>9.5），有氧存在下，碳钢的耐蚀性很好。但在浓碱溶液下，特别在高温下，碳钢不耐蚀。

盐酸是一种强腐蚀还原性酸，碳钢在盐酸中耐腐蚀性能极低。腐蚀过程中，由阴极氢去极化析出氢，并生成可溶性的腐蚀产物，不能阻止金属的继续溶解。碳钢在盐酸中的腐蚀速度随酸浓度的增加而急剧上升，随着酸溶液温度升高腐蚀速度加快。

低浓度硫酸属于非氧化性酸，对碳钢产生强烈的氢去极化腐蚀。此时，腐蚀速度随硫酸的浓度增加而增大。$w_{H_2SO_4}$ 达到 47%~50% 时，腐蚀速度最大；当硫酸浓度再增大，由于浓硫酸具有氧化性，使铁生成具有保护性钝化膜，腐蚀速度逐渐下降。当硫酸 $w_{H_2SO_4}$ 达到 70%~100% 时，腐蚀速度很低。因此，可以使用碳钢制作储罐等设备，在室温下密闭储存浓硫酸（$w_{H_2SO_4} > 80\%$）。

硝酸是一种强氧化剂，在室温下，低碳钢在 65％以下的 HNO_3 中反应十分迅速，但在 65％以上的浓度时，碳钢出现钝化，腐蚀速度显著下降，但当硝酸 w_{HNO_3} 大于 90％以后，碳钢表面致密的具有保护性的氧化膜会进一步氧化成可溶性高价氧化物，使腐蚀速度急剧上升。钝态的出现与温度有关，在实际生产条件下，由于温度升高，碳钢在硝酸中钝化膜易被破坏，并且在浓度较高的硝酸中，碳钢会产生晶间腐蚀破坏。从实用观点出发，普通碳钢不耐硝酸腐蚀。

7.3.5　耐蚀低合金钢

低合金钢通常指碳钢中加入合金元素总量低于 5％左右的合金钢，为了不同的目的，现在已研制生产了各种耐蚀低合金钢。诸如耐候钢、耐海水腐蚀钢、耐高温高压氢和氮腐蚀的钢以及耐硫化物应力腐蚀开裂的合金钢。

（1）抗氢、氮、氨腐蚀用低合金钢

① 氢腐蚀与氮脆　在氨合成、炼油厂催化重整和加氢工艺中，中温高压氢或氢、氮、氨对钢有强烈的损伤作用。在铁的催化作用下，中温的 H_2、N_2、NH_3 分子都能部分分解成氢原子和氮原子，在高压作用下，氢原子与氮原子能渗入钢中，造成钢的脆化。一方面是氢原子或氢分子与钢中的碳反应生成甲烷，使钢脱碳，塑性和强度降低，直至鼓泡和开裂，发生氢腐蚀；另一方面是氮原子进入钢与铁及各种合金元素化合生成氮化物，低合金钢的合金元素含量低，在钢材表面形成的氮化层较为疏松，氮化容易往深处发展，引起钢的渗氮脆化；而且氮化对氢腐蚀还有促进作用，因为氮对某些合金元素的亲和力比碳更强，加进钢中抗氢的合金元素被氮化而失去固定碳的作用，以致使碳游离，对氢腐蚀进一步加速。

② 低合金钢耐氢、氮、氨腐蚀机理　提高钢的抗氢腐蚀性能主要采用两种方法：一是尽量降低钢中的含碳量，如将碳降到 0.015％以下的微碳纯铁在 500℃时仍有良好的抗氢腐蚀性能；二是加入碳化物形成元素，使碳固定于稳定的合金碳化物中，强碳化物形成元素有 Cr、Mo、W、V、Ti、Nb 等。这些碳化物既能在基体中弥散分布，提高钢的高温强度，减缓氢腐蚀速度或氢脆裂纹形成及扩展速度，又可在钢表面生成致密的保护膜，对氢进入钢中起阻滞作用。

提高钢的抗氮化能力一般是加入氮化物形成元素，而且要求所加的元素及其含量足以使钢表面形成由稳定氮化物构成的薄而致密的渗氮层，能阻止氮原子继续向钢内部扩展。因为强氮化物形成元素也是铬、钼、钒、钛、铌等，这些元素与氮的亲和能力比碳更强，因此所加的元素量必须足够，形成的表面氮化膜必须致密，才能阻止氮原子向钢内部渗透。如试验表明，低碳钢含铬量要在 2.25％以上，其氮化层才较为致密，也有认为含铬 10％或 12％以上时形成的氮化层才起有效的保护作用，含铬量这么高已经是高合金钢了。普遍认为 Ti、Nb、V 等元素对抗氮化性能提高作用更明显，因此除了生成比碳化物更稳定的氮化物外，表面生成的致密氮化物层可延缓进一步氮化。

③ 耐 H_2、N_2、NH_3 腐蚀用低合金钢　在过程装备的工程应用上，目前氢、氮、氨同时存在的工艺环境主要是合成氨，其用材推荐如下：与氢、氮、氨介质接触的装备构件如使用温度在 220℃以下，可以不考虑氢腐蚀与氮化问题，即可用碳素钢或一般的高强度低合金钢制造；如使用温度在 350℃以下，可以不考虑氮化，采用一般含低铬、钼抗氢钢制造；但在 350℃以上使用时，要同时考虑抗氢腐蚀及抗氮化问题，使用含钛、钒、铌及较高铬、钼的低合金钢，重要构件使用高合金钢。

图 7-18 所示的 Nelson 曲线为国外常用抗氢钢发生氢腐蚀的温度和氢分压的条件。这些曲线是由合成氨和石油精制工业中大量设备多年使用经验不断总结归纳而成，而且曲线中所示的任何一种钢的安全使用界限都可能随时间的增长而降低。中国标准推荐该曲线可作氢腐蚀环境过程装备选材参考，并规定如图中所示钢号在高温高压氢气氛下使用，应留有 20℃

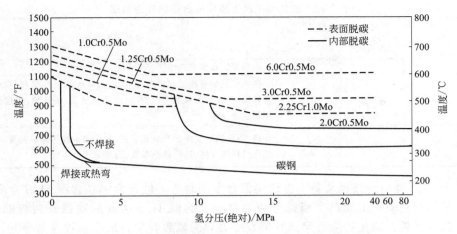

图 7-18 低合金耐热钢在临氢的高温环境中发生氢腐蚀
与温度和氢分压的关系

以上的温度安全裕度。

中国常用的抗中温高压氢和抗氢氮氨低合金钢的化学成分及力学性能见表 7-11，其应用范围如表 7-12 列举。表中 3 个 CrMo 低合金钢相当于中国钢号 15CrMo（1Cr-0.5Mo）、14Cr1Mo（1.25Cr-0.5Mo）和 12Cr2Mo1（2.25Cr-1.0Mo），大多以进口钢材使用，而最后 3 个含中国富有合金元素 W、V、Nb、Ti、B 的钢号是自行研制，是使用效果良好的钢种。

表 7-11　抗中温高压氢和抗氢氮氨用低合金钢的化学成分和力学性能

钢　号	化学成分(质量分数)/%								力学性能(低限值)		
	w_C	w_{Si}	w_{Mn}	w_{Cr}	w_{Mo}	w_V	w_{Nb}	其他	R_m /MPa	$R_{eL}(R_{p0.2})$ /MPa	A /%
微碳纯铁	≤0.015	≤0.40	0.20~ 0.60					w_N≤0.06 w_P≤0.015 w_S≤0.020	314	196	25
0.5Mo①	0.10~ 0.20	0.10~ 0.50	0.30~ 0.80		0.44~ 0.65				380	207	22
1Cr-0.5Mo①	≤0.15	≤0.50	0.30~ 0.61	0.80~ 1.25	0.44~ 0.65				414	207	22
1.25Cr- 0.5Mo①	≤0.15	0.50~ 1.00	0.30~ 0.61	1.00~ 1.50	0.44~ 0.65				414	173	22
2.25Cr-1Mo①	≤0.15	≤0.50	0.30~ 0.60	1.90~ 2.60	0.87~ 1.13				414	173	22
10MoWVNb	0.07~ 0.13	0.50~ 0.80	0.50~ 0.80		0.60~ 0.90	0.30~ 0.50	0.06~ 0.12	w_W0.50~ 0.80	441	294	17
10MoVNbTi	0.06~ 0.12	0.50~ 0.80	0.50~ 0.80	—	0.45~ 0.65	0.30~ 0.45	0.06~ 0.12	w_{Ti}0.06~ 0.15	490	343	19
14MnMoVBRe	0.10~ 0.16	0.17~ 0.37	1.10~ 1.70		0.30~ 0.60	0.04~ 0.10		w_B0.0015~ 0.0060	638	490	16

① 外国钢号。

（2）耐湿 H_2S 腐蚀开裂用低合金钢

① 湿 H_2S 腐蚀简介　由于世界上原油的质量愈来愈差，原油中含硫愈来愈高，大量的炼油设备、合成氨设备以及液化石油气、液化煤气储罐等过程装备发生断裂事故。

表 7-12　抗氢和抗氢氮氨用低合金钢应用范围

钢　号	最高使用温度/℃		应用范围举例
	耐氧化	耐介质腐蚀	
微碳纯铁			小型氨厂合成塔内件
0.5Mo	500~600	≤530	低中压锅炉受热面和联箱管道、超高压锅炉水冷壁管、省煤器、加氢脱硫反应器、H_2S 吸收塔、转化气冷却换热器、交换炉、甲烷化炉、合成塔顶盖及壳体
1Cr-0.5Mo	≤600	≤560	高、中压锅炉受热面和联箱管道、氨厂第一废热锅炉夹套外管、辅锅、蒸汽过热器壳体、炼厂换热器管、加热炉管

在湿 H_2S 环境中的过程装备大多使用低合金钢制造，低合金钢在含湿 H_2S 介质中的均匀腐蚀速率是不高的，主要产生腐蚀开裂。目前认为湿 H_2S 引起的腐蚀开裂有四种形式：氢鼓泡、氢致开裂、硫化物应力腐蚀开裂及应力导向氢致开裂。最后一种应力导向氢致开裂引起的事故尤为严重，在应力的引导下，在夹杂物边缘与缺陷处，因氢聚集而形成的成排的小裂纹沿着垂直于应力的方向发展，即向设备与管道的厚度方向发展，低合金钢的强度愈高，裂纹扩展速率愈大，瞬间的爆裂，引起灾难性的事故。

按国家行业标准 HG 20581—2011 规定，当过程装备接触的介质同时符合下列各项条件时，即为湿 H_2S 应力腐蚀环境：

ⅰ. 温度小于等于 $(60+2p)$℃，p 为压力，MPa；

ⅱ. H_2S 分压大于等于 0.00035MPa，即相当于常温在水中的 H_2S 溶解度大于等于 7.7mg/L；

ⅲ. 介质中含有液相水或处于水的露点温度以下；

ⅳ. pH<7 或有氰化物（HCN）存在。

若工作条件比上列更为恶劣，而符合下列各项条件时，即为湿 H_2S 严重腐蚀环境：

ⅰ. 工作压力>1.6MPa；

ⅱ. H_2S-HCN 共存，且 HCN>50mg/L；

ⅲ. pH≤7。

② 低合金钢耐湿 H_2S 腐蚀开裂的机理　在湿 H_2S 环境下，钢材的抗开裂性能与强度等级及显微组织有关。

强度等级低的钢材，细晶粒的铁素体组织韧塑性高，有好的抗开裂性能。国家行业标准 HG 20581—2011 规定在湿 H_2S 应力腐蚀环境中使用的碳钢及低合金钢应符合下列强度及硬度要求：材料标准规定的下屈服强度 R_{eL}≤355MPa；材料实测的抗拉强度 R_m≤630MPa；对非焊接件或焊后经正火或回火处理的材料，硬度限制低碳钢 HV(10)≤220（单个值），低合金钢 HV(10)≤245（单个值）。

显微组织对耐湿 H_2S 腐蚀开裂影响比钢的成分重要，其组织耐开裂性能按铁素体＋均匀分布细微球状碳化物组织——→完全淬火＋回火组织——→正火＋回火组织——→正火组织——→网状未回火的马氏体组织递减。金相为铁素体中均匀分布细微的球状碳化物的组织，耐湿 H_2S 腐蚀破裂性能最好；钢材金相为未回火的网状马氏体组织，其对湿 H_2S 腐蚀破裂敏感性最大。因此在湿 H_2S 环境下使用的低合金钢状态至少为正火，或正火＋回火、退火、调质状态，注意减小晶粒尺寸，可提高抗开裂能力。

低合金钢抗湿 H_2S 开裂性能与化学成分的关系，影响最重要的是钢材的洁净度。因为湿 H_2S 引起开裂实质上是氢脆机理，氢进入钢后就在夹杂与基材的界面富集。国家行业标准 HG 20581—2011《钢制化工容器材料选用规定》规定，在 H_2S 严重腐蚀环境下，钢材的硫、磷含量有限制：$w_S \leqslant 0.003\%$，$w_P \leqslant 0.010\%$。此时硫化物夹杂、氧化物夹杂降到很低程度，则抗 H_2S 开裂效果很好；磷是吸氢促进剂，增加渗氢程度，降低钢的耐氢致开裂性能。镍的存在有不利的影响，要限制镍的含量 $<1.0\%$，最好不含镍，含镍钢上的析氢过电位最低，氢离子易于在其上放电成为氢原子而渗入钢中，因而强化吸氢过程，增加氢致开裂敏感性。低合金钢中添加铌、钛、钒、铝、硼和稀土元素对改善耐湿 H_2S 腐蚀开裂性能较为有效，铬、钼同时加入效果较好，单独加入影响不明显。HG 20581—2011 对使用的低碳钢及低合金钢提出碳当量的限制为：

低碳钢和碳锰钢 $C_{eq} \leqslant 0.40\%$ $C_{eq} = C + Mn/6$

低合金钢 $C_{eq} \leqslant 0.45\%$ $C_{eq} = C + Mn/6 + (Cr+Mo+V)/5 + (Ni+Cu)/15$

③ 耐湿 H_2S 腐蚀开裂用的低合金钢   表 7-13 为中国研制的抗 H_2S 腐蚀开裂用低合金钢，只供选材参考。

表 7-13   中国研制的抗 H_2S 腐蚀开裂用低合金钢

| 钢 号 | 化学成分(质量分数)/% | | | | | | | | | 力学性能(低限值) | | | 用途举例 |
	w_C	w_{Si}	w_{Mn}	w_P	w_V	w_{Cu}	w_{Mo}	w_{Al}	其他	R_m /MPa	R_{eL} ($R_{p0.2}$) /MPa	A /%	
08PV	0.08~0.12	0.20~0.40	0.40~0.60	0.08~0.12	0.08~0.15				$w_{Ti} \leqslant$ 0.02	481		28	含 $H_2S1\%$ 左右输气管
08MoAlV	≤0.10	0.15~0.35	0.20~0.40		≤0.10		0.20~0.40	0.40~0.60	w_{Ti} 少量		294		炼厂设备
10MnSiCu	≤0.12	0.80~1.10	1.30~1.65			0.15~0.30				491	334	21	油管,高压容器
09AlVTiCu	≤0.12	0.30~0.50	0.40~0.60		0.10~0.20	0.20~0.40		0.30~0.50	$w_{Ti} \leqslant$ 0.03	490	343	21	油罐及炼厂设备
15MoVAl TiRe	0.12~0.18	0.20~0.50	0.30~0.80		0.20~0.40		0.50~0.70		w_{Ti} 0.40~0.60 w_{Re} 0.20~0.30	510			油管

7.3.6   耐蚀高合金钢

（1）耐蚀高合金钢的类型

按钢的组织结构分类，对马氏体、铁素体、奥氏体及奥氏体-铁素体双相耐蚀高合金钢系列作介绍。

① 马氏体钢   耐蚀高合金马氏体钢是指室温下具有马氏体组织的铬不锈钢，其代表性的钢种是含铬 13% 与碳量超过 0.1% 的钢，如 12Cr13、20Cr13、30Cr13、40Cr13 等。为了获得较好的综合性能，一般马氏体钢常用的热处理规范是正火和回火。此类钢在大气中具有优良的耐均匀腐蚀性能，在室温下，对弱腐蚀性介质也有较好的耐蚀性。钢的耐蚀性随碳含量的增加而降低，但钢的强度、硬度及耐磨性随之增高。

② 铁素体钢   耐蚀高合金铁素体钢是指室温下具有铁素体组织的铬不锈钢，其代表性的钢种是 022Cr12、10Cr17 及含铬为 25%～30% 的钢。此类钢在退火或正火状态下使用。当钢中含铬量增加，耐蚀性提高，含铬量为 17%～25% 的铁素体不锈钢在氧化性介质中，尤其硝酸溶液中具有很高的耐蚀性，高铬铁素体钢对应力腐蚀敏感性低，加钼的高铬铁素体

钢可显著提高耐孔蚀性能。这种钢从室温加热到高温（1000℃左右）均为单相铁素体组织，不发生相变，但有三个脆化区，475℃脆性（400～540℃ 范围内长期加热）、σ 相脆性（σ 相存在温度 500～800℃）及高温脆性（当加热到≥950℃，然后急冷到室温，钢的塑性、韧性显著降低而脆化），这是焊接成型及使用时要注意的。由于这类钢具有较大的脆化倾向，缺口敏感性高，对晶间腐蚀比较敏感，工艺性能不够理想，尤其含铬量大于 18%，焊接困难，因此影响了应用。高纯度高铬不锈钢，把碳＋氮降至≤0.025%，如超纯级的 008Cr27Mo、008Cr30Mo2 等。由于碳、氮含量低，在高应力条件下腐蚀开裂敏感性低，还具有优异的抗孔蚀及缝隙腐蚀能力，抗晶间腐蚀能力得到很大的提高。

③ 奥氏体钢　耐蚀高合金奥氏体钢是指室温下具有奥氏体组织的铬镍钢及铬锰氮钢，主要是铬镍奥氏体钢。由于高铬镍奥氏体钢有优良的耐蚀性能、高低温强度及韧性和塑性，加工工艺性能好，是耐蚀钢材中综合性能最好的一类钢材，得到广泛的应用。

18-8CrNi 钢是这类钢的基础钢种，如 12Cr18Ni9、06Cr19Ni10、022Cr19Ni10 等，在其基础上添加适量的钼、钛、铌、铜等元素，通过合金化途径发展了高铬镍奥氏体钢的系列，如加钼的 06Cr17Ni12Mo2、022Cr17Ni14Mo2、06Cr19Ni13Mo3、022Cr19Ni13Mo3，加入其他合金元素的 06Cr18Ni11Ti、06Cr18Ni11Nb、06Cr18Ni12Mo2Cu2 等。这些铬镍奥氏体不锈耐酸钢的应用占不锈钢应用总量的 60% 以上。只含 CrNi 的奥氏体不锈钢在氧化性腐蚀介质中有满意的耐蚀性能，添加 Mo、Cu 等元素的 CrNi 奥氏体不锈钢在还原性腐蚀介质中耐蚀性能较优。

这类钢当含碳量≤0.03%，单相奥氏体组织是非常稳定的，在各温度范围使用，耐蚀性都很高；当含碳量＞0.03%，则有超过奥氏体的溶碳量，钢只有以相当快的速度从溶解度以上高温冷却到室温，避免在溶解度以下的高温停留，才能得到含过饱和碳的单一奥氏体组织，否则会有 $M_{23}C_6$ 在晶界沉淀析出，或有金属间化合物相在晶界析出，将大大降低钢的抗腐蚀能力，如导致晶间腐蚀、点腐蚀及沿晶间型的应力腐蚀开裂，这是奥氏体不锈钢最大的缺点。降低碳含量或加入 Ti、Nb 等强碳化物形成元素固定碳，进行固溶处理，使奥氏体成分均匀化，抑制高铬碳化物的形成，将能明显提高抗腐蚀能力。由于加入 Ti、Nb 在某些介质中并不能防止奥氏体不锈钢的晶间腐蚀，同时现代冶金技术已经能很容易地将不锈钢含碳量降到≤0.03%，因此含稳定元素的奥氏体不锈钢的使用范围已大量为超低碳奥氏体不锈钢替代。

固溶处理是把这类钢加热到 1050～1150℃，保温 2～4h，使碳化物溶于高温奥氏体中，再通过快速水冷却至室温获得单一的奥氏体组织。如含 Ti、Nb 等稳定化元素的这类钢也可以通过稳定化处理达到目的，稳定化处理是把钢加热到 850～900℃，保温 2～4h，再通过水冷快速降至室温，因 TiC 或 NbC 沉淀的最快速度是在 880℃ 左右，而 $Cr_{23}C_6$ 在晶间最快的沉淀速度是在 600～750℃，稳定化处理避免了在晶间腐蚀倾向敏感温度范围内停留，会降低晶间腐蚀倾向。但在稳定化处理温度范围内，易促使 σ 相析出，在有些介质中，因选择性腐蚀会导致加剧晶间腐蚀，在选择稳定化热处理时应注意到此点。

由于镍在全球属于稀缺元素，价格昂贵，为了节约镍，发展了以锰、氮代替镍的铬锰氮不锈钢，12Cr18Mn9Ni5N 是 Cr-Mn-Ni-N 型最典型、发展比较完善的钢种，在 800℃ 以下具有很好的抗氧化性，且保持较高的强度，可代替 12Cr18Ni9 钢使用，还可用来制造较低温度下稀硝酸中工作的化工设备，如稀硝酸地下储槽、硝铵真空蒸发器等。

④ 奥氏体-铁素体双相钢　针对奥氏体不锈钢抗应力腐蚀、点腐蚀及晶间腐蚀能力低的缺点，发展了奥氏体-铁素体双相钢，奥氏体-铁素体双相钢不仅有好的耐腐蚀性能，并降低

了镍含量，具有比奥氏体不锈钢高得多的强度。铁素体含铬量高，容易补充晶界高铬碳化物形成所产生的贫铬，铁素体能阻隔奥氏体晶界贫铬连续成网及深入发展，因而提高了双相钢抗晶间腐蚀性能；双相钢往往加入了钼、氮等合金元素，与高的含铬量配合，对提高耐孔蚀性能是最有效的；而双相钢优越的耐应力腐蚀性能一般认为是裂纹起源于奥氏体，但由于铁素体的阻止作用，裂纹扩展阻力大。目前较普遍使用的奥氏体-铁素体双相不锈钢有 Cr22Ni5MoN 型与 Cr25Ni7MoN 型。

（2）常用的耐蚀高合金钢

常用的耐蚀高合金钢按组织结构分类，把其化学成分、热处理、力学性能及用途列于表 7-14 和表 7-15 中。

表 7-14　常用不锈钢的化学成分（GB 20878—2007）

类别	钢　号	w_C	w_{Si}	w_{Mn}	w_P	w_S	w_{Cr}	w_{Ni}	w_{Mo}	w_{Ti}	$w_{其他}$
马氏体	12Cr13	0.15	1.00	1.00	0.040	0.030	11.50~13.00	(0.60)	—	—	—
	20Cr13	0.16~0.25	1.00	1.00	0.040	0.030	12.00~14.00	(0.60)	—	—	—
	30Cr13	0.26~0.35	1.00	1.00	0.040	0.030	12.00~14.00	(0.60)	—	—	—
铁素体	22Cr12	0.08	1.00	1.00	0.040	0.030	11.50~13.50	(0.60)	—	—	—
	10Cr17	0.12	1.00	1.00	0.040	0.030	16.00~18.00	(0.60)	—	—	—
	008Cr30Mo2	0.010	0.10	0.40	0.030	0.020	28.50~32.00	—	1.50~2.50		w_N 0.015
奥氏体	12Cr18Ni9	0.15	1.00	2.00	0.045	0.030	17.00~19.00	8.00~10.00			
	06Cr19Ni10	0.08	1.00	2.00	0.045	0.030	18.00~20.00	8.00~11.00			
	022Cr19Ni10	0.03	1.00	2.00	0.045	0.030	18.00~20.00	8.00~12.00			
奥氏体-铁素体双相钢	022Cr22Ni5Mo3N	0.030	1.00	2.00	0.030	0.020	21.00~23.00	4.50~6.50	2.5~3.5		w_N:0.08~0.20
	022Cr25Ni6Mo3Cu2N	0.040	1.00	1.50	0.035	0.030	24.0~27.0	4.5~6.5	2.9~3.9		w_{Cu}:1.5~2.5 w_N:0.10~0.25

表 7-15 常见不锈钢力学性能及用途

类别	钢 号	热处理	力学性能（不小于）			用途举例
			$R_{p0.2}$ /MPa	R_m /MPa	A /%	
马氏体	06Cr13	淬火＋回火	345	490	24	在弱腐蚀介质（如盐水、硝酸及某些浓度不高的有机酸、食品介质）中，温度不超过30℃的条件下，有良好的耐蚀性。在热的含硫石油产品中，具有高的耐腐蚀能力，在海水、蒸汽、原油、氨水溶液中也有足够的耐蚀性，主要用作与这些介质接触的设备壳体或衬里
	12Cr13	淬火＋回火	345	540	22	制造抗弱腐蚀性介质，受冲击负荷，要求较高韧性的零件，如汽轮机叶片，水压机阀，结构架，螺栓，螺帽等
	30Cr13	淬火＋回火	540	735	12	有较高硬度及耐磨性的热油泵轴，阀片；阀门，弹簧，手术刀片及医疗器械零件
铁素体	22Cr12	退火	195	360	22	含碳量低，焊接部位弯曲性能、加工性能、耐高温氧化性能好。用于汽车排气处理装置、锅炉燃烧室、喷嘴
	008Cr30Mo2	退火	295	450	20	高 CrMo 系，C、N 降至极低。耐蚀性很好，耐卤离子应力腐蚀破裂、耐孔蚀性好。用于制作与乙酸、乳酸等有机酸有关的设备，制造苛性碱设备
奥氏体	12Cr18Ni9	固溶	205	520	40	制作耐硝酸，冷磷酸，有机酸及盐，碱溶液腐蚀的设备零件
	06Cr19Ni10	固溶	205	520	40	耐酸容器及设备衬里，输送管道等设备和零件，抗磁仪表，医疗器械，有较好耐晶间腐蚀性
	022Cr19Ni10	固溶	175	480	40	具有良好的耐蚀及耐晶间腐蚀性能，为化学工业用的良好耐蚀材料
	06Cr17Ni12Mo2 06Cr19Ni13Mo3	固溶	205	520	40	用于制作抗硫酸、磷酸、蚁酸及乙酸等腐蚀性介质的设备，有良好的抗晶间腐蚀性能
	022Cr17Ni12Mo2 022Cr19Ni13Mo3	固溶	175	480	40	用于耐蚀性要求高的焊接构件，尤其是尿素，硫铵维尼龙等生产设备
奥氏体-铁素体双相钢	022Cr22Ni5Mo3N	固溶	450	620	25	对含硫化氢、二氧化碳、氯化物的环境具有阻抗性，用于油井管、化工储罐、各种化学装置等
	022Cr25Ni6Mo3Cu2N	固溶	550	750	25	该钢具有良好的力学性能和耐局部腐蚀性能，尤其是耐磨损腐蚀性能优于一般的不锈钢。海水环境中的理想材料，适用于舰船用的螺旋推进器、轴及潜艇密封件等，还用于化工、石油化工、天然气、纸浆、造纸等

注：表中热处理方式和力学性能仅来自于 GB/T 1220—2007 不锈钢棒。

7.3.7 耐蚀、耐磨、耐热铸铁和铸钢

在普通铸铁或铸钢的基础上加入某些合金元素，可使其具有某些方面特殊的性能，扩大了普通铸铁或铸钢的使用范围。与耐腐蚀性能有关而且在过程装备构件中使用较多的特殊性能的铸铁和铸钢有耐蚀铸铁、耐磨铸铁、耐热铸铁与铸钢。大量用以制造阀门、泵、风机、压缩机的过流部件及壳体、支座等构件。

（1）耐蚀铸铁

① 耐蚀铸铁的构成　普通铸铁如灰口铸铁、白口铸铁、可锻铸铁、球墨铸铁、蠕墨铸铁等都具有很好的铸造性能，但并不属于专门的耐蚀铸铁。虽然普通铸铁的耐蚀性不佳，但并不是在所有的腐蚀介质中都不能使用。它们在某些腐蚀介质中（如常温浓硫酸、温度浓度不高的碱液、某些中性盐溶液、中性有机介质等）具有足够的耐蚀性能。普通铸铁价廉易得，因此在有些腐蚀速率较大的介质条件下仍然大量使用，虽然使用寿命不很长，但作为易损件经常更换，可以得到良好的综合经济效益。

在普通铸铁的基础上，可采取以下几种措施提高铸铁的耐蚀性，构成耐蚀铸铁：

ⅰ.添加硅、铬、铝等合金元素，使铸铁表面形成致密而且附着牢固的保护膜；

ⅱ.添加硅、铬、钼、铜、镍等合金元素，提高铸铁基体的电极电位；

ⅲ.改变组织，如获得奥氏体组织，使石墨球化等。

实际上，耐蚀铸铁是在铸铁中加入了硅、铝、铬、镍等元素构成的。如高硅铸铁、铝铸铁、高铬铸铁、镍铸铁、耐碱铸铁等。由于对铸件不进行变形加工，对塑性的要求较低，因而在铸铁中加入合金元素的量主要是按照提高耐蚀性的要求加以确定，而较少考虑加入合金元素后对变形加工性能的影响。这样，铸铁中加入的合金元素的量可以比一般钢轧制件中更多，得到耐蚀性能更好的耐蚀铸铁，而耐蚀铸铁仍然保持了铸铁所具有的优良的铸造性能。

铸铁中加入 3.5%～6% 的铝成为铝铸铁，铸铁中加入 14%～36% 的铬成为高铬铸铁，铸铁中加入 12%～36% 的镍成为高镍铸铁，这些耐蚀铸铁在工业中都有所应用。目前，中国已经制定正式标准的耐蚀铸铁只有高硅耐蚀铸铁。

② 高硅耐蚀铸铁　最常用的高硅耐蚀铸铁中的硅含量为 14%～16%。高硅耐蚀铸铁之所以有高的耐蚀性，是因为在适当的介质条件下，高硅耐蚀铸铁表面形成了一层致密的保护膜，这层膜主要由二氧化硅构成。当含硅量低于 14% 时，耐蚀性受氧化铁膜控制；含硅量高于 14% 时，耐蚀性受二氧化硅膜控制。因此铸铁中必须含有不低于 14%～14.5% 的硅才能具有优良的耐蚀性。高硅耐蚀铸铁的耐蚀性随硅含量的增加而提高。

高硅耐蚀铸铁在大多数腐蚀介质中均具有优良的耐腐蚀性能，如在乙酸、磷酸、硝酸、硫酸、铬酸以及温度不高的盐酸中的耐腐蚀性能都很好。高硅耐蚀铸铁在苛性碱、氢氟酸以及温度较高的盐酸中不耐蚀，在这些介质中，二氧化硅保护膜会被溶解而破坏。

$$SiO_2 + 2NaOH === Na_2SiO_3 + H_2O$$

$$SiO_2 + 4HF === SiF_4 + 2H_2O$$

在高硅耐蚀铸铁中加入 2.5%～4.0% 的钼能提高在盐酸、氯气中的耐蚀性。因为此时在高硅耐蚀铸铁表面能够形成氯氧化钼（MoO_2Cl_2）的钝化膜，可以提高抗氯离子的稳定性。这种高硅耐蚀铸铁又称为抗氯铸铁。含钼的高硅耐蚀铸铁在氢氟酸和浓碱中的耐蚀性仍然不良。

高硅耐蚀铸铁脆性较高，不能承受冲击载荷，也不能承受较大的热冲击。

表 7-16 列出高硅耐蚀铸铁的化学成分和力学性能，表 7-17 列出了主要性能和应用。

表 7-16　高硅耐蚀铸铁的化学成分和力学性能（GB 8491—2009）

牌号	$w_C/\%$ ≤	$w_{Si}/\%$	$w_{Mn}/\%$ ≤	$w_{Cr}/\%$	$w_{Mo}/\%$	$w_{Cu}/\%$	w_R残留量, w_P, w_S	最小抗弯强度 σ_{dB}/MPa	最小挠度 f/mm
HTSSi11Cu2CrR	≤1.20	10.00~ 12.00	0.5	0.60~ 0.80	—	1.80~ 2.20	≤0.1	190	0.8
HTSSi15R	0.65~ 1.10	14.20~ 14.75	1.5	≤0.50	≤0.50	≤0.50	≤0.1	118	0.66
HTSSi15Cr4MoR	0.75~ 1.15	14.20~ 14.75	1.5	3.25~ 5.00	0.40~ 0.60	≤0.50	≤0.1	118	0.66
HTSSi15Cr4R	0.70~ 1.10	14.20~ 14.75	1.5	3.25~ 5.00	≤0.20	≤0.50	≤0.1	118	0.66

表 7-17　高硅耐蚀铸铁的性能及适用条件举例

牌号	性能和适用条件	应用举例
HTSSi11Cu2CrR	具有较好的力学性能，可以用一般的机械加工方法进行生产。在浓度大于或等于 10%的硫酸、浓度小于或等于 46%的硝酸或由上述两种介质组成的混合酸、浓度大于或等于 70%的硫酸加氯、笨、苯磺酸等介质中具有较稳定的耐蚀性能	卧式离心机、潜水泵、阀门、旋塞、塔缝、冷却排水管、弯头等化工设备和零部件等
HTSSi15R	在氧化性酸(例如：各种温度和浓度的硝酸、硫酸、铬酸等)、各种有机酸和一系列盐溶液介质中都有良好的耐蚀性，但在卤素的酸、盐溶液(如氢氟酸和氯化物等)和强碱溶液中不耐蚀	各种离心泵、阀类、旋塞、管道配件、塔罐、低压容器及各种非标准零部件等
HTSSi15Cr4MoR	具有优良的耐电化学腐蚀性能，并有改善抗氧化性条件的耐蚀性能。高硅铬铸铁中和铬可提高其钝化性和孔蚀击穿电位	在外加电流的阴极保护系统中，大量用作辅助阳极铸件
HTSSi15Cr4R	适用于强氯化物的环境	

（2）耐磨铸铁

过程装备大量使用泵、阀门、风机、离心机、压缩机等通用机械，这些动设备承担着流体的输送或各种化工过程。其过流部件承受着流体，尤其是携带固体颗粒的流体的冲刷磨损，其摩擦副承受着相对接触运动的摩擦磨损。为了使承受磨损的构件保持原有设计的功能，并延长使用寿命，要尽量减少形状及尺寸因磨损而发生的累积损耗，要求所用的材料除了有一定的强度，还要有好的耐磨性。各种通用机械的壳体、运动部件的叶轮、活塞环、滑块、导轨、轴承等大量使用铸件和锻材，尤其是耐磨铸铁。根据耐磨铸铁在前述两种不同工况下的使用选择，前者应选择抗磨铸铁，后者选用减摩铸铁。

抗磨铸铁在服役中不仅受到严重的磨损，还承受很大的工作载荷，获得高而均匀的硬度是提高这类铸铁耐磨性的关键。白口铸铁就是一种良好的耐磨铸铁，但脆性大，不能承受冲击载荷。普通白口铸铁中加入 Cr、Mo、Co、V、B 等元素，形成珠光体合金白口铸铁，既具有高硬度和高耐磨性，又具有一定的韧性。加入 Cr、Ni、B 等提高淬透性元素可以形成马氏体合金白口铸铁，可以获得更高的硬度和耐磨性。将铁液注入放有冷铁的金属模成型，形成激冷铸铁，铸铁表层因冷却速度快得到一定深度的白口层而获得高硬度、高耐磨性，而心部为灰口铸铁，具有一定的强度和韧性。加入合金元素 Cr、Mo、Ni 可进一步提高铸件表面的耐磨性和心部强度。这些铸件用以浇注泵、阀、风机、离心机的壳体及叶轮、护板等，尤其是杂质泵的泵体是合适的。

减摩铸铁的组织通常是在软基体上牢固地嵌有坚硬的强化相。控制铸铁的化学成分和冷却速度获得细片状珠光体能满足这种要求，铁素体是软基体，磨损后形成沟槽能储油，有利于润滑，可以降低磨损；而渗碳体很硬，可承受摩擦。铸铁的耐磨性随珠光体数量增加而提高，细片状珠光体耐磨性比粗片状好，粒状珠光体的耐磨性不如片状珠光体。故减摩铸铁希望得到细片状珠光体基体。屈氏体和马氏体基体铸铁耐磨性更好。石墨也起储油和润滑作用。球墨铸铁的耐磨性比片状石墨铸铁的好，但球墨铸铁吸振性能差，铸造性能又不及灰铸铁，所以减摩铸铁一般多采用灰铸铁。在普通灰铸铁的基础上，加入适量的 Cu、Mo、Mn 等元素，可以强化基体，增加珠光体含量，有利于提高基体耐磨性；加入少量的 P 能形成磷共晶，加入 V、Ti 等碳化物形成元素生成稳定的、高硬度的 C、N 化合物质点，起支撑骨架作用，能显著降低铸铁在摩擦时的损耗。在普通灰铸铁基础上加入 0.4%～0.7%的 P 即形成高磷铸铁，由于高硬度的磷共晶细小而断续地分布，提高了铸铁的耐磨性，在高磷铸铁的基础上加入 0.6%～0.8%的 Cu 和 0.1%～0.15%的 Ti，形成磷铜钛铸铁，磷铜钛铸铁的耐磨性超过高磷铸铁和镍铬铸铁。加入钒钛和一定量稀土硅铁，处理得到高强度稀土钒钛铸铁，钒、钛是强碳化物形成元素，能形成稳定的高硬度的强化相质点，并能显著细化片状石墨和珠光体基体，其耐磨性高于磷铜钛铸铁，比灰口铸铁 HT300 高约 2 倍。这些铸铁用以浇注压缩机汽缸套、活塞环、导轨、轴承滑块及其他在动摩擦条件和有润滑条件下工作的构件是合适的。

（3）耐热铸铁

加热炉炉底板、换热器、废气管道等在高温下工作的铸件要求选用耐热性好的合金耐热铸铁。铸铁的耐热性是指在高温下铸铁抵抗"氧化"和"生长"的能力。氧化是铸铁在高温下与周围气氛接触使表层发生化学腐蚀的现象。生长是铸铁在 600℃以上反复加热冷却时产生的不可逆体积长大的现象。铸铁"生长"的原因是由于氧化性气体沿石墨片边界或裂纹渗入铸铁内部发生了内氧化；铸件中的渗碳体在高温下分解形成密度小而体积大的石墨以及在加热冷却过程中铸铁基体组织发生相变引起体积变化。铸件在高温和载荷作用下，由于氧化和生长最终会导致零件变形、翘曲、产生裂纹、甚至破裂。耐热铸铁就是在高温下能抗氧化和生长，并能承受一定载荷的铸铁。

加入铬、铝、硅等元素可在铸铁表面形成 Cr_2O_3、Al_2O_3、SiO_2 等稳定性高、致密而完整的氧化膜，具有良好的保护作用，能阻止铸铁继续氧化和生长，这些元素能提高铸铁的相变温度，促使铸铁得到单相铁素体基体；加入镍、锰、铜能降低相变温度，有利于得到单相奥氏体基体。加入铬、钒、钼等元素使碳化物稳定，在高温下不发生分解，避免发生石墨化过程。此外，加入球化剂，促使石墨细化和球化，球化石墨互不连通可防止或减少氧化性气体渗入铸铁内部。

常用的耐热铸铁有中硅球墨铸铁（含硅 5.0%～6.0%）、高铝球墨铸铁（含铝 21%～24%）、高铬耐热铸铁（含铬 26%～30%）等。

（4）铸钢

过程机械承压较高的壳体，如高压压缩机的机壳、塑料螺杆挤出机的机筒、橡胶密炼机的转子与机壳，以及大型重载齿轮等形状复杂而其承载能力与综合性能要求又较高的构件，用铸铁难以满足性能要求，用锻压及其他压力加工方法又难于成形，这就要求用铸钢来制造。铸钢的强度，尤其是塑性和韧性优于灰口铸铁。

铸钢与铸铁相比有两个主要缺点：浇铸流动性差，凝固过程收缩率较大。为改善钢的流动性，控制硅含量稍高，约为 0.20%～0.45%，并提高钢的浇注温度；为防止收缩龟裂，控制碳含量在 0.15%～0.60%范围内，因碳含量过高，塑性不足；并限制硫、磷含量在

0.06％以下，防止热裂和冷裂。

普通碳素铸钢常用有 ZG200-400、ZG310-570 等九个牌号，ZG 表示"铸钢"，其后的数字 200 表示屈服强度值 200MPa，400 表示抗拉强度值为 400MPa。

为了进一步改善铸钢的力学性能和化学性能，常在普通碳素铸钢的基础上加入 Mn、Si、Cr、Ni、Mo、Ti、V 等合金元素，制成特殊用途的合金铸钢，如不锈耐蚀铸钢、耐热铸钢及耐磨铸钢等。

7.4　零部件用钢

本节主要介绍过程装备的通用零部件用钢，因特有的工作条件、失效形式，这些零部件对材料性能有不同的要求。

7.4.1　回转件用钢

(1) 轴类

① 轴类零件的工况分析　轴类零件在机器中的作用，是支持回转件并传递运动和动力。轴可以承受各种类型的载荷，有扭转、弯曲、拉伸、压缩及复合载荷，所有作回转运动的轴所受的应力以对称交变应力为主。轴颈、键槽、花键、支承等部位承受局部载荷，有较大的集中应力。轴与滑动轴承连接及填料函动密封部位有摩擦磨损。此外，轴还会受到一定程度的过载或冲击载荷作用。

轴的失效形式多样，最常见的是疲劳断裂，占失效轴的 50％以上。疲劳裂纹萌生于局部应力最高的部位。此外轴的相对运动的表面过度磨损，轴发生过量弯曲或扭转变形也是常见的失效现象，有时还可能发生振动或腐蚀失效的现象。

② 对材料性能的要求　轴类零件对材料性能的要求如下。

ⅰ. 具有高的强度，足够的刚度及良好的韧性，以防止断裂及过量变形；

ⅱ. 具有高的疲劳极限，防止疲劳断裂；

ⅲ. 有相对运动的产生摩擦部位，如轴颈、花键、填料函动密封等部位，应具有较高硬度和耐磨性；

ⅳ. 具有一定淬透性，保证轴有 (1/2~2/3) R 的淬硬层深度。

③ 轴类零件的选材　轴类零件一般按强度、刚度计算和结构要求两方面进行零件设计、选材及热处理。通过强度、刚度计算保证轴的承载能力，防止过量变形和断裂失效。结构要求是保证轴上零件的可靠固定与拆装，并使轴具有合理的结构工艺性能及运转的稳定性。

制造轴类零件的材料主要是碳素钢和低合金钢，一般是以锻件或轧制型材为毛坯。

轻载、低速、不重要的轴，可选用 Q235、Q255、Q275 等普通碳钢，这类钢通常不进行热处理。

受中等载荷且精度要求不高的轴类零件，常用优质碳素结构钢，如 35、40、45、50 钢，其中 45 钢应用最多。为改善其力学性能，一般进行正火、调质处理，为提高轴表面的耐磨性，还可进行表面淬火及低温回火。

对于受较大载荷或要求精度高的轴，以及处于高、低温等恶劣条件下工作的轴，应选用合金钢。常用的有 20Cr、40MnB、40Cr、40CrNi、20CrMnTi、12CrNi3、38CrMoAl、09Mn2V 等。依据合金钢的种类及轴的性能要求，应采用适当的热处理，如调质、表面淬火、渗碳、氮化等，以充分发挥合金钢的性能潜力。

（2）齿轮类

① 齿轮类零件的工况分析　齿轮是各类机器、仪表中应用最广泛的传动零件，其作用是传递动力、改变运动速度和方向。由于齿轮的工作是一种啮合传动，轮齿接触发生齿面间的滚动或滑动摩擦，材料因摩擦及粘着撕落而损耗，若有外部硬质颗粒进入，则更加重磨损过程，因此齿轮磨损是最常见的；齿面受大的交变接触应力，因表面疲劳呈现麻点状的齿面疲劳损伤，严重者材料呈小片状剥落；如齿轮材料强度不足和齿面硬度较低，在过大应力作用下，齿轮材料因屈服而产生塑性流动，从而形成齿面和齿体的变形；齿轮一个或多个齿的整体或局部断裂是最严重的失效形式，疲劳断裂占齿轮失效的 1/3 以上，由于齿轮的齿根承受最大的交变弯曲应力，断裂往往起源于齿根处的疲劳裂纹的扩展；如果断口无疲劳断裂的特征，则可能是短时过载或过大冲击所引起的断裂，此时断口较粗糙，多发生在淬硬材料或脆性材料制造的齿轮上，属于脆性断裂。

齿轮的失效类型多样，磨损、表面疲劳、塑性变形和断裂等都是常见的失效形式。

② 对材料性能的要求　齿轮类零件对材料性能的要求如下。

ⅰ.具有高的接触疲劳强度，高的表面硬度和耐磨性，防止齿面损伤；

ⅱ.具有高的抗弯强度，适当的心部强度和韧性，防止疲劳、过载及冲击断裂；

ⅲ.齿轮材料应有良好的切削性能，淬火变形要小，以获得高的加工精度和低的表面粗糙度值，提高齿轮抗磨损能力。

③ 齿轮类零件的选材　确定齿轮用材及热处理方法，主要根据齿轮的传动方式（开式或闭式）、载荷性质与大小、传动速度和精度要求等工作条件而定。同时还要考虑，依据齿轮模数和截面尺寸提出的淬透性及齿面硬化要求，齿轮副的材料及硬度值的匹配等问题。

齿轮用材绝大多数是钢（锻钢与铸钢），某些开式传动的低速轻载齿轮可用铸铁，特殊情况下还可采用有色金属及工程塑料等。在此只介绍钢材与铸铁的选用。

钢材齿轮　用钢材制造齿轮有型材和锻件（自由锻或模锻）两种毛坯形式。由于锻造轮齿毛坯的纤维组织与轴线垂直呈合理分布，而且晶粒化均匀，力学性能较高，故重要用途的齿轮都采用锻造毛坯。

钢质齿轮按齿面硬度分为硬齿面齿轮和软齿面齿轮。齿面硬度≤350HBS 或 38HRC 为软齿面；齿面硬度＞350HBS 为硬齿面。

ⅰ.轻载、低速或中速、冲击力小、精度较低的一般齿轮，选用中碳钢如 Q255、Q275、40、45、50、50Mn 制造，常用正火或调质等热处理制成软齿面齿轮，正火硬度为 160～200HBS；调质硬度一般为 200～280HBS，不超过 350HBS。因其硬度适中，精切齿廓可在热处理后进行，具有工艺简单、成本低的优点。由于齿面硬度低故易于跑合，但承载能力不高。主要应用于标准系列减速箱齿轮，重型机械中的一些次要齿轮。

ⅱ.中载、中速、受一定冲击载荷、运动较为平稳的齿轮，选用中碳钢或中碳低合金钢，如 45、50Mn、40Cr、40MnB 等。其最终热处理采用高频或中频淬火及低温回火制成硬齿面齿轮，齿面硬度可达 50～55HRC，齿心部保持原正火或调质状态，具有较好的韧性。

ⅲ.重载、高速或中速，且受较大冲击载荷的齿轮，选用低碳合金渗碳钢或碳氮共渗钢，如 20Cr、20CrMnTi 等。其热处理是渗碳、淬火、低温回火，齿轮表面获得高硬度（58～63HRC），因淬透性较高，齿心部有较高的强度和韧性。这种齿轮的表面耐磨性、抗接触疲劳强度和齿根的抗弯强度及心部的抗冲击能力都比表面淬火的齿轮为高，但热处理变形大，精度较高时，一般最后要安排磨削。它适用于工作条件较为繁重、恶劣的机械的齿轮传动。

若工作条件更恶劣，要求性能更高，则应选用含合金元素高的合金渗碳钢，可获得更高的强度和耐磨性。

ⅳ.精密传动齿轮或磨齿有困难的硬齿面齿轮（如内齿轮），主要要求精度高，热处理变形小，宜采用氮化钢，如 35CrMo、38CrMoAl 等。热处理为调质及氮化处理，氮化后齿面硬度高达 850～1200HV（相当于 65～70HRC），热处理变形极小，热稳定性好（500～550℃保持高硬度），并有一定耐蚀性。其缺点是硬化层薄、不耐冲击，故不适用载荷频繁变动的重载齿轮，而多用于载荷平稳、润滑良好的精密传动齿轮或磨齿困难的内齿轮。

铸钢齿轮 某些尺寸较大、形状复杂并受一定冲击的齿轮，其毛坯用锻造难以加工时，需要采用铸钢。常用碳素铸钢为 ZG270-500、ZG310-570、ZG340-400 等，载荷较大的齿轮采用合金铸钢如 ZG40Cr、ZG35CrMo、ZG42MnSi 等。

铸钢齿轮的热处理，通常是在加工前进行正火或退火处理，目的是去除铸造内应力，改善组织和性能不均以提高切削性能。一般要求不高、转速较慢的铸钢齿轮在退火或正火状态下应用；要求耐磨性高的，可进行表面淬火（如火焰淬火）。

铸铁齿轮 一般开式传动齿轮较多应用灰口铸铁制造。灰口铸铁组织中的石墨能起润滑作用，故其减摩性较好，不易胶合，而且切削性能好，成本低，其缺点是抗弯强度差，性脆，不耐冲击。它只适用于制造一些轻载、低速、不受冲击并精度低的齿轮。

常用的灰口铸铁牌号为 HT200、HT250、HT300 等。在闭式齿轮传动中，有用球墨铸铁（如 QT600-3、QT150-10、QT100-15 等）代替铸钢的趋向。

铸铁齿轮在铸后一般进行去应力退火或正火、回火处理。铸铁齿轮硬度在 170～269HBS 之间，为提高耐磨性还可进行表面淬火。

（3）转子与叶轮

过程装备使用大量的流体输送机械，包括加压和输送气体的压气机（压缩机、鼓风机、通风机及真空泵）、加压和输送液体的泵。压气机和泵大量采用回转式的运动机构，如螺杆式压缩机、离心式压缩机、罗茨鼓风机、离心通风机、齿轮泵、离心泵等。在这些流体输送机械里，其主要运动部件是转子。转子可以整体铸锻成型，也可由许多套装在轴上的零件组成，用键或锁紧螺母固定各零件在轴上的相对位置。叶轮是叶片式流体机械转子上最主要的零件，利用叶片和流体相互作用来输送流体。

① 转子与叶轮的工况分析 转子与叶轮是高速旋转的零部件，转子相当于结构复杂的旋转轴，除了承受传递动力的扭矩、很大的离心力和由自重产生的弯曲应力、不连续结构部位的集中应力外，还有装在轴上所有零件传递的载荷，因所有零件制造、安装等造成的尺寸、质量误差引起的振动等，转子的失效情况与轴相同。

叶轮要承受传递能量的扭矩，使流体经叶片后能量增加可以输送，要承受叶片、轮毂本身质量引起的离心力、振动应力。有时还要承受叶片内外缘温度梯度造成的热应力，叶轮的疲劳断裂、过载断裂与变形是常见的。

转子与叶轮都处在所输送的流体的环境中，受环境因素直接的影响，如温度、介质腐蚀性、冲刷、摩擦等作用，因此高温蠕变、应力腐蚀开裂、微振磨蚀、汽蚀、腐蚀疲劳等是常见的腐蚀失效形式。

② 转子与叶轮对材料性能的要求 转子对材料性能的要求与一般轴基本相同，重载的转子轴要求材料的强度、塑性和韧性更高，淬透性更好。

叶轮对材料性能的要求比较高，主要要求如下：有较高的强度、塑性和韧性，减振性好，防止疲劳、过载及冲击断裂；有良好的耐冲刷、磨损、腐蚀及抗汽蚀性能，提高抗表面损伤的能力；有良好的铸造性能或焊接性能，以保证形状复杂叶轮的成型及制造质量，减少质量及尺寸误差，有良好的动态平衡可减缓振动的影响。

③ 转子与叶轮的常用材料 转子轴可按转子具体工作条件选用轴类常用材料。

叶轮的常用材料可根据其形状复杂程度及成型的可行性分别选用型材、锻材或铸材。重型叶轮一般选用锻材，形状复杂难以压力加工的叶轮一般选用铸材，承载高的选用合金铸钢，一般选用球墨铸铁或普通铸钢、铸铁。具体选用哪一种钢铁牌号，可按本章前述内容作参考，此处以输送液体最常用的离心泵叶轮用材作简单介绍。离心泵的结构形式和输送液体多种多样，因而叶轮结构及选用材料类别也很多，只以国内现有离心泵产品叶轮用材列表 7-18，表中同时列出离心泵典型零部件用材，以利对比参考。

表 7-18 离心泵典型零件用材举例

条 件	泵 体	导 叶	叶 轮
常温清水 $t<200℃$ $p\leqslant4MPa$	HT200	HT200 HT200CuMo	HT200 HT200CuMo
常温清水 $t<200℃$ $p\leqslant6MPa$	HT250	HT200CuMo HT250	HT200CuMo HT250
酸性水（pH2～4）	ZGCr17Mo2CuRe	ZGCr17Mo2CuRe	ZGCr17Mo2CuRe
给水泵 $t<150℃$ $p\leqslant15MPa$ 高温油泵 $t=200～400℃$ 高压泵 $p\leqslant30MPa$	QT450-5 ZG230-450	QT450-5 ZG25	ZG25
$t\leqslant200℃$ 耐硫腐蚀的油泵 $t\leqslant400℃$	ZGCr5Mo ZG1Cr13	ZG1Cr13 ZG2Cr13	ZG1Cr13 ZG2Cr13
有机酸、 中等浓度硝酸	ZGCr-Mn-N ZG1Cr18Ni9 ZGCr18Ni12 Mo2Ti		ZGCr-Mn-N ZG1Cr18Ni9 ZGCr18Ni12 Mo2Ti
浓硝酸	ZGCr28		ZGCr28 硅铸铁
稀硫酸	HT200 衬天然橡胶		HT200 衬天然橡胶
盐酸	硬铅		硬铅
弱碱性液体	铝镁合金 铝铸铁		铝镁合金 铝铸铁

7.4.2 支撑件用钢及铸铁

（1）紧固件

机械结构中的紧固件，主要功能是传递载荷，把各个要连接的零件连接成一个整体、共同受力。紧固件的选用，主要取决于功能要求和使用条件。例如连接的强度及可靠性，连接材料的类型及力学性能，所紧固的接头结构、安装紧固件的工作环境，以及承受载荷的特性等。工程中最常用的紧固件连接是螺栓连接，因此本节以螺栓连接为例介绍紧固件的工作情况、常见的失效类型、对选用材料性能的要求及常用钢铁的牌号。

① 螺栓连接的工况 螺栓连接是螺栓与螺母成对使用的，螺栓穿过被连接的两个零件的螺孔，螺母上紧螺栓，使螺栓受到拉应力而产生作用于被连接零件的结合面上的压力，使两个零件的结合面紧密结合，而螺栓及螺母的螺纹上承受切应力。长期在高应力作用下的螺栓，在约束变形的状态下会产生应力松弛，高温条件下，应力松弛现象更严重，被连接零件

所受的压紧力会降低，从而使连接功能下降。

紧固件主要的失效类型是断裂。螺栓连接常见断裂是螺栓头的圆角处或杆身到螺纹的过渡处，这些部位有应力集中，首先形成裂纹；当螺栓连接拧紧不足时会导致螺栓挠曲及随后疲劳断裂。在有腐蚀性介质的环境中，螺栓连接的接合处提供了缝隙腐蚀的可能性；螺栓连接组件与被连接件若材料电化学性能差异较大，可能引起电偶腐蚀等。

② 对材料性能的要求　螺栓连接对材料性能的要求如下。

ⅰ.强度高。由于螺栓预紧应力不能超过材料的屈服点，因此，当材料强度高时，可以加大预紧力。

ⅱ.塑性韧性好，缺口敏感性小。螺栓结构总有螺纹至杆头或螺纹至杆身的过渡处，也肯定有螺纹的峰谷，这些部位实际上是一个缺口，是应力集中处，易发生断裂。如果螺栓材料塑性、韧性高，缺口敏感性低时，有应力集中存在的部位也不容易发生断裂。

ⅲ.抗松弛稳定性高。要求所加的预紧应力，能保证维修期段内螺栓连接的压紧应力不低于保证连接的最小应力。

ⅳ.脆断倾向小。保证螺栓连接运行中不致因热脆或冷脆而发生脆性断裂。

ⅴ.有良好的化学稳定性。

ⅵ.合理匹配螺栓与螺母材料。为了避免连接后的"咬死"现象和减少磨损，一般规定，螺母硬度不高于螺栓硬度，可通过选用不同硬度材料或采用不同热处理达到要求。

③ 螺栓连接的常用钢材　其钢号、使用状态及使用温度范围列于表 7-19。

表 7-19　螺栓连接常用钢材

螺栓用钢		与螺栓匹配的螺母用钢		使用温度范围/℃
钢号	使用状态	钢号	使用状态	
Q235A	热轧	Q215A、Q235A	热轧	＞－20～300
35	正火	Q235A	热轧	＞－20～300
		20、25	正火	＞－20～250
40MnB	调质	35、40Mn、45	正火	＞－20～400
40Cr	调质	35、40Mn、45	正火	＞－20～400
30CrMoA	调质	40Mn、45	正火	＞－20～400
		30CrMoA	调质	－100～500
25Cr2MoVA	调质	30CrMoA、35CrMoA	调质	＞－20～500
		25Cr2MoVA	调质	＞－20～550
12Cr5Mo	调质	12Cr5Mo	调质	＞－20～600
20Cr13	调质	12Cr13、20Cr13	调质	＞－20～400
06Cr19Ni10	固溶	12Cr13	退火	＞－20～600
		06Cr19Ni10	固溶	－253～700

（2）轴承

轴承有滑动轴承和滚动轴承。滑动轴承主要使用材料有巴氏合金、青铜、铝基合金、锌基合金及减摩铸铁，各种轴承合金材料内容将在第 8 章学习。减摩铸铁已在上一节讲述。滚动轴承主要用轴承钢制造。轴承钢用于制造滚动轴承的滚动体，如滚珠、滚柱、滚针和套圈等。

① 滚动轴承的工况分析　滚动轴承在工作时，其滚动体及内外套圈均受到周期性交变载荷的作用，承受高达 3000～5000MPa 的高频交变接触压应力及很大的摩擦力。还会受环境介质的侵蚀。轴承的损坏形式经常是接触疲劳破坏，即在接触表面局部有小片金属剥落而形成麻点；滚动体与套圈往往出现过度磨损；有时也因腐蚀而失效。

② 对材料性能的要求　滚动轴承对材料性能的要求如下。

ⅰ.高的强度，尤其是高的接触疲劳强度。滚动轴承工作时，滚动体与套圈的接触是点或线，接触压应力非常高。材料有高的强度，才能有高的抵抗破坏能力；有高的接触疲劳强度，才能避免或延缓接触疲劳破坏。

ⅱ.高而且均匀的硬度和耐磨性。活动体与套圈之间不但存在滚动摩擦，还存在滑动摩擦，材料的高硬度可以抵抗摩擦产生或带入的硬物压入损坏，高的耐磨性可以降低磨耗损失。一般要求高而且均匀的硬度达到 62～66HRC。

ⅲ.适当的韧性和淬透性，并具有一定的抗蚀能力。

ⅳ.各种性能均匀而且稳定。

③ 常用的滚动轴承钢　滚动轴承元件的使用工况复杂而且苛刻，对轴承钢性能的要求高而且严格，因此成分及热处理都有特点。

为了保证轴承钢的高强度和高硬度，采用高碳含量，一般为 0.95%～1.1%；为了提高钢的淬透性，能形成合金渗碳体，使钢具有高的接触疲劳强度和耐磨性，传统的轴承钢含铬 0.40%～1.65%；对于大型的轴承用钢，加入硅、锰、钼、钒等进一步提高强度与淬透性；轴承钢的冶金质量如钢的纯净度、组织的均匀性等均比一般工业用钢要高，一般铬轴承钢要求 $w_S \leqslant 0.020\%$，$w_P \leqslant 0.027\%$，且要严格控制钢中非金属夹杂物和气体含量，以使钢材性能均匀而且稳定。

轴承钢的热处理主要是球化退火、淬火和低温回火。球化退火的目的是获得球状珠光体，使钢的硬度降低到 207～220HBS，以利于切削加工并为淬火作组织准备。淬火和低温回火使钢的组织为细针状回火马氏体和分布均匀的细小粒状碳化物及少量的残余奥氏体，保证轴承钢的性能符合要求，硬度值为 62～66HRC。由于低温回火不能彻底消除内应力及残余奥氏体，在长期使用中会产生应力松弛和组织转变，引起尺寸变化，所以在制造精密轴承时，在淬火后应立即进行一次冷处理（−60～−80℃），并分别在低温回火和磨削加工后再进行 120～130℃ 保温 5～10h 的低温时效处理。

表 7-20 列出常用滚动轴承钢的钢号、化学成分、热处理规范及用途，可供选用参考。中国轴承钢分为两类：铬轴承钢和无铬轴承钢。铬轴承钢最有代表性的是 GCr15，使用量占轴承钢的绝大部分，多用于制造中小型轴承。在铬轴承钢中加入 Si、Mn，性能得到改善，可用于制造大型轴承，如 GCr15SiMn。为了节约用铬，钢中不加铬而加入钼、钒等，可得到无铬轴承钢，如 GSiMnMoV，GMnMoVRe 等，其性能与 GCr15 相近。

(3) 弹簧

弹簧的作用是利用弹性变形吸收能量以缓和振动与冲击，如装在压缩机、离心机机壳下的缓冲和减振弹簧，或依靠弹性储存能量使其他构件完成设计规定的功能，如端面密封弹簧，泵的吸入和压出阀弹簧，压缩机的气阀弹簧，安全阀、止回阀弹簧及各种测量仪器弹簧等。随应用场合的不同，弹簧的类型多种多样，应用最广泛、使用量最多的是圆形截面钢材绕制的圆柱压缩螺旋弹簧。在此只介绍这种弹簧所用的弹簧钢。

① 弹簧的工况分析　在复杂载荷作用下，弹簧材料主要承受扭矩，切应力在螺旋弹簧内径有最大值，外径有最小值。因此绝大多数的螺旋弹簧的失效是从弹簧圈的内侧开始变形的；交变性质的外载荷使失效有疲劳破坏的特征；环境因素的高温或腐蚀介质影响会加速失效的进程。

表 7-20　常用滚动轴承钢的钢号、化学成分、热处理及用途

钢号	主要化学成分/%							热处理规范			主要用途
	w_C	w_{Cr}	w_{Si}	w_{Mn}	w_V	w_{Mo}	w_{Re}	淬火/℃	回火/℃	回火后/HRC	
GCr6	1.05~1.15	0.40~0.70	0.15~0.35	0.20~0.40				800~820	150~170	62~66	＜10mm 的滚珠、滚柱和滚针
GCr9	1.00~1.10	0.9~1.2	0.15~0.35	0.20~0.40				800~820	150~160	62~66	20mm 以内的各种滚动轴承
GCr9SiMn	1.00~1.10	0.9~1.2	0.40~0.70	0.90~1.20				810~830	150~200	61~65	厚度＜14mm，外径＜250mm 的轴承套，直径 25~50mm 的钢球；直径 25mm 左右的滚柱等
GCr15	0.95~1.05	1.30~1.65	0.15~0.35	0.20~0.40				820~840	150~160	62~66	与 GCr9SiMn 同
GCr15SiMn	0.95~1.05	1.30~1.65	0.40~0.65	0.90~1.20				820~840	170~200	≥62	厚度≥14mm，外径≥250mm 的轴承套，直径 20~200mm 的钢球。其他同 GCr15
GMnMoVRe	0.95~1.05	0.15~0.40	1.10~1.40	0.15~0.25	0.4~0.6	0.05~0.10		770~810	170±5	≥62	可代替 GCr15
GSiMnMoV	0.95~1.10	0.40~0.65	0.75~1.05	0.2~0.3	0.2~0.4			780~820	175~200	≥62	可代替 GCr15

② 对材料性能的要求　弹簧对材料性能的要求如下。

ⅰ.高的弹性极限、屈服强度和高的屈强比，以保证弹簧有足够高的弹性变形能力，并能承受较高的外载荷。

ⅱ.高的疲劳强度，以保证弹簧在长期的振动和交变应力作用下不产生疲劳破坏。弹簧钢表面不应有脱碳、裂纹、折叠、斑疤和夹杂类缺陷，以免降低疲劳强度。

ⅲ.为满足绕卷成形的需要和可能承受冲击载荷，钢材应具有足够的塑性和韧性，大尺寸弹簧尤其需要钢材有好的淬透性。

ⅳ.在高温及腐蚀性条件下的弹簧所用钢材应具有良好的耐热和抗蚀性。

③ 常用的弹簧钢　为满足弹簧性能的要求，弹簧钢通常采用中碳钢，含碳量为 0.50%~0.75%。含碳量增加，经淬火、中温回火后，钢的强度、硬度明显升高，但含碳量过高，韧性显著下降。对于截面尺寸较大，承受重载荷的弹簧，常在钢中加入 Si、Mn、Cr、V、Nb、Mo、W 稀土等元素，以提高淬透性和回火稳定性，强化铁素体及细化晶粒，从而获得弹簧钢必须具备的较好的综合性能。典型的弹簧钢钢号为 65Mn、60Si2Mn 和 50CrVA。表 7-21 列出常用弹簧钢的化学成分、热处理、力学性能及用途，供参考。对于耐热、耐腐蚀等有特殊要求的弹簧，可用 12Cr13、06Cr19Ni10 及高铬镍钢制造。

（4）支座

过程装备几乎都通过支座支承其重量，并使其固定于实际操作的位置上。因而支座要承受装备、附件及物料的重量，要承受通过装备传递给支座的各种载荷，如操作时的振动及地震载荷、置于室外的风载荷、雪载荷等。

制造支座的材料要承受重力载荷引起的压缩应力，外力矩引起的拉伸应力（或压缩应

力）、切应力等。支座的失效往往是受力不均匀引起的过载。选材主要保证足够的强度、材料容易加工、价格便宜等。如压力容器及设备的鞍式支座、支腿、支承式支座、裙式支座等，一般用普通碳素钢 Q235A 制造，管材则用 10 号钢，如支承要与容器及设备本体焊接，往往加上与容器设备本体同种材料的垫板，而机器的支座常用灰铸铁 HT200，减振缓冲性能好。

表 7-21　常用弹簧钢的化学成分、热处理、力学性能和用途（GB 1222—2007）

钢号	主要化学成分(质量分数)/%						热处理 /℃		力学性能 (不小于)			用途
	C	Si	Mn	Cr	V	B	淬火	回火	R_m /MPa	R_{eL} ($R_{p0.2}$) /MPa	A11.3 (A)/%	
65	0.62 ~ 0.70	0.17 ~ 0.37	0.50 ~ 0.80				840 油	500	980	785	9	热处理后强度高，具有适宜的塑性和韧性，但淬透性低，只能制作汽车、拖拉机、机车车辆及淬透 12~15mm 的直径，用于一般机械用的板弹簧及螺旋弹簧
65Mn	0.62 ~ 0.70	0.17 ~ 0.37	0.90 ~ 1.20				830 油	540	980	785	8	强度高，淬透性较好，可淬透 20mm 的直径，脱碳倾向小，但有过热敏感性，易产生淬火裂纹，并有回火脆性。适于制作较大尺寸的扁圆弹簧、座垫板簧、弹簧发条、弹簧环、气门簧、冷卷簧等
55SiMnVB	0.52 ~ 0.60	0.70 ~ 1.00	1.00 ~ 1.30		0.08 ~ 0.16	0.0005 ~ 0.0035	830 油	460	1375	1225	5	淬透性很高，综合力学性能很好。制作大截面和较重要的板簧、螺旋弹簧
60Si2Mn	0.56 ~ 0.64	1.50 ~ 2.00	0.70 ~ 1.00				870 油	480	1275	1180	5	高温回火后，有良好的综合力学性能。主要用于制作铁路机车车辆、汽车和拖拉机上的板簧、螺旋弹簧(弹簧截面尺寸可达 25mm)，安全阀和止回阀用弹簧，以及其他高应力下工作的重要弹簧，还可制作耐热(<250℃)弹簧等
55CrMnA	0.52 ~ 0.60	0.17 ~ 0.37	0.65 ~ 0.95	0.65 ~ 0.95			830 ~ 860 油	460 ~ 510	1225	(1080)	(9)	综合力学性能很好，强度高，冲击韧性好，过热敏感性较低，高温性能较稳定。用于制作高应力的弹簧，制作最重要的、高负荷、耐冲击或耐热(≤250℃)弹簧
50CrVA	0.46 ~ 0.54	0.17 ~ 0.37	0.50 ~ 0.80	0.80 ~ 1.10	0.10 ~ 0.20		850 油	520	1275	1130	(10)	具有较高的综合力学性能，良好的冲击韧性，回火后强度高，高温性能稳定。淬透性很高，适于制作大截面(50mm)的高应力或耐热(<350℃)螺旋弹簧

7.5 管道用钢及铸铁

7.5.1 压力管道的工况分析及对材料性能的要求

（1）压力管道的工况分析

压力管道是一种受压元件，在石化和化工企业中，大多用以输送易燃、易爆和腐蚀性、有毒的介质。压力管道一旦受损，后果是十分严重的。压力管道失效主要是断裂和泄漏。压力管道断裂和压力容器断裂在本质上是一样的，但也有管道的特点，与容器比较，管道的直径和厚度都要小得多，焊缝一般是环向的对接焊缝，缺陷一般是环向的，内壁未焊透缺陷普遍存在，并且相当严重。载荷也有其显著的特色，一般情况下管道所受到的载荷是拉、弯、扭、内压等的联合作用，受力相当复杂。内压引起的薄膜应力往往不是引起失效的主要载荷，导致失效的载荷主要是由于管系膨胀、管系及阀件自重、强制安装等引起管道承受的弯曲载荷。管道泄漏与管道受载开裂、材质缺陷及使用过程由腐蚀、冲刷磨损、振动疲劳、高温蠕变而致材质劣化有关。

（2）压力管道对材料性能的要求

① 足够的强度，良好的塑性和韧性　高的强度可抵抗各种载荷的破坏，良好的塑性、韧性可防止缺陷起裂，大大降低断裂和泄漏的概率。

② 良好的冷热加工成形性能　尤其是良好的焊接性能。管道连接的环向焊接都在现场安装时焊接施工，条件差，且只进行外壁焊接，要求材料焊接性能好才能保证施焊质量及焊后有良好的使用性能。

③ 其他　与环境条件协调，有适当的耐热性、耐腐蚀性、耐磨性等。

7.5.2 管道用钢及铸铁

中国管道用钢及铸铁按国家标准规定生产，而实际选用则以行业技术规定作出推荐意见。

ⅰ.生活用水、工业用水、低压消防用水，在压力等级 $PN \leqslant 0.6\text{MPa}$，管径范围 $DN \leqslant 1200\text{mm}$，使用温度 $\leqslant 40℃$，可采用铸铁管，且使用较多的是 HT200。

ⅱ.生活用水、工业用水、消防用水、蒸汽、热水、冷凝水及腐蚀性不强的一般工业介质管道材料广泛使用碳素钢，如 Q215A、Q235A 及 20 钢等。压力低、管径小的管道可用 Q215A；压力高，管径大的管道宜用 Q235A。如表 7-22 为几组典型介质推荐使用低碳钢的意见，仅供参考。

表 7-22　几组典型介质中推荐使用的低碳钢

典型介质	管径范围 DN/mm	压力等级 PN/MPa	温度/℃	材　质
生活用水,工业用水,低压消防用水,循环冷却用水	15～100	≤1.0	<95	Q215A
	125～400			20
	450～2000			Q235A
一般工业介质(非易燃、易爆的中性物料)	15～100	≤1.0	≤200	Q215A
	15～400	≤2.5	≤400	20
	350～600	≤1.0	≤200	Q235A

续表

典型介质	管径范围 DN/mm	压力等级 PN/MPa	温度/℃	材　质
工业废水（含油废水，含挥发性介质废水）	50～100	≤0.25	≤40	Q215A
	150～400			20
	450～600			Q235A
蒸汽、热水、冷凝水	15～65	≤0.3	≤143	Q215A
	15～400	≤10.0	≤400	20
	450～600	≤1.0	≤200	Q235A

ⅲ.高压、低温或高温抗氢的场合采用低合金无缝钢管。如高压场合采用 16Mn、15MnV 低合金高强钢无缝钢管；—40℃和—70℃的低温下分别采用 16MnD 和 09Mn2VD 低合金无缝钢管；在 550℃左右或以下的高温、或高温抗氢腐蚀的场合，普遍采用 10MoWVNb、12CrMo、15CrMo、12Cr1MoV、12Cr2Mo 及 1Cr5Mo 等低合金无缝钢管。

ⅳ.耐腐蚀和高温抗氧化的场合采用高合金铬镍奥氏体钢的无缝钢管。常用的钢号有 06Cr19Ni10、022Cr19Ni10、06Cr18Ni11Ti、06Cr17Ni12Mo2、022Cr17Ni12Mo2 等。

习题和思考题

1.通过压力容器的工作条件及常见失效情况分析，理解压力容器及其构件对所用材料使用性能要求。

2.分析电弧焊过程与炼钢过程不同导致焊接接头材料组织与性能的变化，提出焊接时应采取哪些保证材料性能的相应措施。

3.压力容器承压构件使用普通碳钢制造为什么要有条件限制？如使用 Q235 不同等级的钢材，各有哪些条件限制？

4.从承压条件考虑压力壳体采用低合金高强度钢，这类钢的合金化有什么特点？GB 150 推荐使用的低合金钢号为什么都以锰作为主要的合金元素？各个钢号有哪些性能特点？宜于制造哪种类型的压力容器？

5.在高温下工作的钢材有什么特点？解释高温下钢材的特有现象：蠕变、高温应力松弛、珠光体球化、渗碳体石墨化、合金元素重新分配等。

6.为什么耐热钢常以铬、钼、钒为主要合金元素？

7.用哪些性能指标衡量耐热钢的耐热性能？

8.为什么面心立方晶格结构的铬镍奥氏体钢在低温下不容易发生脆断？钢材低温脆断有哪些特点？

9.分析影响低温韧性的各种因素，并提出低温用钢对性能的要求。

10.以国外的含镍钢及国内的含锰钢为例，分析低温钢提高低温韧性的途径。

11.分析耐蚀低合金钢的耐腐蚀机理。少量合金元素铜、磷、铬、铝、硅、钒、钛、铌及稀土加入对钢材耐蚀性各有什么影响？

12.低合金钢耐大气腐蚀及耐海水介质腐蚀的机理有何异同？

13.为什么低合金钢耐湿 H_2S 腐蚀开裂的性能与材料强度、组织结构及钢材杂质含量有密切关系，而耐氢腐蚀性能却与低合金钢的含碳量及有否加入强碳化物形成元素有关？

14.为什么 18-8 型及 18-12-Mo2 型奥氏体不锈钢能在强腐蚀环境工况中得到广泛的应用？这两种类型的奥氏体不锈钢各应用在什么介质条件下有优良的耐腐蚀性能？

15.奥氏体不锈钢常用的固溶处理及稳定化处理的目的是什么？熟悉两种热处理的工艺规范。

16.与普通铸铁作比较，耐蚀、耐磨、耐热铸铁为什么各具有特殊的性能？

17. 将回转件、紧固件、轴承、弹簧等各类零部件的主要工作条件及失效情况作比较，了解各种零部件对材料性能要求的异同。

18. 列表比较制造轴、齿轮、转子与叶轮、螺栓连接、轴承、弹簧等零部件常用材料的牌号、热处理状态、主要考核性能指标。

19. 从管道材料考虑，如何预防压力管道发生断裂和泄漏？

20. 分析下列牌号钢铁的种类、含碳量及主要合金元素含量、常用热处理工艺、使用状态下的金相组织、性能特点及用途举例。

(1) HT200、QT450-5、HTSSi11Cu2CrR、ZG200-400、ZGCr5Mo、ZG25Cr18Ni9Si2

(2) Q235A、Q255B、20、Q245R、45

(3) Q345R、Q245R、Q345R、Q370R、Q420R、13MnNiMoNbR、07MnCrMoVR

(4) 15CrMo、12Cr1MoV、1Cr5Mo

(5) 16MnDR、07MnNiMoDR、09MnNiDR、08Ni3DR、06Ni9DR

(6) 10MoWVNb、1.25Cr-0.5Mo、2.25Cr-1Mo

(7) 06Cr13、06Cr19Ni10、022Cr17Ni12Mo2、12Cr17Mn6Ni5N、022Cr19Ni5Mo3Si2N

(8) 40Cr、40MnB、20Cr、20CrMnTi、35CrMo、40CrNiMoA

(9) GCr15、GCr15SiMn

(10) 65Mn、60Si2Mn、50CrV

8 有色金属及其选用

导读 有色金属是指铁基合金以外的其他合金，它们的种类较多，并且具有钢铁材料所没有的特殊性能；虽然有色金属的产量和用量不如钢铁，但是它们已经成为现代工业的重要金属材料，在工业中应用较多的是钛、铝、锌、铜及其合金以及轴承合金等。学习中应注重掌握有色金属在性能和应用方面的特点以及与黑色金属的异同点。

8.1 钛及钛合金

8.1.1 钛和钛合金的基本性能

(1) 钛和钛合金牌号与成分

工业纯钛分四个等级，其纯度随序号增大依次降低，见表 8-1。为了提高钛的强度、耐热性、耐蚀性能，在纯钛中加入合金元素制备为钛合金，钛合金牌号和化学成分见表 8-2。

钛合金按成材方式，可分为压力加工钛合金和铸造钛合金；按使用特点可分为结构钛合金（工作温度在 400℃以下）、热强钛合金（工作温度在 400℃以上）和耐蚀钛合金。

目前使用最广泛的钛合金是工业纯钛（TA2、TA3 和 TA4）和 Ti-6Al-4V（TC4）；耐腐蚀钛合金 Ti-0.2Pd（TA9）、Ti-0.3Mo-0.8Ni（TA10）。

表 8-1 工业纯钛的杂质成分和力学性能（摘录于 GB/T 3620.1、GB/T 3621）

| 合金牌号 | 名义化学成分 | 化学成分(质量分数)/% | | | | | | | | 板材室温力学性能 | |
| | | Ti | 杂质，不大于 | | | | | 其他元素 | | R_m /MPa | A/% |
			Fe	C	N	H	O	单一	总和		不小于
TA1	工业纯钛	余量	0.2	0.08	0.03	0.015	0.18	0.1	0.4	≥240	30
TA2	工业纯钛	余量	0.3	0.08	0.03	0.015	0.25	0.1	0.4	≥400	25
TA3	工业纯钛	余量	0.3	0.08	0.05	0.015	0.35	0.1	0.4	≥500	20
TA4	工业纯钛	余量	0.5	0.08	0.05	0.015	0.4	0.1	0.4	≥580	20

(2) 钛和钛合金的晶体结构

钛具有两种同素异构体，在 882.5℃以下晶体结构为密排六方晶格，称为 α 钛，在 882.5℃以上为体心立方晶格，称为 β 钛；α 钛 $\Longleftrightarrow$ β 钛的转变温度简称为 **β 相变点**，这一温度对成分十分敏感。

表 8-2　钛合金的化学成分和力学性能（摘录于 GB/T 3620.1、GB/T 3621）

合金牌号	名义化学成分	化学成分（质量分数）/% 主要成分									板材室温力学性能		
		Ti	Al	Sn	Pd	Mo	V	Cr	Ni	B	R_m/MPa	$R_{p0.2}$/MPa	A/% 不小于
TA5	Ti-4Al-0.005B	余量	3.3～4.7							0.005	≥685	≥585	12～20
TA6	Ti-5Al	余量	4.0～5.5								≥685	—	12～20
TA7	Ti-5Al-2.5Sn	余量	4.0～6.0	2.0～3.0							735～930	≥685	12～20
TA8	Ti-0.05Pd	余量			0.04～0.08						≥400	275～450	20
TA9	Ti-0.2Pd	余量			0.12～0.25						≥400	275～450	20
TA10	Ti-0.3Mo-0.8Ni	余量				0.2～0.4			0.6～0.9		≥485	≥345	18
TB2	Ti-5Mo-5V-8Cr-3Al	余量	2.5～3.5			4.7～5.7	4.7～5.7	7.5～8.5			≤920	—	20
TC4	Ti-6Al-4V	余量	5.5～6.8				3.5～4.5				≥895	≥830	8～12

加入某些合金能使 α 相在较高的温度保持稳定得到 α 钛合金，这些合金元素称 **α 相稳定元素**，又可分为置换型的铝和间隙型的碳、氧、氮等元素。工业上主要靠加入铝获得 α 钛合金，因此，此类钛合金多半属于钛-铝系。

加入另一些元素能使 β 相稳定到较低温度甚至室温得到 β 钛合金，这些元素称为 **β 相稳定元素**，又可分为同晶型的钼、铌、钒和共析型的铬、锰、铜、铁、硅等元素。

因此，钛合金根据相的组成可分为三类：α 型、β 型、α＋β 型，分别用 TA、TB、TC 表示。

α 钛合金　含一定量的稳定 α 相的元素，通常又可分为全 α 合金（TA7）、添加少量 β 稳定化元素的近 α 合金（Ti-8Al-1Mo-1V）和有少量化合物的 α 合金（Ti-2.5Cu）。α 合金相对密度小，热强性好，具有良好的焊接性和优异的耐蚀性，缺点是室温强度低，常用作耐热材料和耐蚀材料。

β 钛合金　含大量稳定 β 相的元素，空冷或水冷可将高温 β 相全部保留到室温，得到全 β 相的组织。β 合金通常又分为可热处理 β 合金（亚稳定 β 合金和近亚稳定 β 合金）和热稳定 β 合金。可热处理 β 合金在淬火状态下有优异的塑性，并能通过时效处理析出 α 相弥散质点使抗拉强度大幅度提高到 σ_b≥1400～1500MPa。β 合金通常作高强度高韧性材料使用，缺点是相对密度大，成本高，焊接性能差，切削加工困难。

α＋β 钛合金　含一定量的稳定 α 相和 β 相的元素，平衡状态下合金的组织由 α＋β 两相组成，α＋β 型钛合金中 β 相含量大约在 5%～20% 范围内。α＋β 合金有中等强度、并可热处理强化，但焊接性能较差。α＋β 钛合金应用广泛，其中 Ti-6Al-4V（TC4）合金的产量在全部钛材中占一半以上。

（3）纯钛的物理性能和力学性能

钛在室温下呈银白色，密度约为 4.51g/cm³，比强度高，钛的密度介于铝与铁之间，但比强度高于铝和铁。钛的弹性模量低，只有钢的 1/2。工业纯钛的导热系数比碳钢小三倍，与奥氏体不锈钢接近，膨胀系数小，约为不锈钢的 1/2；比热容与奥氏体不锈钢相近。

表 8-3 为纯钛的物理性能。

纯钛的力学性能受杂质元素及其含量影响很大。这些杂质元素与钛形成间隙或置换固溶体，使钛的晶格发生畸变，阻碍了位错运动；同时钛的滑移数减少，使强度提高但是使塑性下降。因此工业纯钛一般要限制杂质元素的含量。

表 8-3　纯钛的物理性能

性　　能	数　　值	性　　能	数　　值
密度/(g/cm^3)	4.51	电阻率/$10^{-6}\Omega\cdot m$(25℃)	0.2
熔点/℃	1668	导热系数/[W/(m·K)](100℃)	16.33
α 钛 $\longleftrightarrow$ β 钛相转变温度/℃	882	线膨胀系数/10^{-6}℃(20～100℃)	8.0
标准电极电位/V	-1.63	比热容/[J/(kg·K)](25℃)	544

化工设备常用工业纯钛制作。工业纯钛的室温组织为 α 相，常温时工业纯钛的屈服强度与抗拉强度接近，屈强比较大，弹性模量低。工业纯钛的抗拉强度及其他机械强度随温度的变化较大。

温度升高，纯钛的抗拉强度和屈服强度都急剧降低，在 250～300℃ 左右，抗拉强度和屈服强度均约为常温下的一半。钛的塑性与温度有特殊关系，在常温至 200℃ 左右，延伸率随温度的上升而提高，但大于是 200℃ 后，继续升温，延伸率反而下降；在 400～500℃ 时，延伸率降到最低值（甚至低于常温下的延伸率），其后又随温度上升而急剧上升。

工业纯钛在低温下抗拉与屈服强度几乎都比常温时提高，但延伸率在低温下降低严重。纯度高的工业纯钛无低温脆性现象，在低温下冲击韧性反而增高。因此 TA1 和 TAD 可在 -196℃ 下安全使用。

工业纯钛在常温下也有蠕变现象，在 200～300℃ 以下，特别是 300℃ 左右，长期持久强度与断裂时间关系不大；当温度大于 300℃ 时，持久强度与断裂时间关系密切，随断裂时间延长，持久强度值急剧下降。当温度不大于 300℃ 时，工业纯钛的长期持久强度值较相应温度下的屈服强度高，设计时应当考虑长期持久强度的影响。

（4）钛合金的物理性能及力学性能

α 型钛合金　合金中加入的主要合金元素 Al 是 α 稳定元素，铝能显著地使室温和高温下的 α 相强化，并显著提高合金的再结晶温度（纯钛为 600℃，含 5%Al 时为 800℃）。铝增加固溶体中原子间的结合力，故能提高合金的热强度。但加入量过多会出现与 α 相共存的 Ti$_3$Al 相而引起脆性，压力加工性能降低。因此，铝的添加量一般不超过 7%（质量分数）。添加铝作为合金元素还因为铝有较低的密度，能抵消加入合金中过渡金属元素对钛合金密度的影响。为了进一步改善 α-Ti 合金的耐热性，钛-铝系合金中还添加锆、锡等中性元素和少量的 β 稳定元素。Zr 和 Sn 能提高 α 钛合金的强度，对塑性的不利影响较 Al 小，使合金具有良好的压力加工性能和焊接性能。Zr 加入不降低原子间的结合力，有利于合金的热强度。

α 钛合金为单相合金，不能热处理强化，只有中等水平的室温强度。但由于这类合金的组织稳定，抗蠕变性能好，可在较高温度下长期稳定地工作，是耐热钛合金的基础。

α 钛合金唯一的热处理方式是退火。通过不同的退火工艺可以得到不同的显微组织。对 α 相加热退火可以得到细的等轴 α 晶粒，具有良好的综合性能。

TA10（Ti-0.3Mo-0.8Ni）合金只是在工业纯钛中加入了少量的 β 相稳定元素 Mo 和 Ni，但含量小。因此，该合金的晶相组织以 α 相为基，含有少量的 β 相。通过少量的 β 相和合金固溶效应，使 Ti-0.3Mo-0.8Ni 合金强度比同纯度的工业纯钛要提高一级。按 TA1 纯度要求的钛合金 Ti-0.3Mo-0.8Ni 的力学性能基本上可以套用 TA2 的各项数据。

TA9（Ti-0.2Pd）α 型钛钯合金是在工业纯钛中加入 0.2% 左右的钯，这对材料的晶相组织及物理、力学性能影响甚微，只是为了提高钝化特性耐腐蚀，所以 Ti-0.2Pd 合金力学性能可参照同纯度的 TA1 的数据。

β 型钛合金　有热力学稳定 β 型和亚稳定 β 型钛合金两种，目前稳定型 β 钛合金只有作耐蚀材料使用的 Ti-32Mo，作为结构材料使用的是亚稳定 β 型钛合金。亚稳定 β 型钛合金具有固溶处理状态的塑性良好、易于加工成型、可热处理强化等优点。例如实际应用较多的 TB2（Ti-5Mo-5V-8Cr-3Al）合金，固溶状态 $R_m < 1000\text{MPa}$，$A \geq 20\%$；时效后 $R_m \approx 1350\text{MPa}$，$A \geq 8\%$。但这类合金密度较大，弹性模量较低，耐热性较低，冶炼工艺复杂，焊接性能较差，对杂质元素敏感性高，组织不够稳定，合金性能易出现波动。

$\alpha + \beta$ 型钛合金　这类合金以 Ti-Al 为基加入适量的 β 稳定性元素，可以通过改变成分调节 α 和 β 相的比例。它兼有 α 和 β 钛合金的优点，即具有较高的耐热性和良好的低温性能，热加工较容易并能通过热处理强化，加工成型性也好。

TC4（Ti-6Al-4V）是典型的 $\alpha + \beta$ 型钛合金，其变形和退火后的组织均为 $\alpha + \beta$ 相，TC4 中 β 相含量较少，约占 10%。TC4 合金在 750～800℃ 退火，保温 1～2h 后空冷（再结晶退火），其综合力学性能良好，TC4 合金屈服点不明显，屈强比很高，达 0.85 以上。

（5）钛和钛合金的焊接性能

钛的熔化温度高，热容量大，电阻系数大，热导率比铝、铁低得多。因此，易使焊缝过热，晶粒变得粗大，焊缝塑性明显降低。

工业纯钛可以焊接，但钛的化学活性强，在 400℃ 以上的高温下，极易被空气、水分、油脂、氧化皮污染，以至降低焊接接头的塑性和韧性。

钛合金的焊接性能与成分和组织有关。α 合金、近 α 合金具有好的焊接性能；大多数 β 合金在退火或热处理状态下焊接；β 相在 20% 以下的 $\alpha + \beta$ 钛合金具有一般的焊接性能。其中 Ti-Al6-V4 合金焊接性能最好。对于含较多 β 相的 $\alpha + \beta$ 钛合金，在焊后快速冷却条件下，有可能形成脆硬的相，使焊缝脆性急剧增大。

8.1.2　钛及钛合金的耐蚀性

（1）钛的耐蚀特点

钛的标准电极电位较负，热力学稳定性较低，它主要依靠在介质中的钝化特性耐蚀，即在表面上形成一层惰性、附着力强的氧化膜。

钛是一个高钝化性金属，它的可钝化性超过铝、铬、镍和不锈钢。Ti 的钝化特点是：致钝电位负，临界钝化电流小。容易钝化又有很强的钝态稳定性。即使表面被划伤也很快自愈而恢复钝态；钝化电位区宽。氯离子难于破坏钛的钝态，因此耐蚀性优异。

钛在各种无机酸中因酸的性质不同其耐腐蚀性差别较大。

在还原性酸（如盐酸、硫酸）中腐蚀比较严重，并随温度和浓度升高而加大。钛在磷酸中有中等耐蚀性。

在氧化性的酸（如硝酸、铬酸）中具有优异的耐蚀性，在温度低于沸点的各种浓度的硝酸中腐蚀速度比较低，腐蚀率随硝酸的温度升高而增加，因而广泛用于处理硝酸的系统；但是钛在发烟硝酸会发生着火反应导致严重事故。

钛在有机酸中的耐蚀性随有机酸的还原性和氧化性大小而有不同，例如钛在纯乙酸中，温度高至沸点，浓度达 99.5% 钛的腐蚀率都很低，但在含乙酸酐的浓乙酸中，钛的均匀腐蚀严重，且有孔蚀。

钛对大多数碱溶液具有良好的耐蚀性能，碱溶液中即使含游离氯，钛都具有良好的耐蚀性。但在沸腾的 pH>12 碱溶液中，钛吸收氢可能导致氢脆。含氨的碱溶液引起钛的严重腐蚀。

钛在大多数盐溶液中，即使在高温和高浓度时也很耐腐蚀，比不锈钢和某些镍基合金耐蚀。钛在有机化合物中显示很强的耐蚀性。钛极耐大气腐蚀。

钛能从含氢气的气氛中吸收氢。钛在电解质溶液中也会吸收氢。当氢含量超过钛的氢的溶解极限时，会引起氢脆，并在应力作用下可能产生开裂。

钛的主要破坏形式是局部腐蚀。主要有缝隙腐蚀、小孔腐蚀、焊区择优腐蚀、氢脆、电偶腐蚀；钛在发烟硝酸、干氯气、液溴、固体结晶碘及纯氧气中还会发生着火和爆炸。

（2）耐蚀钛合金的特点

为了增加钛的耐蚀性，制备了耐蚀性更加优异的钛合金：如 TA9（Ti-0.2Pd）和 TA10（Ti-0.3Mo-0.8Ni）等耐蚀钛合金。

TA9（Ti-0.2Pd）合金在氧化性和氧化性与还原性之间变动的介质中均具有优良的耐蚀性。在还原性介质中的耐蚀性明显优于工业纯钛。耐缝隙腐蚀性能比工业纯钛高。Ti-0.2Pd在充气条件下，合金的耐蚀性提高，在无氧或其他氧化剂情况下耐蚀性明显下降，但可以通过在介质中添加缓蚀剂提高在还原性介质中的耐蚀性，且加入的缓蚀剂的量与工业纯钛相比加入量少得多。Ti-0.2Pd 合金与纯钛相比，吸氢能力弱，不易产生氢脆现象。

TA10（Ti-0.3Mo-0.8Ni）合金耐蚀性介于工业纯钛和 TA9（Ti-0.2Pd）合金之间，完全耐含氯介质的腐蚀。在某些氧化性介质（如硝酸）中的耐腐蚀性能优于工业纯钛和 Ti-Pd合金。在还原性无机酸（盐酸、硫酸）中的耐腐蚀性能比工业纯钛好，但比 TA9 差。在王水中的耐腐蚀性与 TA9 相近。在有机酸中的耐蚀性优于钛而接近 TA9 合金。

8.1.3　钛在过程装备中的选用

钛及钛合金由于具有密度小、比强度高、耐腐蚀等优点，所以在石油、化工、农药、染料、造纸、轻工、航空、宇宙开发、海洋工程等方面都得到了广泛应用。其中耐蚀钛合金主要用于各种强腐蚀环境的反应器、塔器、高压釜、换热器、泵、阀、离心机、分离机、管道、管件、电解槽等。

钛及其合金的价格较高。

表 8-4 列举了钛和钛合金的部分应用实例。

表 8-4　钛及钛合金的应用

使用场合	用　途	使用情况
油气钻采	英国使用了钛制钻采设备（在深 600m、262℃ 含 5% H_2S 和 25% NaCl 中） 中国使用 Ti-6Al-4V 在天然气井口的阀板、阀座和阀杆（在高温及 60～70MPa 压力的 H_2S、CO_2 和水蒸气）	长期使用效果甚好
	海上油气开采设备长期遭受海水腐蚀和应力腐蚀 国外广泛采用 Ti-6Al-4V 做的石油平台支柱、绳索支架、海水循环加压系统的高压泵、提升管及联结器等	
氯化烃生产	涉及氯化反应，二氯甲烷精馏塔，三氯乙烷换热器、冷凝塔和分馏塔，三氯乙烯冷凝塔，过氯乙烯换热器和多氯化物盘管加热器	国外已用钛材制造
	氯乙烯生产中，冷却塔、废水汽提塔和废水储罐的塔板支承架、接管、法兰密封面，国内采用了 Ti-0.2Pd 作衬里	国内已用近 10 年未见腐蚀

续表

使用场合	用 途	使用情况
苯酚生产	以炼油气中的丙烯和苯为原料生产苯酚,国外十几年前已用钛设备用苯磺化碱溶液生产苯酚,国内已采用钛制中和反应釜、钛盘管冷却器和离子氮化钛的搅拌轴套	效果很好
乙烯氧化制乙醛,丙烯氧化合成丙酮	国内第一套乙烯氧化制乙醛装置 20 世纪 80 年代以后上海、吉林引进国外乙烯氧化制乙醛成套设备,其中许多设备和泵、阀都用钛制造 丙烯氧化制丙酮(定型设计),钛设备有 12 台	1976 年至今,钛设备运行良好 使用效果十分满意
对二甲苯氧化法制取对苯二甲酸	存在乙酸和溴化物的高温腐蚀,设计规定>135℃必须用钛 北京石化总厂和南京扬子石化引进全套钛设备(氧化反应釜、溶剂脱水塔、加热器、冷却器、再沸器等)	使用效果良好
硝酸生产	20 世纪 50 年代中期德国采用了钛制硝酸冷凝器等设备,后来各国相继采用钛制硝酸浓缩装置、预热器、冷凝器、换热器和蒸发器等、泵阀和管道等	
纯碱(碳酸钠)生产	纯碱工业中吸收器、分离器和冷却器等 10 余台钛设备 大连化工厂和天津碱厂等都采用了全钛冷却器	寿命 20 年以上
氯碱工业	目前广泛用钛材制作金属阳极、湿氯气冷却塔、精制盐水预热器、氯气冷却洗涤塔、电解槽和脱氯塔等数十种 次氯酸钠、次氯酸钙、氯酸钾等生产中也大量采用钛设备	湿氯气冷却塔使用最长达 20 年以上
氮肥生产	1963 年第一台衬钛尿素合成塔以来,目前已有近万台在全世界运行 国内从 20 世纪 70 年代以来先后使用了 CO_2 汽提塔、换热器、混合器和泵、阀等	经多年使用证明是耐蚀的
钛白粉生产	无锡精炼厂使用一台钛列管浓缩器,原化工部已作鉴定	确认选用钛材合理

8.2　铝及铝合金

铝是地壳中蕴藏量最多的金属元素,其总储量约占地壳重量的 7.45%。铝产量在金属材料中仅次于钢铁材料而居第二位。

8.2.1　纯铝的性能

工业上使用的纯铝,其纯度为 99.99%～98%。按纯度分类有:高纯铝、工业高纯铝、工业纯铝。工业纯铝的主要用途是配制铝合金,高纯铝主要用于科学试验和化学工业,纯铝还可用来制造导线、包覆材料、耐蚀和低温设备等。

纯铝的密度较小,约为 2.7g/cm³,仅是钢铁的 1/3 左右。纯铝的熔点约为 660℃。纯铝具有面心立方晶格,无同素异构转变。纯铝具有良好的导电性和导热性,仅次于银、铜、金,居第四位,室温下的导电能力为铜的 62%,但按单位质量导电能力计算,则铝的导电能力约为铜的 200%。纯铝的性能见表 8-5。

表 8-5　纯铝的性能

性 能	数 值	性 能	数 值
密度/(g/cm³)	2.7	导热系数/[W/(m·K)](100℃)	230
熔点/℃	660	线膨胀系数/10^{-6}℃(20～100℃)	24
标准电极电位/V	−1.67	比热容/[J/(kg·K)](25℃)	900
电阻率/10^{-6}Ω·m(25℃)	0.029		

纯铝和铝合金典型室温力学性能比较见表 8-6。由表可知，纯铝的强度、硬度较低，但塑性较好。纯铝可进行各种冷、热加工。铝的耐磨性较差，不耐流体特别是固体颗粒的高速冲刷。

表 8-6　纯铝和铝合金典型室温力学性能比较

纯度（牌号）/%	屈服强度 $R_{p0.2}$/MPa	抗拉强度 R_m/MPa	断后伸长率 A/%	硬度 HBS10/500
Al99.99	10	45	50	10
Al99.80	20	60	45	13
Al99.60	30	70	43	19
3A21(Mn1.6%)	40	110	30	28
2A01(Cu3%)	60	160	24	38
7A09(Cu2%、Mg3%、Zn5%)	95	220	17	150

纯铝中主要含有杂质铁和硅，它们能提高铝的强度，但却使其塑性、导电性能等下降。

8.2.2　铝合金的性能

为了提高铝的强度、耐热性，加入合金元素制备为铝合金，按合金成分和加工工艺等可分为变形铝合金和铸造铝合金，合金牌号和性能举例见表 8-6。

根据铝合金的二元相图（图 8-1），溶质成分 D 是变形和铸造两类铝合金的分界线。

变形铝合金　溶质成分小于 D 点合金，加热至固溶线以上温度可以得到均匀的单相 α 固溶体，塑性好，适于通过轧制、挤压锻造或拉拔等方法压力加工，称为变形铝合金。

变形铝合金又分为可热处理强化和不可热处理强化，溶质成分小于 F 点的合金，其固溶体成分不随温度而变化，不能借助于时效处理强化，称为**不可热处理强化铝合金**。溶质成分位于 FD 之间的合金，其固溶体成分随温度发生变化，可进行固溶强化＋时效处理强化称为**可热处理强化的铝合金**。

铸造铝合金　溶质成分大于 D 的合金，凝固

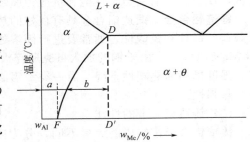

图 8-1　铝合金相图的一般形式

时有共晶组织，熔点低，流动性好，有良好的铸造性能，称为铸造铝合金。按组成的基本元素不同可分为铝硅系、铝铜系、铝镁系及铝锌系。

目前，在过程装备中应用的铝及铝合金的焊接设备、容器、管道及其他焊接件，多半由塑性、导热性、耐腐蚀性和可焊性良好的纯铝，不可热处理强化的铝锰合金、铝镁合金等变形铝合金制成。

（1）变形铝合金的性能

根据其性能、用途及热处理不同，变形铝合金分为防锈铝、硬铝、超硬铝、锻铝四类，典型力学性能的举例见表 8-6。

防锈铝合金（Al-Mn 和 Al-Mg 系）　主要合金元素锰提高抗蚀能力，并起固溶强化作用；镁固溶强化，同时降低比重。防锈铝合金锻造退火后是单相固溶体，抗蚀性能高，塑性好。但不能进行时效硬化，属于不可热处理强化的铝合金；可冷变形，利用加工硬化提高强度。该类合金强度比纯铝高，有良好的耐蚀性能与低温性能、易于加工成型和焊接，可用于制造低负荷的深压延零件，各种低压容器。

铝-锰合金列入国标的如表 8-6 的 3A21 含锰 1.0%～1.6%。它在轧制退火状态的组织是 α 固溶体和细小的弥散分布的 $MnAl_6$ 相质点,这两个相的电极电位十分接近,在电解质溶液中不会形成电偶腐蚀;具有良好的工艺性能,可在冷、热状态下加工成型。

铝-镁系与铝-锰合金比较,其强度较高,塑性也较好,且具有良好的焊接性能,但在酸性和碱性介质中的耐蚀性比 3A21 稍差。铝-镁系合金按镁含量不同有一系列牌号,合金中含镁量不超过 5%～7%。含镁量较低时没有脆性的 β 相 (Mg_5Al_8),随着镁量增加,合金中 β 相的数量相应增加,其耐腐蚀性下降。除含镁外,还含少量锰、钛、钒等辅助元素,锰 (0.3%～0.8%) 能改善合金的耐蚀性,也能提高合金的强度,少量的钛或钒主要起细化晶粒的作用。

硬铝合金 (Al-Cu-Mg 系)　硬铝合金属于铝-铜系发展出来的 (表 8-6 的 2A01),又称杜拉铝。硬铝合金可以进行时效强化,属于可热处理强化的铝合金,获得较高的强度和硬度。典型情况是加入 <3%Mg 和 <1%Mn,因为合金中镁和铜含量比值不同,合金中的强化相的种类和数量不同。合金的热处理强化效果、强度、硬度随铜和镁含量的增加而增大。硬铝的共同特点是强度高,在退火及刚淬火状态塑性好,焊接性良好,可在冷态下进行压力加工,多数硬铝都在淬火与自然时效状态下使用。由于硬铝中有强化相析出,硬铝耐蚀性较差。

超硬铝合金 (Al-Zn-Mg-Cu 系)　超硬铝合金属铝-镁-铜系基础上加入锌而形成的合金,具有很高的强度,是目前强度最高的一类铝合金 (如表 8-6 的 7A09),多用于制造受力大的重要构件,例如飞机大梁、起落架等。超硬铝合金切削性能良好,但耐蚀性较差,有应力腐蚀倾向。不含铜的铝-锌-镁系合金是可焊的热处理强化合金,具有良好的焊接性能;铜的加入,提高了铝锌镁系合金强度,改善了合金抗应力腐蚀的能力,但却使合金的焊接性能降低,使合金焊后的力学性能和抗应力腐蚀性能很差,超硬铝合金应避免焊接。

锻造铝合金　锻造铝合金具有良好的热塑性,适合锻造和挤压各种零件。主要用于承受重载荷的锻件和模锻件,通常要进行固溶处理和时效。有铝镁硅铜系和铝铜镁铁镍系两类,Al-Mg-Si-Cu 合金由于铜的加入可克服淬火后室温停留造成的强度损失,往往随铜的含量增多、强度增高而热塑性下降。后一类锻铝成分与硬铝相近,但因加入了铁、镍,因此具有较高的热强性。

(2) 铸造铝合金的性能

铸造铝合金按组成的元素不同,分为四类,合金代号用 "ZL" 加三位数字表示:第一位数表示合金类别 (1 为铝-硅系,2 为铝-铜系,3 为铝-镁系,4 为铝-锌系),第二、三位数字为合金序号,例如 ZL102 表示 02 号铝-硅系铸造铝合金。

铝-硅系铸造铝合金　列入 GB 1173—2013 的铸造铝-硅系合金,除了 ZL102 是铝-硅二元合金外;其他合金均含有其他元素如镁、铜等。

铝-硅二元合金是由粗大的针状硅晶体和 α 相固溶体构成的共晶体,由于硅的脆性大,力学性能不好,需经变质处理才有实用价值。

添加镁、铜等元素提高了合金力学性能,还可热处理提高强度,可不经变质处理,同时具有良好的耐热性、耐蚀性、铸造性以及高的强度。但这类合金的缺点是易产生氧化膜,吸气倾向大造成铸件报废。

铝-铜系铸造铝合金　铸造铝铜系合金属主要强化相是 θ ($CuAl_2$) 相。θ 相有很高的时效硬化能力和稳定性。所以该合金具有较高的室温和高温强度,使用温度可达 300℃,形成氧化膜的倾向小,其缺点是耐蚀性能较差,密度大,铸造性能不好。

铝-镁系铸造铝合金　铝镁系铸造合金的优点是具有优良的耐腐蚀性能,含镁 7%～8% 的铝合金耐蚀性接近纯铝,强度高,密度小,这类合金的缺点是铸造性能差,熔铸工艺复杂,热强性差。

铝-锌系铸造铝合金 铝锌系铸造合金具有强度较高，铸造工艺简单，自然时效能力强等优点，但实际使用中多在铝锌合金中加入较大量的硅和少量的镁、铬、钛等元素，合金的铸造性能、力学性能、耐蚀性能、切削性能才能全面完善。这类合金的缺点是密度较大，耐腐蚀性差，热强性差。

8.2.3 铝合金的加工性能

（1）铝合金的热处理——时效强化

纯铝的强度低，不宜制作承受重载荷的构件，加入一定量的合金元素（如硅、铜、锰等），可以制成强度比纯铝高的铝合金，若再经变形强化和热处理强化，其强度还能进一步提高。变形铝合金中的如硬铝、超硬铝和锻铝合金，其组织随温度而变化，因此可以用热处理方法强化。

铝合金的热处理与钢不同，铝合金刚淬火完后，强度与硬度并不立即升高，塑性非但没有下降，反而有所上升。但这种淬火后的铝合金，放置一段时间（如4~6昼夜后），强度和硬度会显著提高，而塑性则明显降低。淬火后铝合金的强度、硬度随时间增长而显著提高的现象称为**时效**。时效可以在常温下发生，称自然时效；也可以在高于室温的某一温度范围（如100~200℃）内发生，称人工时效，见图8-2。铝合金的时效硬化是一个相当复杂的过程，目前普遍认为时效硬化是溶质原子偏聚形成硬化区的结果。

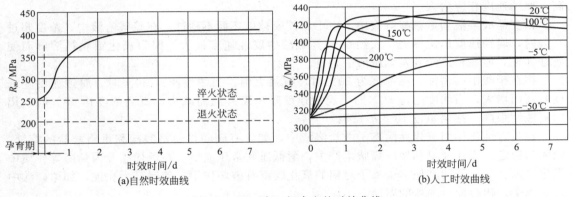

图 8-2　Al-4%Cu 铝合金的时效曲线

铝合金时效强化，首先是将铝合金加热到稍稍超过其固溶线，保温适当时间，可以得到均匀的单相 α 固溶体组织（这种过程称为固溶处理），然后在水或其他介质中快速冷却到室温，使第二相来不及析出，在室温下获得过饱和 α 固溶体组织（这种过程称为淬火处理）。室温下这种 α 固溶体是过饱和的、不稳定的组织，有分解出第二相过渡到稳定状态的倾向。如果合金在室温下放置很长时间，或在一定温度下保持足够时间，由于不稳定固溶体在析出第二相过程中会导致晶格畸变，从而使合金的强度和硬度得到显著提高，而塑性则明显下降。铝合金固溶处理后的性能随时间延长而发生强化的现象，称为**时效**或**时效强化**。

固溶时效处理是铝合金的主要强化手段，也是一种重要的热处理方法。铝合金的热处理的基本形式有淬火时效和退火时效，前者是强化处理，后者是软化处理。

（2）铝及铝合金的焊接性能

铝是化学活性很高的金属，与氧的亲和力强，使得铝及铝合金件表面容易形成氧化膜，氧化膜熔点约2030℃，大大超过金属本身的熔点（660℃），使得铝合金焊接产生了一定的困难。铝及铝合金件表面的 Al_2O_3 薄膜易吸水，在焊接过程中形成气孔、夹渣等缺陷，从而降低了焊缝的力学性能。

铝的热导率、比热容、熔化潜热很大，焊接时热量散失快、难于集中，比钢的焊接消耗的热量更多，因此要保证焊接质量，必须采用能量集中、功率大的热源，还需采用预热措施。铝的热膨胀系数大，凝固时体积收缩率大，造成过大的收缩内应力，从而引起裂纹。铝及铝合金的液体熔池很容易吸收气体，往往在冷却凝固过程中气体来不及析出而在焊缝处形成气孔。铝在高温下的强度和塑性很低，如不采用夹具和垫板，焊缝处容易形成塌陷等缺陷。

某些铝合金中含有的低沸点合金元素如镁、锌，焊接时易蒸发、烧损，从而改变焊缝金属的成分和性能。

8.2.4 铝及铝合金的耐腐蚀性能

铝是比较活泼的金属，其标准电极电位非常负（−1.67V），但铝是易钝化金属，在氧化性介质中甚至空气中极易钝化，表面生成致密的 Al_2O_3 保护膜。铝表面的氧化膜受到损坏时，只要有足够的氧或氧化剂存在，氧化膜则可以自动修复。

空气中和溶解在水中的氧及水本身都是良好的钝化剂，因此铝在大气、淡水中有优良的耐蚀性。铝的耐蚀性与铝的纯度有关，纯铝中含的铜、铁、硅、镍对耐蚀性能有害，因为它们破坏了氧化膜的完整性。Al_2O_3 氧化膜是酸碱两性氧化物，在酸性和碱性介质中都易被溶解，因此在强还原性酸、强碱中不稳定。

铝在碱溶液中呈均匀腐蚀，这是因为 Al_2O_3 保护膜被溶解，随碱液浓度增加和温度升高，腐蚀速度相应增大。

铝在盐酸溶液和氢氟酸溶液中，由于保护膜被破坏而不耐蚀。在硫酸溶液中，浓度超过 40％时，腐蚀速度迅速增大，大约在 85％硫酸中腐蚀速度最大，因为氧化铝膜被溶解而使腐蚀加速，但在稀硫酸和发烟硫酸中稳定。

铝在硝酸中的腐蚀，在浓度为 30％时，有最大值；当浓度小于 30％时，腐蚀速度随浓度升高而增大；当浓度超过 30％时，腐蚀速度随浓度升高而减小，直到浓度达 99％时，铝的耐蚀性很高，甚至超过 18-8 不锈钢。

在具有钝化作用氧化性阴离子的盐溶液中，如含有硝酸盐、铬酸盐和重铬酸盐的溶液，铝尤为稳定。铝在液氨和聚丙烯腈生产中，耐低压和常压液氨，在丙烯腈及丙烯醛等介质中发生腐蚀。氯离子和其他卤素离子对铝的氧化膜都有破坏作用，使铝产生孔蚀，如浓硝酸中含氯离子，铝会发生强烈的腐蚀。

8.2.5 铝及铝合金在过程装备中的选用

在过程装备中主要应用的是纯铝、防锈铝合金、铸造铝合金，一般用于硝酸、乙酸、碳酸氢铵、尿素、甲醇和乙醛生产的部分设备以及深冷设备。具体的应用情况见表 8-7。

表 8-7 各种铝及铝合金在过程装备中的应用

铝及铝合金	用 途
高纯度铝	用于制作耐腐蚀要求高的浓硝酸设备如漂白塔等
工业纯铝	塑性高，焊接性好，耐腐蚀性高，但切削性能差，使用温度不超过 150℃，最低使用温度可达 −273℃。能耐浓硝酸、乙酸、碳酸氢铵、尿素等的腐蚀，但不耐碱及盐水的腐蚀。可用于制作储罐、塔器、热交换器、防止污染及深冷设备 在化学工业用得更多，如浓硝酸储槽（常压、40℃、98％硝酸）、冰乙酸储槽（常压、常温冰乙酸）、精甲醇储槽（常压、常温的精甲醇）、尿液分解塔[压力 0.1MPa、110℃、尿液 NH_2CONH_2＞65％、NH$(CONH_2)_2$＜0.4％、H_2O 等，尾气 $NH_3$58％～62％、$CO_2$28％～30％、H_2O9％～12％]、冷凝水冷却器（管内：压力 0.2MPa，50～90℃的甲醛；管外：压力 0.1MPa，20～40℃的水）

续表

铝及铝合金	用　　途
防锈铝	使用温度　最低使用温度可达−273℃ 用于制作深冷设备,如液空吸附过滤器、分馏塔等 用于深冷或防污染设备 深冷设备的容器壳体、封头、管板、法兰、塔板接管;已选用为新的国际管法兰活套铝法兰材料 可以用于制作板式换热器,现用以制作深冷中的板翅式空气液化器、分馏塔内、外筒、换热器中心管、接管、板翅式换热器的肋片、导流片、封条等
铸造铝合金	ZL301 主要铸造承受重载荷、耐冲击和耐腐蚀的零件如海轮配件和机器壳,不适于铸造大型和形状复杂的零件。用于大气或海水中工作的零件 ZL304 主要铸造形状复杂,承受重载荷和承受冲击作用的零件,如活塞式内燃发动机的曲轴箱和滑块,代替 ZQSn6-6-3 做水泵叶轮和制造各种弱腐蚀及防污染设备 ZL101 化工仪表零件、水泵壳体、工作温度不超过185℃的汽化器 ZL102 化工仪表壳体、水泵壳体、脱甲烷塔进料冷却器翅片管等 ZL104 工作温度在200℃以下的零件,如空气压缩机气缸体等 ZL105 油泵壳体、化工仪表零件等 ZL201 可用于在175～300℃下工作的零件,在聚氯乙烯生产中的气流干燥器等 ZL203 形状简单的零件,如各种支架 ZL302 腐蚀介质作用下中等载荷零件,如蒸汽加热器、过滤机板框架等 ZL401 压滤机板框架等

8.3　铜及铜合金

　　铜在地壳中的含量约为 0.01%。铜是人类最早使用的金属,早在史前时代,人们就开始采掘露天铜矿。纯铜颜色为玫瑰红,表面形成氧化膜后外观呈紫红色,故又称紫铜;因纯铜是用电解法获得的,又称电解铜。

　　合金化可改善铜的强度、耐蚀、耐磨和铸造性能,铜合金按生产工艺可分为加工铜合金和铸造铜合金。按化学成分可分为三大类:黄铜(锌为主加元素);青铜(锡、铝、铍、硅、镉、铬为主加元素);白铜(镍为主加元素)。代号及化学成分参见 GB/T 5232、GB/T 5233、GB/T 5234。

8.3.1　纯铜的性能

　　铜属于重金属,密度为 8.9g/cm³,熔点为1083℃。纯铜有高的导电性(仅次于银,居第二位)和导热性。纯铜中的杂质对铜的导电、导热性影响很大,杂质和加入元素,都不同程度地降低铜的导电性和导热性能。冷加工对铜的导电性能影响不大。纯铜的 R_m 较低,但比纯铝高,并在低温下具有足够的强度和塑性,故广泛用于深度冷冻工业中。

　　表 8-8 为铜的物理性能。

表 8-8　铜的物理性能

性　能	数　值	性　能	数　值
密度/(g/cm³)	8.9	导热系数/[W/(m・K)](0～100℃)	385
熔点/℃	1083	线膨胀系数/10⁻⁶℃(20～100℃)	17
标准电极电位/V	+0.345	比热容/[J/(kg・K)](0～100℃)	390
电阻率/×10⁻⁶Ω・m(20℃)	0.018		

　　① 加工性能　纯铜具有面心立方晶格,具有较多的形变滑移系,室温、高温变形能力都很好。因此,纯铜具有极好的塑性,可以承受各种形式的冷热压力加工,可碾压成极薄的板,拉成极细的铜线、压力加工成线材、管材、棒材及板材。冷作硬化可以大大提高它的强

度和硬度，但塑性下降。

② 耐腐蚀性能　铜的标准电极电位较高（＋0.345V），它的耐蚀性主要取决于自身的热力学稳定性，属于热力学较稳定的金属。因为铜的电极电位较高，在酸性溶液中不发生析氢腐蚀，故在不充气的非氧化性酸中是稳定的。在大气（含硫大气除外）、水、海水或中性盐溶液中，由于铜表面会生成溶解度极小的腐蚀产物而具有保护性，所以铜在这些溶液中耐腐蚀，但若水中含有氧化性盐类则会加速铜的腐蚀。铜在含有氧、氧化剂的溶液中不耐蚀；铜不耐硫化物腐蚀，不耐能生成铜络合物的介质。

③ 焊接性能　铜及其合金的焊接性较差。由于铜有良好的导热性，热量容易散失，故焊前需要预热，需要采用大功率或热量集中的热源，否则易产生未焊透或未熔合等缺陷；铜的热膨胀系数大，焊接时热影响区较宽，焊接应力和热变形较大；铜焊接时易产生热裂纹，因为铜在高温时极易氧化形成 Cu_2O，Cu_2O 又与铜形成低熔点共晶体，如铜中含有铅时，铅也会与铜生成低熔点（约 326℃）的共晶体，低熔点共晶体在晶界析出，导致焊缝处热裂纹产生；铜的焊缝处易形成气孔，因铜熔化成液态时可溶解大量的氢气，且铜在高温时形成的 Cu_2O 遇氢后也会反应生成水蒸气，在凝固时氢气和水蒸气来不及逸出，就在焊缝处形成气孔。

8.3.2　铜合金的性能

8.3.2.1　黄铜的性能

黄铜是铜-锌系合金，分为普通黄铜和特殊黄铜两类。普通黄铜是铜锌二元合金；特殊黄铜是在铜锌合金中加入少量铅、锡、铝、锰等，组成三元、四元，甚至五元的合金。

（1）普通黄铜

含锌量对黄铜塑性、强度有综合影响（图 8-3），当含锌量小于 30％时，黄铜的强度和塑性均随含锌量增加而增加，达到约 30％时，塑性达到最高值；当含锌量大于 30％时，塑性急剧下降，强度继续升高；当含锌量约 45％时，黄铜的强度最高，含锌量超过 45％时，合金的强度急剧下降。含锌量超过 45％时其塑性和强度都很低，故工业应用的黄铜其含锌量都在 45％以下，含锌量为 30％～32％的黄铜既有良好的塑性又有较高的强度。

含锌量对力学性能的影响与其组织有关。当含 Zn 小于 35％时，黄铜组织为 α 单相，具有优良的冷、热变形能力。当超过 35％Zn 时，除了 α 相外，还形成 CuZn 化合物、室温组织为 α＋β′ 双相，β′ 相使合金的室温塑性急剧下降而强度增高，使合金性能变得硬而脆。当超过 45％Zn 时，α 相全部消失，其组织为 β′ 相。

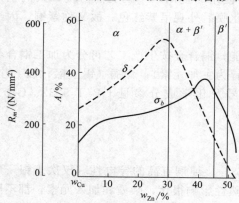

图 8-3　黄铜含 Zn 量与力学性能的关系

① 铸造性能　由于黄铜金相图中液相线与固相线相距很近，结晶温度间隔较小，使黄铜有较好的流动性，故黄铜的铸造性能较好。黄铜的熔点较低，偏析较小，易形成集中缩孔，铸件比较致密。

② 耐腐蚀性能　含锌量＜20％的黄铜，在各种常用介质中的耐蚀性与紫铜相近。但含锌量＞20％黄铜在某些介质中的耐蚀性较差。黄铜在大气条件下腐蚀缓慢，在淡水、水蒸气中腐蚀也极微，但卤素使黄铜的腐蚀作用急剧增强。干燥的氯、溴和氟的有机化合物对黄铜的腐蚀作用极微。硝酸和盐酸对黄铜腐蚀严重，但硫酸对黄铜的腐蚀相对较轻。在苛性碱溶液中，如果溶液含氧和温度较高，则对黄铜腐蚀严重。

黄铜最常见的腐蚀形式是脱锌和应力腐蚀破裂。黄铜脱锌随锌的含量增加、溶液温度的升高和流速加快而加大。降低黄铜中的锌含量或加入锡、铝、锰可以减缓或防止脱锌。压力加工的黄铜件和黄铜铸件未经退火存放，由于存在拉应力，在特定的腐蚀介质（大气中有氨或二氧化硫、有氧化剂的氨的稀溶液和碱溶液）中会产生应力腐蚀破裂。黄铜的应力腐蚀破裂倾向随黄铜中的锌含量增加而急剧增加。

③ 焊接性能　焊接时黄铜中的合金元素如锌易蒸发，故焊接黄铜常用气焊，一是因为气焊温度低，锌不易蒸发；二是焊接时含硅的焊丝以及焊剂（用硼酸＋硼砂配制）使熔池表面形成一层致密的氧化硅薄膜，保护效果强，焊接质量高。

（2）特殊黄铜

为了改善普通黄铜的耐腐蚀性、强度、硬度和切削性等，在铜锌合金中加入少量锡、铝、锰、铁、硅、镍、铅构成的铜合金，称为特殊黄铜（复杂黄铜）。特殊黄铜中的合金元素的作用见表 8-9。

表 8-9　复杂黄铜中的合金元素的作用

合金元素	作　　用
铅	能改善黄铜的切削加工性能，降低零件的表面粗糙度，也能提高耐磨性，但对黄铜的强度影响不大，使塑性稍有降低，复杂黄铜中铅含量为 0.3%～3.0%
铝	铝易形成氧化膜，能改善黄铜的耐蚀性；提高黄铜的强度、硬度和屈服极限，但降低塑性。能显著改善黄铜的铸造性能，但会恶化复杂黄铜的焊接性，也对压力加工带来困难。压力加工用的特殊黄铜中含铝量一般<4%，铸造特殊黄铜含铝量<7%
锡	能稍微提高黄铜的强度和硬度，能抑制黄铜脱锌，黄铜含 1%Sn 能显著提高黄铜对海水及海洋大气的耐蚀性，加入锡的量一般应控制在<1.5%
硅	硅含量 2.5%～4.0%，能降低黄铜的应力腐蚀敏感性，提高黄铜抗应力腐蚀破裂的能力和在大气和海水中的耐蚀性，同时改善黄铜在焊接过程的氧化与阻止锌的挥发
锰	能提高黄铜的强度、硬度、弹性极限，而不降低塑性。还能提高黄铜在海水、氯化物和过热蒸汽中的耐蚀性。但锰含量不能过高，否则会降低黄铜的塑性变形能力，一般含锰量在 1%～4%
铁	黄铜中的铁以 $FeZn_{10}$ 析出，能促使晶粒细化，提高黄铜的力学性能和改善黄铜的减摩性能，但对提高黄铜的耐蚀性不利，铁与锰配合使用，可以改善耐蚀性，铁含量<1%
镍	镍含量一般<6.5%，镍能提高黄铜的力学性能，改善压力加工工艺性能，提高耐蚀性和热强性

8.3.2.2　青铜的性能

青铜是指除黄铜和白铜之外的铜合金，有锡青铜和无锡青铜。以锡为主要合金元素的铜基合金称为锡青铜；含铝、硅、铍、锰和铅的铜基合金称为无锡青铜，按加入的元素不同，无锡青铜分别称为铝青铜、硅青铜、铍青铜等。

组织与转变：二元锡青铜的性能与其金相组织有关，其组织又与锡含量关系密切，见图 8-4。二元锡青铜富铜端的固相区有 α、$\alpha+\beta$、$\alpha+\gamma$、$\alpha+\delta$、$\alpha+\varepsilon$ 等组织。这些组织的性能各异，在一定温度条件下会发生转变。α 相是以铜为基的固溶体，β 相是以电子化合物 Cu_5Sn 为基的固溶体，γ 相和 δ 相是以电子化合物 $Cu_{31}Sn_8$ 为基的固溶体，ε 相是以电子化合物 Cu_3Sn 为基的固溶体。α 相具有面心立方晶格，塑性好，适于冷、热压力加工；β 相具有体心立方晶格，在大于 586℃ 下才是稳定的，高

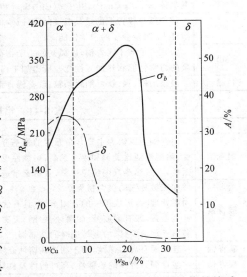

图 8-4　锡青铜含 Sn 量与力学性能的关系

温塑性好，当温度降到586℃时，β相发生共析转变，分解成$\alpha+\gamma$相，塑性急剧降低。γ相也只能在高温区稳定存在，当温度降到520℃时，发生共析转变，分解为$\alpha+\delta$相。δ相具有复杂立方晶格，常温下硬而脆，δ相在350℃时发生共析转变，形成$\alpha+\varepsilon$相，但δ相的分解进行得很缓慢以致<20%Sn的合金中，ε相实际上不存在。

① 力学性能　锡青铜的力学性能与其含锡量关系很大，见图8-4。当含Sn约小于5%～6%的范围内，抗拉强度与延伸率都随锡含量增加而增大，当含锡量大于5%～6%时，由于出现δ相，强度急速升高，但塑性却迅速下降，当含锡量大于20%时，强度和延伸率均急速下降，因此，工业用锡青铜一般含锡量在3%～14%范围内。含锡量小于5%～6%的锡青铜适用于冷压力加工，含锡量大于5%～7%的锡青铜适于热压力加工，含锡量大于10%的锡青铜只适用于铸造。

② 铸造性能　锡青铜具有铸造线收缩小，热裂倾向小的优点，能铸造形状复杂、尺寸要求较精密的零件，但由于其流动性差，锡青铜铸件有疏松、组织不致密的缺陷。锡青铜凝固温度范围宽，铸锭枝晶偏析较严重。

③ 耐蚀性　锡青铜化学稳定性与纯铜类似。锡青铜在稀的非氧化性酸以及盐溶液中都有良好的耐蚀性。氧化性酸及氧化剂、氨溶液均对铜有腐蚀作用。锡青铜在大气和海水中都有较好的稳定性，在加工锡青铜中随锡含量的增加，合金的耐海水腐蚀性能逐渐提高。干燥气体（氯、溴、氟、二氧化碳等）与锡不起作用，但在高温下氯、溴、碘容易与锡形成挥发性化合物而使合金腐蚀加剧。锡青铜耐冲蚀性能较好。

④ 添加元素的作用　为了改善二元锡青铜的某些性能，工业常添加锌、磷、铅等合金元素，制得各种多元锡青铜。现在工业上应用的锡青铜几乎都是多元锡青铜。多元锡青铜中添加的合金元素及作用见表8-10。

另外，典型的无锡青铜有铝青铜、铍青铜等，它们的性能特点见表8-11。

表 8-10　多元锡青铜中添加的合金元素的作用

合金元素	作　　　用
磷	磷是熔炼锡青铜时的脱氧剂；微量的磷（$w_P<0.3\%$）能有效地提高合金的力学性能，特别是弹性极限和疲劳极限，使合金具有良好的弹性性能，用作压力加工的合金，其磷含量≤0.4%，否则合金的热脆性严重，不宜做变形材料
	用于轴承和耐磨零件的铸造锡青铜，磷含量可达1.2%，因为磷含量较大，合金在628℃会形成低熔点的三元共晶体（$\alpha+\delta+Cu_3P$），其中δ（$Cu_{31}Sn_8$）和Cu_3P硬而耐磨
锌	锌能缩小锡青铜的结晶温度间隔，减少偏析，提高流动性，促进脱除氧气，提高铸件密度。锌能大量溶入α固溶体中，改善合金的力学性能
铅	铅几乎不溶于锡青铜，以孤立的夹杂物存在，可改善合金的切削性和耐磨性（降低摩擦因数），但显著降低合金的力学性能和热加工性能。应力加工锡青铜Pb<4%，铸造锡青铜Pb含量可达30%
锆、硼、钛	微量的锆、硼、钛可细化晶粒，改善锡青铜的力学性能和冷热加工性能

表 8-11　铝青铜、铍青铜的性能特点

材料	性　能　特　点
铝青铜	铝青铜是以铝为主要合金元素的铜基合金。实际应用的铝青铜含铝量一般在5%～11%。其机械强度、硬度、耐磨性能比黄铜和锡青铜高，耐蚀性也比黄铜和锡青铜好。冲击时不发生火花。铸造比锡青铜困难，钎焊困难，在过热蒸汽中稳定性差，多用于制造耐磨零件，如轴套、轴承、蜗杆及重要齿轮、船舶的重要结构材料
铍青铜	加工铍青铜的铍含量为0.2%～2.0%，铸造铍青铜的铍含量可高达2.5%。铍青铜可以热处理强化，800℃固溶处理时，形成单一的α固溶体，具有优异的塑性，可以冲制成形状复杂的零部件。锡青铜强度和弹性居铜合金之首，兼有耐疲劳、耐腐蚀、耐磨、无磁、受冲击不起火花等良好的综合性能。可用于制作弹性元件，铸件则多用于塑料模具、冶金铸造时的结晶器
硅青铜	硅青铜有高的弹性，用于制造在腐蚀介质中工作的弹簧。含镍的硅青铜具有高强度、高耐磨、耐蚀性
锰青铜	锰青铜具有高的热强性、高可塑性及良好耐蚀性，多用于制造在腐蚀介质中工作的高温零件
铅青铜	铅青铜具有高的耐磨性和很好的导电性，在高速、高压下工作时，有很高的疲劳极限，广泛用于制造高载荷轴瓦

8.3.2.3　白铜的性能

白铜是以镍为主要合金元素的铜合金。普通白铜如 B19，表示含（Ni＋Co）量为 18.0％～20.0％的铜镍合金。三元以上的白铜有加入其他元素如锌、铝、铁、锰，则称为相应的锌白铜、铝白铜、铁白铜、锰白铜等。白铜的性能与合金的成分关系密切，不同成分的白铜性能差别较大。各种白铜的性能特点列于表 8-12。

表 8-12　白铜的性能特点

白铜类型		性　能　特　点
普通白铜		普通白铜因为铜与镍形成无限固溶体，因此工业白铜的组织为单一 α 固溶体。它有较好的强度和优良的塑性，能进行冷、热变形。它们的突出优点是在腐蚀介质中化学稳定性较高。普通白铜的力学性能与其成分有关。白铜铸锭内偏析严重
铁白铜		在普通白铜加入少量铁，成为铁白铜。铁能显著细化晶粒，提高强度和耐蚀性，特别是显著提高白铜在海水中的耐冲击腐蚀性，一般白铜中铁的加入量≤2％，否则，反而引起腐蚀开裂
锌白铜		锌白铜亦称"镍银"。锌能大量溶入铜镍合金中，典型的锌白铜（BZn15-20）其组织为 α 单相固溶体，锌起固溶强化作用，提高强度和抗大气腐蚀的能力。此合金中加入 1.8％Pb 可提高切削性，但只能冷轧，不能热轧
铝白铜		铝在铜-镍合金的溶解度随温度降低而降低，可热处理强化。铝能显著提高合金的强度和耐蚀性，但使合金的冷加工性能变差。铝白铜的力学性能和导热性比 B30 好，耐蚀性接近 B30
锰白铜	BMn3-12（锰铜）	组织为单相固溶体，塑性高，容易进行冷、热压力加工。具有高的电阻和低的电阻温度系数，电阻值稳定。与铜接触热电势小
	BMn40-1.5（康铜）	组织为单相固溶体，电阻高、电阻温度系数小，它与铜接触时热电势比锰铜大。具有良好的耐热性和耐蚀性。与铜、铁和银配偶时有高的热电势
	BMn43-0.5（考铜）	与康铜一样具有极高的电阻和小的电阻温度系数

普通白铜中主要含有铜和镍（含镍量＜50％）元素，铜与镍的化学性能和原子半径相差不大，都是面心立方晶格，能形成无限固溶体，其组织为单相固溶体。普通白铜中，由于镍元素的加入，能显著提高合金力学性能、耐腐蚀性、电阻和热电性。Cu-Ni 合金在零度以下的低温环境还具有较大的抗拉强度，所以 Cu-Ni 合金又是重要的低温结构材料。

8.3.3　铜和铜合金在过程装备中的选用

纯铜的牌号、主要特性及应用列于表 8-13。黄铜的牌号及典型用途列于表 8-14。常用青铜的牌号、特性及典型用途列于表 8-15。白铜的牌号及典型用途见表 8-16。

表 8-13　加工纯铜的牌号、主要特性及应用举例

牌　号	特　性	应　用　举　例
T1，T2 w_{Cu}：99.90％～99.95％	含降低导电、导热性的杂质较少，可以焊接和钎焊，但微量的氧易引起"氢病"，不宜在高于370℃的环境中加工（如退火焊接）和使用，导电、导热性能良好	常用作导电、导热、耐蚀器材，如电线、电缆、化工用蒸发等
T3 w_{Cu}：99.70％	含降低导电、导热性的杂质量及含氧量高于T1、T2。导电、导热性能低于 T1、T2，更易引起"氢病"，不能在高温还原性环境中应用、加工	一般电器开关、垫片、油管等
TP1，TP2 w_{Cu}：99.85％～99.90％	磷脱氧、无氢脆、耐氧化较差，焊接、冷弯性能好，可在还原性环境中加工、使用，但不宜在氧化环境中加工、使用	多用于制造汽油、气体、排水管道、冷凝器、蒸发器、热交换器等

表 8-14　加工黄铜的牌号、特性及用途

类别		牌号及代号	特　性	典　型　用　途
普通黄铜		96 黄铜 H96	强度低(但比紫铜高),导热、导电性好,大气及淡水中耐蚀性好,塑性好,易压力加工和焊接,无应力腐蚀倾向	导管、冷凝管、散热管及导电零件等
		90 黄铜 H90	和 H96 性能类似,强度稍高	双金属片、供水和排水管等
		85 黄铜 H85	强度较高,塑性良好,适合冷热加工,焊接性和耐蚀性良好	虹吸管、蛇形管、冷凝和散热管、冷却设备等
		80 黄铜 H80	和 H85 性能类似,强度较高,塑性也较好,耐蚀性较高	薄壁管、波纹管、造纸网等
		70 黄铜 H70	塑性优良,强度较高,切削加工性好,焊接、耐蚀性好	造纸铜管、机械及电气零件、热交换器
		68 黄铜 H68	性能与 H70 极相似,但冷作时有"季裂"倾向,是黄铜中用途最广泛的一种	复杂冷冲压件和深冲件、散热器外壳、导管、波纹管等
		63 黄铜 H63	有良好的力学性能,热态下塑性好,切削性良好,焊接性好,耐蚀性良好,价格便宜	制糖及船舶用零件销钉、铆钉、螺钉、垫圈、气压表弹簧、散热件
特殊黄铜	锡黄铜	70-1 锡黄铜 HSn70-1	在大气、蒸汽、海水和油类里有高的耐蚀性,良好力学性能,压力加工性良好,切削性较好,可焊接、易钎焊,但有腐蚀开裂的倾向	船舶、热电厂用高强度耐蚀冷凝管及与蒸汽、油类等介质接触的零件
		62-1 锡黄铜 HSn62-1	力学性能及切削性能良好,只宜在热态下压力加工,在海水中耐蚀性高,可焊接和钎焊,但有腐蚀开裂倾向	与海水和油接触的船舶零件
	硅黄铜	80-3 硅黄铜 HSi80-3	力学性能良好,切削性良好,冷、热态下压力加工性好,易焊接和钎焊,耐磨性尚好,导电、导热性低、耐蚀性好,且无腐蚀开裂倾向	船舶零件、蒸汽管道、水管及配件
	锰黄铜	58-2 锰黄铜 HMn58-2	力学性能好,热态压力加工性能好,导电、导热性低,在海水、蒸汽、氯化物中耐蚀性好但有应力腐蚀开裂倾向,应用较广	耐腐蚀的重要零件,船舶零部件、黄铜钎焊,弱电器工业零件
		57-3-1 锰黄铜 HMn57-3-1	强度大、硬度高、但塑性差,只宜在热态进行压力加工,在大气、海水及蒸汽中耐蚀性优于普通黄铜,但有应力腐蚀开裂倾向	耐腐蚀结构件,船舶零件、弹性元件
	铅黄铜	59-1 铅黄铜 HPb59-1	广泛应用的铅黄铜,具有良好的力学性能,切削加工性好,可承受冷、热压力加工,可钎焊和焊接,对一般性腐蚀有较好的耐蚀性,但有腐蚀开裂倾向	适用于冲压加工及切削加工零件,如销、螺钉、螺母、垫片、衬套等
	铝黄铜	77-2 铝黄铜 HAl77-2	强度、硬度高,塑性好,可在冷、热态下进行应力加工,在海水中耐蚀性良好,有应力腐蚀开裂倾向	船舶等用作冷凝管及其他耐蚀件
		60-1-1 铝黄铜 HAl60-1-1	强度高,可在热态下承受压力加工,在大气、淡水、海水中耐蚀性好,应力腐蚀开裂敏感	用作各种耐蚀结构零件,如齿轮、轴等
		59-3-2 铝黄铜 HAl59-3-2	强度高、耐蚀性非常好,在热态下压力加工性好,应力腐蚀敏感性小	船舶业及发动机和其他常温下工作的高强度耐蚀件
		66-6-3-2 铝黄铜 HAl66-6-3-2	具有高强度、硬度及耐磨性,耐蚀性良好,但塑性较差,有应力腐蚀开裂倾向	多用作耐磨合金,如大型蜗杆及重载荷工作条件下的螺母

表 8-15 常用加工青铜的牌号、特性及典型用途

组别	牌号或代号	特 性	应用举例
锡青铜	4-3 锡青铜 QSn4-3	有高的弹性、耐磨性和抗磁性,冷、热态加工性能良好,切削性、焊接性好,在大气、淡水和海水中耐蚀性好	过程设备的耐磨、耐蚀零件,弹簧及各种弹性元件、抗磁元件
	4-4-2.5 锡青铜 QSn4-4-2.5 4-4-4 锡青铜 QSn4-4-4	有高的减摩性,易切削加工,良好的焊接性,在大气、淡水和海水中耐蚀性好,热加工有脆性(因含铅) 4-4-4 锡青铜热强性良好	用于制造承受摩擦的零件,如轴套、衬套、轴承等
	6.5-0.1 锡青铜 QSn6.5-0.1	有高的强度、弹性、耐磨性、抗磁性,冷态下压力加工性良好,切削加工性好,焊接性好,在大气和淡水中耐蚀	制作精密仪器中的耐磨零件和抗磁元件、弹簧及需要导电性良好弹性接触片
	6.5-0.4 锡青铜 QSn6.5-0.4	有高的强度、弹性、耐磨性和抗疲劳强度,只适合冷加工,在大气、淡水和海水中耐腐蚀	用作弹簧,耐磨零件,制造、造纸工业用的耐磨铜网
	7-0.2 锡青铜 QSn7-0.2	强度高,弹性、耐磨性好,焊接性好,可切削加工,在大气、淡水和海水中耐蚀,可热加工	制作中等载荷、中等滑动速度下承受摩擦的零件,如轴承、轴套、蜗轮等耐磨零件
铝青铜	5 铝青铜 QAl5 7 铝青铜 QAl7	有较高的强度、弹性,耐磨性,在冷态和热态下承受压力加工性能好,不易钎焊,不能淬火、回火强化和在大气、淡水、海水和某些酸中耐蚀,QAl7 强度比 QAl5 高	弹簧等弹性元件、蜗轮等,可作为 QSn6.5-0.4、QSn 4-3、QSn 4-4-4 的代用品
	9-2 铝青铜 QAl9-2	有高的强度,热态、冷态下压力加工性良好,不易钎焊,在大气、淡水、海水中耐蚀性良好	制作高强度耐蚀零件,以及 250℃ 下蒸汽中工作的管件及零件
	10-4-4 铝青铜 QAl10-4-4 11-6-6 铝青铜 QAl11-6-6	有高的强度、高温力学性能良好(<400℃以下),耐蚀性和减摩性好,可热处理强化,可切削加工,可热态下压力加工,不易钎焊	制作高强耐磨零件和高温条件下工作的零件,如轴衬、轴套、法兰盘、齿轮及其他重要耐蚀零件、耐磨零件
铍青铜	2 铍青铜 QBe2	综合性能优良,热处理后具有高的强度、硬度、弹性、耐磨性、耐热性及疲劳极限,同时还具有高导电性、导热性和耐寒性,无磁性,易焊接,耐蚀性良好	重要的弹簧与弹性元件,耐磨零件以及在高温、高速和高压下工作的轴承
硅青铜	1-3 硅青铜 QSi1-3	强度高、耐磨性极好,经热处理后强度、硬度可大幅度提高,切削性好、焊接性好,耐蚀性也好	用于制造工作温度<300℃,工作条件较差或腐蚀介质中工作的零件
	3-1 硅青铜 QSi3-1	强度高,弹性、耐磨性、塑性均好,可在冷、热态下压力加工,可与不同合金良好焊接,对大气、淡水、海水、氯化物及强碱耐蚀,不能热处理强化	用于制造腐蚀介质中工作的弹性元件,以及蜗轮、蜗杆、轴套和焊接结构
	3.5-3-1.5 硅青铜 QSi3.5-3-1.5	性能与 QSi3-1 相似,但耐热性较好	多用于制造高温环境工作的轴套、轴衬

表 8-16 白铜的牌号及典型用途

合金名称	牌号或代号	特 性	典 型 用 途
普通白铜	0.6 白铜 B0.6	电工用白铜,温差电动势小,最大工作温度为 100℃	铂-铂铑热电偶补偿导线
	5 白铜 B5	结构白铜,强度、耐蚀性较铜高	船舶用耐蚀零件
	19 白铜 B19	结构白铜,力学性能与耐蚀性能很好,冷、热态压力加工性良好,切削性不好	在蒸汽、淡水和海水中工作的精密仪器仪表零件,金属网和抗化学腐蚀的零件
	25 白铜 B25	结构白铜,力学性能、耐蚀性能好,压力加工性良好,性能较 B19、B5 好	用于制造在腐蚀环境工作的零件和在高温高压工作的金属管和冷凝管
	30 白铜 B30	能耐高速(甚至含气泡的)污染海水的腐蚀,工作温度可达 400℃	在蒸汽、海水中工作的耐蚀零件,在高温高压下工作金属管和冷凝管
锌白铜	15-20 锌白铜 BZn15-20	结构白铜,强度高、耐蚀性及可塑性好,冷、热态均可压力加工,切削性差、焊接性差	在潮湿条件下和强腐蚀介质中工作的仪表零件和工业用器皿
铝白铜	13-3 铝白铜 BAl 13-3	结构白铜,强度高、耐蚀性和弹性好,低温力学性能好,可以热处理	制作高强度、耐蚀件
	6-1.5 铝白铜 BAl 6-1.5	结构白铜,具有高的强度和耐蚀性,可热处理	制造弹簧、高强耐蚀件
锰白铜	3-12 锰白铜 BMn3-12 (又名锰铜)	电工白铜,电阻率高,电阻温度系数低,电阻稳定性高,对铜的热电势小	电气工业及测量仪表用电阻(100℃以下)
	40-1.5 锰白铜 BMn40-1.5 (又称康铜)	电工白铜,具有高的热电势、高的电阻率,耐热性和耐蚀性好,力学性能高	是制作工作温度在 900℃以下的热电偶的良好材料,及 500℃以下的加热器和变阻器,补偿导线
	43-0.5 锰白铜 BMn43-0.5	电工白铜,具有高的电阻率和低的温度系数,最大的温差电动势,良好的力学性能及耐热性、耐蚀性	工作温度在 600℃以下的热电仪器、高温测量中的补偿导线

8.4 镍和镍合金

镍产品分为电解镍、加工镍及加工镍合金,其组别、牌号、代号及化学成分见 GB/T 6516(电解镍)和 GB/T 5235(加工镍及镍合金)。

在过程装备中应用的镍合金主要有镍基耐蚀合金、抗氧化镍基合金、热强性镍基高温合金。镍基耐蚀合金是以镍为基(Ni≥50%),加入铜、铬、钼、钨等元素而发展起来的镍基耐蚀合金,主要有 Ni-Cu 合金、Ni-Cr、Ni-Mo、Ni-Cr-Mo 和 Ni-Cr-Mo-Cu 型。抗氧化镍基合金主要含有抗腐蚀的合金元素铬,有时也含有少量的强化元素,如钨、钼、钛、铝。

8.4.1 纯镍的基本性能

镍的密度为 8.9g/cm³，熔点较高（1455℃），在空气中具有很好的热稳定性，在高于 600℃以上才氧化。镍是用途广泛又较贵重的金属。它具有面心立方晶格结构，其组织稳定，无同素异构转变。镍能与很多金属形成无限固溶体或有限固溶体。它有较高的强度和塑性，还有良好的延展性和可锻性。可制成薄板、管材等。

纯镍中常存在的杂质有铁、钴、铜、硅、碳、硫和氧，其中铁、钴、铜、硅的量如控制在规定的值以下，这些杂质可以在镍中形成固溶体，对镍的性能无危害作用。镍中的有害杂质是铅、碳、硫、磷和氧。因为镍中的铅、硫、磷易与镍形成低熔点的共晶体；镍中的氧呈氧化镍状态分布在晶界上；当镍中碳含量超过 0.1%，碳以石墨形态析出，破坏晶间的结合力，这些杂质的存在会恶化镍的性能。铜和锰对镍的力学性能和耐热性能有良好的作用。

纯镍的物理、力学性能分别见表 8-17。

表 8-17 工业纯镍的物理性能

性　能	数　值	性　能	数　值
密度/(g/cm³)	8.9	热导率/[W/(m·K)]	60
熔点/℃	1455	线膨胀系数(20~100℃)/10⁻⁶℃	13.4
标准电极电位/V	−0.25	比热容(20℃)/[J/(kg·K)]	450
电阻率(25℃)/10⁻⁶Ω·m	0.078		

① 耐蚀性能　镍的标准电极电位为 $-0.25V$，比铁正，比铜负，有显著的钝化性能。镍特别耐碱的腐蚀，镍在高温的或在熔融的碱中都较其他许多金属稳定。但在高温（300~400℃）、高浓度（75%~98%）碱中，没有退火的镍容易发生晶间应力腐蚀开裂，故使用前要进行退火。镍在盐酸和硫酸中，当温度升高或溶液中充气时，镍的腐蚀速度大为增加。镍在乙酸中也不稳定。磷酸可与镍发生强烈的反应；对强氧化性溶液如硝酸、镍不耐腐蚀。镍无毒、耐果酸腐蚀。在常温下，镍表面有一层保护膜，因而在水、海水和许多盐溶液及有机介质中极为稳定。在大气中具有很好的耐蚀性，温度大于 600℃才会氧化。镍不耐高温含硫气体的腐蚀。

② 焊接性能　纯镍焊接时焊缝及热影响区易产生热裂纹。在纯镍焊接时溶入焊缝及热影响区的氧首先与镍形成氧化镍，再进一步与镍形成低熔点的共晶体，停留在晶粒边界，由此会导致焊缝及热影响区产生热裂纹；焊缝内存在氢气和水蒸气时，由于纯镍熔池的流动性差，在冷凝过程中气体来不及析出而残留在焊缝金属中，因而有形成气孔的倾向；纯镍的导热系数低、电阻系数大，在不适当的焊接热的作用下，焊缝和热影响区基体金属容易过热，引起晶粒长大的倾向，从而降低焊缝的力学性能。

8.4.2 镍基合金的基本性能

抗氧化镍基合金在高温下具有很好的抗高温氧化性能、抗高温燃气腐蚀，但不能承受外载或只能承受极小外力。

热强性镍基高温合金的最大特点是既有高的抗高温腐蚀性能，又有高的高温综合力学性能，能在较高的温度与应力下工作。

镍基耐蚀合金的力学性能、焊接性能、加工性能及热处理性能特点见表 8-18。

表 8-18　镍基耐蚀合金的力学性能、焊接性能、加工性能及热处理性能特点

合金类型	相应国内牌号	性能特点			
		力学性能	焊接性能	加工性能	热处理性能
Ni-Cu 型	NCu-28-1.5-1.8	具有良好的综合力学性能,当强度和硬度升高时,合金的塑性、韧性降低,在低温下直到液氢温度也没有塑脆转变现象	焊接性能良好	易于冷加工和热成型,适宜的热加工温度为 650～1177℃	为了获得强度、塑性与耐蚀性的良好配合,此合金一般需要进行热处理,如固溶处理、消除应力处理
	Ni68Cu28Al	合金没有塑-脆转变温度,故非常适用于制造各种低温设备	焊后可以提高合金的强度,但使塑性降低;合金焊接必须在退火状态下进行,且时效前必须先消除焊接应力	合金可以采用冷、热加工成型;合金的热变形温度为 871～1149℃;合金冷变形均在退火(固溶)态进行,常规冷加工方法均适用于此合金	最好进行 793～871℃ 的退火处理,对于需要进行时效处理的部件,建议热加工产品的退火温度为 982℃ 进行,冷加工产品在 1038℃ 进行
Ni-Cr 型	0Cr15Ni75Fe	合金的室温、低温力学性能与一般 Cr-Ni 奥氏体不锈钢相近,有良好的强度、塑性与韧性;高温力学性能优于一般奥氏体不锈钢,可在承载条件下 600～650℃ 使用	焊接性能良好,可以采用常用的焊接方法进行同材和异材焊接	合金的冷、热成型性很好	最佳固溶(退火)温度一般在 1093～1149℃,合金的耐一般腐蚀性能、抗高温蠕变、耐持久性能最好
	0Cr23Ni63Fe14Al	合金经中温(540～870℃)长期时效,无脆化倾向;980℃ 较 1150℃ 固溶处理具有更高的疲劳强度	具有良好的可焊性	具有良好的冷、热加工性能	热处理工艺为 1110～1150℃
	0Cr30Ni60Fe10	力学性能受热处理温度影响比较大,固溶处理温度提高,合金的强度下降,塑性增加;当温度高于 540℃ 时,合金的抗张强度迅速降低,延伸率也明显下降;合金在中温长期使用时,没有任何脆化倾向	具有良好的焊接性能	热加工成型性尚好,热加工变形一般可在 1040～1230℃ 间进行,合金的冷加工成型性能基本与 0Cr15Ni75Fe 合金相近	固溶处理温度为 1000～1100℃,为了获得更好的耐氯化物和耐苛性介质的应力腐蚀性能管材可进行固溶+时效处理,时效温度以 700℃ 为宜
Ni-Mo 型	0Mo28Ni65Fe5		合金的可焊性好,可以采用工业上通用的方法焊接	有较好的冷热加工成型性能,合金的热加工温度以 1000～1200℃ 为宜;具有良好的冷加工性、塑性和冷成型性;冷成型后均要热处理	固溶处理温度为 1150～1170℃,加热保温后快冷(水或空冷),中间退火温度可在 1000～1100℃ 下进行

8.4.3　镍及其合金在过程装备中的选用

　　在过程装备中,纯镍化工设备主要用于制碱工业的高温及与烧碱溶液接触的设备如碱液蒸发器。电解镍主要用于制作电镀镍槽中的阳极。镍基耐蚀合金主要用于条件苛刻的腐蚀环境,常用镍基耐蚀合金在过程装备上的选用见表 8-19。抗氧化镍基合金与热强性镍基高温合金的选用见表 8-20。

表 8-19 镍基耐蚀合金在过程装备上的应用

合金类型	化学成分标号	国内牌号	相当的国际常用牌号	应用
Ni-Cu	Ni68Cu28Fe	NCu-28-1.5-1.8	Monel 400 DIN 17743 WNr. 2.4360	应用量较大,主要用于化学、石油化学工业及海洋开发中。制造各种换热设备、锅炉给水换热器、石油和化工用管线、容器、塔、槽、反应釜、弹性部件以及泵、阀轴等
	Ni68Cu28Al	Ni68Cu28Al		主要用于泵轴和叶轮、输送器刮刀、油井钻环弹性部件、阀垫
Ni-Cr	Cr15Ni75Fe	0Cr15Ni75Fe	Inconel 600	广泛用于化学工业中,如制造加热器、换热器、蒸发器、蒸馏釜、蒸馏塔、脂肪酸处理用冷凝器、处理松香亭酸用设备等;用于热处理工业,制造各种结构件;用于轻水堆核电厂的重要结构材料
	Cr23Ni63Fe14Al	0Cr23Ni63Fe14Al	Inconel 601	主要用于加热设备、化学工业、环境污染控制、航空、航天以及动力工业中,如制造退火、渗碳、氮化等热处理设备、部件;各种工业炉辐射管、套筒、火焰屏蔽、燃气喷嘴、电阻加热元件、电阻丝套管;化学冷凝器管、硝酸生产的设备部件
	Cr20Ni65Ti3AlNb	0Cr20Ni65Ti3AlNb		国内主要用于耐腐蚀的条件下,如制造有稀硝酸腐蚀并有振动、撞击条件的计量泵截止球阀
	Cr30Ni60Fe10	0Cr30Ni60Fe10	Inconel 69	主要用于压水堆核电厂蒸发器传热管,也可用于耐硝酸、硝酸+氢氟酸等用途,如制造容器、管道、塔、槽等
Ni-Mo	Mo28Ni65Fe5	0Mo28Ni65Fe5	Hastell B Chlorimet 2	主要用于制作耐盐酸腐蚀,也用于耐湿氯化氢气体、耐磷酸、硫酸的容器及其衬里、管道、塔、槽、泵、阀等
	Mo28Ni68	00Mo28Ni68	Hastell B2 Langalloy 4R	主要用于耐盐酸、硫酸、磷酸和甲酸等的管道、容器及其衬里、反应塔和衬里、泵和阀件等
Ni-Cr-Mo	Cr16Ni60Mo16W4	0Cr16Ni60Mo16W4	Hastell C Langalloy 5R (铸)	可制作耐湿氯气、氧化性氯化物($FeCl_3$、$CuCl_2$ 等)、氯化盐($NaCl$、$CaCl_2$、$MgCl_2$ 等)以及含各种氧化性盐的硫酸、亚硫酸、磷酸,各种有机酸、高温氟化氢等介质的容器、管道、阀门、塔槽等
	Cr15Ni60Mo16W4	00Cr15Ni60Mo16W4	Hastell C-276	其用途与 0Cr16Ni60Mo16W4 大致相同,但是,当设备、部件要求焊接且焊后无晶间腐蚀等危险时,选用 00Cr15Ni60Mo16W4 合金
	Cr16Ni63Mo16Ti	00Cr16Ni63Mo16Ti	Hastell C-4	主要用于耐盐酸、硫酸等无机酸,耐甲酸等有机酸耐氯及含氯的介质,干氯气,海水等。由于此合金耐孔蚀、缝隙腐蚀的性能良好,因此常用于其他不锈钢和高镍耐蚀合金无法解决的局部腐蚀问题;此合金可以制造耐腐蚀的管道、容器、塔、槽、反应器、换热器以及泵、阀

表 8-20　抗氧化镍基合金与热强性镍基高温合金的应用

合金类型	合金名称	应用举例
抗氧化镍基合金	Cr30Ni80	温度不超过 1100℃，工业及实验室用炉的加热元件
	Cr15Ni60	使用温度不超过 1050℃，是工业、实验室炉用加热元件
	Cr30Ni70	1150～1200℃下工作的零件
	BCK85	1100℃下工作的燃气室、陶瓷烧结用部件
	Cr25Ni60	1100℃下工作的燃烧室板材
	Cr27Ni70Al	850～1100℃工作的蜗轮用板材
	Cr20Ni78	型材与管材
热强性镍基高温合金	CH-33	用于 750℃以下蜗轮叶片、760℃以下蜗轮盘
	CH-33A	用于 700～750℃的蜗轮盘及叶片
	CH-27	800～850℃下的蜗轮叶片
	CH-146	870℃左右的蜗轮叶片，长期使用于 700～750℃
	CH-49	900℃左右的蜗轮叶片及承受应力较大部件
	CH-151	950℃下的蜗轮叶片
	CH-710	980℃下燃气蜗轮工作叶片和蜗轮盘、后轴等
	CH220	900～950℃燃气蜗轮叶片

8.5　轴承合金

在过程装备中，轴承是机器的重要组成部分，其主要作用是支承轴并使轴长期正常运行。在生产装置中除了大量采用滚动轴承外，在许多场合仍采用滑动轴承，因为滑动轴承与滚动轴承相比较，具有承压面积大、工作平稳、无噪声以及装拆方便等优点。

滑动轴承一般由轴承体和轴瓦组成，与轴直接接触的是轴瓦，为了提高轴瓦的强度和耐磨性，往往在钢质轴瓦的内侧浇铸或轧制一层薄而均匀的、耐磨的合金，用于制造滑动轴承内衬的耐磨合金称为**轴承合金**。

滑动轴承工作时，与轴有相对滑动，轴瓦内表面要承受一定的周期性交变载荷，并存在摩擦磨损，当轴高速运转时，摩擦磨损更为恶劣。滑动轴承工作所承受的载荷有静载荷和动载荷，有的轴承还要承受一定的冲击载荷。机器的轴与轴承之间，在理想状态下，有一层润滑油膜起润滑作用，但在实际工作中，特别是在停车后启动以及载荷变动时，润滑油膜往往遭到破坏，处于半干摩擦甚至干摩擦。半干摩擦与干摩擦状态的摩擦因数比液体摩擦状态的大，摩擦发热严重，磨损也严重。

在过程装备上应用的轴承，还可能遭受介质的污染和腐蚀。

8.5.1　轴承合金的性能要求及组织特征

轴是机器上的重要零件，制作工艺复杂，价格贵，装拆比较困难。在轴与轴承相对摩擦运转时，应当使轴的磨损程度减至最小，以保证机器的正常运行。

（1）轴承合金的性能要求

轴承合金的性能应满足下列要求：

具有足够的抗压强度，以保证能承受轴颈所施加的较大压应力；

具有较高的抗疲劳强度，能承受较大的周期性的变动载荷的作用；

具有与轴摩擦滑动时有较小的摩擦因数、良好的相容性，即具有良好的减摩特性；

有优良的导热性以及较小的膨胀系数，以免摩擦面的温度升高发生咬合而损坏轴颈和轴承；

具有足够的塑性和韧性，以使轴承能承受轴施加的冲击和振动载荷；

有良好的耐蚀性，能抗润滑油的腐蚀。

（2）轴承合金的理想显微结构

软相和硬相的相互配合，即在软基体上分布硬颗粒或在硬基体上分布软颗粒，满足既能减摩又能承受高的疲劳应力的要求。

如果轴承合金的显微结构是在软基体上分布硬颗粒，轴承在运转时，软的基体被磨损而形成凹槽，硬的质点因抗磨而突出。凹槽储存润滑油，改善润滑条件，减少轴承与轴颈的磨损。突出的硬点能支承轴颈，软质的基体能承受冲击和振动。这样的组织能使轴承与轴颈很快的磨合，保证轴正常的运转。另外，即使偶尔有外来硬质点进入轴承，也能被压入软基体内，不致损伤轴颈。这种轴承有良好的减摩性，但难以承受高的载荷。一般用于高速中低载荷情况。

如果轴承合金的显微结构是在硬基体上分布软质点时，与上面类似，这类组织也具有低的摩擦因数，而且能承受较高的载荷，但与前一种组织相比减摩性较差，轴承与轴不易磨合，一般用于高速重载情况下。

（3）常用轴承合金

有锡基轴承合金、铅基轴承合金、铝基轴承合金与铜基轴承合金等。前两者均以锑作为主加元素，按发明人的名字，又称为**巴氏合金**。而后两者强度高承载力大、耐磨性和导热性都优于巴氏合金，但不容易磨合，与之相配的轴径要求硬度较高。

下面介绍常用轴承合金的特点。

8.5.2　锡基和铅基轴承合金

（1）锡基轴承合金

锡基轴承合金是以 Sn、Sb 为基，加入铜等合金元素而形成的合金。铸造锡基轴承合金的牌号及化学成分列于表 8-21。锡基轴承合金按化学成分为两类：一类是含 Sb 量小于 8%，如 ZSnSbCu4 合金；另一类含 Sb 量大于 8%，如最常用的 ZSnSb11Cu6 合金。

轴承合金一般在铸态下使用，其代号为

$$Z + 基本元素符号 + 主加元素符号及\%含量 + 辅加元素符号及\%含量$$

锡基轴承合金是一种软基体硬质点类型的轴承合金其组织可用 Sn-Sb 合金状态图来分

表 8-21　铸造锡基轴承合金牌号及化学成分（GB/T 1174）

合金牌号	化学成分/%										其他元素总和	布氏硬度/HB
	w_{Sn}	w_{Pb}	w_{Cu}	w_{Zn}	w_{Al}	w_{Sb}	w_{Ni}	w_{Fe}	w_{Bi}	w_{As}		
ZSnSb12Pb10Cu4	其余	9.0~11.0	2.5~5.0	0.01	0.01	11.0~13.0	—	0.1	0.08	0.1	0.55	29
ZSnSb12Cu8Cd1		0.15	4.5~6.3	0.05	0.05	10.0~13.0	0.3~0.6	0.1		0.4~0.7	$w_{Cd}1.1~1.6$ $w_{Fe+Al+Zn}$ ≤0.15	34
ZSnSb11Cu6		0.35	5.5~6.5	0.01	0.01	10.0~12.0	—	0.1	0.03	0.1	0.55	27
ZSnSbCu4		0.35	3.0~4.0	0.005	0.005	7.0~8.0	—	0.1	0.03	0.1	0.55	24
ZSnSbCu4		0.35	4.0~5.0	0.01					0.08		0.50	20

析，含 Sb10％～12％的合金的室温组织有 $\alpha+\beta'$ 组成，其中的 α 相是锑溶解于锡的固溶体（软基体），β' 相是以化合物 SnSb 为基的固溶体（硬质点），但 β' 相比较轻，铸造时易发生重度偏析。锡基轴承合金中加入铜，可以生成化合物 Cu_6Sn_5，该化合物熔点较高，结晶时优先析出。由于它的密度与液相接近，结晶时它先形成树枝状骨架，均匀分布在液相中，防止结晶时 β' 相上浮，所以该轴承合金的组织是在软基体上均匀分布着硬的质点。锡基轴承合金具有摩擦因数和膨胀系数小，塑性和导热性好的优点。但疲劳强度较低，使用温度也较低（≤150℃）。铸造锡基轴承合金与其他轴承合金性能比较见表 8-22。

表 8-22　铸造锡基轴承合金与其他轴承合金性能比较

合金名称	抗咬合性	磨合性	耐蚀性	抗疲劳性	合金硬度/HB	轴的最小硬度/HB	最大允许应力/(N/cm²)	最高容许工作温度/℃
锡基轴承合金	优	优	优	劣	20～30	150	600～1000	150
铅基轴承合金	优	优	中	劣	15～30	150	600～800	150
铸铁	差	劣	优	优	160～180	200～250	300～600	150
锡青铜	中	劣	优	优	50～100	200	700～2000	200
磷青铜	劣	劣	优	优	100～200	300	1500～1600	250
铅青铜	中	差	差	良	40～80	300	2000～3200	220～250
黄铜	中	劣	优	优	80～150	200	700～2000	200
镉基合金	优	良	劣	差	30～40	200～250	1000～1400	250
铝合金	劣	中	优	良	45～50	300	2000～2800	100～150

（2）铅基轴承合金

铅基轴承合金是以 Pb、Sb 为基的合金，铅基轴承合金按成分可分为两类：一类是简单的铅-锑-铜合金和铅-钠-钙合金，另一类是复杂的在铅-锑-锡的基础上添加铜、镍、镉、砷等元素组成的合金。

铅基轴承合金的组织也是一种软基体硬质点类型的轴承合金。二元铅锑轴承合金的组织可由 Pb-Sb 合金相图（图 8-5）分析，在铅锑合金中，当含锑量大于 11.2％时，合金的金相组织由初生 β 相和共晶体（$\alpha+\beta$）相组成，β 相是以锑为基的固溶体，起硬质相的作用；α 相是锑溶入铅形成的固溶体，由于铅的强度和硬度很低，所以共晶体（$\alpha+\beta$）可作为软基体。因为铅的密度比锑大，合金有严重的重度偏析。当加入一定量的铜，可形成难熔的针状化合物 Cu_2Sb，使合金在结晶过程中，重度偏析得到防止，同时 Cu_2Sb 也起硬质点的作用。

简单铅锑系合金的强度和硬度都很低，耐磨性不太好，为了提高其强度和耐磨性，可加入 5％～17％Sn。锡既能溶入铅中，强化基体中的 α 固溶体，又能形成化合物 SbSn，SbSn 作为硬质点可以提高合金的耐磨性，还能改善轴承合金的性能和增加合金与钢基体的结合强

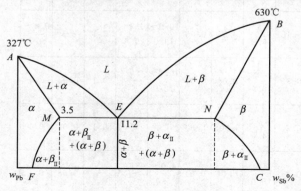

图 8-5　Pb-Sb 合金相图

度。Pb-Sb-Sn 铅基轴承合金虽优于 Pb-Sb 铅基轴承合金，但其强度、耐磨性仍然比锡基轴承合金低，不适宜制造在剧烈振动或冲击条件下工作的轴承合金。为了改善铅锑轴承合金的性能，根据使用条件不同，也有在铅锑轴承合金中添加镍、镉、砷、镓、钙、钠等元素。铸造铅基轴承合金的牌号及化学成分列于表 8-23。

表 8-23　铸造铅基轴承合金的牌号及化学成分（GB/T 1174）

| 合金牌号 | 化学成分/% | | | | | | | | | | | 布氏硬度/HB |
	w_{Sn}	w_{Pb}	w_{Cu}	w_{Zn}	w_{Al}	w_{Sb}	w_{Fe}	w_{Bi}	w_{As}	w_{Cd}	其他元素总和	
ZPbSb16Sn16Cu2	15.0～17.0	其余	1.5～2.0	0.15		15.0～17.0	0.1	0.1	0.3		0.6	30
ZPbSb15Sn5Cu3Cd2	5.0～6.0		2.5～3.0	0.15		14.0～16.0	0.1	0.1	0.6～1.0	1.75～2.25	0.4	32
ZPbSb15Sn10	9.0～11.0		0.7	0.005	0.005	14.0～16.0	0.1	0.1	0.6	0.05	0.45	24
ZPbSb15Sn5	4.0～5.5		0.5～1.0	0.15	0.01	14.0～15.5	0.1	0.1	0.2		0.75	20
ZPbSb10Sn6	5.0～7.0		0.7	0.005	0.05	9.0～11.0	0.1	0.1	0.25	0.05	0.7	18

8.5.3　铜基轴承合金

铜合金中常用作轴承合金的有锡青铜、铝青铜、铅青铜和锑青铜等。铸造铜基轴承合金的名称、牌号及化学成分见表 8-24。下面分别给予介绍。

表 8-24　铸造铜基轴承合金的名称、牌号及化学成分（GB/T 1176）

| 合金名称 | 牌号 | 主要成分/% | | | | | | |
		w_{Sn}	w_{Zn}	w_{Pb}	w_P	w_{Al}	w_{Fe}	w_{Cu}
5-5-5 锡青铜	ZCuSn5Pb5Zn5	4.0～6.0	4.0～6.0	4.0～6.0				其余
10-1 锡青铜	ZCuSn10P1	9.0～11.5			0.5～1.0			其余
10-10 铅青铜	ZCuPb10Sn10	9.0～11.5		8.0～11.0				其余
15-8 铅青铜	ZCuPb15Sn8	7.0～9.0		13.0～17.0				其余
20-5 铅青铜	ZCuPb20Sn5	4.0～6.0		18.0～23.0				其余
30 铅青铜	ZCuPb30			27.0～33.0				其余
10-3 铝青铜	ZCuAl10Fe3					8.5～11.0	2.0～4.0	其余

（1）锡青铜轴承合金

锡青铜是以锡作主加元素的铜合金，用作轴承合金的代表型号是 10-1 锡青铜（ZCuSn10P1），含 10%Sn＋1%P，其组织为树枝状 α 固溶体＋三元共晶体（$\alpha+\delta+Cu_3P$），α 相是以铜为基的固溶体，δ 相是以电子化合物 $Cu_{31}Sn_8$ 为基的固溶体，α 相较软，而 δ 相（$Cu_{31}Sn_8$）与 Cu_3P 为硬质相，具有良好的耐磨性，易加工。适宜制作在较高载荷、中速条件下工作的轴瓦。锡青铜轴承合金的力学性能见表 8-25。

表 8-25 锡青铜轴承合金的力学性能 (GB/T 1174—92)

合金名称	合金牌号	铸造方法	力学性能 ≥		
			抗拉强度 R_m/MPa	延伸率 A/%	布氏硬度/HB
5-5-5 锡青铜	ZCuSn5Pb5Zn5	S,J	200	13	60[①]
		Li	250	13	65[①]
10-1 锡青铜	ZCuSn10P1	S	200	3	80[①]
		J	310	3	90[①]
		Li	330	4	90[①]

① 硬度值仅供参考。

(2) 铝青铜轴承合金

以铝为主加元素的铜合金为铝青铜,其中 10-3 铝青铜用作轴承合金。10-3 铝青铜含有 8.5%～11.5%Al、2.0%～4.0%Fe,余量为铜。按照铜-铝相图,此合金主要有 α 相和 β 相,在不同的温度下 α 相与 β 相的比例不同,如合金在低于共析温度(565℃)下淬火或合金从高于 565℃ 下缓冷,其组织中的 β 相会发生共析转变,形成 $\alpha+\gamma_2$ 相。其中 α 相是铝在铜中的固溶体,较软; β 相是以电子化合物 Cu_3Al 为基的固溶体; γ_2 相是以电子化合物 Cu_9Al_4 为基的固溶体,硬度高、脆性大。由于合金中含有一定量的铁,故合金还含有细小的 $FeAl_3$ 质点,对提高铝青铜的强度、硬度和耐磨性有利。铝青铜轴承合金的力学性能见表 8-26。

表 8-26 铝青铜轴承合金的力学性能 (GB/T 1174—92)

合金名称	合金牌号	铸造方法	力学性能 ≥		
			抗拉强度 σ_b/MPa	延伸率 δ_5/%	布氏硬度/HB
10-3 铝青铜	ZCuAl10Fe3	S	490	13	100[①]
		J、Li	540	15	110[①]

① 硬度值仅供参考。

(3) 铅青铜轴承合金

铅青铜是以铅为主加元素的铜合金。轴承用铅青铜按成分可分为两类:含 30%～45% Pb 的简单二元铅青铜和添加镍、锡的多元铅青铜。

常用的铅青铜轴承合金如 ZCuPb30,属于硬基体软质点的组织。因为铜和铅在固态时不互溶,室温显微组织为 Cu+Pb。铜为硬基体,粒状铅为软质点。

铅青铜轴承合金与巴氏合金相比,具有高的导热性(较锡青铜大四倍),具有高的疲劳强度和承载能力,优良的耐热性和低的摩擦因数,能在较高的温度(250℃)下正常工作。简单铅青铜的强度较低,一般是浇铸在钢管或钢板上制成双金属轴承使用,这种轴承兼有钢的强度高和铅青铜的耐磨性好的优点,而且二者的结合强度也较高,不易剥落和开裂。但铅青铜中的铅和铜的熔点与密度都相差很大,所以该合金存在容易产生偏析的缺点,为此浇铸前应搅拌均匀,浇铸后应使其快速冷却。

为了提高铅青铜的机械强度,特别是疲劳强度,可加入锡(<6.5%)进行强化,但同时还应加入一定量的硫。合金中加入<1%的镍能减少偏析。含锡和镍的多元铅青铜由于强度比较高,可独立制作成轴瓦,不需与钢基配合使用。铅青铜轴承合金的力学性能列于表 8-27。

表 8-27　铅青铜轴承合金的力学性能（GB/T 1174—92）

合金名称	牌号	铸造	力 学 性 能 ≥		
			抗拉强度 R_m/MPa	延伸率 A/%	布氏硬度/HB
10-10 铅青铜	ZCuPb10Sn10	S	180	7	65
		J	220	5	70
		Li	220	6	70
15-8 铅青铜	ZCuPb15Sn8	S	170	5	60[①]
		J	200	6	65[①]
		Li	220	8	65[①]
20-5 铅青铜	ZCuPb20Sn5	S	150	5	45[①]
		J	150	6	50[①]
30 铅青铜	ZCuPb30	J	—	—	25

① 硬度值仅供参考。

（4）锑青铜轴承合金

锑青铜是以锑为主加元素的铜合金。用作轴承合金的锑青铜含锑大约 6%，其组织由铜基固溶体和铜锑化合物（Cu4.5Sb）所组成。为了提高耐磨性而加铅时，组织中还有铅的晶粒。这种合金具有高的耐磨性和良好的切削加工性能。铸造性能也好。常用锑青铜轴承合金的化学成分及力学性能见表 8-28。

表 8-28　常用锑青铜轴承合金的化学成分及力学性能

合金牌号	化学成分/%					力 学 性 能		
	w_{Sb}	w_P	w_{Pb}	w_{Cu}	其他	抗拉强度 R_m/MPa	延伸率 A/%	布氏硬度 /HB
QSb5	4.7～6.2	0.4～0.9	—	其余	—	215.6	5	80
QSb5-12	4.5～6	0.1～0.3	10～14	其余	—	147	2	60
QSb5.5-2.5	5.2～6.3	0.2	—	其余	w_{Ni}:2～3 w_{Zn}:0.4～1	254.8	6	82

8.5.4　铝基轴承合金

铝基轴承合金以铝为基体元素，加锑或锡等而制得合金。目前常用的铝基轴承合金有铝基低锡轴承合金、高锡轴承合金和铝锑镁轴承合金等。铝基轴承合金的种类、代号及化学成分列于表 8-29。它们的力学性能见表 8-30。

铝锑镁轴承合金含有 3.5%～5.5%Sb、0.3%～0.7%Mg，其余为 Al。该合金室温显微组织为 Al+β。Al 是软基体，β 相为铝锑化合物（AlSb），为硬质点，分布均匀。镁的加入能提高合金的屈服强度和冲击韧性，并能使针状 AlSb 变为片状，从而改变合金的性能。铝锑镁铝基轴承合金与锡基轴承合金相比，具有较高的机械强度和耐磨性，但运转时易与轴咬合，承载能力也不大，适用于作轻载荷轴承。

高锡铝基轴承合金含锡量较高，20 高锡合金含 17.5%～22.5%Sn、30 高锡合金含 27.5%～32.5%Sn，0.8%～1.2%Cu，其余为 Al，其组织是典型的硬质基体加软质点组成的轴承合金。锡的加入可改善抗咬合性，以减少轴瓦与轴颈的磨损。锡含量增加使合金的力学性能降低。合金中加入少量铜，可固溶于铝中，起固溶强化基体作用，随铜含量的增加，合金的强度、硬度提高，塑性下降。高锡铝基轴承合金由于力学性能较低，故常与钢复合成双金属结构。

表 8-29 铝基轴承合金的种类、代号和化学成分

合金种类或代号		主要化学成分/%							杂质(不大于)/%						
		w_{Sn}	w_{Cu}	w_{Mg}	w_{Sb}	w_{Si}	w_{Ni}	w_{Al}	w_{Fe}	w_{Si}	w_{Fe+Si}	w_{Mn}	w_{Zn}	w_{Pb}	w_{Ti}
低锡合金	ZLSn1	6~9	2.0~3.0	<1	—	—	1.0~1.5	其余	0.80	0.5		0.5	0.1	0.1	0.5
	ZLSn2	6.5~7	1.0~1.5			2.0~2.5	0.5~1.0	其余	0.4				0.1	0.1	
	ZLSn3	2~4	3.5~4.5	1.0~2.0	—		—	其余	0.8	0.5		0.5	0.1	0.1	0.5
Al-Sb-Mg		—	—	0.3~0.7	3.5~5.5			其余	0.75	0.5					
20高锡		17.5~22.5	0.8~1.2					其余	0.70	0.5	1.5				
30高锡		27.5~32.5	0.8~1.2		—	—	—	其余	0.70	0.5	1.5				

表 8-30 铝基轴承合金的力学性能

合金代号	铸造方法	热处理种类	抗拉强度 R_m/MPa	结合强度/MPa	延伸率 A/%	布氏硬度/HB
ZLSn1	J	T2	150	—	10	45
ZLSn2	J	T2	150	—	10	45
ZLSn3	J	T7				100
Al-Sb-Mg	—		60~65	50~70		25~28
20高锡	—		100~110	80~100		22~32
30高锡	—		100~110	80~100		18~28

　　低锡铝基轴承合金与高锡的相比含锡较少，还添加有一定量的镁、硅、镍（低锡铝基轴承合金牌号不同，添加的元素不同、添加的量也不同），杂质元素也较多。各种合金元素的综合影响的结果，低锡铝基轴承合金的力学性能都比高锡的优良，因此适用于高速重载和中速中载的轴承。

8.5.5 轴承合金在过程装备上的选用

　　各种轴承合金的选用列于表 8-31。

表 8-31　铸造轴承合金的牌号及选用举例

合金类型及牌号		主要特性	选用举例
锡基轴承合金	ZSn12Pb10Cu4	系含锡量最低的锡基轴承合金，因含铅，其浇铸性、热强性较差，其特点是性软而韧、耐压、硬度较高	适用于常温、中温环境中，中速、中载的发动机主轴承
	ZSnSb11Cu6	含锡较低，铜、锑含量较高，这种合金具有较高的抗压强度，一定的冲击韧性及硬度，可塑性好，其导热性、耐蚀性、流动性优良，膨胀系数较巴氏合金小，其缺点是工作温度不能高于110℃，且疲劳强度较低	适于制造重载、高速、且工作温度低于110℃的重要轴承，如高速机床主轴的轴承和轴瓦、及压缩机电动机的主轴承
	ZSnSb8Cu4	比 ZChSnPb11-6，其韧性较好，强度、硬度略低，其他性能与 ZChSnPb11-6 相近	适于制造工作温度在100℃以下大型机器轴承及轴衬，高速高载的汽车薄壁双金属轴承
	ZSnSb4Cu4	其韧性很好，是巴氏合金中最高的，强度、硬度比 ZSnSb11Cu6 略低，其他性能与 ZSnSb11Cu6 相近，较贵	用于制造重载高速的、要求韧性大而薄壁的轴承，如涡轮机、蒸汽机、航空及发动机的高速轴承及轴衬
铅基轴承合金	ZPbSb16Sn16Cu2	这种合金比应用最为广泛的 ZSnSb11Cu6 合金摩擦系数大，抗压强度高，硬度相同，耐磨性及使用寿命相近，且价格较低，但缺点是冲击韧性低，因此不宜在冲击情况下工作，在静载荷下工作较好	适用于无显著冲击载荷、重载高速的轴承，如汽车的曲柄轴承和1200马力的蒸汽、水力涡轮机、750kW内的电动机、500kW内的发电机、500马力内的压缩机等的轴承
	ZPbSb15Sn5Cu3Cd2	性能与 ZPbSb16Sn16Cu2 相近，是其良好代用材料	替代 ZPbSb16Sn16Cu2 制造汽车发动机轴承、抽水机、球磨机和金属切削机床齿轮箱的轴承
	ZPbSb15Sn10	这种合金与 ZPbSb16Sn16Cu2 相比，冲击韧性高、摩擦因数大，但有良好的磨合性和可塑性，且经退火处理后，其减摩性、塑性、韧性及强度均显著提高	用于制造中等压力、中等转速和冲击载荷的轴承，也可制造高温轴承，如汽车发动机连杆轴承
	PbSb15Sn5	与 ZSnSb11Cu6 相比，其耐压强度相同，塑性及导热率较差，不宜在高温高压及冲击载荷下工作，但在工作温度不超过80～100℃和低冲击载荷条件下，其性能较好，且寿命不低	可用来制造低速、低压、低冲击条件下工作的轴承，如空压机、发动机轴承及中功率电动机。水泵等轴承
	ZPbSb10Sn6	其性能与锡基轴承合金 ZChSnPb4-4 相近，是其理想的代替材料	可代替 ZSnSb4Cu4 浇铸工作厚度大于 0.5mm，工作温度不大于120℃，承受中等载荷或高速低载荷的轴承，如汽车发动机、空压机、高压油泵、高速转子发动机的主机轴承，及通风机，真空泵等用普通轴承

续表

合金类型及牌号		主要特性	选用举例
铜基轴承合金	ZCuSn5Pb5Zn5	耐磨性、耐蚀性好,铸造性和气密性较好,易加工	在高载荷、中速工作条件下的耐磨、耐蚀件,如轴瓦、衬套、活塞、蜗轮等
	ZCuSn10Pb1	硬度高、耐磨性极好,铸造性及加工性较好,在大气和淡水中耐蚀性较好	用于高载荷(20MPa以下)和高滑动速度(8m/s)以下工作条件的零件,如齿轮轴瓦、蜗轮等
	ZCuPb10Sn10	耐磨性、润滑性、耐蚀性能良好,多用于双金属材料	滑动轴承、轴辊等,载荷峰值小于60MPa的受冲击零件、内燃机双金属轴瓦、活塞销套等
	ZCuPb15Sn8	滑动性及自润滑性良好,切削加工性好,铸造性能差,耐蚀性好	内燃机的双金属轴承、活塞销套
	ZCuPb20Sn5	自润滑性很好,切削性好,铸造性能差,耐酸腐蚀,多适合于双金属材料	滑动速度中、高的破碎机、水泵、冷轧机轴承,载荷小于40MPa零件,载荷小于70MPa的内燃机活塞销套耐蚀零件,双金属零件
	ZCuPb30	自润滑性良好,切削较好,铸造性差	制作减摩零件、高滑动速度双金属轴瓦
	ZCuAl10Fe3	力学性能好,耐磨,耐蚀性好	用于要求高强度,耐磨、耐蚀零件及250℃以下工作条件的管配件,如轴套蜗轮等
铝基轴承合金	ZLSn1、ZLSn2		用于高速重载荷的轴承
	ZLSn3		用于中速中载荷的轴承
	Al-Sb-Mg		用于双金属轴瓦材料、制造拖拉机轴承
	20高锡、30高锡		用于双金属轴瓦材料、制造汽车、拖拉机等不同内燃机轴承

习 题 和 思 考 题

1.纯钛有哪两种晶体结构?在什么条件下发生相互转变?纯钛的物理力学性能具有哪些特点?

2.纯钛中一般存在哪些杂质?杂质对其力学性能有何影响?

3.按晶体结构分类,钛合金可以分为哪三类?请各举一例说明三者的性能差异。

4.$\alpha+\beta$型钛合金为什么应用广泛?

5.钛及钛合金的焊接,容易出现哪些问题?

6.钛及钛合金的耐蚀性能有何特点?

7.变形合金和铸造合金是怎样区分的?能热处理强化的铝合金和不能热处理强化的铝合金是根据什么确定的?

8.变形铝合金的固溶时效处理,为什么能起到强化作用?

9.合金化元素铜、镁、锌、硅在铝合金中起什么作用?

10.为什么防锈铝合金具有良好的耐蚀性?

11.铝及铝合金的焊接比较困难的原因是什么?

12.什么是黄铜?为什么黄铜的含锌量不大于45%?

13.黄铜为什么要采用气焊?

14. 什么是锡青铜？有何性能特点？为什么工业用锡青铜的含锡量为 3%～14%？

15. 纯镍焊接时为什么容易产生裂纹、气孔、局部过热等缺陷？

16. 镍的耐蚀特点是什么？

17. 滑动轴承合金应具有哪些性能要求？为确保这些性能，滑动轴承合金应具有什么样的理想显微结构？

18. 常用轴承合金有哪几大类？各类合金的主要特点是什么？

9 选材原则和材料数据库、专家系统简介

导读 本章在学习了过程装备的失效分析及常用的金属材料后，提出了过程装备材料选用的基本原则——使用性能原则、工艺性能原则和经济性原则，并结合过程装备的工艺特点、结构特点对选材作出分析。为提高选材能力，本章对工程材料数据库及选材专家系统作简单介绍。

9.1 过程装备材料选用的一般原则

选用工程材料的基本原则是使用性能、加工工艺性能和经济性这三大普遍被接受和采纳的原则，近年来可靠性原则和资源、能源、环保原则也逐渐成为选材的重要原则。

材料选用的基本思路如图 9-1 所示，首先根据使用性能原则，经过过程装备的工作条件分析初步确定和失效分析进一步确定构件应该具备的使用性能，将构件的使用性能转化为材料的使用性能指标，查阅有关手册确定预选材料。一般预选的材料不是唯一的，综合分析预选材料的使用性能、工艺性能和经济性，确定出选用的材料。

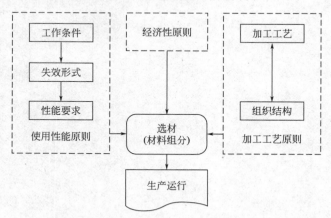

图 9-1 材料选用的基本思路

9.1.1 使用性能原则

使用性能主要指构件在使用状态下应具有的性能，包括材料的力学性能、耐腐蚀性能和物理性能。材料使用性原则一般是材料选择的切入点。这是因为构件在一定环境下完成确定的功能必须由使用性能原则来保证。当选用材料具备了足够的使用性能后，再考虑是否满足工艺性能原则、经济性原则等。

性能要求一般是在分析构件的工作条件和失效形式的基础上提出来的。构件的工作条件大致可归纳如下。

ⅰ.构件的受力情况如载荷的类型（静载、交变载荷、冲击载荷等），载荷的形式（拉伸、压缩、扭转、弯曲、剪切等），载荷大小及分布情况（均匀分布或有较大的局部应力集中）等。

ⅱ.构件的工作环境主要是温度和介质情况。温度情况如低温、常温、高温或变温等；介质情况如有无腐蚀、核辐照、积垢或摩擦作用等。

ⅲ.构件的特殊要求如传热快、防振、重量轻等。

构件在一定工作条件下工作，往往会发生失效。为了防止可能的失效形式发生，就有必要在设计时对材料的性能指标提出一定的要求。例如换热元件必须考虑材料的导热性能；铅有毒，在食品工业生产装置中禁止使用。交变载荷时，可能发生疲劳断裂，疲劳强度是主要使用性能要求，如果有腐蚀介质的存在，则需考虑材料腐蚀疲劳性能。

在工作条件分析时，往往材料的力学性能是最直接的选材依据，如中低压容器设计时，必须满足 $\sigma \leqslant [\sigma]$，但是值得指出的是由于过程装备往往接触腐蚀性、高低温等介质，这些工作环境因素应予高度重视。

在构件工作条件分析和失效分析的基础上明确了构件的使用性能后，还要把构件的使用性能要求，通过分析、计算转化成材料在实验室中按标准测量的性能指标和具体数值，再按这些性能指标数值查找手册或数据库中各类材料的性能数据和大致应用范围进行选材。在进行此项工作时，要注意手册和数据库上列出的材料性能数据是在试验标准条件下用标准试样测出的，必须注意试验条件与工作条件的差别。材料的性能与构件的真实性能之间有时会有很大差异，机械地采用材料的性能指标，有时会出现严重的早期失效现象。对于在复杂条件下工作的重要构件，必要时必须进行实验室模拟试验，来确定其性能指标数据，如高温强度、低周疲劳、热疲劳、应力腐蚀疲劳等。这类指标的测定难度大、成本高、适应面小，所以这类零件的选材应与针对性强的模拟试验一起进行。

9.1.2　加工工艺性能原则

加工工艺性能是指材料在加工过程中对不同加工方法的适应性。材料加工工艺性能的好坏影响到加工工艺过程的可行性和难易程度，从而影响到设备和零部件的加工质量、成本和效率。材料的加工工艺性能主要包括焊接性能、铸造性能、压力加工性能、机加工性能和热处理性能等，在本书 5.2 节中已经做了详细的介绍。焊接性能是指获得高质量焊接接头以满足整体结构功能要求的能力；铸造性能主要是指液体对型腔充盈能力的好坏、冷却后收缩率的大小以及偏析程度的高低；压力加工性能取决于材料的塑性变形能力及变形抗力；影响材料机加工性能的主要因素是材料的硬度和韧性；热处理性能包括淬透性、淬硬性、开裂趋势、晶粒长大倾向以及回火脆性等指标。

加工工艺性能不仅要求工艺简单、容易加工、能源消耗少、材料利用率高、加工质量好（变形小、尺寸精度高、表面粗糙度低、组织均匀致密等），而且包括加工后的构件在使用时有好的使用性能。如压力容器用钢，12Cr18Ni9Ti [$w_C \leqslant 0.12\%$，$w_{Cr} = 17.00\% \sim 19.00\%$，$w_{Ni} = 8.00\% \sim 11.00\%$，$w_{Ti} = 5(w_C\% - 0.02) \sim 0.80\%$] 焊接后易造成晶间贫铬而发生晶间腐蚀，使其逐渐被低碳级和超低碳级不锈钢代替，就是加工工艺性能原则对材料选择影响的例证。又如齿轮类零件用钢要求具有较高的表面硬度，往往要对零件进行淬火，在材料选择上必须考虑零件的淬透性。

9.1.3　经济性原则

在满足构件使用性能、加工工艺性能要求的前提下，经济性也是必须考虑的主要因素。

选材的经济性不只是选用材料的价格，还要考虑构件生产的总成本，把材料费用同构件加工制造、安装、操作、检验、维修、更换及装备寿命等结合起来考虑，进行总费用的理财。选材时同时考虑材料来源容易和符合国家的资源政策也是很重要的。

9.2　工程材料数据库简介

材料的型号繁多，品种各异，而且每一种材料都有其不同的具体化学成分和各种性能。在工程实际中，遇到特定的介质和材料，可能需要查阅大量的文献才能掌握其基本的参数。而如果把这些信息做成一个材料数据库，就可以很方便地进行查询，以满足工程实际的需要。同时，材料数据库在 CAD/CAM 系统中也充当了基础工业数据的角色，是 CAD/CAM 系统的重要支柱。材料数据库也是后面介绍的专家系统的基础。

（1）工程材料数据库系统

工程材料数据库系统的开发主要包含工程材料数据库设计和数据库应用软件开发。工程材料数据库设计通常是在一个通用的数据库管理系统（DBMS, database management system）支持下进行的，即利用现成的 DBMS 作为开发基础，其核心内容是数据的定义。数据库应用软件则提供用户方便易用的操作、搜索、友好的人机界面等。

DBMS 是数据库软件的核心，它提供了对数据定义、建立、排序、分类、检索、增加、删除、合并等多种操作。它能使数据在统一的控制下为尽可能多的应用服务，即实现数据共享，使得数据的管理和应用更为有效。

材料数据有图表、数值、描述等多种表现形式，而且数据关系复杂，且缺乏规一性，给材料数据库的定义带来了一定的难度。目前的工程材料数据库，数据一般根据该数据库所需要完成的功能进行选定。一般包括材料的型号、化学成分、力学性能、物理性能、耐腐蚀性能等工程常用参数。数据之间关系的构成，一般是一个钢种为一个组，但有的钢种，按不同的受热历史状况分成几组。每一组对应其相关的参数值，这样构成一个典型的关系型数据库。

由于 DBMS 提供的功能虽强大但操作复杂，基础但不易用，用户使用不便。数据库应用软件直接面对用户，对 DBMS 的功能进行二次开发以及提供其他附属功能。对金属材料的选择而言，提供便捷、快速的搜索功能是数据库应用软件的核心任务。

（2）工程材料数据库简介

表 9-1 介绍了国内外的部分工程材料相关的数据库。

表 9-1　工程材料数据库简介

名　　称	介　　绍	网　　址
过程设备计算软件	由全国化工设备设计技术中心站等单位按压力容器设计的最新标准联合编制，如 GB 150—2011、NB/T 47041—2014《塔式容器》、NB/T 47042—2014《卧式容器》等，同时，该软件的设计计算方法包含了指导性技术文件 CSCBPV—TD001—2013《内压与支管外载作用下圆柱壳开孔应力分析方法》	http://www.tced.com/
机械工业常用材料性能数据应用软件	由机械工业基础标准情报网秘书处依据最新的国家标准、行业标准和部分企业标准等可靠技术资料制作，提供的材料性能数据包括常用钢种、铸铁、铸钢、铝及铝合金、铜及铜合金、工程塑料、橡胶、胶粘剂和涂料共计 1300 多个牌号、品种的材料性能数据	http://www.jcw.com.cn/udat-ac.asp

续表

名　　称	介　　绍	网　　址
工程材料手册	以数字化手册的形式提供了常用金属材料、非金属材料的性能。提供了目录查询、索引查询、模糊查询等多种查询方法	http://www.minfre.com/
材料数据库综合查询系统	中国科学院金属研究所自 1992 年开始建立,材料数据库涵盖以下内容:纳米材料数据、高温合金数据、钛合金数据、精密管材数据、材料连接数据、材料腐蚀数据和失效分析数据等	http://www.material.csdb.cn/
MatWeb	包括的材料有金属材料如铝合金,钴、铜、铅、镁、高温合金、钛和锌合金,陶瓷材料,热塑性和热固性高聚物如 ABS,尼龙等	http://www.matweb.com
Key to Steel	包括来自 30 多个国家的钢材料的性能数据,如钢的标准和分类,化学成分,力学性能,高温性能,疲劳数据,钢的热处理数据	http://www.key-to-steel.com/
STN	是德国数据库,由位于德国中部的 Karlsruhe 信息研究中心开发,1977 年成立后,主要的工作是开发各种在线的、数值的、事实的、全文的科技数据库。目前有各种数据库约 250 个,其中材料数据库 44 个	http://www.stn-international.de
Temperature Dependent Elastic & Thermal Properties Database	美国软件公司开发的与温度相关的材料性能数据库,材料有铝合金、铜合金、镁合金、钛合金、镍基合金、铸铁、金属间化合物、碳化物、金属基复合材料、陶瓷基复合材料、高分子材料、透明材料等约 2000 个牌号,有密度、抗拉强度、屈服强度、弹性模量、热膨胀系数、泊松比等 20 个性能指标	http://www.jahm.com
NIST Materials Data Program	这是美国国家标准研究所(NIST)的材料数据库站点,包括陶瓷数据库、复合材料数据库和腐蚀数据库	http://www.nist.gov/srd/materials.cfm
The welding database system	焊接数据库,日本科学技术公司(JST)和日本国家金属研究所共同开发,可以预测焊接热影响区域的微结构和力学性能,是通过连续冷却相图数据库和专家系统的结合来实现的	http://mits.nims.go.jp/index_en.html
Database System for Pressure Vessel Materials	压力容器材料数据库,日本科学技术公司(JST)和日本压力容器协会共同开发,主要材料为 Ni-Mo 系合金钢,性能为拉伸、冲击、持久、蠕变数据	http://mits.nims.go.jp/index_en.html
Corrosion Abstracts	Cambridge Scientific Abstracts (CSA)建立的材料科学文献数据库之一。数据库内容涉及全世界腐蚀科学和工程、材料结构、性能测试、仪器设备等方面文献信息,主要有:大气腐蚀、阴极防护、油、气腐蚀、特殊材料腐蚀、腐蚀势能、腐蚀破裂、蠕变、阴极防护设计、腐蚀控制设计、腐蚀扩散、金属疲劳、侵蚀、海洋腐蚀、微生物导致腐蚀、氧化、管道腐蚀、剥蚀、防护涂层、数据转换理论、焊接等	http://www.proquest.com/APAC-CN/
TWI	提供焊接、粘接材料数据	http://www.twi-global.com/

9.3　材料选用专家系统简介

　　材料选用专家系统就是利用存储在计算机内的材料选用这一特定领域内人类专家的知识,来解决过去需要人类专家才能解决的现实问题的计算机系统。

　　专家系统的一般结构如图 9-2 所示。

　　① 知识库　用以存放领域专家提供的专门知识。这些专门知识包含与材料选用相关的书本知识、常识性知识以及专家凭经验得到的试探性知识。

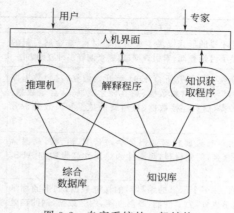

图 9-2 专家系统的一般结构

专家系统的问题求解是运用专家提供的专门知识来模拟专家的思维方式进行的，这样知识库中拥有知识的数量和质量就成为一个专家系统性能和问题求解能力的关键因素。因此，知识库的建立是建造专家系统的中心任务。

第 7 章中列举的 Q235B 选用的条件在知识库中可用 IF-THEN 的形式表示为：

Rule 1

IF $p \leqslant 1.6 MPa$

THEN 选用容器材料＝Q235B

$C = 100\%$

Rule 2

IF $0 < t < 350℃$

THEN 选用容器材料＝Q235B

$C = 100\%$

Rule 3

IF $\delta_n \leqslant 20mm$

THEN 选用容器材料＝Q235B

$C = 100\%$

Rule 4

IF $S \neq$ 毒性程度为高度或极度危害介质

THEN 选用容器材料＝Q235B

$C = 100\%$

由于所列知识均出自于国家标准，所以置信度 C 都为 100%，而实际上很多知识为非权威知识，置信度小于 1。

② 综合数据库 用于存放关于问题求解的初始数据、求解状态、中间结果、假设、目标以及最终求解结果。这些综合数据库中的数据也是实现解释程序的基础。

③ 推理机 在一定的控制策略下针对综合数据库中的当前信息，识别初选取知识库中对当前问题求解有用的知识进行推理。在专家系统中，由于知识库中的知识往往是不完全的和不精确的。因而其推理过程一般采用不精确推理。

推理的方法很多，例如基于目标驱动推理、模糊推理、神经网络等，具体的推理方法可参考书后的参考文献。

基于 7.1 节，目标驱动推理为例，可设定目标为设计压力、温度、壁厚、介质均满足。假设用户输入 $p = 1.2MPa$、$t = 100℃$、$\delta_n \leqslant 10mm$、$S = $ 空气，在知识库中关于压力、温度、壁厚、介质的规则很多，推理机采用一定的搜索方法进行搜索，可得到满足上述条件的材料有 Q235B、Q235C。实际上材料的选择往往采用多种推理方式相结合的方法。此时往往引入经济性评估方法。经济性评估方法和目标驱动推理方法相结合才能得到最优结果。

④ 知识获取程序 在专家系统的知识库建造中用以部分代替知识工程师进行专门知识的自动获取，实现专家系统的自学习，不断完善知识库。

⑤ 解释程序 根据用户的提问，对系统给出的结论、求解过程以及系统求解状态提供说明，便于用户理解系统的问题求解，增加用户对求解结果的信任程度。在知识库的完善过

程中便于专家或知识工程师发现和定位知识库中的错误，便于该领域的专业人员或初学者能够从问题的求解过程中得到直观学习。

⑥ 人机接口　将专家或用户的输入信息翻译为系统可接受的内部形式，把系统向专家或用户输出的信息转换成人类易于理解的外部形式。

例如在专家系统中经常使用的问-答的方式：

系统提问	用户回答	系统回答
压力＝? MPa	1.2MPa	Q235B、Q235C 可满足条件
温度大小＝?℃	100℃	Q235B、Q235C 可满足条件
壁厚＝? mm	25mm	Q235C 可满足条件

在上述简单过程中，人机接口要将压力、温度、壁厚转化为 $p=100$、$t=100$、δ_n 这样的专家系统可以识别的符号。解释程序要指出 Q235C 满足条件的原因是采用了目标驱动推理，目标为温度、压力、壁厚、介质条件同时都满足；Q235B 不满足的原因是由于其壁厚条件为 $\delta_n \leqslant 20\text{mm}$。解释程序的表示依然是计算机内的符号，所以还需要人机接口将这些符号表示为人类理解的内容。

习题和思考题

1. 过程装备及其构件选材时应考虑哪些基本原则？
2. 如何确定构件的使用性能？如何从构件使用性能要求提出对材料性能的要求？
3. 过程装备选材为什么特别重视对过程工艺特性的考虑？过程工艺特性与金属材料哪些性能关系最大？如何考虑满足过程工艺特性的要求？
4. 过程装备及其构件与其他工业装备构件在生产特点、结构等各方面有何区别？选材时如何考虑？
5. 了解数据库应存储哪些数据？材料数据库一般应该具有什么功能？
6. 了解专家系统的基本组成是什么？

第3篇 过程装备用非金属材料

单元提要

　　非金属材料包括无机非金属材料、高分子材料和复合材料。本篇围绕本专业拓宽知识面，简要说明非金属材料的特性和选材应用，重点是在过程装备广泛应用的陶瓷、塑料和玻璃钢。着重从非金属材料的制备和性能入手，介绍非金属材料与金属材料在性能和应用方面的互补性，培养学生对非金属材料的选择能力、初步建立材料改性和材料复合的思路。为过程装备的合理选材学习基本的知识。

主要思路

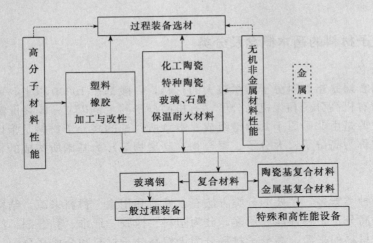

10 高分子材料基础

导读 高分子材料是工程材料的另一类重要材料。高分子材料性能优异、品种多、用途广泛。由于高分子材料在链结构和形态上的不同，加工成型方法和加工成型条件的不同，从而使高分子材料的性能有着一定的差异。读者应了解高分子材料性能的主要特点，材料性能与结构之间的关系，以及成型加工方法、条件对材料性能的影响，能够根据工程材料使用要求并结合高分子材料的性能特点，正确合理选用高分子材料。

10.1 高分子材料概述

10.1.1 高分子材料的基本概念及分类

（1）基本概念

高分子材料普遍是指相对分子质量较大的材料，一般都在 10000 以上，就分子的构成而言，一般可分为有机高分子和无机高分子，有机高分子的主链以 C—C 共价键为主，而无机高分子的主链主要是由非碳原子共价键组成。本章所讨论的高分子材料是指以有机高分子化合物（通常也被称为高分子、大分子、聚合物、高聚物等）为基础所构成的材料，也叫有机材料。

（2）分类

高分子材料种类繁多，主要的分类方法有：性能和用途、材料来源、结构等。最常用的分类方法是依据高分子材料性能和用途，分为塑料、橡胶、纤维、黏合剂、涂料。

按照高分子材料的来源，高分子材料分为天然高分子材料和合成高分子材料。天然高分子材料如天然橡胶、皮革、棉纤维等；合成高分子材料为采用聚合反应经人工合成获取的高分子材料，如合成塑料、橡胶、化学纤维等。聚合反应是指由单体转变为聚合物的反应，分为仅有一种高分子产物生成的加成聚合反应与同时还生成小分子（水、氨等分子）产物的缩合聚合反应。

按高分子材料的热行为及成型工艺特点，高分子材料分为热塑性高分子材料和热固性高分子材料。一般热塑性高分子材料的耐热性能、耐溶剂性能比热固性高分子材料要弱一些。

按高分子几何构型分为线型高分子、体型高分子和支链型高分子。

按照材料应用功能分类，可分为通用高分子材料、特种高分子材料及功能高分子材料。

通用高分子材料是指量大面广、以使用其主要特性为目的的高分子材料。例如，天然橡胶、丁苯橡胶和顺丁橡胶等称作通用橡胶，既可用以制作高弹性轮胎，又可制作一般弹性的橡胶制品，与之相对应，主要用于特殊场合（如耐热、耐油、耐寒和防腐蚀等）的氯丁橡胶、丁腈橡胶、氯醚橡胶等则称作特种橡胶。再如聚烯烃和聚氯乙烯等既可用以制作高强度工程塑料，又可以制作普通塑料制品，常称作通用塑料。与之相对应，专用于特殊场合的塑料如聚酰亚胺和聚砜等耐高温塑料，耐高温耐腐蚀氟塑料和聚乳酸等可生物降解塑料等则称作特种塑料。其他如纤维、黏合剂和涂料等也均有相应品种。

功能高分子材料依据其功能性质又可进一步分为：物理功能如电功能、光学功能、热功能和力学、化学功能等；化学功能如反应功能、感光功能、催化功能和黏合功能等；生物医学功能；分离膜和膜分离功能；离子交换功能等高分子材料。

10.1.2 高分子材料的命名

由于历史和社会文化背景的差异，目前社会与学术界尚缺乏一套统一、科学、普遍接受的对高分子材料进行命名的法则。1972 年，纯化学及应用化学国际联合会（IUPAC）对线型有机高分子化合物提出了系统命名法，简称 IUPAC 命名法，同时提出在高分子化合物命名时应严格遵守的原则：聚合物的命名既要表明其特征，也要反映其与原料单体的联系。

下面介绍几种常见的命名方法。

（1）"聚" + "单体名称"命名法

该命名法仅限于由烯类单体合成的加成聚合物以及个别特殊的缩聚物。如由乙烯加聚反应生成的聚合物就叫聚乙烯（PE），由氯乙烯加聚反应生成的聚合物就叫聚氯乙烯（PVC）以及聚丙烯（PP）、聚四氟乙烯（PTFE）、聚苯乙烯（PS）等。

（2）"单体名称" + "共聚物"命名法

该命名法仅适用于两种或两种以上烯类单体制备的加聚共聚物的命名。如丙烯腈-丁二烯-苯乙烯共聚物即 ABS。

（3）"单体简称" + "聚合物用途或物性类别"命名法

对于三大合成材料，分别以"树脂""橡胶"或"纶"作为后缀，在前面加上单体或聚合物的全名称或简称即可。现将这三种材料分别叙述如下。

① 塑料 一些由两种或两种以上单体合成的混缩聚物，取单体简称再加"树脂"，例如：

（苯）酚 +（甲）醛——酚醛树脂

尿（素）+（甲）醛——脲醛树脂

（丙三）醇 +（邻苯二甲）酸（酐）——醇酸树脂

三聚氰胺 +（甲）醛——蜜胺树脂（melamine resin）

② 橡胶 与塑料类似，多数合成橡胶是由一种或两种烯类单体合成的加聚物，通常在"橡胶"二字的前面加上单体的简称二字即成为其名称。如果是两种单体的共聚物，则两种单体名称各取一字再加"橡胶"；如果是一种单体的均聚物，两个字既可能都取自该单体名称，也可能一个字取自单体名称，另一个字则取自聚合反应的引发剂或催化剂名称，例如：

丁（二烯）+ 苯（乙烯）——丁苯橡胶

丁（二烯）+（丙烯）腈——丁腈橡胶

（2-）氯（代）丁（二烯）——氯丁橡胶

丁（二烯）+ 金属钠（催化剂）——丁钠橡胶

③ 化学纤维 采用来自英文后缀的音译字"纶（lon）"命名具有纤维性状的合成聚合物或说明其制成品的原料材质，真切地反映了西方科学文化在该领域中的地位。不过对于非专业人士或初学者，这个"纶"字仍然可以用于命名制备这些纤维的原料聚合物，例如：

聚对苯二甲酸乙二（醇）酯（原料树脂）——涤纶（纤维）

在工业生产和日常生活中，还有根据商品的来源或性质确定它的名称的，如电木、有机玻璃、维尼纶、塑料王等。这种命名方法的优点是简短、通俗，但不能反映高分子化合物的结构和特性。

常见聚合物化学名称的英文缩写（见表10-1）因其简便易记也被广泛采用。

表 10-1 高分子材料英文名称缩写

缩　　写	中文名称	缩　　写	中文名称
ABS	丙烯腈-丁二烯-苯乙烯共聚物	PU	聚氨酯
CPVC	氯化聚氯乙烯	PS	聚苯乙烯
EP	环氧树脂	PVDF	聚偏氟乙烯
EVOH	乙烯-乙烯醇共聚物	CR	氯丁橡胶
PA	聚酰胺(或尼龙)	EPR	乙丙橡胶
PVC	聚氯乙烯	FPM	氟橡胶
PE	聚乙烯	PVDC	聚偏二氯乙烯
PP	聚丙烯	NR	天然橡胶
PMMA	聚甲基丙烯酸甲酯	SBR	丁苯橡胶
PC	聚碳酸酯	PAN	聚丙烯腈(腈纶)
POM	聚甲醛	PET	聚对苯二甲酸乙二醇酯(涤纶)
PI	聚酰亚胺	TPE	热塑性弹性体
PPO	聚苯醚	PBT	聚对苯二甲酸丁二醇酯
PPS	聚苯硫醚	AS	丙烯腈-苯乙烯共聚物
PTFE	聚四氟乙烯		

在机械制造、交通、建筑、电子、化工、轻工、包装以及航空航天、国防科技等各个领域，高分子材料的使用已相当普遍。例如机械制造业中的零部件；交通行业中的汽车轮胎、船体；建筑业中的各种门、窗、地板、管道；电子工业中的各种元、器件，特别是各种绝缘器件、电路板；化学工业中各种防腐耐蚀的管道、槽、塔、罐和密封件；轻工、包装工业中的各种包装膜、片材、绳、袋和其他的器件；医疗卫生事业中的注射器、输液袋、人造骨骼、血管、心脏瓣膜；国防高科技工业中的雷达、火箭、飞船、人造卫星都离不开高分子材料。随着科学技术的不断发展，高分子材料作为材料的一个重要领域，必将日益发挥更大的作用。

10.2 高分子材料的结构与性能

10.2.1 高分子材料组织结构的特点

高分子材料和金属材料及其他材料一样，它们所具有的各种性能都是由不同的化学组成和组织结构决定的。只有从不同的微观层次上正确地了解高分子组成和组织结构特征与性能间的关系，才能正确地选择、合理使用高分子材料，改善现有高分子材料的性能，制备独特性能的高分子材料。

高分子材料的组织结构要比金属复杂得多，其主要特点是：

ⅰ.大分子链是由众多简单单元重复（用聚合度 n 表示）连接而成的，一般链的长度是链直径的 10^4 倍；

ⅱ.大分子链具有柔性、可弯曲性；

ⅲ.大分子链间以分子间的范德华力结合在一起，或通过链间的化学键交联在一起，范德华力大小和交联程度对高分子材料的性能有很大影响；

ⅳ.高分子中大分子聚集态结构有晶态和非晶态。

高分子的结构大致可分为图 10-1 所示的三个层次,每个层次对高分子的性能都有一定的影响。

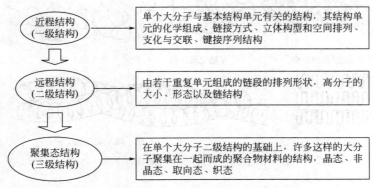

图 10-1　高分子结构的三个层次

常用的高分子化合物,分子量虽然高达 $10^4 \sim 10^6$,构成的原子数多达 $10^3 \sim 10^5$,但一个大分子往往由许多相同的简单结构单元通过共价键重复连接而成。例如聚氯乙烯分子是由许多氯乙烯结构单元重复连接而成:

$$—CH_2—CH—CH_2—CH—CH_2—CH \cdots\cdots CH_2—CH—$$
$$\quad\quad\;\; | \quad\quad\quad\;\; | \quad\quad\quad\;\; | \quad\quad\quad\quad\;\;\; |$$
$$\quad\;\; Cl \quad\quad\quad Cl \quad\quad\quad Cl \quad\quad\quad\quad Cl$$

或写成

$$—[CH_2—CH]_n—$$
$$\quad\quad\;\; |$$
$$\quad\quad Cl$$

其中—CH_2—CH—是结构单元,也是其重复结构单元,简称重复单元,也称之为**链节**。
　　　|
　　　Cl

由能形成结构单元的小分子所组成的化合物称为单体,一般合成高分子是由单体通过聚合反应连接而成的链状分子,称为高分子链。结构单元最简单的连接方式呈线型,此外还有支链和交联大分子等高分子的**链结构**(见图 10-2)。

伸 直 链

无 规 线 团　　　折 叠 链　　　螺 旋 链

图 10-2　高分子的链结构

高分子材料的结构包括高分子的**链结构**以及描述大分子间排列方式的**聚集态结构**(图 10-3)。由于成型加工过程会影响高分子的聚集态结构,导致聚合物制品性能的变化,材料应用者更关心高分子的聚集态结构,这与金属材料的强化机理有类似之处。

高分子的聚集态结构可分为大分子呈有规律排列的晶态和无序排列的非晶态。晶态结构包括折叠链片晶、单晶、球晶、微丝晶和伸直链晶,非晶态结构包括无规则团、链节和链球等。由于高分子结构的复杂性,很多情况下聚合物结晶不完全,还会呈现晶体与非晶体共存的半晶状态。

另外,由于高分子链具有非常突出的几何不对称性,分子链的长度与其直径的几何尺寸相差很大,所以,分子链或链段、微晶取向是高分子材料聚集态结构的又一重要特征——**取**

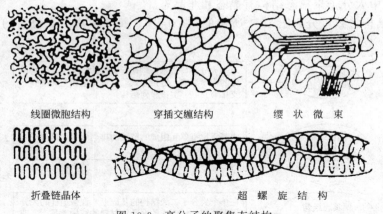

| 线圈微胞结构 | 穿插交缠结构 | 缨 状 微 束 |

| 折叠链晶体 | 超 螺 旋 结 构 |

图 10-3 高分子的聚集态结构

向态结构。

某些高分子材料是由纯聚合物构成的，但是大多数高分子材料除了基础聚合物组分外，还需要加入一些辅助组分才能获得更具实用价值和经济价值的材料。这些辅助组分要么改善聚合物的加工性能，要么改善聚合物的物理（使用）性能，有的甚至是以降低聚合物材料的成本为目的，这类似于金属合金的材料设计。如果一种高分子与其他类型的高分子或添加剂形成共混体系，它们之间形成的排列状态便称为**织态结构**。

10.2.2 影响高分子材料性能的因素

高分子材料的各项性能，如力学性能（包括强度、硬度、刚度、韧性等）、物理性能（包括熔点、玻璃化温度、导热性、介电性等）、化学性能（包括高温稳定性、耐蚀性、阻燃性等）以及加工性能等，是衡量高分子材料使用性能的重要指标，而决定这些性能的主要因素与高分子材料的结构密切相关：分子链的主价力、分子间的次价力和分子链的柔性、分子量、聚合度、结晶度及交联、取向等。

10.2.2.1 高分子链结构的影响

高分子的链结构是决定高分子材料基本性质的主要因素。由于高分子材料具有巨大分子量的特点，使其物理性能、力学性能与低分子物质相比有明显的差别，这是高分子材料的特性。对于不同的高分子材料来说，又由于组成高分子的链节所含的原子或基团不同，以及这些原子或基团在空间排列的方式不同，从而导致高分子材料间性质有所差异，甚至存在很大的区别。

高分子链中结构单元在空间排列规整，称其为有规立构高分子，可根据原子或基团在主链两侧的分布规律分为全同立构和间同立构，它们中大部分能结晶。如果高分子链中结构单元在空间排列是不规整的，则称其为无规立构高分子，它们一般难以结晶。结晶态聚合物与非晶态聚合物的性能是完全不同的。

线型高分子化合物不仅具有柔顺性，而且其强度、塑性和弹性都很好。这是由于线型高分子链之间只存在微弱的范德华力，分子间容易互相滑动，并可在某些溶剂中溶解。溶解后溶液的黏度非常大。当温度升高时，线型高分子材料可以熔融而不分解，成为黏度较大、能流动的流体，故可以模塑成型并多次反复使用。大多数**热塑性树脂**都属于这一类材料，例如聚苯乙烯、聚乙烯等。

体型高分子是分子量和分子体积没有限度的一个巨型分子。体型高分子化合物中各个单元结构均以共价键相结合，不能被溶剂所溶解，受热后不软化，也不能流动，故不能直接反复使用。体型高分子化合物只有玻璃态，具有较高的硬度和脆性而不具有塑性。体型高分子化合物的形成，往往是从线型到支链型再到体型，这个过程称为固化。体型高分子材料加热固化后得到坚硬的制品，制品的硬度随固化程度的升高而增加，这类物质被称为**热固性树脂**，例如环氧树脂、酚醛树脂等。

部分高分子材料具有其他材料所没有的高弹性，例如橡胶，可以拉伸十多倍而能回弹，这一特有的性能来自于大分子的长链结构和链上各键的内旋转特性。

高分子分子链间的作用力很强，只有液态和固态，而没有气态。所以它不同于低分子物质存在有固态、液态和气态三种聚集态。因为要使高分子气化，需要很高的温度，这一温度远远超过引起大分子链断裂的温度，以致高分子远在气化之前就开始分解了。

10.2.2.2 高分子聚集态结构的影响

高分子聚集态结构与大分子的化学组成、立体结构、分子形态和加入其他组分形成的混合体系以及大分子所处的外界条件有关，也与高分子的成型加工方法和条件密切相关。高分子聚集态结构所表现出的晶态和无定形态（非晶态），取向态和非取向态以及织态结构等不同的结构形态，对高分子材料的各项性能如物理性能、化学性能等有着很大程度的影响，特别是材料的力学性能。

（1）无定形态

线型无定形高聚物在不同温度下典型的力学状态为：玻璃态、高弹态和黏流态，表现为图 10-4 所示的温度-形变曲线图。

① **玻璃态** 当温度比较低时，分子热运动的能量很小，链段和大分子链的运动都被冻结，这种状态称为玻璃态。使高分子保持玻璃态的上限温度被称为玻璃化温度，通常用 T_g 表示。处于玻璃态的线型无定形高分子弹性模量较大，在受到外力作用时，形变量一般较小，同时形变是可逆的，外力去除后能立即恢复原状。玻璃态是线型非晶态塑料用作过程装备结构材料的主要使用状态，其具备一般弹性体的力学性能，可以用抗张强度、刚度、硬度等力学参数进行表征，使用温度不能高于玻璃化温度。

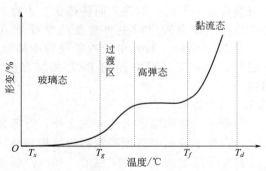

图 10-4 线型无定形高聚物的温度-形变曲线
T_x—脆化点；T_g—玻璃化温度；
T_f—黏流温度；T_d—分解温度

② **高弹态** 当温度高于玻璃化温度时，分子热运动的能量增加，链段能够运动，但大分子链的运动仍被冻结，这种状态称为高弹态。使高分子保持高弹态的上限温度称为黏流温度，常用 T_f 表示。处于高弹态的线型高分子弹性模量较小，比玻璃态约小 2～3 个数量级，在受到外力作用时形变很大，具备一般固体所没有的高弹性能，断裂伸长率高达 $100\%～1000\%$，外力解除后变形能逐渐恢复，即形变也是可逆的，一般是线型非晶态橡胶的主要使用状态。

③ **黏流态** 当温度进一步升高超过黏流温度 T_f，分子热运动的能量继续增大，不仅链段而且整个大分子链都能发生运动，这种状态称为黏流态。处于黏流态的线型非晶态高分子，由于分子链间能够发生相对位移，呈现为能流动的黏性液体状态，机械强度极差，受外力作用极易发生塑性变形，在常温下通常可做胶黏剂或涂料。此外，黏流态是高分子材料成型加工的重要物理状态，几乎所有高分子材料都是在黏流态成型为制品。处于黏流态的高分子流动性是热塑性高分子材料成型特性的重要指标。交联聚合物则无黏流态存在。

当温度进一步升高超过分解温度 T_d 时，高分子发生分解而被破坏。

（2）晶态

具有柔顺性、规整性好链结构的高分子，例如聚乙烯、聚丙烯、尼龙、聚甲醛等材料，在一定条件下会发生结晶。结晶高分子的微观结构与无定形相比发生了明显的变化，从而性能也显著不同，如密度增加、刚性和耐磨性增强、拉伸强度提高、耐热性能提高，但冲击强度降低，透明度变差。由于分子量不同，结晶的条件和程度不同，结晶高分子材料的性能和使用条件也就各异。

由于高分子链结构的复杂性以及相对苛刻的结晶条件，高分子结晶都是不完全的，都是由部分晶态和部分非晶态构成，从而表现为没有确切的熔点，而是一个温度范围。高分子结晶度越高、链段排列规整性越好、分子排列越紧密，则气体、液体分子透过的概率就越小，其阻隔性能就越好，比如尼龙可以用作润滑油轴承是因为尼龙是结晶聚酰胺塑料的缘故。

（3）取向态

由于高分子的分子链很长，一般的条件下往往是卷曲着而不是呈伸直状态。但在外力场的作用下，链段、整条大分子链以及晶粒均可按一定方向排列，这种现象称为聚合物取向。按取向方式可分为单轴取向和双轴取向。按取向机理可分为分子取向和晶粒取向。非晶态聚合物的取向比较简单，结晶聚合物的取向则比较复杂。在取向之前，聚合物的性质一般是各向同性的，经过取向之后便呈现明显的各向异性，无论力学性能、光学性能和热传导性能都有所不同。沿取向方向的机械强度高，垂直于取向方向的强度低；平行于取向方向的折光指数与垂直方向不同；取向方向传热快，垂直方向传热慢。

高分子取向的应用主要是在化学纤维方面。在化工、轻工容器中的应用也不少，如汽水 PET（涤纶）瓶，由于吹塑过程中高分子高度取向，使 PET 瓶具有一定的韧性和耐压能力。在加工过程中控制 PET 的结晶生长（晶粒尺寸很小），使得 PET 瓶具有高透明性。

10.2.2.3　其他因素的影响

高分子的结构除了上述介绍之外，近年来随着材料科学研究的不断深入和发展，高分子合金、高分子液晶等新型高聚物的结构和性能已引起广泛关注。

高分子所表现出的力学性能，如抗拉强度、抗压强度、抗弯强度、抗冲击强度和疲劳强度主要取决于分子间的作用力。凡影响分子间作用力的各种因素，必然影响高分子的力学性能，如分子量或聚合度增大、分子间的次价力增大、相互缠结的程度增加，则机械强度增大。引入极性基团或能生成氢键的基团，均能增大分子间的次价力，也会提高材料的机械强度。大分子链间适度交联，会阻止大分子的相对滑移，可提高材料的拉伸强度、弹性以及抗蠕变性能。此外，高分子的硬度和高分子链的刚性大小以及排列紧密程度有关。如果大分子排列有序、高度定向或结晶度高，或有极性基团、杂环结构，交联度大，分子量足够大，则材料的表面硬度高。

高分子材料的化学稳定性、耐腐蚀性能也同样与大分子结构有密切关系：由饱和的化学键所构成的某些高分子化合物，缺乏与介质形成电化学作用的自由电子或运动离子，因而不会发生电化学腐蚀，像多数塑料对酸、碱、盐等电解质具有抗腐蚀性能，并广泛用于防腐蚀工程，这是主要的理论依据。例如聚四氟乙烯是化学性能最稳定、最耐腐蚀的塑料，通常情况下几乎所有的介质都不能明显地腐蚀它。聚四氟乙烯的这种特殊性能与其结构有关，因为主碳链被周围一层氟原子紧密地屏蔽着，主链的弯曲运动受到阻碍，而且氟-碳键的键能很高，很难断裂，这就是聚四氟乙烯塑料既耐腐蚀又耐高温的原因。此外，高的结晶度和网状交联的大分子结构均会使材料具有较强的耐腐蚀能力。

耐热性好的高分子材料，其大分子链具有某种程度的刚硬性而能结晶或形成大分子交联结构。分子的柔顺性越大，高聚物的弹性越好。分子量越高，在塑化成型时黏度越大，压出膨胀率增大，但胶料的强度和黏结强度会随着提高。如果分子的排列对称，大分子为非极性，则该材料会具有优良的电性能。如果材料的表面自由能低，像氟树脂塑料，表面极端惰性，则黏结性能差。所以，对于惰性材料的黏结，首先需要对其进行活化处理，如火焰、电晕处理等。

10.3 高分子材料的加工与性能

通过聚合反应、高分子反应、复合化或天然获得的高分子化合物在经过加工后才能用作工程材料。高分子材料的加工，普遍是指将高聚物和各类添加剂及配料转变成为满足形状及性能要求的制品的过程。

10.3.1 高分子材料的加工工艺

一般情况下高分子材料的加工工艺过程包括以下三个阶段。

① 前处理　即原材料的准备，如高聚物和添加物的预处理、配料、混合等。

② 成型加工　原材料在一定条件下发生变形或流动，按要求制成所需形状的制品，并固化定型。

③ 后加工　改善材料或制品的表面状态、结构和性能。

添加物是为了提高塑料的成型加工性能和制品的使用性能，同时降低成本，包括增塑剂、稳定剂、润滑剂、增强剂、填料等，如增塑剂能降低树脂的熔融温度或熔体黏度，增加产品柔韧性、耐寒性，而增强剂可以提高树脂的物理力学性能。为了获得高质量的高分子材料制品，成型加工前对高聚物进行预处理以及对成型后的制品进行后处理是必不可少的。

不同的高分子材料由于其物理化学性能以及加工性能不同，所以在具体的加工工艺过程上有所区别。

塑料加工　是指固体颗粒状的树脂和配料经研磨过筛后在一定温度下熔融或在溶剂中溶解，按配方与过滤后的液体状添加剂混合分散均匀，通过增压和泵送，在不同的成型工艺条件下制成所需的形状后冷却，最后进行热合、焊接、着色等后处理加工成制品。

橡胶加工　主要包括生胶的塑炼、胶料的混炼、成型与硫化等工艺。生胶塑炼是通过机械力（机械塑炼）或化学反应（化学塑炼）在一定的温度下使橡胶的相对分子质量减小，从而降低生胶的弹性，获得适合各种加工工艺要求的可塑性。混炼是将各种配合剂与塑炼胶在机械作用下混合均匀，以期获得具有一定加工工艺性能和物理力学性能的混炼胶。而后通过模压或注压等方式制成所需要的形状，再经硫化获得一定物理力学性能和化学性能的橡胶制品。

10.3.2 高分子材料的成型加工方法

高分子材料的成型加工指一定配合的高分子化合物（由主要成分树脂或橡胶和次要成分添加剂组成）在成型设备中，受一定温度和压力的作用熔融塑化，然后通过模塑制成所需的形状，冷却后在常温下保持既定形状的加工方法。显然，适当的材料组成、正确的成型加工方法和合理的成型机械及模具是制备性能良好的高分子材料的三个关键因素。

常用的高分子材料成型方法可分为一次成型和二次成型。

一次成型 是指将高分子材料转变成具有一定尺寸和形状的制品或半制品的工艺方法。一次成型包括挤出成型、注射成型、模压成型、模压烧结成型、传递模塑（压注成型）、发泡成型等。

二次成型 是指将一次成型得到的型材（如棒、管、板等）在一定的温度和压力下转变为高弹态，再次加工定型以获得产品最终型样的工艺过程。二次成型只适用于热塑性塑料的加工，包括吹塑成型、拉伸成型、热成型等。

10.3.2.1 挤出成型

挤出成型是指物料在一定温度和压力下塑化的同时，在挤出机螺杆的推送作用下，连续通过具有特定断面形状的口模，最后经冷却固化定型，制成各种截面形状的连续型材。由于其生产过程是连续的，因而制品可以是无限长的，根据口模断面形状的不同，可以生产管材、薄膜、网、板材、片材、单丝、棒材、异型材以及电线电缆绝缘包覆物等。

挤出成型技术适用于各类塑料及橡胶制品，但是具体的设备及加工工艺有所区别。热固性塑料制品在加工过程中发生了不可逆的反应，在离开口模固化后形状几乎不可能再发生变化，因此其成品形状受到了很大的限制，需对不同形状的制品配置专门的口模，但是成品与磨具形状精确相似，保证了成品的质量。热塑性塑料挤出后仍可对其断面形状进行调整，生产适应性更高，灵活性更好，但相应的会导致尺寸稳定性降低。

10.3.2.2 注射成型

注射成型的特点是能一次成型出外形复杂、尺寸精确度高或带有金属嵌件的高分子材料制件，所成型的制件经过很少修饰或不修饰就可满足使用要求，生产周期短、效率高，且加工适应性强，易于实现自动化，应用非常广泛。注射成型几乎能加工所有的热塑性塑料和某些热固性塑料，还能加工橡胶制品。

塑料的注射成型又称注射模塑，简称注塑，是将粒状或粉状的物料加入注塑机的料筒中，经过加热、压缩、剪切、混合作用，使物料熔融和均化，然后在注塑机螺杆或柱塞的推动下，物料经过注塑机喷嘴和模具的浇注系统进入预先闭合好的模具型腔中，在模具型腔中冷却定型，最后打开模具，顶出或取出制品。迄今为止，除氟塑料外，几乎所有的热塑性塑料都可以采用此法进行成型加工。

注塑机按物料推进方式的不同大体可分为柱塞式注塑机和螺杆式注塑机。柱塞式注塑机是利用柱塞的推进使物料通过喷嘴注入磨具，设备结构以及工艺过程都比较简单，适用于小型制品的生产制造。螺杆式注塑机是以螺杆在料筒中的旋转和向前推动完成物料的塑化和注射过程，生产能力大，塑化效率高，是目前应用最为广泛的注塑成型方式。

热固性塑料在成型过程中不仅发生了物理变化，而且发生了不可逆的化学变化，因此在成型工艺上和热塑性塑料有所区别，一是料筒内的温度都控制在较低的范围，二是尽量减少物料的固化量。物料的完全塑化是在充模的过程中完成的，最后在高温模腔内发生固化反应定型为成品。

橡胶的注射成型工艺及设备都与注塑相似，橡胶注射成型也称注压，与其他的橡胶成型工艺相比，其最大的特点是在模腔内成型后直接硫化为制品，因此，生产效率高，成型周期短，产成品质量稳定，尺寸精确度高。但由于注射成型模具复杂，维修保养费用高，所以一般用于生产密封圈、减震垫等结构尺寸单一而消耗量大的制品。

此外，还有在注射成型的基础上发展起来的反应注射成型（RJM，react injection modeling），与注射成型相比，主要的区别在于原料不是高聚物，而是由两种或两种以上的液态单体或预聚物组成，混合均匀后注射到模腔中，在模腔内完成聚合、固化、定型的过程。一方面可以降低成型温度，并大幅降低模具承压强度要求，减小了模具制造成本，另一方面缩短了充模时间，加快了成型速度，生产周期缩短。目前注射成型技术主要用于生产聚氨酯体系产品，并特别适用于制造大面积、厚壁以及原料中含有纤维增强体的复合材料的构件。

除此之外，还有气体辅助注射成型、水辅助注射成型等注射成型工艺。

10.3.2.3 模压成型

模压成型是将粉状、粒状高分子材料以及碎屑状或纤维状的增强物直接加入预热的压模型腔，模具以一定的速度闭合，物料在热和压力的共同作用下呈流动状态并充满型腔，然后在化学或物理作用下硬化成型而获得制品。由于热塑性塑料是通过冷却定型，塑化与成型阶段温度变化梯度大，生产周期长，因此模压成型主要用来成型热固性塑料和橡胶，而较少用于成型热塑性塑料。与注塑成型相比，模压成型的制品收缩率小、变形小、各项性能比较均匀，使用的设备和模具结构简单、价格低廉。模压成型是间歇式操作，每个制品的成型都要经过加料、闭模、排气、固化、脱模和清理模具等一系列操作。

10.3.2.4 传递模型

传递模型也称注压成型，是将物料加入到预热的加料室中，然后通过压柱向物料施加压力，物料在高温高压下熔融并通过模具的浇注系统进入模腔，逐步固化成型。传递模型能成型比较精密的热固性塑料制品或带有细薄嵌件的制品。传递成型最好是采用流动性比较好的材料，以便充满型腔。与模压成型相比，传递模型工艺中物料的熔融是在模腔以外的加料室，固化成型是在模腔内，而模压成型中物料塑化以及固化成型为制品都是在模腔内完成的。按加料室结构和向成型模腔注入熔料的方式不同，传递模塑有活板式、罐式、柱塞式和螺杆式四种不同的工艺。目前在生产中应用较多的是罐式和柱塞式。

10.3.2.5 吹塑成型

吹塑成型是将处于高弹态的型坯放到模具型腔中，在型坯中通入压缩空气吹胀，使型坯紧贴于模具型腔壁，经冷却定型脱模为成品的二次成型加工工艺过程。根据型坯成型方式的不同，吹塑成型可以分为两类：用挤出方法成型型坯的称为挤出吹塑，而用注射方法成型型坯的称为注射吹塑。吹塑成型是一种成型中空制品的方法，所用材料主要是热塑性塑料，适用于制造化工各类塑料瓶、桶、罐等中空容器。吹塑成型能较好地保证制品的外部形状和尺寸，能成型用注塑等其他方法无法成型的中空制品。

与注射成型相比，挤出吹塑能制造注射成型无法脱出型芯的小口容器，而且吹塑出来的制品由于高分子取向度高而具有较高的冲击强度和耐应力开裂能力。挤出吹塑生产效率高、设备简单、适用性广，为主要的生产中空制品的工艺过程。注射吹塑所得到的容器不形成接合缝，光洁度高，透明性好，颈部螺纹精度高，壁厚均匀，力学强度高。但模具和设备要求高，价格昂贵，成型能耗大，成型周期较长，主要适用于生产小型制件。

表 10-2 中对一些常用塑料加工成型方法的特点及其适用范围进行了比较。

10.3.3 成型加工方法对高分子材料性能的影响

高分子材料的组成相当复杂，不同类型的高分子材料需要不同类型的添加剂，每种组分又都有各自的结构和特定的作用，有些是为了改善产品性能，有些则是为了改善高分子材料的加工性能。高分子材料是通过各种适当的成型加工工艺而制成产品的，在加工成型过程中又伴随着加热、冷却和加压等作用，这些工艺条件必然会影响高分子的聚集态结构，而聚集态结构是决定高分子材料使用性能的主要因素。所以说，高分子材料的性能，一方面是由组成材料的结构和用量所决定，另一方面则受到加工成型方法和加工过程中的工艺条件所控制。成型方法不同，制品的性能会不相同。在同一成型方法中，工艺条件不同，制品的性能也会有很大的差异。

表10-2　塑料成型加工方法的比较

成型法 内容	压塑成型	压铸成型	注塑成型	挤出成型	吹塑成型	压延成型	真空成型	粉末成型	发泡成型	层压成型
适用材料	热固性树脂为主	热固性树脂	热塑性树脂 热固性树脂	热塑性树脂	热塑性树脂	热塑性树脂	热塑性树脂	热塑性树脂	热塑性树脂 热固性树脂	热固性树脂
适用范围	可以制作多种用途的制品 可同时制作若干个同样形状尺寸的制品 适于大批量生产 有嵌入件的制品	适于制作形质、大型、壁厚的制品 可制作尺寸精密，形状复杂，有嵌入件的制品	可以制作形状复杂的制品 适合于大批量生产	用于大批量、连续地制造具有一定截面形状的制品	可制造无接缝整体的空心制品	制造薄膜、板材、人造革、塑料地板	适用于板材制作大型制品 可制作薄壁制品 尺寸精度有限，不能制作壁厚不同的制品	可制作无接缝制品，模具成本低，可试制各种式样的制品 适于制作小批量、大型制品	制作塑料海绵或泡沫塑料	制作大面积的板材、管材、棒材
设备情况和经济性	成型设备和模具的投资较少	成型设备及模具结构较复杂，塑成型精度高，费用稍高	设备及模具的费用较高 易于进行自动控制（实现无人运转）	设备结构及工作机械简单 在生产比重中设备占比重大，动力消耗比注塑得多	设备费用较低，可以使用低价模具	设备费用高，大批量生产设备	模具便宜，简易模（木模石膏模等）不需要阴、阳模成套，只要一种模即可 设备费较低	设备费用低，模具便宜 材料需粉末化	发泡制品的种类和用途也不同，设备费用由低到高不等	需大型压模机，设备费用高
操作	操作简单	需要正确选择成型的条件和材料	模具的安装调整麻烦 不需要特别熟练，体力劳动少	操作较简单	不需要特别熟练的技术	需要特别熟练的技术	不需高压，操作简单、安全	操作简单，但须注意原料粉末的粒度分布形状、熔点、结晶性等	发泡成型的选择和控制很重要	操作较简单，但需要根据板材的种类和厚薄不同选择适当的条件
效率（经济性）	成型时间长，效率低，非大批量生产型	成型时间短，效率高，几乎无毛边，精加工简单	成型周期短，效率较高，精加工简单	效率极高，经济性很高的成型法	成型周期短，效率较高	适于大量生产，制造宽幅制品	效率较高，可生产价格便宜的制品	成型率低，可以做大型的制品，不适宜大批量生产	成型周期长，可以制作大型的制品	成型时间较长，一次可压制数片到数十片

10.3.3.1　成型加工方法改变取向态结构的影响

高分子的取向态结构会对制品的性能产生影响。然而，高分子取向态结构的变化，既取决于高分子的类型，又取决于成型加工时的工艺条件，如取向温度、应力大小、时间、拉伸取向时的拉伸速率等。

（1）注射成型

在热塑性高分子材料的注射成型中，提高物料和模具的温度，便于高分子解取向，可降低取向程度；较高的注射压力，即较高的切应力会使取向程度增加；延长保压时间会增加取向作用；充模速度快则取向减弱；制品冷却速度快会增大取向作用。由此可见，注射成型工艺中的成型温度、模温、冷却速率诸多因素都影响着取向的程度，从而影响了制品的性能。要掌握高分子的取向对制品性能的影响，需要研究高分子的链结构和大分子运动、松弛特性等。

（2）压延成型

在薄膜压延成型时，由于压延方向上受到很大的切应力和一定的拉伸应力，因此高分子会顺着薄膜前进方向发生分子取向，以致薄膜在物理及力学性能上出现各向异性。这种现象在压延成型中称为压延效应或取向效应。压延效应会引起制品性能的变化，例如软聚氯乙烯薄膜，经压延后纵、横方向的断裂伸长率明显不同，纵向约为 $140\% \sim 150\%$，横向约为 $37\% \sim 70\%$。在自由状态加热时，薄膜各向尺寸也发生不同的变化，纵向出现收缩，横向与厚度出现膨胀。压延效应的程度会随压延机操作时辊筒之间的速比、辊筒的速度、辊隙间的存料量以及物料的黏度等因素的增大而上升，随辊筒温度的升高而降低。

在高分子材料的挤出成型、压延成型或其他的成型方法中，只要经过牵引或卷取，通常都会使制品保留一定程度的单轴或双轴取向。

（3）拉伸

在某些情况下，采用一定的设备和工艺条件，对制品进行拉伸，从而达到提高制品的某些性能，特别是沿拉伸方向上的力学性能。在拉伸取向过程中，取向又受到拉伸时温度、冷却速度、拉伸速率所影响。如在较低的温度下拉伸会有利于冻结保持高分子的取向；但如果拉伸温度太低，高分子则不易取向。在拉伸过程中冷却速度越快，高分子的取向程度就越高。当其他条件相同时，采用较大的拉伸速率则可取得较好的拉伸效果。与此同时，拉伸还会加速高分子的结晶，形成不同的结晶形态。

10.3.3.2　成型加工方法改变结晶形态的影响

结晶既改变了高分子的结构，也影响了高分子的性能。影响高分子结晶的因素，除了材料本身之外，同样受加工成型过程中的温度、压力、冷却速率、时间以及拉伸或切应力等因素的影响。

（1）结晶温度

在影响高分子结晶的各种外界因素中，温度是最敏感的。结晶温度稍有变化，有时甚至相差1℃，结晶速度可以相差几倍、几十倍，甚至更高。所以在实际生产中，利用温度的影响控制产品的结晶度和晶体的大小是最普遍和最有效的手段。对于结晶性高分子材料，在加工成型过程中，冷却速度快，晶形往往是不稳定的，只要条件适宜，还会在成型后继续结晶、球晶扩大或发生晶形转变，结果造成成型后制品性能的不稳定。所以，在加工过程中，让高分子充分结晶，以控制高分子制品的尺寸和形状。

（2）热处理

为了在生产中使成型制品结晶比较完善，常常采用热处理的方法，如退火等热处理方法。热处理前，晶粒小，稳定性差，内应力大。热处理使之进一步结晶，制品性能得到改善，尺寸稳定性得到提高，同时还可以消除成型时所产生的因高分子取向或温差导致的内应力。例如将 PVA 在 230℃热处理 85min，结晶度由 30％增大到 65％，这时耐热性和耐溶剂侵蚀性均获得提高（90℃热水也溶解很少）。

10.3.3.3 其他影响因素

（1）橡胶塑炼

在橡胶的成型加工过程中，若塑炼不充分、配合剂分散差，则成型困难，黏着性差，收缩性大；若塑炼过度，则抗张强度、硬度下降。如果混炼不充分，混合、分散不良，会造成强度和伸长等物理性能显著下降。交联使橡胶形成网状结构，从而提高橡胶的弹性和强度。但是如果交联过大，橡胶制品的强度虽高，但是其弹性较差。

（2）模压成型

热固性塑料或橡胶在模压成型时，由于模压压力不足、模温低、模压周期短导致制品的力学性能差，化学性能低劣，制品局部或全部成疏松状。

10.4 高分子材料的改性强化

近年来，高分子材料（或聚合物）通过改性，其形态结构发生了变化，性能也得到改善，结构的变化和性能的提高除了与改性组分的特性有关之外，同样也与改性的方法及工艺条件有着密切的关系。

10.4.1 高分子材料改性的目的

高分子材料（或聚合物）改性是获得新型材料的一种简便、迅速、廉价的重要方法。聚合物改性材料已广泛地应用于化工、汽车、机械、家电、建筑、微电子等行业。当合成或制备一定功能的新型高分子材料时，因成本高或周期长变得愈来愈困难，聚合物改性成为获得新型高分子材料的重要途径。高分子材料的改性，就是利用化学、物理或机械的方法设法改变原聚合物材料的化学组成与结构，在保持其原有优异性能的基础上，改善或提高其他方面的性能，使改性后的聚合物具有更高的使用价值。大体来说，高分子材料改性的目的主要体现在以下几个方面。

（1）改善材料性能

提高或改善单一高分子材料的某些性能，消除单一高分子材料性能上的弱点，获得综合性能较为理想的高分子材料。例如由聚乙烯和聚丙烯共混改性制成的共混物，同时保持了两种高分子材料的优点，具有较高的拉伸强度、压缩强度和冲击强度。耐应力开裂性比聚丙烯好，耐热性则优于聚乙烯。另如为了改善聚氯乙烯管材的冲击韧性，用 CPE 改性的硬聚氯乙烯管，冲击韧性比普通硬聚氯乙烯管有大幅度提高，缺口冲击强度常温时可以增加 6～7 倍；10％～30％玻璃纤维填充增强的硬聚氯乙烯比普通硬聚氯乙烯的强度高几倍以至数十倍，热膨胀系数和耐热性也有很大的改善。

（2）改善加工性能

由于许多耐高温的高分子材料，因其熔点高、熔体的黏度大、流动性差难以加工成型，但通过共混改性便能取得满意的效果。例如难熔、难溶的聚酰亚胺与流动性能良好的聚苯硫醚共混后可以方便地进行注射成型，而且由于两种高分子材料均有卓越的耐热性能，经改性后的共混物仍是极好的耐高温材料。超高分子量聚乙烯用液晶高分子改性可以大大降低熔体黏度，方便用常规挤出法加工。

（3）降低成本

对于某些性能卓越，但价格昂贵的工程塑料，在不影响其使用要求的条件下可以通过共混改性，降低原材料成本。

（4）制备具有新性能的新型高分子材料

如要制备耐燃高分子材料，可与含卤素等耐燃高分子材料共混改性。利用硅树脂的润滑性，与其他高分子材料共混可以生产具有良好自润滑作用的高分子材料等。

10.4.2 高分子材料的改性方法及对性能的影响

高分子材料的改性，按改性过程中是否发生化学反应，一般可分为化学改性和物理改性。化学改性又分为接枝共聚改性、嵌段共聚改性和辐射交联改性等。化学改性通常在聚合物大分子链间发生，在一定条件下通过化学反应来实现，改性后的聚合物分子链或链段之间由化学键连接。物理改性又分为共混改性、填充改性和增强改性等，是指在改性过程中不发生或者极小程度上发生化学反应的改性方法，性能的改善主要是通过各组分间物理作用或组分形态发生变化来实现的。由于填充、共混等物理改性方法简单，适应性强，应用相当广泛。

高分子材料改性还可依据改性对聚合物的作用程度分为整体改性和表面改性。整体改性是指改性作用在整个高分子材料的内部和表层，改性后的材料组织及性能均匀。表面改性是指改性仅作用在高分子材料的表层而未深入到材料的内部，因此，即保持了材料原有的性能，又赋予材料表面新的特性。表面改性方法一般用于对内部性能要求不高，而对表面有特殊要求的场合。与整体改性相比，该方法成本低、工艺过程相对比较简单。

（1）化学改性

聚合物的化学改性是通过聚合物的化学反应，改变大分子链上的原子构成及排列结构，以期改善高分子材料的物理、化学、力学及加工等性能的改性方法。常用的改性手段包括无规共聚、交替共聚、嵌段共聚、接枝共聚、交联和互穿聚合物网络（IPN）等。无规共聚和交替共聚分别是指两种或多种单体在共聚反应生成的共聚物主链上呈随机分布（如丁苯橡胶）和有规律交替排列（如苯乙烯-马来酸酐共聚）。嵌段共聚是指两种或多种较长的均聚长链段间隔排列构成主链（如苯乙烯-丁二烯共聚）。接枝共聚是指在聚合物主链上接了与主链结构不同的支链（如 ABS），使聚合物同时具有主链和支链的性能。交联是两个或多个线型或支链型的高分子键合为网状或体型高分子的改性方法（如橡胶硫化）。互穿聚合物网络（interpenetrating polymer networks）可以看作是化学共混，是两种网状聚合物相互穿插而成，之间并不发生化学键合（如聚丁二烯-聚苯乙烯），由此获得具有特殊性能的高分子材料。

（2）聚合物的共混改性

从广义上讲，聚合物的共混改性是指两种或两种以上的高聚物为主料辅以其他无机材料和助剂，在一定的温度下进行混合，制备成一种宏观上各组分分布均匀、性能得以提高的新材料的过程。根据在混合的过程中，高聚物大分子链结构是否发生变化，可分为化学共混、物理共混和物理/化学共混。化学共混属于化学改性的范畴，在混合的过程中高分子链之间发生了化学反应，改变了其原来的化学结构。物理共混主要是指混合物体系的组成和微观结构发生了变化，而大分子链的化学结构无明显变化，即没有发生真正意义上的化学反应。而物理/化学共混是指在改性的过程中高聚物之间发生了某些化学反应，但发生反应的比例较小，主要是以物理共混为主，一般纳入物理改性的范畴进行研究。从狭义上讲，聚合物的共混改性指的就是物理共混改性，是一种工艺过程简单且效果显著的高分子材料改性方法，应用范围非常广泛。

聚合物共混物的种类很多，通过将不同性能的高分子材料共混，可以弥补各聚合物性能上的不足，获得综合性能优良的新型聚合物材料。比如在聚氯乙烯塑料中掺混丁腈橡胶的共混体，其冲击性能得到了很大的改善，故常称为橡胶增韧塑料；在聚酰胺中添加 10% 的聚四氟乙烯可以使聚酰胺的减摩耐磨特性明显提高。此外，还可将价格昂贵的高分子材料与价格低廉的高分子材料共混，在不降低或略微降低聚合物性能的基础上大幅降低生产成本，如聚酰胺与聚乙烯或聚丙烯共混、聚苯醚与聚苯乙烯共混等。

聚合物共混物的制备技术主要有以下几种。

① 简单机械共混技术　也称为单纯共混技术，它是在共混过程中，直接将两种聚合物进行混合制得聚合物共混材料。一般来说，简单机械共混的聚合物均是属于完全相容体系，其混合的性能一般也是两种或多种聚合物性能的线性加和。

② 反应性共混技术　是指两种或多种聚合物在混炼的过程中同时伴随着其中一种或多种聚合物有化学反应的产生，而这种反应的最终结果是在聚合物与聚合物之间产生化学键合。

③ 共聚-共混法　又有接枝共聚-共混与嵌段共聚-共混之分，在制取聚合物共混物方面，接枝共聚-共混法更为重要。接枝共聚-共混法的典型操作程序是：首先制备一种聚合物，然后将其溶于另一聚合物的单体中，形成均匀溶液后再依靠引发剂或热能引发单体与聚合物组分发生接枝共聚，同时单体还会发生均聚作用。接枝共聚组分的存在促进了两种聚合物组分的相容。

④ IPN技术　互穿聚合物网络（IPN）是含有两种聚合物的材料，其中每一种聚合物都是网状结构，每种聚合物必须在另一种聚合物直接存在下进行聚合或交联或既聚合又交联。互穿聚合物网络包括多种形式：顺序 IPN，同时互穿网络，互穿弹性体网络。

表 10-3 列举了一些常用聚合物共混物的组成、特点及用途。

表 10-3　聚合物共混改性的品种及用途

品种	组成	性能特点及应用范围	制造方法
聚丙烯系列合金	PP/PE	改善 PP 的韧性，主要用于注塑成型制品	熔体共混
	PP/EPR 及 PP/EPDM	提高 PP 的韧性，耐低温脆裂性，用以制造汽车保险杠等工程部件	熔体共混及共聚-共混
	PP/SBS	提高 PP 的冲击强度，主要用于制造抗冲制品	熔体共混，常用双辊炼塑机
	PP/NBR	耐油性卓越，韧性较好，适用于耐油抗冲制品	反应增容，熔体共混
	PP/PA	改善 PP 耐磨性，耐热性和着色性，可用于生产工程制品	反应增容，熔体共混
聚氯乙烯系列合金	PVC/EVA	改善 PVC 的柔韧性，可用于生产柔性好且耐寒性较好的 PVC 管、板等制品	熔体共混或接枝共聚-共混
	PVC/E-VA-CO	改善 PVC 的柔韧性，适宜制造柔性 PVC 制品，例如鞋底、软管、密封件等	熔体共混
	PVC/CPE	提高 PVC 冲击强度，共混物具有良好阻燃性、耐候性，用于制造异型材、管、板等制品	熔体共混
	PVC/NBR	抗冲击、耐油性优良，主要用于生产管、卷材、泡沫塑料、密封件等制品	熔体共混，常用双辊炼塑机
	PVC/ABS	综合了 PVC 阻燃、耐腐蚀、价廉与 ABS 抗冲、耐低温、易加工的优点，用于制造机械零部件、纺织器材、箱包等	熔体共混
	PVC/MBS	与 PVC/ABS 性能类似，但透明性好，适宜生产要求透明且抗冲性好的制品	熔体共混
	PVC/ACR	有改进 PVC 韧性及改进 PVC 加工性两种类型，适宜制造透明、抗冲制品	熔体共混
聚苯乙烯（PS）系列合金	PS/PPO	改善 PS 的耐热性、抗冲击性、耐环境应力开裂性和尺寸稳定性，用于制造抗冲、透明制品	熔体共混
	PS/SBR	此共混物为高抗冲 PS（HIPS），适宜制造机械零部件、纺织器材、仪器外壳等	共聚-共混或熔体共混
	AS/NBR（ABS）	ABS，典型的塑料合金，用于制造机械零部件、仪表盘、电子制品配件、管、板、箱包等	共聚-共混或熔体共混
	ABS/PVC	改善 ABS 阻燃性，耐腐蚀性，适宜制造阻燃电器材料、工业零部件	熔体共混

（3）聚合物的填充与增强改性

随着改性聚合物的应用愈来愈广泛，聚合物的填充和增强改性在满足某些愈加苛刻的要求下起着重要的作用。例如，在汽车中引入塑料部件曾经步履维艰。这方面的早期尝试都以失败告终，因为塑料部件没有足够强度和耐候性，而通过填充改性可以将这些塑料转化为坚固耐用的汽车部件。添加填料曾一度被认为降低成本的手段，但目前的填充和纤维增强改性，除了降低成本之外，更重要的是还能赋予聚合物材料某些特殊功能，以满足一些更加复杂的要求，从而拓展聚合物的应用领域。填充与增强改性对高聚物性能的影响见表 10-4。

表 10-4　填充与增强改性对高聚物性能的影响

性能		填料作用机理	使用举例
力学和加工性能	力学性能	增强和赋予材料某方面力学性能	层状石墨填充 PTFE，抗摩擦且提高抗蠕变和导热性能
	流变性	使黏度增加，赋予产品非牛顿流体特征	碳酸钙、硫酸钡添加于密封剂、热熔胶、油漆中增加黏度
		降低黏度	空心玻璃微珠填料使涂料黏度降低
	产品形状	降低聚合物泡沫的收缩	云母和玻璃纤维填料减少翘曲，提高热变形温度
	形态	降低或增加成核速度	含有云母的 PET 成核速度增加，结晶速度加快
化学性能	化学反应速度	参与化学反应	ZnO 可与 PE 的 UV 降解产物反应而减小危害
	阻燃性能	受热膨胀及阻燃	膨胀填料热降解时体积急速膨胀使材料膨胀，阻止火焰蔓延；在高分子材料中添加阻燃填料防止树脂燃烧
	材料耐久性	吸收或屏蔽高穿透性的辐射，和降解产物发生反应	吸收核辐射和中子辐射，延缓高分子材料老化
		降低或增加热降解	硼酸盐和蒙脱土阻止生物降解；淀粉促进 UV 生物转化
物理性能	材料密度	增加或降低产品的密度	高密度填料填充 PP 或 PE 增加密度用作配重零件；空心玻璃微珠填充 PP 或者 PE 降低密度用作救生器具材料
	导热性能	调节热导率，中空颗粒提高绝缘能力，金属粉末和其他热导材料提高导热性能	PTFE 动密封件添加铜粉或者铝粉，提高其导热、散热性能，延长使用寿命
	光学性质	不同方式匹配填料和聚合物成分，改变材料透明度	填料吸收光线防止 UV 光降解，氢氧化铝对 UV 光线完全透明，可加速固化过程，炭黑填充（并染色）户外塑料管道降低光老化速度
	电性质	影响体积电阻率、静电消散和其他电性质	粉末状或纤维状导电填料、金属涂覆的塑料和金属涂覆的陶瓷增加导电率，二氧化硅改善离子导电性，添加导电炭黑的橡胶输送带抗静电
	磁性质	磁性填料使高分子材料导磁	铁氧体可以产生铁磁性，用于制造塑料磁体
其他方面性能	表面性质	改变表面粗糙度、摩擦因数等	在注塑模塑中，氢氧化铝可给出更好的表面粗糙度，滑石粉、碳酸钙和硅藻土赋予防黏性，石墨和其他某些纤维降低材料的摩擦因数，PTFE、石墨和 MoS_2 增强自润滑性能
	渗透性	降低气体和液体的渗透性	油漆和塑料中添加云母和滑石粉的片状结构降低气体和液体的透过率，PE 中添加能阻隔烃类油料透过的片状填料和尼龙，提高汽车油箱的阻隔性能
	环境的影响	抑制火焰、减少烟尘、增强成焦作用、降低热传导速率、防止滴淌等，从而延缓火灾	降低聚合物的热分解性，使聚合物的废弃物便于混合，从而使塑料更加易于回收利用

填充改性一般是指在成型加工过程中加入颗粒状的无机填料或有机填料，如碳酸钙、滑石粉、高岭土、煤灰、炭黑以及某些金属的氧化物、氢氧化物和淀粉，使高聚物制品的原料成本得以降低，并赋予制品某些特殊性能，如导电性、磁性、电波吸收性、抗菌、阻燃等。而增强改性往往是通过使用玻璃纤维、聚合物纤维、碳纤维、金属纤维、植物纤维以及云母片、硅灰石等具有特大长径比或径厚比的填料，除了能减轻质量、提升强度之外，还可以使高分子材料的电绝缘性、化学稳定性、耐热性等方面显著提高。随着各种化学成分以及不同几何形状填料的广泛应用，对高分子材料制品综合性能的改善也愈来愈全面，填充改性与增强改性已逐渐没有明显的界限。

（4）表面改性

为使高分子材料在工程实际应用中满足一些特殊场合的需要，经常要对高分子材料的表面进行改性处理。高分子材料的表面性质取决于聚合物本身的化学成分、分子链结构、表面基团的活性以及采用的成型加工工艺方法等。大部分过程装备使用的高分子材料，其表面能较低，具备较高的化学惰性和憎水性，从而表现出较好的抗污耐蚀性，然而亦使其表面很难与其他材料相黏合，给后期加工造成一定困难。除此之外，不同应用环境对其表面硬度、表面粗糙度、润滑性及导电性等性能的需要，也促进了表面改性技术的发展，从而极大地拓展了高分子材料的应用领域。

高分子材料的表面改性就是对高分子材料表面进行适当的处理，使其表层发生物理变化或化学反应，一般深度约为 $10\sim10^5\,\mathrm{nm}$，从而使高分子材料制品一方面保留了高分子材料的整体性质，另一方面使其表面具备某些特殊性能的工艺方法。高分子材料表面改性的方法有很多，表 10-5 简单介绍了一些常用改性方法的工艺、效果以及优缺点，如化学法、等离子体法、化学镀法、辐照法等。

表 10-5　高分子材料表面改性方法和特点

改性方法	改性工艺及机理	改性效果	优点	缺点
化学法	采用化学试剂在高分子材料表面导入羰基、羟基、羧基、乙炔基、磺酸基等极性基团	提高表面活性，增加表面粗糙度并消除弱界面层，改善表面黏附性	处理后表面黏附强度极高	受强氧化剂作用，高分子材料受到一定限制，废液污染严重
电晕放电处理	放电电极在高压高频电流的作用下产生大量等离子体和臭氧，作用在高分子材料表面生成羰基和含氮基团等极性基团	提高表面张力，去油污、尘垢和水汽，改善表面黏附性	处理时间短、速度快、操作简单、容易控制	处理后表面稳定性低
等离子体法	等离子体中的高能粒子轰击高分子材料表面使其键合发生改变或引入极性基团	改善表面润湿性和黏结性，提高生物相容性	无需化学药品消耗，无污染，改性效果好，浸入表面深	改性机理尚待完善，规模化生产尚存问题
火焰处理	一定配比的混合气体，点燃后使其火焰与高分子材料表面直接接触，产生羧基、羰基、羟基等含氧基团和不饱和双键	消除弱边界层，改善润湿性和黏结性	成本低廉、设备简单、易操作	处理后表面不稳定，处理温度过高、时间过长会烧伤表面
化学镀	利用强还原剂使溶液中的金属离子还原进而沉积在高分子材料表面	赋予表面导电、电磁、光学等性能，提高表面抗磨、耐蚀性	不受制品尺寸、形状限制，表面光洁度高	前期处理工艺过程比较复杂，基体与镀层金属附着力不强
真空蒸镀	真空中加热金属使其蒸发进而沉积在温度较低的高分子材料表面	赋予表面导电、电磁、光学、光电子学、热学等性能	不受制品形状限制，表面平整性好，光洁度高	不适用于熔点、沸点较高的金属和热稳定性不好的高分子材料

改性方法	改性工艺及机理	改性效果	优点	缺点
离子注入法	真空中离子在高电压下作用下加速注入高分子材料表面,使其化学组分和链结构都发生变化	提高表面硬度,增强抗磨性,改善导电性、光学和磁学性能	注入元素种类和剂量可精确控制,基体材料不受限制,与基体黏附性好	设备投资大,注入时间长、深度浅,不适合于复杂形状构件
辐照	辐照作用在高分子材料表面引起化学变化,引入羰基等极性基团	改善表面润湿性和黏结性	操作简单,剂量可控	不同材料对应于不同的辐照波长范围

习题和思考题

1.什么叫高分子材料?按性能和用途可分哪几类材料?按材料的热行为及成型工艺特点分哪两类材料?

2.举出几种按单体原料命名的高分子材料,并写出其缩写标记。

3.高分子的结构分为哪几个层次?高分子聚集态结构包括哪几个方面?

4.为什么高分子链结构是决定高分子材料基本性质的主要因素?试举例说明。

5.在成型加工过程中,结晶对高分子材料性能有何影响?取向后,高分子材料的性能变化有何特点?

6.举例说明高分子结构与性能之间的关系。

7.简要叙述高分子材料性能的主要特点及应用。

8.简要叙述塑料的主要成型方法和橡胶的加工工艺。

9.选择高分子材料时应注意些什么?

11 高分子材料及其选用

导读 高分子材料种类多，各有特性，每种材料又有一定的应用范围。本章在了解掌握常用塑料和橡胶材料的性能和用途的基础上，能优选出过程装备用高分子材料。

11.1 过程装备用高分子材料的选择原则

11.1.1 过程装备选用的高分子材料性能特点

高分子材料结构上的特殊性，决定了高分子材料品种繁多，而且每一品种都具有独特的性能和应用范围。由于高分子材料普遍具有质轻、耐腐蚀、绝缘性好、容易成型加工、性能可变性大、生产能耗低，加工成型投资少、周期短、利润高、原料来源丰富等优点，已成为整个科学领域、国民经济及工业各部门不可缺少的工业材料，与金属材料、无机非金属材料并驾齐驱。高分子材料同金属材料、无机非金属材料一样具有力学性能、电学性能、热性能和化学性能等。

过程装备中常用的高分子材料在性能上与其他材料相比主要具有以下几个方面的优势。

① 耐腐蚀性强　在化学工业中，腐蚀与防腐是一个重大工程问题。在腐蚀介质条件下，一般金属材料或合金的耐腐蚀能力很有限，特别是对酸、碱、盐等强腐蚀性介质，更难达到有效的防腐效果。由于高分子材料结构的多样性和性能的可设计性，在一定温度范围内，高分子材料耐酸、碱、盐介质的腐蚀性优于金属及其合金材料，并且可以现场施工，能充分发挥其他材料不可代替的作用，广泛用于防腐设备、管道、管件、衬里、涂层及其他防腐元件。

例如，在化工过程单元操作设备中用聚丙烯制成的气雾洗涤塔，以内衬聚氯乙烯的二氧化硫气体吸收塔，聚四氟乙烯制成的热交换器，大型全塑硬聚氯乙烯塔设备，电除雾器和反应器，采用聚氯乙烯、聚烯烃、聚酰胺、氟塑料和玻璃钢等高分子材料制造的流体输送装备管道等，应用非常广泛。

此外，塑料阀门目前应用较多的是聚氯乙烯阀、聚丙烯截止阀、ABS阀、氯化聚醚球阀、氟塑料阀、聚苯硫醚阀以及耐酸石棉酚醛树脂阀等。硬聚氯乙烯、高密度聚乙烯、聚丙烯、氟塑料和各种玻璃钢都是制造中小型离心泵的优质材料，甚至有些往复泵、旋转泵、旋涡泵也采用塑料制造。大型泵则多采用塑料或橡胶衬里的结构形式。用硬聚氯乙烯制造的离心式通风机、玻璃钢鼓风机、烟囱以及各种储槽、储罐在化工生产过程中的使用也相当普遍。

② 高弹性　和金属材料、无机非金属材料相比较，高分子材料的高弹性是其他材料所

不具备的性能，而且还能同时表现出黏性液体和弹性固体的黏弹性力学行为，所以又称黏弹性材料。黏弹性是高分子材料的一个重要力学性能，而且该性能对温度和时间的依赖性特别强烈。利用高分子材料具有弹性的特点（例如橡胶），可做阻尼材料，用于减振消声，还可做密封圈，广泛用于气体、液体以及粉尘的密封装置。

③ 耐磨自润滑性能　利用大多数高分子材料具有减摩、耐磨和自润滑特性，制成可在各种液体（如油、水、腐蚀介质等）、边界摩擦和干摩擦等条件下有效工作的耐磨零件。特别是某些塑料，其独到的减摩性能为许多金属材料所不及，因此常被制作轴承、保持架、活塞环、动密封环或填料函及输送液固介质的叶轮等。

密封材料在过程装备中的用量虽然不多，但却占据了很重要的地位。用丁腈橡胶或氯丁橡胶材料制造的各种轴用密封件，广泛地应用在含油介质的密封上。特别是近年来，出现了以氟塑料为主制作静密封或动密封耐腐蚀部件的发展趋势，如塑料活塞环、导向环等，特别是制氧机、气体压缩机上作无油润滑材料，应用效果显著。空气压缩机上使用氟塑料活塞环，不会磨损气缸。耐高温、高压的聚酰亚胺及聚苯硫醚的密封环和含有氟的聚甲醛填料，在循环压缩机中应用效果也较好。用石墨填充尼龙作高压釜密封圈，比采用巴氏合金的密封性还优异，防泄漏，也不易烧坏。对于需要高耐磨性的制品，主要选用 PA（以及浇铸尼龙）、PTFE、UHMWPE、PI、PEEK 等。

④ 导热系数小　利用高分子材料的导热性能差，特别是经过发泡成型的塑料，其热导率与静态的空气相当，适用于冷藏、隔热、节能装置和其他绝热工程。例如聚苯乙烯泡沫板广泛用于建筑墙体、屋面保温，冷库、空调、车辆、船舶的保温隔热，地板采暖等场合。

⑤ 光学性能　利用某些高分子材料透明的特点可制作视镜、信号灯、仪器仪表的罩盖、可透视容器等。高透明性材料主要有 PMMA、PC、PS、AS（丙烯腈、苯乙烯共聚物）等。

⑥ 密度小　一般来说，高分子材料的密度只有金属密度的 $1/7 \sim 1/6$。塑料较高的强度与质量比可以使其在某些领域（如航空、航天、汽车工业）代替金属，实现轻型、节能、美观、安全、环保等目的。

除此之外，与金属结构材料相比，过程装备用高分子材料也存在以下一些主要的缺点：

ⅰ.强度、刚度较差；

ⅱ.容易发生蠕变、应力松弛现象；

ⅲ.热膨胀系数较大；

ⅳ.某些材料（如纯 PP）具有低温脆性；

ⅴ.耐热温度普遍较低；

ⅵ.使用过程中会出现"老化"现象。

在实际应用中，聚合物会受机械应力作用发生断裂破坏的现象有别于金属和无机非金属材料。在断裂发生前，玻璃态热塑性高分子聚合物（如 PS、PMMA）的表面往往会出现银纹，某些结晶聚合物也会因内应力形成银纹，结晶聚合物单个银纹的长度比非晶聚合物观察到的银纹要短。这些银纹多通过球晶中心，内部的微纤细小，并跨越连接在裂纹的两侧壁上。高分子材料受力作用会发白，失去其透明性，就是由于形成了大量细小的银纹。

普遍来说，大多数高分子材料的机械强度较低，刚度不如钢材，耐热能力尚差，作为结构材料使用有一定的局限性，对于一些受力不大的零件和温度不是很高的场合，如仪器仪表外壳、盖板、底座、机械设备上的手柄、叶片、膨胀节等零件都可以采用高分子材料制造。如今，随着新型高分子材料的研究与开发，高分子材料的应用范围也愈来愈广。例如，疲劳载荷条件下使用的高分子制品如齿轮、凸轮，要求材料抗冲击且耐疲劳，一般可选用 POM、PA、PPO；在较高温度下使用的塑料主要有：PI（聚酰亚胺）、PPS（聚苯硫醚）、PPO（聚苯醚）；可以在高频下（如微波作用）使用的高分子材料有：PE、PP、PS、PTFE 等；

要求长期在载荷作用下工作的制品，需要采用耐蠕变性能好的材料：ABS、PPO、PPS 等；阻隔性材料主要用于食品药物包装保鲜以及油箱材料：EVOH（乙烯/乙烯醇共聚物）、PVDC（聚偏二氯乙烯）、PAN（聚丙烯腈）、PA（聚酰胺即尼龙，如尼龙 6、尼龙 66）等。除此之外，还可以通过改性的方法来改善和提高高分子材料的力学性能、热性能、耐蚀性能以及表面性能等，使其具有更加广阔的使用领域和应用前景。

11.1.2 过程装备用高分子材料的选择原则

目前已报道的高分子材料已达上万种，总体来说，在过程装备中最常用的有几十种。针对具体的过程装备用高分子材料制品，同金属材料一样，选材也应该遵循三个方面的基本原则：使用性能原则、加工工艺性能原则和经济性原则。

① 明确过程装备制品的使用技术要求　包括受力状态、环境温度与湿度、化学介质、辐照影响、是否需要透光或介质透过性、制品的尺寸精度和形状大小、外观等。一般情况下，要求高机械强度、长期耐高温、高尺寸精度、高绝缘性能、高导电性能、高磁性的环境不宜选用高分子材料。

② 明确构件的加工工艺方法　包括高分子材料的可模塑加工性能，成型加工方法、加工的难易程度、加工精度、制品的形状、尺寸、外观等。例如：PTFE、UHMWPE、PPO 以及聚苯酯，各方面的性能优异，但是由于熔点高或熔融后流动性差，对成型加工工艺条件要求较高，其中，PTFE 还可以采用类似于粉末冶金的方法制备构件。

③ 明确过程装备用制品的成本要求　包括高分子材料的来源是否方便，加工成本，运输和安装费用等。

此外，由于高分子材料的各项性能显著区别于金属材料，所以在选材方面又有一些特别需要注意的问题，具体表现在以下三个方面。

① 高分子材料性能数据的局限性　在根据性能数据选择高分子材料时，需要正确评价和分析高分子材料的性能数据。

选择材料需要满足工程上的实际需要，但已知的高分子材料的标准数据往往只是一种在特定条件下获得的实验值，如特定形变速率，特定的温度等，而作为高分子材料制成的产品，其性能受成型加工方法和使用条件的影响很大，所以这些性能指标数据与实际工况相比必定有一定的出入。此外，高分子材料的性能还与使用时间有关，选择时不仅要注重材料的静态数据，更应注重该材料的动态、热状态以及抗老化性能的数据。不仅要满足工程上需要的主要性能指标，又要能充分发挥高分子材料特有的而金属材料所欠缺的性能。所以，选择高分子材料时应做到既要依据材料的性能数据，又要全面分析使用条件和性能要求，综合考虑材料各方面的性能指标。

② 服役条件对高分子材料制品性能的影响　在选择高分子材料时应认真考虑过程装备零件运行的环境和工作条件。

绝大多数高分子材料对外界环境的条件十分敏感，因此，详尽的环境分析以及掌握环境对材料的作用效果是正确选择高分子材料构件的基本要求。环境分析包括材料的使用温度范围、接触介质的性质、浓度和状态，工作方式（连续性或间歇性），应力的类型、大小、方向以及变化规律，材料的使用场合（室内或室外）等。

由于高分子材料的耐热性能较差，热变形的温度相对比较低，使用温度范围比金属材料窄，多种高分子材料的性能对温度的依赖性大，温度的稍微变化，均会引起性能相应地发生改变。

有些高分子材料能满足工程上对它的强度、刚度和耐热性要求，但有可能不适应环境中某些介质的作用，因为这些介质会导致某些高分子材料产生应力开裂，影响材料的承载能力。这种因敏感材料处于一个特定的环境介质中同时受到拉应力的作用而发生开裂的现象称为**环境应力开裂**，也叫干龟裂，而且这种开裂常常会被某些活性物质引发和加速。潮湿的环境会导致某些高分子材料变形而失去尺寸的稳定性等。由此可见，环境分析需要充分了解高分子材料的结构及其对环境的适应性。

③ 成型加工方法对高分子材料性能的影响 制品的结构形状、尺寸精度以及性能指标对成型加工方法有所要求。

对于不同结构形状的高分子材料制品，可以选择的成型加工方法往往有所不同。不同的成型加工方法具有不同的加工机理，所以最终获得产品的特性也不一样，普遍表现在力学性能、物理化学性能、表面状态等各个方面，而且成型收缩率也不相同。这就必然会影响到产品的使用性能以及制品的尺寸精度和尺寸稳定性。因此，全面了解高分子材料的加工性能以及成型加工工艺，对高分子材料的选择及其工程应用具有十分重要的意义。

下面以离心泵叶轮用高分子材料为例，讲述材料的选用问题。

叶轮是泵的重要部件之一，由于叶轮在泵壳内高速旋转，将机械能转化为液体的压力能及动能，所以作为叶轮的材料应该具有高强度。除此之外，根据离心泵叶轮工作环境的不同，对叶轮的相关性能有着不同的要求。有的是在腐蚀性很强的酸、碱及化工产品中工作，有的则是在含有大量固体颗粒的混合物中工作，而在火力发电厂中的一些离心泵则长期在高温、高压下工作。所以，要求叶轮用高分子材料应具有优越的高强度、耐腐蚀性、耐磨损、耐高温高压等性能。

高速离心泵的叶轮，在工作过程中需要高速的旋转，这就需要叶轮具有一定的机械强度。为了保证叶轮的安全性及尺寸稳定性，要求高分子材料具有较高的机械强度及耐蠕变性能。

用来输送酸、碱和其他具有腐蚀性液体的离心泵，要求叶轮具有较强的耐腐蚀性。

在工程实际选用过程中，对于性能十分接近的高分子材料，应综合考虑材料的性能价格比、产量的高低、运输成本、可以成型的制品形状或者是否有相关的型材（如管、板、棒、膜、异型材等）可以购买并进行二次加工（如焊接、粘接）等方面的因素来做决定。

11.2 常用工程塑料

塑料是以合成的或天然的树脂作为主要成分，添加（或不添加）辅助材料如填料、增塑剂、稳定剂、颜料、防老剂等，在一定温度、压力下加工成型而成的。

塑料的性能主要取决于主体成分高聚物树脂的性质，高聚物中适当添加某些辅料可以改善材料的耐寒、耐热、耐磨、导热、力学和加工性能。一般塑料具有密度小、比强度大、电绝缘性好、耐腐蚀性好和易加工等优点，但也具有不耐高温、强度差、易变形、热膨胀系数大、导热差、易老化等缺点。在过程装备中可以作为结构材料、耐蚀衬里材料、绝缘材料等；可以制作多种型材如管、板、棒、膜；可以用作各类制品如泵、阀、塔、槽、机械零部件。

塑料分类在不同应用领域采用的方法不同，本节从过程装备的实际应用出发，分为耐腐蚀性、耐磨性、耐高温性塑料三种类别。有些塑料综合性能优越，其耐蚀、耐磨、耐高温性能都很好，在以下分类中主要考虑其更为突出的特性。

11.2.1 耐腐蚀性塑料

常用的耐腐蚀性塑料主要有 PE、PVC、PP、PTFE、氯化聚醚。

11.2.1.1 聚乙烯（PE）

（1）性能

聚乙烯是饱和的脂肪族碳氢化合物，是目前第一大塑料品种。常态下无毒无味，呈乳白色。密度一般在 $0.91 \sim 0.96 \text{g/cm}^3$，根据密度和链结构的不同，聚乙烯又可以分为低密度聚乙烯（LDPE）、高密度聚乙烯（HDPE）、超高分子量聚乙烯（UHMWPE）和线性低密度聚乙烯（LLDPE）。其性能比较见表 11-1。

表 11-1　聚乙烯的性能

项　　目	低密度聚乙烯（LDPE）	高密度聚乙烯（HDPE）	超高分子量聚乙烯（UHMWPE）
密度/(g/cm³)	0.91	0.94	0.94
拉伸强度/MPa	$6.9 \sim 15.9$	$21.4 \sim 37.9$	40.0
断裂伸长率/%	$90 \sim 800$	$15 \sim 100$	$450 \sim 500$
冲击强度（缺口）/(J/m²)	853	$80 \sim 1000$	
线膨胀系数/10^{-5}℃	$16 \sim 18$	$11 \sim 13$	
连续耐热温度/℃	$60 \sim 75$	$70 \sim 80$	
邵氏硬度	$41 \sim 50$	$60 \sim 70$	HRC50

低密度聚乙烯通常用高压法生产，故又称为高压聚乙烯，其分子链中含有较多的支链，所以结晶度较低，密度较小。高密度聚乙烯主要是采用低压生产，故又称低压聚乙烯，分子链很长而支链少，结晶度高，密度高。

聚乙烯能耐多种介质腐蚀，而且在常温下几乎没有溶剂可以溶解。但是聚乙烯易受卤素、强氧化剂侵蚀，在芳香族碳氢化合物和氯化碳氢化合物溶剂中，70℃以上就开始溶解。此外，尤其需要注意的是，当制品处于拉应力状态时，在诸如各种表面活性剂、矿物油、动植物油、酯类增塑剂、强碱、醇等介质中会发生环境应力开裂。

聚乙烯一般热稳定性好，不接触氧时到 290℃ 都是稳定的，只是熔融，但是一超过 300℃ 便开始分解。接触氧时 50℃ 发生氧化反应，并逐渐变脆，电性能下降。对紫外线的抵抗能力比较差，在室外使用时，要加进抗氧剂、紫外线吸收剂。聚乙烯是典型的非极性聚合物，各种电性能特别是高频区域诸性能优越。

低密度聚乙烯质轻，柔性、耐低温性、耐冲击性较好，耐环境应力开裂较好，并且，试验发现密度小于 0.950g/cm^3 的品种有最强的抗裂性能。

UHMWPE 抗冲击强度高，特别是耐磨损性极佳，适于做耐磨的传动零件（11.2.2.3 节）。

（2）成型加工方法

聚乙烯属于热塑性塑料，成型加工性好，适用于模压成型、注射成型、挤出成型、吹塑成型、真空成型等多种方法，可以加工成各种制品，如电线、管、片、薄膜、瓶、单纤维、线等。一般利用模压成型加工流动性很不好的超高分子量聚乙烯，而形状极其复杂的制品可以用注射成型法。利用粉末烧结成型法、回转成型方法进行聚乙烯的加工，可以制得大型的制品，或特异形状的制品，且使用的模具便宜，所得制品残留形变小，耐应力开裂，制品厚度可以自由调节，主要用来制造大型容器、圆筒缸衬里、转运箱等。利用聚乙烯粉末对金属制品做防腐蚀涂层，有回转成型法、熔射法、流动浸渍法以及静电喷涂等方法。

（3）用途

低密度聚乙烯适于制作耐腐蚀零件和绝缘零件，高密度聚乙烯适于制作薄膜等，超高分子量聚乙烯适于制作减振、耐磨及传动零件。

聚乙烯在相当低的温度下不失去柔软性，耐冲击而不破坏，耐多种化学药品，适用于各种成型方法，并能得到复杂形状的制品，所以用途极其广泛。

高密度聚乙烯化学稳定性很高，能耐酸碱及有机溶剂，刚性大，硬度和强度较高，即使壁很薄也能保证强度，且具有较高的使用温度，可以用来制作化工耐腐蚀管道、容器、网、打包带，并可用作电缆覆层、异型材、片材、小型桶、缸，以及石油产品包装容器、阀件、衬套，以代替铜和不锈钢等。低密度聚乙烯质软，其管道制品的搬运、装配都十分简便易行，制作的包装容器，可以长期保存，运输中不易开裂。耐酸、碱，无毒，除用于矿业、酿造工业之外，在农药喷洒、灌溉、输水等方面的应用都相当普遍，但缺点是耐热性差、接头密封严密性差。

11.2.1.2 聚氯乙烯（PVC）

（1）性能

聚氯乙烯是由氯乙烯经聚合反应而成的聚合物，同样属于热塑性材料，目前是仅次于聚乙烯的第二大塑料品种，原料来源广泛，工艺成熟，价格低廉，用途广泛，品种多，是一种通用塑料。

PVC 树脂为白色粉末，密度是 $1.2 \sim 1.6 \ g/cm^3$，无毒，耐水性、耐酸性、耐碱性、难燃性、电绝缘性良好，还耐多种溶剂。PVC 树脂在 $65 \sim 85 ℃$ 软化，$120 \sim 150 ℃$ 有可塑性，$170 ℃$ 以上熔融，$190 ℃$ 以上开始分解放出 HCl，加工的合适温度在 $150 \sim 180 ℃$ 范围内。

PVC 分软、硬两种，其性能比较见表 11-2。硬质 PVC 机械强度高，有较好的抗弯、抗拉、抗压和抗冲击性能，绝缘性能优良，耐酸碱性能极强，化学稳定性很好但软化点低，适于做建筑、化工用的管材、棒材、板材等；软质 PVC 的伸长率大，拉伸强度、弯曲强度、冲击强度、冲击韧性等均较硬质 PVC 低，适于做薄板、密封件、薄膜、电线电缆的绝缘层。

表 11-2 硬质 PVC 和软质 PVC 的性能

项　　目	硬聚氯乙烯	软聚氯乙烯	项　　目	硬聚氯乙烯	软聚氯乙烯
密度/(g/cm³)	$1.4 \sim 1.6$	$1.2 \sim 1.4$	导热系数/[W/(m·K)]	$0.12 \sim 0.29$	$0.12 \sim 0.16$
拉伸强度/MPa	$35 \sim 55$	$10 \sim 22$	线膨胀系数/$10^{-5}℃$	$5 \sim 18.5$	$7 \sim 25$
断裂伸长率/%	$2 \sim 40$	$100 \sim 450$	连续耐热温度/℃	$65 \sim 85$	$50 \sim 55$
冲击强度（缺口）/(kJ/m²)	$22 \sim 108$	随增塑剂变化	邵氏硬度	$D75 \sim 85$	$A50 \sim 95$
压缩强度/MPa	$55 \sim 90$	$6.2 \sim 11.7$			

（2）成型加工

无论是软质还是硬质聚氯乙烯，成型加工方法主要都是压延成型、挤出成型、注射成型、层压加工等。

① 压延成型　用混合机混合物料，混炼辊一般在 $140 \sim 170 ℃$ 下混炼约 10min，物料即被混炼熔融成为均一的凝胶状物质。片材、薄膜、造革加工时用压延辊压延。硬板适用压延机压延，然后重叠多层在大型多段压机上热压成硬板。由辊压加工可以得到厚度 $0.08 \sim 0.6mm$ 的板材，在此基础上重叠能到 20mm 以上的厚板。

② 挤出成型　管、板、薄膜、带等制品的成型用这种方法。利用挤出成型出的管坯，可以吹塑成薄膜，也可吹塑成中空瓶。挤出成型为片状坯后接着压延，可以成型 0.6mm 以上片材。

③ 注射成型　PVC 不仅热稳定性不好，而且熔融时黏度高，所以注射成型比聚苯乙烯、聚乙烯困难，制品体积受到一定限制。加入增塑剂可以很大程度上提高其熔融状态下的流动性，改善注射成型性能，但是会导致制品的软化温度降低，冲击强度下降。

④ 层压加工　把压延到 0.5mm 厚的硬质片材数张至数十张重叠，放在金属模板上热压成硬质板，使用普通多段压机，充分预热，软化后加压，从升温到冷却需要 2h 以上。

（3）用途

硬聚氯乙烯可用于工业管道系统，给排水系统、槽、罐、电线导管、异型材和过程装备中的防腐蚀设备，如储槽、塔，特别是制作大型的全塑结构防腐设备。也可以用于离心泵、通风机、输油管、酸碱泵的阀门、容器。软聚氯乙烯主要用于生产各种薄膜、地板胶、电线电缆的绝缘层和软管。

11.2.1.3 聚丙烯（PP）

（1）性能

聚丙烯各种性能与聚乙烯非常相似，相对密度为 $0.90\sim0.92g/cm^3$，同为热塑性材料。和高密度聚乙烯比较，软化温度显著提高（全同立构聚丙烯熔点176℃），拉伸强度、弯曲强度、刚性都很大，但是冲击强度不高。和聚乙烯相比，成品透明性、表面光泽良好，成型收缩率小，所以外观和尺寸精度也好。聚丙烯的性能见表11-3。

表 11-3　聚丙烯塑料的性能

项　　目	指　　标	项　　目	指　　标
密度/(g/cm³)	0.903	冲击强度(缺口)/(kJ/m²)	2.15~4.9
拉伸强度/MPa	35	导热系数/[W/(m·K)]	0.087~0.14
断裂伸长率/%	150~200	线膨胀系数/10⁻⁵℃	11~12
弯曲强度/MPa	41~55	使用温度/℃	110~120
压缩强度/MPa	39~56	邵氏硬度	D80

聚丙烯的力学性能如弯曲弹性模量、硬度可以通过填充石棉、二氧化硅、滑石粉、玻璃纤维等材料在很大范围内发生改变，还能够把热膨胀系数下降到和热固性树脂同一水平。

聚丙烯的介电常数与聚乙烯几乎是相同的，耐电压、耐电弧性也好，作为高频绝缘材料有优越的性能。

聚丙烯的耐药品性和高密度聚乙烯相同，并有一定程度的提高，耐应力开裂性比聚乙烯好。而聚丙烯比聚乙烯的抗氧化能力要低，在加工中应注意抗氧化问题。

聚丙烯的透明性也比聚乙烯好，有优秀的机械强度、耐热性。

（2）成型加工方法

聚丙烯与聚乙烯一样是成型性非常好的材料，用普通型号注射机、挤出机可以加工各种制品如棒、管、薄膜、片、瓶、单丝等，成型收缩率比HDPE小，并且收缩率的方向性不明显，如果选择适当成型条件，可以得到尺寸精度好、残余应力小的制品。

聚丙烯拉伸以后弯曲疲劳强度显著提高，利用这一性质可以把各种容器的盖和本体连在一起成型（合叶或铰链），即在盖与本体之间用 $0.25\sim0.5mm$ 膜连接的模具注射成型，在完全冷却之前取出，直接折曲合叶部分，由于拉伸的结果，这部分耐弯折疲劳性能提高。如果设计和成型条件适当，在0℃能耐300万次的开闭。

聚丙烯的片材加工方法也和聚乙烯相同，并且加工性更好，所以多用作真空成型和其他加工方法的基础材料。

（3）用途

聚丙烯制品的使用范围几乎和聚乙烯完全相同，并且在充分利用其独有特点基础上开发出更多的用途。

聚丙烯的各项机械强度与聚酰胺匹敌，耐药品性优，所以作为工业用零件，特别适合用作有耐酸、耐碱要求的化学装置零件、衬里材料等。

聚丙烯的注射成型制品用作容器、桶、汽车零件等工业制品，其成型性、表面光泽、透明性极佳。通过改性可以克服聚丙烯耐寒性、耐冲击性差的缺点，改性品种可用作长期使用的包装箱。聚丙烯的耐环境应力开裂性好，用作化学药品的容器比聚乙烯更有利。

聚丙烯薄膜很强韧，而且与玻璃纸有同等程度的透明性，所以大量用作包装材料，另外为了改善聚丙烯薄膜的透气性、热封性等，往往与其他材料组成多种复合薄膜，用途更加广泛。撕裂膜为聚丙烯单轴拉伸而成的薄膜，易沿纵向开裂，具有很强的拉伸强度，多用作捆扎绳、封口带，可替代尼龙丝、棉线，还可编织成袋，广泛用于面粉、水泥、工矿产品的包装。

在吹塑成型领域聚丙烯比聚乙烯应用更加广泛，适于制作耐热性好、透明性高、耐冲击性能强、刚性大、密封性优良的瓶子，代替玻璃瓶。

11.2.1.4 氟塑料

（1）性能

氟塑料是聚四氟乙烯塑料（PTFE，F4）、聚三氟氯乙烯塑料（PCTFE，F3）和聚全氟（乙烯-丙烯）共聚物塑料（FEP，F46）、聚偏氟乙烯塑料（PVDF）等由含氟烯烃单体通过均聚或共聚反应所获得的塑料的总称，从分子结构上看，由于有极其强固的 C—F 键，所以有优异的耐药品性和耐热性，即在常态下几乎对所有的化学药品都是稳定的，可以在从低温到高温宽广的温度范围长时间内连续使用。与其他塑料相比，具有更优越的耐高低温性、耐腐蚀性、耐气候性、电绝缘性、不吸水以及低的摩擦因数等特性，其中尤以聚四氟乙烯塑料最为突出。

聚四氟乙烯塑料（PTFE）为乳白色蜡状，固体密度 $2.2 \sim 2.3 g/cm^3$，是塑料中最重的一种。几乎不吸水、难溶解的结晶性塑料，特别是耐高、低温性能优异，可在 $-200 \sim 290 ℃$ 温度范围内长期使用。PTFE 具有很强的耐腐蚀能力，耐强酸（如硫酸、硝酸、盐酸和王水），还耐强氧化剂如重铬酸钾、高锰酸钾，其化学稳定性超过了玻璃、陶瓷和不锈钢，甚至金和铂，故有"塑料王"之美称。聚四氟乙烯是塑料中摩擦因数最低的一种，与钢对磨，其摩擦因数低至 0.04，自身对磨的摩擦因数更低。聚四氟乙烯是塑料中自润滑性最好的材料。PTFE 具有优异的介电性能和电绝缘性能，不受环境温度、湿度和电频率等的影响。

聚三氟氯乙烯塑料（PCTFE，F3）和聚全氟（乙烯-丙烯）共聚物塑料（FEP，F46）的性能仅略逊于聚四氟乙烯，但是加工性却有较大改善。几种氟塑料性能比较见表 11-4。

表 11-4 氟塑料的性能比较

项目	F4	F3	F46
密度/(g/cm³)	2.1~2.6	2.08~2.3	2.14~2.17
拉伸强度/MPa	13.7~24.6	29.4~39.2	20~25
断裂伸长率/%	300~500	50~100	250~330
弯曲强度/MPa	10.8~13.7		
压缩强度/MPa	11.8		
冲击强度（缺口）/(kJ/m²)	16.1	3.9~59	不断
导热系数/[W/(m·K)]	0.24~0.27	0.16	0.184
线膨胀系数/10⁻⁵℃	25	6~12	8.3~10.5
晶体熔点/℃	327	210	270
开始分解温度/℃	415	310	400
邵氏硬度	D75	D75	D55~60

① 耐药品性　氟树脂的特性之一是耐药品性好，特别是 PTFE 在现在的塑料当中耐药品性最好，不受通常的有机溶剂以及王水、二氟化硼、热硝酸、热硫酸和高浓度苛性钠溶液的侵蚀，仅在熔融的碱金属和高浓度氟气中缓慢腐蚀。PCTFE 比 PTFE 稍差，但仍然有卓越的耐药品性，对于卤化溶剂二乙氨等只发生轻微溶胀。而 PVDF 在氟树脂当中是比较差

的一种，但是和其他一般塑料相比依然具有优越的防腐性能。

② 耐热性　PTFE 在 $-196 \sim 260℃$ 温度区域中可以长时间连续使用，如果超过 $300℃$ 则会失去结晶性，机械强度急剧下降，PTFE 的最大缺点是热膨胀系数大。PCTFE 比 PTFE 耐热性稍差，在 $-200 \sim 200℃$ 范围可长时间连续使用。

③ 低摩擦因数　氟树脂在所有的固体中有最小的摩擦因数，特别是 PTFE 和 FEP。

④ 吸水性和透气性　氟树脂的吸水率和透湿性几乎为零，特别是 PCTFE 在所有塑料当中有最低的透湿性。

⑤ 耐候性　氟树脂对紫外线非常稳定，在亚热带地区数年间放置屋外，物性几乎不发生变化，特别是 PVDF 耐候性最好，是在室外长期使用的材料，且对于其他放射线也是很稳定的。

（2）成型加工

PTFE 即使加热也不熔融，在 $330℃$ 以上仅仅呈凝胶状，所以只能采用类似粉末冶金的方法成型，即把粉末材料加到模具中，慢慢加压（$10 \sim 35$ MPa），成型以后在 $360 \sim 380℃$ 烧结，全部都呈透明状时取出；必要时再放入另一模具中进行二次成型。PTFE 的机加工性能优良，成型后可通过冷加工获得形状复杂、尺寸精度要求高的制品。

PCTFE、PVDF、FEP 和 PTFE 的熔融黏度相对比较小，可以用通常的塑料成型法进行加工，成型机械、模具与原料接触的部位选择抗腐蚀的材料，应注意加大传热面积，流道、浇口尽可能粗而短。

对金属制品或其他材料的防黏处理，可以多次涂装氟树脂。首先把氟树脂粉末用分散器分散在有机溶剂中，用喷枪或浸渍法涂在底材上，待溶剂挥发以后，在加热炉中烧制而成。其中 PTFE、PVDF 用流动浸渍或其他方法，干燥粉末涂装也是可行的。

氟树脂成型时，烧成后的冷却速度、球晶大小和数量，以及成型制品的粒子直径、粒度分布等对其物性都有很大影响，是成型加工工艺的重要影响因素。

氟树脂是最难胶接的塑料，几乎所有胶黏剂都不行，粘接前必须进行特殊的表面处理。

（3）用途

几乎所有的药品都不能侵蚀氟树脂，耐热性好、摩擦因数低，这些性能在各个领域是广泛需要的。

主要是接触化学药品的装置零件、垫圈、填料、管材、接头、阀门等方面，采用氟树脂制品，其寿命几乎是半永久性的。此外，如阀片、隔膜、活塞、压盖密封垫圈、轴承、活塞环等利用其耐药品性和低摩擦因数的用途不胜枚举，还可用在无油润滑的场合，如风机的轴承和密封。

FEP、PVDF 因容易加工成片、薄膜而且透明，并具有耐候性、化学稳定性、非黏着性，所以用途十分广泛。例如，温室、畜舍窗、屋顶或者药品包装等方面均可使用，但价格高。

氟树脂的微米级微粉可用作减小塑料摩擦因数的填料，把 PTFE 的纤维添加到缩醛树脂中去，可提高耐煮沸性、尺寸稳定性，并且减小摩擦因数。

PTFE 以外的氟树脂，特别是 PVDF 能制造出热收缩薄膜，可用此种薄膜对金属杆、机械零件等进行"收缩包装"，代替前述的粉末树脂涂装、衬里等。

11.2.1.5　氯化聚醚

（1）性能

氯化聚醚又称聚氯醚，是淡黄色或橘黄色半透明结晶型高分子聚合物，相对密度为 1.4 g/cm³。氯化聚醚的尺寸稳定性好，吸水率小于 0.01%，在 $23℃$ 经 24 h 后其吸水率可以忽略不计。即使在 $100℃$ 的水中煮沸 24 h，尺寸也无变化。一般成型收缩率在 0.6% 左右，因此，极易制造精密零件。

氯化聚醚的力学性能除抗冲击强度偏低外，其他各项性能与常用热塑性塑料相当。氯化聚醚制品的力学性能与其结晶度、晶态结构有密切的关系，其抗拉强度、弯曲强度、压缩强度和硬度随着结晶度提高而增大，但其伸长率和冲击强度则降低。

氯化聚醚最突出的优点是具有极好的耐化学腐蚀性，对于多种酸、碱、盐和大部分有机溶剂有很好的抗腐蚀能力。只有很少几种强极性溶剂，在加热情况下才能使之溶解或溶胀，如 50℃ 以上能逐渐溶于环己酮，100℃ 以上能溶于邻二氯苯、硝基苯、吡啶、四氢呋喃、乙二醇二乙酸酯、三甲基环己烯酮和二甘醇乙醚乙酸酯等溶剂，在沸点下芳香烃、氯化烃、乙酸酯和乙二胺等能使之溶胀。

常用的大多数无机酸、碱、盐溶液在相当宽的温度范围内对氯化聚醚没有腐蚀作用，但是一些强的氧化剂如浓硫酸（质量分数 98%）、浓硝酸、双氧水、液氯、氟、溴等在室温下会逐渐地使其腐蚀，在浓氯硅酸、高氯酸、氢氟酸（质量分数 100%）、液态二氧化硫中亦有较显著的腐蚀作用。氯化聚醚的化学稳定性仅次于聚四氟乙烯。

氯化聚醚可在 120℃ 下长期使用，在 -40℃ 以下呈现明显的脆性，其玻璃化温度接近室温，导热系数低，比高密度聚乙烯小 1/3 之多，是一种良好的绝热材料。

氯化聚醚的耐磨性优良，其耐磨性比 PA6（聚己内酰胺）高 2 倍，比聚三氟氯乙烯高 17 倍，胜过聚碳酸酯等各种塑料。

（2）成型加工

氯化聚醚加工性比氟树脂好，熔融黏度低，可以进行注射、挤出成型，加工温度范围较宽，在 300℃ 以下不会热分解，成型收缩率低，制造薄壁件，尺寸仍很稳定。

① 注射成型　氯化聚醚用一般注射机即可成型。料筒通常采用温度为 180~220℃。氯化聚醚长时间在高温下会分解炭化，因此不宜选用过高的温度和过长的注射时间。

② 挤出成型　主要用于制管、棒、电缆、电线、异型材以及薄膜等连续制品。料筒温度一般在 190~240℃ 之间。

（3）用途

氯化聚醚的机械强度、电绝缘性、绝热性、自熄性好，所以用途较广泛。

在化学工业中代替部分不锈钢和氟塑料等材料，应用于化工、石油、矿山、冶炼、电镀等工业部门，作防腐涂层、储槽、容器、反应设备衬里、化工管道、耐酸泵件、阀、滤板、测量窥镜、耐蚀绳索等。

在机械工业中代替有色金属和合金，做机械零件、配件和仪表零件等，例如轴承、轴承保持架、导轨、铣床螺母、齿轮、凸轮、轴套、轴瓦和密封件等。

11.2.2　耐磨性塑料

常用的耐磨性塑料主要有 PA、POM、UHMWPE、PTFE。PTFE 同时又是优良的耐蚀材料，在前面已经介绍过了。

11.2.2.1　聚酰胺（PA）

（1）性能

聚酰胺俗称尼龙，是热塑性结晶型塑料，白色至淡黄色的不透明固体，具有良好的力学性能，是强度、韧性、润滑性、耐磨耗性和耐药品性很好的高分子材料，缺点是吸水率较高、尺寸稳定性、电性能不好，而且这些性能随结晶度、晶态结构、吸水量和温度而变化。一般说结晶度越高，透明度越差直至变成不透明，但是刚性提高，耐磨耗性、润滑性提高，热膨胀系数、吸水率变小。

几种尼龙性能比较见表 11-5。

表 11-5　常用聚酰胺塑料的性能比较

项　　目	尼龙 6(聚己内酰胺)	尼龙 66(聚己二酰己二胺)	尼龙 1010(聚癸二酰癸二胺)
密度 /(g/cm³)	1.13～1.15	1.1～1.15	1.03～1.05
拉伸强度 /MPa	60～65	60～70	48～60
断裂伸长率 /%	250～290	270～300	250～310
弯曲强度 /MPa	90～108	110～130	81～86
压缩强度 /MPa	75～93	90～105	59～65
冲击强度(缺口)/(kJ/m²)	15～32	13～25	11～12
导热系数 /[W/(m·K)]	0.17～0.24	0.24	
线膨胀系数 /10⁻⁵℃	8.4	9.8	12.4
分解温度 /℃	368	350	328
布氏硬度 /HB	108	131	90

PA 软化温度高，即使在比较高的温度，也能保持良好的物性指标，温度上升和吸水率增加会使 PA 的强度降低、韧性增加，其物化性能在 60～90℃ 的 T_g 温度区域会发生急剧变化。在无载荷情况下的使用温度为 120℃，在载荷作用下 PA66 的使用温度为 100℃，PA6 和 PA610（聚癸二酰己胺）的使用温度在 70℃ 以下。

PA 的最大特点之一是耐磨耗性和润滑性好。摩擦因数为 0.1～0.3，其耐磨效果是铜的 8 倍。不同种类 PA 的摩擦因数相差不大，结晶度增大时摩擦因数变小，耐磨耗性变好。为了更进一步改善其性能，可通过热处理提高结晶度。添加 MoS_2 和石墨等固体粉末，耐磨耗性显著增加。这些固体粒子不但起到润滑剂的作用，还作为结晶的成核剂，特别是加 MoS_2 的效果更为明显。

PA 对一般化学药品有很强的耐蚀性，在普遍使用条件下乙醇、碱、醚、烃、丙酮、油、洗涤剂等不能侵蚀，但是，在常温下遇苯酸类、甲酸及在加热时遇卤化醇、多价醇可以溶解。耐酸性不好，容易受到无机酸作用而水解。此外，PA 溶于乙醇得到的溶液可用作胶黏剂。

（2）成型加工

热塑性树脂的一般成型方法全都适用，然而要注意以下几点。

聚酰胺属结晶型高分子，有比较明确的熔点，如 PA66 约为 250℃，PA6 和 PA610 约为 210℃，因此成型加工温度应控制在熔点以上，约 230～290℃ 的区域范围。此外，由于聚酰胺的分解温度比较接近熔点，熔融温度范围小，而且熔融热大，所以需要采用塑化能力强的设备，并且必须严格控制加热温度范围。

PA 切削加工性能良好，可对其进行高精度的机械加工。为了增加尺寸稳定性，改善力学性能，需要对粗制品进行后处理。后处理包括热处理和调湿处理。热处理的目的是为了降低制品残余应力，提高尺寸稳定性，同时也可使高聚物结晶度提高、力学性能变好。一般使用水、液体石蜡、淬火油等作为热处理剂，在无空气环境中加热到比使用温度高 10～20℃ 保温一定时间之后缓慢冷却。制品在水中使用或者有特别精准的形状要求时，为了尺寸稳定，应强制其在短时间内达到水分平衡，即进行吸水处理，也称调湿处理，一般将制品放在沸水或乙酸钾水溶液浸泡，加热温度范围为 100～120℃。

（3）用途

聚酰胺性能优异，用途十分广泛，常用作机械、化工及电器仪表、纺织等零件。依据其优良的润滑性、耐磨耗性，多被用作轴承、衬套等。因为有消声、吸收振动的性质，制作各种轴承、齿轮、凸轮、辊轴、滚子、滑轮、涡轮、泵叶轮、风扇叶片、密封垫片、阀座、油箱、油管等零件。

11.2.2.2 聚甲醛（POM）

（1）性能

聚甲醛为白色或淡黄色，是一种有侧链、高密度、高结晶型的线性聚合物，可分为共聚和均聚两种。聚甲醛具有较高的弹性模量，很高的硬度和刚度。具有自润滑性，耐磨耗性仅次于聚酰胺。聚甲醛的耐疲劳特性是热塑性树脂当中最好的，耐蠕变性好。抗拉强度、弯曲强度、压缩强度次于增强的聚酯和其他二、三种热固性树脂，和聚酰胺、聚碳酸酯并列在热塑性树脂中最好的一类。

聚甲醛具有高的热变形温度，均聚物为 136℃，共聚物为 110℃。但由于分子结构方面的差异，共聚甲醛反而有较高的连续使用温度。共聚甲醛可在 114℃时连续使用 2000h，或在 138℃时连续使用 1000h。均聚甲醛可以长期在 85～105℃环境下使用，且力学性能变化不大。

聚甲醛耐溶剂性好，在常温下不溶于所有的溶剂，在高温条件下只溶于卤代酚，耐酸稍差，耐碱稍强，抗紫外线性差，燃烧以后没有自熄性，有强烈的甲醛臭味。

（2）成型加工

聚甲醛的主要成型方法是注射成型。均聚甲醛的注射成型温度是 190～220℃，模具温度 120℃，共聚甲醛的是 180～210℃，模具温度 80℃。在高温部分材料长时间滞留易热分解产生甲醛。成型收缩率为 1%～3.5%，是塑料当中最大的，用在机械零件和结构件上的模具设计要充分考虑这点。

挤出成型可以制造棒、管材。因为材质强韧、软化点高，机械加工极其容易，但在此之前要进行消除应力处理。可以用共聚物 30～100 目的粉末回转成型，制造厚壁的耐压罐。

焊接方法有热板焊接、超声波焊接。

（3）用途

聚甲醛具有强韧性、耐疲劳性、耐磨耗性好，比金属轻，耐水性、自润滑性好，复杂形状制品能一次成型，抗腐蚀，不需涂装等优点，所以可用在使用有色金属材料（铝压铸件、黄铜、铜锡合金）的场合，例如齿轮、轴承、轴瓦、凸轮、皮带轮、轴承盖、传送带、电风扇、螺钉、接线柱、管接头、化工容器和各种仪表仪器外壳等。以及用在办公设备、生产机械、汽车、家电、通讯器材、建材和杂品等方面。

11.2.2.3 超高分子量聚乙烯（UHMWPE）

（1）性能

UHMWPE 为线型聚合物，相对分子质量 50 万～500 万，结晶度为 65%～85%，密度为 $0.92～0.94g/cm^3$。UHMWPE 的结构与 HDPE 完全相同，只是相对分子质量比 HDPE 要高两个数量级，UHMWPE 具有独特的性能。由于相对分子质量高，熔体黏度大，呈高弹态难以流动，熔体指数接近于零，很难加工。

UHMWPE 的耐磨性居塑料之首，并超过某些金属。与其他材料耐磨性能比较，UHMWPE 的砂浆磨耗指数仅是 PA66 的 1/5、HDPE 和 PVC 的 1/10、碳钢的 1/7。UHMWPE 耐磨性与相对分子质量成正比，分子量越高，其耐磨性越好。

UHMWPE 的冲击强度，在所有工程塑料中名列前茅，约为耐冲击 PC 的 2 倍，ABS 的 5 倍，POM 的 10 余倍，并且冲击强度随相对分子质量的增大而提高，在相对分子质量为 150 万时达到最大值，然后随相对分子质量的继续升高而逐渐下降。UHMWPE 的拉伸强度高达 3～3.5GPa，拉伸弹性模量高达 100～125GPa。UHMWPE 有极低的摩擦因数（0.05～

0.11），故自润滑性优异。UHMWPE 的动摩擦因数在水润滑条件下是 PA66 和 POM 的 1/2，在无润滑条件下仅次于塑料中自润滑性最好的聚四氟乙烯。当 UHMWPE 以滑动或转动形式工作时，比钢和黄铜添加润滑油后的润滑性还要好。

UHMWPE 具有优良的耐化学药品性，除强氧化性酸液外，在一定温度和浓度范围内能耐各种腐蚀性介质（酸、碱、盐）及有机介质。其在 20℃ 和 80℃ 的 80 种有机溶剂中浸渍 30 天，外表无任何异常现象，其他物理性能也几乎没有变化。UHMWPE 具有优异的耐低温性能，在液氦温度（-269℃）下仍具有延展性。

UHMWPE 的不足之处是与其他工程塑料相比，其耐热性、刚度和硬度偏低。

（2）成型加工

UHMWPE 熔体指数极低，黏度极高，流动性极差，临界剪切速率很低，不宜用一般热塑性塑料成形加工方法加工。以前仅能采用冷压烧结或热压烧结成型加工，近年来发展了双螺杆及柱塞挤出机的挤出成型、注射成型、连续薄板成型、热冲击法成型等新型加工方法。

成型加工条件：热压成型，温度 180～220℃，加热时间 40min（10mm 厚）。挤出成型温度 180～240℃。

（3）用途

UHMWPE 的用途十分广泛。主要用于制造耐摩擦和抗冲击的机械零件，代替部分钢材和其他耐磨材料。化工机械制造如各种耐酸泵、砂浆泵、阀门、法兰、传动机械、轴套、垫板、齿轮、滤板等，代替原用的金属材料，其使用寿命大大延长，成本大幅降低。其具体应用情况见表 11-6。

表 11-6　UHMWPE 制品的部分应用实例

应用领域	应用实例	利用特性
化工机械	阀体、泵体、垫圈、填料、过滤器、齿轮、螺栓、螺母、密封圈、喷嘴、旋塞、轴套	耐磨性、耐化学药品性
一般机械	各种齿轮、轴瓦、轴承、衬套、滑动板、离合器、导向体、制动器、铰链、摇柄、弹性联轴节、辊筒、托轮、紧固件	自润滑性、耐磨性、耐冲击性
运输机械	传送装置滑块座、固定板、流水生产线计时星轮	耐磨性、耐冲击性、自润滑性
轻工机械	导轮、刮刀、轴承、旋塞、喷嘴、过滤器、储油器、防磨条、开幅机、减振器挡板、曲柄连杆、齿轮、凸轮	耐磨性、耐冲击性
其　　他	冷冻机械、船舶部件、电镀零件、超低温机械零件	耐寒性、耐磨性等

11.2.3　耐热工程塑料

常用的耐热工程塑料主要有 PPO、PPS、聚砜、PTFE、PC、PI。如前所述，PTFE 同时也是优良的耐腐蚀和耐磨材料。

11.2.3.1　聚苯醚（PPO）

（1）性能

聚苯醚的强度、耐热性、电性能优越，但是成型困难，与其他工程塑料相比，相对密度小（1.06），有自熄性，不透明。拉伸弹性模量大，拉伸强度、拉伸屈服应力和断裂伸长率大，耐蠕变性优良，也就是说是"硬而黏强"的工程塑料。耐蠕变性稍好于聚碳酸酯、聚甲醛。具有优异的耐高低温性，长期使用温度范围为 -127～121℃，无载荷情况下间歇工作可达 204℃，通用热塑性树脂中，次于玻璃纤维增强的饱和聚酯。吸水率极小，耐水蒸气性好，无毒，可以在热水中使用。

（2）成型加工

可以注射成型、挤出成型，成型温度 290～350℃，注射模具温度 130～150℃，流动性不如一般塑料。

（3）用途

在工业中可用作在较高温度下工作的齿轮、轴承、凸轮、运输机械零件、泵叶轮、鼓风机叶片、水泵零件、化工用管道、阀门以及市政工程零件，可代替不锈钢用来制造各种化工设备及零部件。其耐寒、耐热性在电气零件、灯罩、电影放映机等方面以及在低温、寒冷地区各种用途中得到利用。其耐水、耐水蒸气性，在外科手术器具、医疗器具、水蒸气处理用纤维轴、热水管、喷嘴、洗衣机零件等方面得到利用。其耐药品性，在药液泵零件、海水蒸发装置零件等方面得到利用。

11.2.3.2 聚苯硫醚（PPS）

（1）性能

PPS 是一种新型的耐高温、耐腐蚀工程塑料。产品分为热塑性和热固性两种，区别在于：热塑性一类具有支链，无结晶、熔点、熔融黏度高；而热固性树脂具有线性分级结构，而且即使在固化后，若充分加热尚能软化到一定程度，因此并非真正的热固性塑料。

PPS 树脂通常为白色或近白色粉末状或珠状产品。线形热固性聚苯硫醚有突出的热稳定性，制品硬而有韧性，交联后有效工作温度在 290℃以上，在 350℃以下空气中长期稳定，400℃空气中短期稳定，在氮气中长期稳定，紫外线和 Co-60 辐射不起作用。在 175℃以下不溶于所有溶剂，250～300℃不溶于烃、酮、醇等大部分溶剂，除强氧化性酸如氯磺酸、硝酸外，耐酸碱性极强，甚至连沸腾的盐酸和氢氧化钠也不起作用，因此，它是一种比较理想的防腐涂料。

聚苯硫醚具有高的抗蠕变性能，不冷流，有自熄性和优良的体积稳定性，其吸水率为 0.008%，模塑收缩率为 0.12%。

支链热塑性聚苯硫醚，热变形温度仅有 101℃，极限抗拉强度为 55～70MPa，抗压强度为 105MPa，耐蠕变性好，吸水率为 0.008%，但是支链聚苯硫醚的熔融黏度高，要用粉末成型技术来加工，不能用注射成型或其他方法加工。

纯聚苯硫醚性脆且加工困难，但是它与无机物的亲和性能极好，近来采用了玻璃纤维增强等改性手段，大大弥补了它的缺点而使之进入了商品化生产。

玻璃纤维、碳纤维增强的聚苯硫醚，表现出质轻、高强度、高刚性，尤其碳纤维增强聚苯硫醚抗弯模量非常高，可达 2×10^5 MPa 以上。玻璃纤维增强的聚苯硫醚高温时机械强度极为优良。当玻璃纤维含量 40% 时，玻璃纤维/聚苯硫醚的热变形温度（1.86MPa 时）可达 260℃以上。

（2）成型加工

根据树脂种类及用途，PPS 树脂可加工为涂料、塑料、纤维、薄膜等材料，还可进行二次加工。而 PPS 塑料成型方法包括注塑、挤出、模压、烧结、压延等。

（3）用途

由于增强聚苯硫醚能满足工业制品对材料的耐热、耐化学腐蚀、耐燃、一定的机械强度以及稳定的尺寸要求，并能保持零件长期工作的可靠性，所以它是一种极有发展前途的工程塑料。在石油、化工及制药业中，PPS 涂料、塑料以及纤维均可用于耐热防腐的设备和零部件，如各类耐腐蚀泵、管、阀、容器、搅拌、反应釜、废水及废气的过滤网以及耐热、耐压、耐酸的石油钻井部件、测井探针等。

11.2.3.3 聚砜

(1) 性能

聚砜为琥珀色透明固体材料，其密度为 $1.25\sim1.35g/cm^3$，吸水率为 $0.2\%\sim0.4\%$。由于存在砜基，这一聚合物不易被氧化，热变形小，热分解困难，在主链上有芳香环和醚键（—O—），具有强韧性和热稳定性。

材料的诸力学性能指标与PPO类似，是"硬而黏强"的工程塑料之一。

在热塑性树脂当中，仅次于PPO的高热变形温度（174℃），在150℃连续使用。T_g 为 190℃，脆化温度低（-100℃）。特别是耐高温蠕变性好，远远优于PC、POM、ABS。除耐蠕变性好外，聚砜的特点是在高温下长期暴露之后性质还基本保持不变，即使是把试件在150℃放置一年时间，拉伸强度、弹性模量稍增加10%，电性能维持85%，冲击强度维持80%。

耐化学药品性好，无机酸、碱、盐溶液不能侵蚀，然而酮、氯化钠等极性溶剂，可侵蚀芳香族的聚砜。电性能在常温到175℃温度范围内不变，水浸乃至高湿度条件下它的优秀电性能保持不变。

(2) 成型加工

聚砜适于注射成型、挤出成型方法，成型前如不充分干燥，制品易出气泡，通常在 $135\sim165℃$，干燥 $3\sim4h$，成型材料吸水率 0.05% 以下。

可用通用注射机制造复杂形状的制品，和其他通用树脂相比，熔融温度、熔体黏度显著提高，在成型机内树脂温度保持在 $345\sim400℃$ 高温，模具温度必须选择 $100\sim160℃$。

挤出成型时，通常在 $315\sim370℃$ 高温条件下进行，片、管、异型材、电线被覆都可以挤出，但是，制作薄膜、电线被覆时要加热到410℃左右。

(3) 用途

聚砜在电子电器工业中常用于制造电视机、电子计算机的集成线路板、印刷电路底板、线圈管架、接触器、套架、电容薄膜、高性能碱电池外壳等。也可用作汽车要求的耐热性、绝缘性零件，还有有效利用其尺寸稳定性、良好电性能、耐热性的计算机零件，利用其质轻、耐药品性、耐热性的家用电器、洗皿器、耐久性开关，利用其长期强韧性、耐化学药品性、耐热性的挤出管、片等。聚砜是可以在苛刻条件下工作的优越工程塑料，用途将会愈来愈广阔。

11.2.3.4 聚碳酸酯（PC）

(1) 性能

聚碳酸酯的相对密度 $1.2g/cm^3$，折射率 1.585，无色或稍有褐色，透光率突出，接近 90%。韧而刚，洛氏硬度 M87~91，L93~97，有自熄性。相对分子质量高时，熔融黏度增加，加工特性相应变化，热变形温度也上升。相对分子质量在 20000 以上，随分子量的变化表现出相对稳定的强度，如果低于 20000 万，将导致以冲击强度为代表的各强度指标的下降。

聚碳酸酯的力学性能和冲击性能优越，在常温下悬臂梁式冲击强度 $50\sim70kg\cdot cm/cm^2$（缺口），在无填充塑料当中是最高的。但是在反复加力之后，耐疲劳性比聚甲醛、聚酰胺差，拉伸强度 $56\sim67MPa$，在热塑性树脂当中和聚甲醛、聚丙烯酸树脂相同，弯曲强度、压缩强度在热塑性树脂中处于平均值以上，且聚碳酸酯对温度的依赖性小。

聚碳酸酯的热变形温度是 $132\sim140℃$（$18.5\sim0.46$ MPa），这在热塑性树脂当中次于聚苯醚、聚砜，比聚酰胺稍高。一般热塑性树脂热变形温度对荷重依赖性显著，但是聚碳酸酯热变形温度与荷重关系不大，其耐热性好，脆化温度为-100℃，到+140℃广泛温度范围内都可使用。

吸水性与聚烯烃树脂相比较大，但是在其他热塑性塑料当中是小的。室温、相对湿度 60％条件下，经过 16 天，吸水率为 0.18％，浸水以后为 0.36％，然而在 60℃以上相对湿度 95％以上条件下，连续使用容易使材料破坏。

聚碳酸酯在脂肪族碳氢化合物和醇中不溶解，在芳香族碳氢化合物、酯、酮类中膨胀乃至溶解。在卤代烃，例如氯化甲烷、氯仿、氯苯中能很好溶解，在对二噁烷中也溶解，强碱能侵蚀，弱碱类氨、胺等也能侵蚀，强酸可以慢慢侵蚀，而弱酸不能侵蚀。

耐候性良好，用老化试验机进行加速老化试验，用眼观察光学老化开始是在 1000h 照射以后（屋外暴露相当 5 年），其机械强度经 2000h 照射后也无实质变化，一般老化是在表层产生的，对内部无影响。

（2）成型加工

聚碳酸酯适合于热塑性树脂的各种成型加工方法。特别是以吹塑成型、挤出成型、注射成型为主，模压、回转、流动浸渍、薄膜铸塑和贴胶等也可以，冷加工也没问题。

相对分子质量比较高的片状聚碳酸酯可用二氯乙烷溶剂溶解进行涂层，铸塑加工。聚碳酸酯本身胶接用二氯乙烷溶剂法，焊接也可以。与其他材料的胶接用环氧树脂。因为聚碳酸酯耐冲击性、耐热性好，所以可以用普通金属加工工具进行机械加工。

塑料电镀件中，以 ABS 树脂为最多，聚碳酸酯也可以，因树脂强度、耐热性好。也可以进行浸渍涂装，把涂膜加热硬化，保持透明性，提高表面硬度接近无机玻璃的耐磨性、抗溶剂性。

（3）用途

在利用聚碳酸酯优异性能的领域中，电子、电气零件占 45％，机械零件占 20％，杂品占 15％，薄膜、片材占 15％，医疗等占 5％。

① 电子电气零件　各种开关、罩子、绕线筒、电子计算机零件、电动工具的外壳等（应用其电性能、力学性能、耐热性、尺寸稳定性）。

② 机械零件　用来制造蜗杆、齿条、凸轮、心轴、轴承、铰链、螺栓、螺帽、垫圈、铆钉、泵叶轮、汽车汽化器部件、节流阀，润滑油输油管、酸性蓄电池槽、叶片、软管接头、纺织机械零件、各种计量器、机器的外壳、灭火器罩、钢盔、宇宙帽等（应用其高强度、尺寸稳定性、耐热性、透明性、轻量）等。

③ 薄膜、片材　食品包装用薄膜、真空成型制品、罐装容器（应用其高强度、透明性、耐热性、无毒）、温水器罩（应用其耐热性、透明性、耐光性）、地面砖（应用其高强度、胶接性、印刷性）、窗玻璃（应用其透明性、耐冲击性、轻量）。

11.2.3.5　聚酰亚胺（PI）

聚酰亚胺分为不溶性和可溶性的聚酰亚胺。由于种类不同，性能和应用方面也存在着不同。

（1）性能

① 不溶性聚酰亚胺的性能　相对密度为 1.43～1.59g/cm³，在相对湿度 50％下，平衡吸水率为 1.0％～1.3％，相应尺寸变化为 0.1％～0.2％。

聚酰亚胺的室温拉伸强度比尼龙好，在尼龙熔点（200℃左右）以上仍有很好的强度。聚酰亚胺有一定的韧性；在通常的介质中有良好的耐环境应力开裂性。

聚酰亚胺的热性能优良，在空气中 250℃时能连续使用。其热膨胀系数 28～35，导热系数比其他塑料略高，具有不燃性，聚酰亚胺还有极好的耐低温性能。

聚酰亚胺抗辐射性能好。耐大多数溶剂、油脂、去污剂，但易受强碱及浓无机酸的侵蚀，暴露在水蒸气或高温中，则它的拉伸和弯曲强度迅速下降。

② 可溶性聚酰亚胺的性能　相对密度为 $1.38g/cm^3$，琥珀色半透明，在 18℃水中放置 24h，吸水率 0.3%，成型收缩率为 0.5%～1%。干摩擦因数在 0.17 左右。

玻璃化温度为 270～280℃，分解温度 570～590℃。耐低温达−193℃，在−110℃时的强度和电性能不变，有自熄性，抗辐照性能良好。

（2）成型加工

可溶性聚酰亚胺可以进行模压成型，成品可以用于金属加工、车、铣、刨、磨，也可以进行注射和挤出成型。

（3）用途

聚酰亚胺可广泛用于航空、航天、电气、电子、汽车零件、精密机械和自动办公机械等领域。

11.2.4　其他

11.2.4.1　透明工程塑料

除了上述耐腐蚀、耐磨、耐高温性能的塑料外，有些塑料具有极好的透明性，可以用来作为可视窗口用材料，如聚甲基丙烯酸甲酯（PMMA）、聚苯乙烯（PS）及聚碳酸酯（PC）。

（1）聚甲基丙烯酸甲酯（PMMA）

聚甲基丙烯酸甲酯，又称有机玻璃，无色、透明，密度为 $1.18 g/cm^3$，透光率是塑料中最好的，比玻璃还高，光的透过范围大；反射率随入射角而变，对光的吸收率小，可做全反射镜。当 PMMA 载体（板、棒）弯曲角度小于 48°时可传导光线。

质轻、坚韧，常温下有较高的机械强度，而且受温度的影响小，只有当接近软化点和 T_g 时强度才急剧下降；表面光泽优良，着色力强，尺寸稳定性好；电性能良好，但随频率的增大而下降；吸水性小，耐水溶性无机盐及某些稀酸，耐长链烷烃、醚、脂肪、油类，不耐碱；抗老化性好，无毒，燃烧时无火焰。

缺点是表面硬度和抗刻痕性差，冲击强度较低。

有机玻璃在化工行业上常用作透镜、防护罩、安全窗、控制板和设备外罩，也常作仪表，医学和日用品工业上的零部件。

（2）聚苯乙烯（PS）

聚苯乙烯是无色无味，透明无毒，密度 $1.05g/cm^3$，具有优良的高频绝缘性。透光率仅次于 PMMA。机械强度一般，但着色性、耐用性、化学稳定性良好，并易于成型，适于做透明绝缘件、装饰件、光学仪器等，几乎完全能耐水。缺点是易碎，耐热性较低，其制品由于内应力容易开裂，仅能在低负载和不高的温度（60～70℃）下使用。

缺点：机械强度不高，质地脆，耐热性差，易燃。

11.2.4.2　ABS 塑料

ABS 塑料是指在丙烯腈（A）、丁二烯（B）和苯乙烯（S）组成的三元共聚物基础上改性而发展起来的高分子材料。具有坚韧、质硬、刚性好等良好的综合力学性能，极其优良的冲击强度，比聚氯乙烯、聚苯乙烯的热变形温度高，抗蠕变性能好，尺寸稳定性好，有较高的耐磨性。硬质 ABS 塑料的摩擦因数甚低，虽然不能作自润滑制件，但在中等转速和载荷不大的情况下可做轴承。ABS 塑料具有一定的化学稳定性，良好的电绝缘性能，而且加工性能良好、模塑收缩率低，所以它是一种重要的工程塑料，广泛用于制作齿轮、泵叶轮、轴承、电机外壳、仪表壳、容器、管道等结构件。各种 ABS 塑料的性能比较见表 11-7。

表 11-7　各种 ABS 塑料的性能比较

项　　目	高强度冲击型	低温冲击型	耐热型
密度/(g/cm³)	1.07	1.02	1.06
拉伸强度/MPa	63	21～28	53～56
弯曲强度/MPa	97	25～46	84
压缩强度/MPa	-	18～39	70
冲击强度(27℃)/(J/cm²)	6	2.7～4.9	1.6～3.2
线膨胀系数/10⁻⁵℃	7.0	8.6～9.9	6.8～8.2
热变形温度/℃(0.46MPa)	98	98	104～116
洛氏硬度/R	121	62～88	108～116

11.3　橡胶及热塑性弹性体

11.3.1　橡胶的性能和用途

橡胶是一类具有高弹性的高分子材料。橡胶高分子主链是柔性链，分子间次价链较弱，赋予橡胶以柔软、卷曲和能发生高度形变的能力，因此柔顺性好。橡胶的弹性和形变能力除取决于主链结构外，还与主链上的取代基以及使用温度有关。另外，为防止橡胶高分子在应力作用相互滑移导致永久形变，一般需要在橡胶高分子间引入适度化学交联或物理交联。若交联度过大，则材料的硬度增大，韧性和弹性下降，不利于橡胶弹性的发挥。适度交联是通过橡胶制备过程中的硫化工艺实现的。

橡胶在外力的作用下，很容易发生极大的变形，当除去外力后，又恢复到原来的状态，并在很宽的温度（－50～50℃）范围内具有优异的弹性，所以又称高弹体。它还有较好的抗撕裂、耐疲劳特性；在使用中经多次弯曲、拉伸、剪切和压缩不受损伤；并具有不透水、不透气、耐酸碱和绝缘等特性，使得橡胶在过程装备中广泛应用于密封、防腐蚀、防渗漏、减振、耐磨、绝缘以及安全防护等方面。但是使用中应注意，除某些品种外橡胶一般不耐油、不耐溶剂和强氧化性介质，而且容易老化。

橡胶有很多分类方法，从来源角度可分为天然橡胶和合成橡胶；如按照橡胶的使用性能和环境又可分为通用橡胶和特种橡胶，见表 11-8。

表 11-8　橡胶的品种和化学结构

通用橡胶		特种橡胶	
品种(代号)	主要成分化学结构	品种(代号)	主要成分化学结构
天然橡胶 (NR)	顺式异戊二烯	乙丙橡胶 (EPM，EPDM)	乙烯和丙烯的共聚物
丁苯橡胶 (SBR)	丁二烯和苯乙烯的共聚物	氯磺化聚乙烯橡胶 (CSM)	
顺丁橡胶 (BR)	顺式-1,4-聚丁二烯	丙烯酸酯橡胶 (ACM)	主要品种为甲基丙烯酸甲酯的聚合物
丁基橡胶 (IIR)	异丁烯和异戊二烯 (或丁二烯)的共聚物	聚氨酯橡胶 (UR)	聚氨酯是含有氨基甲酸酯基的聚合物的统称
丁腈橡胶 (NBR)	丁二烯和丙烯腈的共聚物	氟橡胶 (FPM)	氟橡胶是含有氟原子的橡胶的统称
氯丁橡胶(CR)	2-氯丁二烯-(1,3)的聚合物	硅橡胶(SR)	

本节从过程装备的使用角度分为耐磨橡胶、耐腐蚀橡胶、耐油橡胶和耐热橡胶。有些橡胶综合性能优越，耐磨性、耐腐蚀性、耐油性和耐热性都较好，分类过程中主要考虑其最突出的性能。

11.3.2 耐磨橡胶

耐磨橡胶主要有天然橡胶、丁苯橡胶、氯丁橡胶等。

（1）天然橡胶

天然橡胶的主要成分是橡胶烃，是目前产量最大的天然高分子材料，其综合性能优异。

天然橡胶弹性较高，在通用胶中仅次于顺丁橡胶，在 0～100℃ 范围内回弹性在 50%～85% 之间，其弹性模量仅为钢的 1/3000，伸长率可达 1000%；抗撕裂强度较高，可达 98kN/m，耐弯曲开裂性优良，耐磨性优良；耐寒性好，在 −50℃ 仍不变脆，有优异的电绝缘性，有较好耐透气性，不透水，良好的加工性、黏合性和混合性能。

天然橡胶的缺点是耐老化、耐药品和溶剂性能差。

天然橡胶具有良好的综合性能，大量用于制造各种轮胎，其他橡胶制品如胶管、胶带、胶板、防尘罩、伸缩套及阻尼制品多采用天然橡胶。

（2）丁苯橡胶

丁苯橡胶耐磨性能优于天然橡胶；其弹性低于天然橡胶，但在橡胶中仍属较好的；丁苯橡胶不能结晶，其未补强的硫化胶的拉伸强度、撕裂强度以及生胶的格林强度均远低于天然橡胶；耐龟裂性能优于天然橡胶，但裂口增长比天然橡胶快；耐溶剂性能及其电性能均与天然橡胶相近；耐老化性比天然橡胶稍好；使用上限温度大约可以比天然橡胶高 10～20℃。

丁苯橡胶是一种耗量最大的通用合成橡胶，应用广泛，除要求耐油，耐热，耐特征介质等特殊性能外的一般场合均可使用。丁苯橡胶主要是应用于轮胎工业，在轿车车胎、小型拖拉机胎及摩托车胎中应用比例较大，而在载重胎及子午胎中的应用比例则较小。此外，在无特殊要求的胶带、胶管中及一些工业制品中也获得了广泛的应用，例如，用于运输带的覆盖胶、输水胶管、胶鞋大底、胶辊、防水橡胶制品、胶布制品等。

（3）氯丁橡胶

氯丁橡胶是由氯丁二烯聚合而成的一种高分子弹性体，是发展较早的一种合成橡胶。

在实验室对比中氯丁橡胶的耐磨性不如天然橡胶，但长期使用中氯丁橡胶的耐磨性往往优于天然橡胶，因为长期使用还包括老化因素，氯丁橡胶比天然橡胶耐老化。

氯丁橡胶的耐燃烧性是通用橡胶中最好的一种，属于离火自熄型橡胶，氧指数为 38～41；物理性能和力学性能与天然橡胶十分相似，即使未加填料的生胶也有很高的抗拉强度与伸长率，有较高的力学性能，其抗撕裂强度比天然橡胶略差；耐老化性、耐热性、耐油性、耐溶剂和化学药品腐蚀性等均比天然橡胶好，特别是耐候性和耐臭氧老化性能相当好；耐油性仅次于丁腈橡胶而优于其他通用橡胶；耐热性与丁腈橡胶接近。此外还有良好的自补强性、粘着性、耐水性和气密性等比较优良的综合性能，所以有"万能橡胶"之称。

但氯丁橡胶耐低温性能较差，最低使用温度为 −30℃，电绝缘性差、储存稳定性差。

氯丁橡胶用途十分广泛，主要应用在阻燃制品、耐油制品、耐气候制品、胶黏剂等领域，各类密封制品，防腐制品等，如输油与输送腐蚀性介质的胶管、高速 V 形带、耐热运输带、化工容器衬里，密封垫圈和胶黏剂等。

11.3.3 耐腐蚀橡胶

耐腐蚀橡胶主要有氟橡胶和乙丙橡胶。

（1）氟橡胶

氟橡胶的耐化学药品性（碱除外）及耐腐蚀性是橡胶中最好的，可耐王水的腐蚀；其耐油性能也是橡胶里最好的；耐高温性能是橡胶材料里最高的，在 250℃下可以长期工作，在 320℃下可短期工作；它具有阻燃性，属于离火自熄型橡胶；它还具有耐高真空性，可耐 $1.33\times10^{-7}\sim$ 1.33×10^{-8}Pa 的真空度。但氟橡胶的弹性较差，耐低温及耐水等极性物质性能不好。

氟橡胶主要用作耐高温、耐特种介质腐蚀的制品。如密封垫圈、阀门零件等在高温和有油、氧或其他腐蚀介质条件下使用的各种橡胶制品、化工容器衬里、减振零件等。

作为密封材料可制成多种用途的垫圈、阀门密封垫圈，如 O 形密封圈和 V 形封严圈（皮碗、油封）等，这些制品的工作温度在 200℃以上，并接触各类油介质，这是其他橡胶制品无法胜任的。

制成胶布、胶带、胶管、薄膜和浸渍制品，用以制造各种规格的胶管及复合胶管，用作输油管、耐高温高压液压胶管、空气导管、热液导管等，也可以制造有腐蚀介质的泵、阀中的隔膜。胶浆涂布于玻璃纤维布、聚酯纤维布或其他纺织品上，用作耐热、耐化学介质和不燃性胶布，制成耐燃容器、耐高温垫片、防护衣及防护手套。

作为绝缘材料，主要用作耐高温、耐油、耐压的电缆、电线护套。

作为石棉橡胶板，用氟橡胶取代其他橡胶制成纸箔状石棉橡胶板，用于石油化工物料管的法兰垫片，耐高温高压。

（2）乙丙橡胶

乙丙橡胶是由乙烯与丙烯经共聚而制得的无规共聚物。乙丙橡胶可分为二元乙丙橡胶（EPM）和三元乙丙橡胶（EPDM）两大类。乙丙橡胶是一种近似白色的弹性体，密度 0.85～0.87g/cm³，是橡胶中最轻的品种。

乙丙橡胶最突出的性能是高度的化学稳定性，耐腐蚀性良好。由于乙丙橡胶本身的化学稳定性和非极性，所以与多数化学药品不发生化学反应。与极性物质之间或者是不相溶或者是相溶性很小，因此对这些药品具有较高的抗溶性，它耐醇、酸、强碱氧化剂、洗涤剂、动植物油、酮和某些酯，对于浓酸长期作用性能会下降。

乙丙橡胶的耐老化性能突出，可在阳光下暴晒三年不出现裂纹，常被称为"长寿橡胶"；电绝缘性能非常好，耐电晕性也特别好，浸入水之后电性能变化很小，所以乙丙橡胶特别适用作电绝缘制品及水中作业用的绝缘制品；卓越的耐水、耐过热水及耐水蒸气性能、较高的热稳定性，能在 150℃温度下长期使用，间歇使用可耐 200℃的温度；耐低温性好，最低使用温度可达−50℃，冷冻到−57℃才变硬，至−77℃时才变脆。

乙丙橡胶的缺点是耐油性差，不耐非极性油类及溶液，但耐极性油；耐燃性和气密性也较差。

根据乙丙橡胶的性能特点，主要应用于要求耐老化、耐水、耐腐蚀以及电气绝缘几个领域，如用于轮胎的浅色胎侧、耐热运输带、防风雨胶带、电缆、电线、防腐衬里、散热器胶管、通蒸汽用胶管、发动机保温海绵、密封垫圈、建筑防水片材、门窗密封条、家用电器配件和塑料改性等。

11.3.4 耐油橡胶

耐油橡胶主要有氟橡胶和丁腈橡胶。

（1）氟橡胶

同时又是耐腐蚀材料，前面已叙述。

（2）丁腈橡胶

是丁二烯和丙烯腈的共聚物，它是以耐油而著称的特种合成橡胶。

丁腈橡胶具有优良的耐油性和耐非极性溶剂性能，其耐油性仅次于聚硫橡胶、丙烯酸酯橡胶和氟橡胶。丁腈橡胶的耐热性、耐老化性、耐磨性、气密性和耐腐蚀性均优于天然橡胶。但丁腈橡胶耐臭氧性能、电绝缘性能和耐寒性能较差，弹性稍低，价格较贵。

丁腈橡胶中丙烯腈含量的高低对其性能影响很大。一般而言，丙烯腈含量高，耐油性能好，但弹性差，当丙烯腈含量大于 60% 时，虽然耐油性特别好，但丧失了弹性。反之，则耐油性差，弹性好。一般丁腈橡胶中的丙烯腈含量为 15%~50%。国内生产的丁腈橡胶有丁腈-18，丁腈-26 和丁腈-40 三个牌号，它们分别表示丙烯腈的含量为 18%，26% 和 40%。

丁腈橡胶主要用于各种耐油橡胶制品。丙烯腈含量高的更适用于直接与油类接触的橡胶制品，如油封、输油管、油料容器衬里，密封胶垫和胶辊。低丙烯腈含量的丁腈橡胶适用于作低温耐油制品及耐油减振橡胶零件。

11.3.5 耐热橡胶

耐热橡胶主要有氟橡胶和硅橡胶。

（1）氟橡胶

同时又是耐腐蚀耐油材料，前面已叙述。

（2）硅橡胶

耐高低温性能好，使用温度在 -100~$300℃$，与氟橡胶相当；耐低温性能是橡胶中最好的；具有特殊的表面性能，表面张力低，约 $2 \times 10^{-2} N/m$，对绝大多数材料都不沾，有极好的疏水性；具有良好的绝热性能，可作高级绝缘材料；具有优异的耐老化性能，但耐密闭老化特别在湿气条件下的老化性能不好；硅橡胶撕裂强度（250N/mm）和拉伸强度（10MPa）较高，延伸率（1250%）和柔软性能优良，加压变形率低。

硅橡胶应用于密封制品的领域相当广泛。主要密封制品燃油泵密封件、电位器绝缘衬套和灌封材料等。

橡胶材料的选用可以参考表 11-9，表 11-10 列出了常用橡胶的耐腐蚀性能。

表 11-9 常用橡胶的特性和用途

	品种（代号）	主要性能优点	主要性能缺点	主要用途
通用橡胶	天然橡胶（NR）	弹性很大，机械强度好，抗撕裂、抗折、耐磨，加工性能好，耐腐蚀较好	易老化，耐热及耐油差，不耐氧化性介质	制造通用橡胶制品，化工设备防腐衬里
	丁苯橡胶（SBR）	一般性能优于天然橡胶，耐蚀性能接近天然橡胶	耐寒、耐油和加工性比天然橡胶差	代替天然橡胶
	顺丁橡胶（BR）	力学性能和耐蚀性能接近天然橡胶	强力较低，抗撕裂性差	代替天然橡胶
	丁基橡胶（IIR）	耐热、耐老化优于一般通用橡胶，耐酸碱和溶剂，耐氧化性介质	弹性差，硫化慢、加工性差，不耐石油产品	化工设备防腐衬里、减振制品、胶管、运输带
	氯丁橡胶（CR）	耐热、耐寒、耐老化、耐磨性超过天然橡胶，耐油性好，仅次于丁腈橡胶，耐酸碱	耐寒性差，存储稳定性差	用途广泛，制造耐油、耐腐蚀、耐热耐燃、耐老化的橡胶制品和衬里
	丁腈橡胶（NBR）	耐油性优异仅次于氟橡胶，耐热、耐磨、耐老化，耐碱及非氧化性酸	耐寒差，不耐强极性溶剂和氧化性酸	广泛用于耐油橡胶制品
特种橡胶	乙丙橡胶（EPM，EPDM）	弹性、耐寒性、耐磨性等与天然橡胶相同，耐热性好，一般耐腐蚀性能良好	不耐芳烃和石油产品，硫化慢，粘着性差	代替天然橡胶，制作耐热管和带，一般防腐衬里
	氯磺化聚乙烯橡胶（CSM）	耐蚀性好，对氧化性介质具有良好的耐蚀性，耐热性好	不耐芳烃和石油产品，价格高	耐腐蚀和耐热的制品和衬里
	丙烯酸酯橡胶（ACM）	坚韧、透明、耐热、耐油优良，耐老化，一般耐腐蚀	不耐水和强极性溶剂，耐寒性、弹性、耐磨性和强度较差	制作耐油、耐热、耐老化制品
	聚氨酯橡胶（UR）	坚韧、耐磨性优于其他橡胶，耐老化、耐油	不耐热、耐腐蚀性不突出	制作耐磨或耐油制品
	氟橡胶（FPM）	耐高温达 200℃ 以上，耐蚀性优良，性能全面佳	加工性差，价格高	用于耐高温和强腐蚀环境
	硅橡胶（SR）	耐高温达 300℃、耐低温（-100℃），耐磨、耐老化，电绝缘性能优良	只能耐稀的酸碱盐，不耐石油产品，强度较低，价格贵	制作耐高低温制品，制作耐高温电绝缘制品

表 11-10 橡胶的耐化学腐蚀性能

项　目	天然橡胶	丁苯橡胶	顺丁橡胶	丁基橡胶	氯丁橡胶	丁腈橡胶	乙丙橡胶	氯磺化聚乙烯橡胶	丙烯酸酯橡胶	聚氨酯橡胶	氟橡胶	硅橡胶
盐酸	良	良	良	良	良	良	良	可	可	可	良	可
硫酸（50%）	良	良	良	良	良	良	良	良	差	可	良	差
（98%）	差	差	差	差	差	差	差	差	差	差	良	—
硝酸（5%）	差	差	差	可	差	差	差	可	可	可	良	差
铬酸（10%）	差	差	差	可	差	差	差	可	可	可	良	差
磷酸（50%）	良	良	良	良	良	良	—	差	良	可	良	良
乙酸（50%）	差	良	—	可	可	可	—	差	良	可	良	良
氢氧化钠（50%）	良	良	良	良	良	良	良	良	良	良	良	良
无机盐	良	良	良	良	良	良	良	良	良	良	良	良
耐油性	可	差	可	良	良	可	差	良	良	良	良	差
苯	差	差	差	差	差	差	差	差	差	差	良	差
醇	良	良	良	良	良	良	良	良	良	良	良	良

11.3.6 热塑性弹性体的性能和用途

热塑性弹性体（thermoplastic elastomer，TPE）是指在高温下能塑化成型而在常温下又能显示橡胶弹性的一类高分子材料。这类材料具有类似硫化橡胶的物理性能和力学性能，如弹性、强度和形变特性等，因此可代替一般硫化橡胶制成类似橡胶的制品。另一方面它又具有类似热塑性塑料的加工成型特性，即可直接采用加工热塑性塑料的加工成型方法，如注射、挤出、吹塑等工艺，从而设备投资少，工艺操作简单。热塑性弹性体具有以物理"交联"为主的结构特性，这样的"交联"具有可逆性，即当温度升高时，"交联"消失，而当冷却到室温时，这些"交联"又都起到类似橡胶"交联"时的作用。热塑性弹性体还被称为第三代橡胶，它是对橡胶的改性。

目前热塑性弹性体主要有聚烯烃类、苯乙烯嵌段共聚物类、聚氨酯类和聚酯类。

（1）聚烯烃类热塑性弹性体

主要指各种热塑性乙丙橡胶，丁基橡胶接枝改性聚乙烯，简称 TPO，该类热塑性弹性体密度小，为 0.88~0.90g/cm³，具有良好的综合力学性能和低温柔软性，耐紫外线和耐候性。使用温度较宽，为 −50~150℃。对多种有机溶剂和无机酸、碱具有化学稳定性。此外，电绝缘性能优异。缺点是耐油性、耐磨性能差。

聚烯烃类热塑性弹性体可以采用热塑性塑料一样的成型方法进行加工。

聚烯烃类热塑性弹性体在除轮胎以外的各领域中具有广泛的应用，主要用它作为塑料的改性剂，制造汽车配件、电线电缆、胶管、胶带、建筑材料、体育器材及模压制品，软质型聚烯烃热塑性弹性体已大量代替硫化橡胶和软聚氯乙烯，硬质型可代替热塑性塑料及某些结构材料。由于聚烯烃热塑性弹性体来源丰富，生产工艺简便，成本低廉，所以比其他类型的热塑性弹性体有更加广阔的发展前景。

（2）苯乙烯类热塑性弹性体

苯乙烯类热塑性弹性体是以苯乙烯与其他单体共聚而成的嵌段或接枝共聚物。它具有卓越的生胶强度和弹性，良好的电绝缘性能和高透气性，但耐油性和耐老化性较差，主要做橡胶和塑料的改性剂、胶黏剂等。

苯乙烯类热塑性弹性体在制鞋业、聚合物改性、沥青改性、防水涂料、液封材料、电线、电缆、汽车部件、医疗器械部件、家用电器、办公自动化和胶黏剂等方面具有广泛的应用。

（3）聚酯型热塑性弹性体

聚酯型热塑性弹性体是一种新型的线型嵌段共聚物，由不同种类的聚酯结构单元所构成。聚酯型热塑性弹性体是一类高性能的热塑性弹性体，它兼备了塑料和橡胶的许多优点，具有良好的机械强度和弹性，它的抗拉强度为 $35\sim45MPa$，断裂伸长率为 $560\%\sim800\%$，抗撕裂强度为 $12.5\sim15MPa$，耐磨，具有良好的耐油性、耐化学腐蚀性和耐老化性能；使用温度较宽，为 $-55\sim150℃$。

聚酯型热塑性弹性体加工性能优异，可采用注塑、吹塑或旋转模塑成型，也可用于挤出型材、板材、吹塑或流延薄膜、料片、线材和线缆套。

聚酯型热塑性弹性体可制成输油耐压软管、传动带、带钢嵌件的低温履带、电缆包皮、密封垫圈等。

（4）聚氨酯类热塑性弹性体

聚氨酯类热塑性弹性体，简称 TPU，是最早开发的一种热塑性弹性体。TPU 兼有塑料优良的加工性能和橡胶的物理性能和力学性能，其拉伸强度是天然橡胶和合成塑料的 $2\sim3$ 倍、耐磨、耐油、低温柔性较好，耐辐射性能优良，还具有良好的抗撕裂强度、抗臭氧性以及耐化学药品和溶剂。

聚氨酯类热塑性弹性体代表性的成型加工方法是挤出成型和注射成型，需要注意的是，由于 TPU 吸湿性强，加工前必须充分干燥。

聚氨酯类热塑性弹性体可用于制作油封、擦油圈、阀座、传动带、胶管、运输带、电线电缆护套、汽车外部制件等。

11.4　热固性塑料

热固性塑料为树脂在加工过程中发生化学变化，分子结构从加工前的线形结构变为网状体形结构，成型后再重新加热也不能软化流动的一类聚合物。

热固性塑料在性能上与热塑性塑料有很多不同之处，具有强度高、耐蠕变性好、耐热温度高、加工尺寸精度高及耐电弧性好等优点。其缺点是加工较难，常规加工方法为压制和层压等，后来开发出注塑和挤出，但较热塑性塑料难以控制。

热固性塑料的品种较少，目前主要有酚醛树脂、环氧树脂、不饱和聚酯树脂及氨基树脂等。

热固性塑料在过程装备中主要用于玻璃钢设备和防腐蚀衬里涂层。

（1）酚醛树脂

① 酸法酚醛树脂的结构和特性　外观多为具有一定光泽的暗褐色固体，能反复的熔化和重新凝固，易溶于丙酮、酒精中。密度为 $1.2g/cm^3$，含水量为 35%，结构为线形。其特性为：在大分子链中不存在或很少存在未反应的羟甲基，所以这种树脂在加热时仅熔化而不发生继续的缩聚反应。但这种树脂的酚环上尚存在未反应的活性点，因而，在与补加的甲醛作用时，就很快固化交联。特点是固化交联快、耐热性高、力学性能好；但电性能差。主要用作快速定形的压塑粉，其次用作醇溶性涂料、黏合剂等。

② 碱法酚醛树脂　外观为浅棕色的脆性固体。受热熔化，继续受热，则转变为不熔不溶的体型结构。原能溶于酒精中，固化交联后则不能溶于酒精等溶剂。密度为 $1.6g/cm^3$ 左右，含水量小于 0.5%。结构多为带支链的直链型，且在大分子链中存在较多的未反应的羟甲基，所以加热时，会生成不熔不溶的产物，但固化交联慢。这种树脂电性能好，抗弯强度高，但耐热性差。主要用作层压塑料、泡沫塑料、碎屑塑料、蜂窝塑料、胶合剂、涂料等，也可以作压塑粉等。

（2）环氧树脂

工业上生产的环氧树脂是淡黄色的黏稠液体和脆性固体。线性环氧树脂呈热塑性，很少应用。未加固化剂的环氧树脂可长期储存而不变质，能溶于酯、酮、氯苯及芳烃等有机溶剂中；高分子量的环氧树脂，则难溶于乙醇及芳烃等。树脂分子中含有羟基和环氧基，能与许多物质起反应，其中以环氧基的反应能力最高，它能与多元胺类、酸酐类等反应而生成体型结构的树脂，这称之为固化。在固化过程中不放出低分子物，收缩率小，可常压成型。环氧树脂的黏结力强、加工性良好、制品的机械强度高、电性能好等。

环氧树脂的主要用途如下。

① 黏合剂　环氧树脂具有优异的黏结性能，不仅可以黏结金属和金属，而且可黏结金属和非金属材料，甚至可黏结各种类型的塑料，应用广泛。

② 层压及缠绕塑料　广泛用于航空工业中，如作飞机的升降舵尾段的机构板，质轻的蜂窝材料。此外，大量用于电开关装置、仪表盘、防湿能力极高的印刷电路板、线圈绝缘等。也可用于汽车、建筑、造船等工业上。还也用环氧树脂溶液浸渍纤维做缠绕制品。用于制造储槽，槽车、耐腐蚀的管道、飞机和导弹部件、运动器具等。

③ 浇铸塑料　大约90%的电子仪器的浇铸与胶封都采用环氧树脂。用于电机、仪表用变压器、整流器、电容器、电话零件、浸渍电阻线圈、定子绕组等，可以缩小结构，节约材料，减轻重量，节省工时。也可浸渍低压电缆接头。高填充的可浇制套管，代替陶瓷制品。还用来浇铸宇宙飞船部件、地面通讯设备、电视机安全绝缘板与电视管之间的薄片上，可以节约很多空间，缩小体积。

也有用于金属机械加工方面，用来制造模具模芯，或用作精密量具等。

（3）不饱和聚酯树脂

不饱和聚酯树脂制品的外观为硬质、褐色半透明，在紫外光下发出蓝色的荧光。密度为 $1.2\sim1.3\mathrm{g/cm^3}$，吸水率为 $0.1\%\sim1\%$，对水蒸气具有高度的不透过性。

不饱和聚酯树脂的力学性能高，纯不饱和聚酯树脂的拉伸强度为 $40\sim90\mathrm{MPa}$，采用玻璃纤维增强后可达 $250\sim350\mathrm{MPa}$。

纯不饱和聚酯制品的一般使用温度为 $100℃$，增强后可达 $200℃$。

不饱和聚酯树脂不耐氧化性介质，耐普通酸、碱及溶剂性也不好。

纯不饱和聚酯树脂的各种性能不够理想，因此一般很少单独用作塑料制品，主要用于涂料。常用的不饱和聚酯塑料为在其中添加了填料或增强材料进行改性的制品，其中以玻璃纤维为增强体的塑料，是玻璃钢的品种之一，是不饱和聚酯树脂最常用的改性制品，其用量占整个不饱和聚酯塑料的 80% 以上。

不饱和聚酯树脂玻璃钢可广泛用于如下几个方面：化工产品的各种储罐、管路、流道等；汽车如保险杠、车身前围板、前散热器等；电子行业如电器罩壳、隔弧板、印刷线路板等；建筑制品如高位水箱、浴盆、洗面池及整体浴室等；以及坐椅、餐桌、飞机部件、小型船艇、大型壳体和通风管道等。

习题和思考题

1. 聚氯乙烯、聚四氟乙烯有哪些特殊性能与用途？
2. 环氧树脂、酚醛树脂及不饱和聚酯性能上各有什么特点和主要用途？
3. 丁腈橡胶、氯丁橡胶性能上的特点及在过程装备上的应用有哪些？
4. 高分子材料为什么要改性？改性通常有哪些方法？

$\mathit{12}$ 无机非金属材料

导读   无机非金属材料是过程装备中不可缺少的重要材料。本章主要介绍无机非金属材料微观结构和基本性能,同时介绍化工陶瓷、特种陶瓷、玻璃材料、轻质隔热耐火材料和石墨材料的应用特点。学习中应注重无机非金属材料完全不同于金属和高分子材料的结构和性能特点,了解无机非金属材料的类型及其性能特点,有利于应用时扬长避短,合理使用。

12.1   无机非金属材料基本特性

12.1.1   无机非金属材料的定义与分类

    无机非金属材料是由硅酸盐、铝酸盐、硼酸盐、磷酸盐、锗酸盐等原料和(或)氧化物、氮化物、碳化物、硼化物、硫化物、硅化物、卤化物等原料经一定的工艺制备而成的材料。是除金属材料、高分子材料以外所有材料的总称。无机非金属材料与金属材料、高分子材料一起构成了工程材料的三大支柱。

    无机非金属材料种类繁多,用途各异,目前还没有统一完善的分类方法。一般将其分为传统的(普通的)和新型的(先进的)无机非金属材料两大类。

    传统的无机非金属材料主要是指由 SiO_2 及其硅酸盐化合物为主要成分制成的材料,包括陶瓷、玻璃、水泥和耐火材料等。此外,搪瓷、磨料、铸石(辉绿岩、玄武岩等)、碳素材料、非金属矿(石棉、云母、大理石等)也属于传统的无机非金属材料。

    先进无机非金属材料是用氧化物、氮化物、碳化物、硼化物、硫化物、硅化物以及各种无机非金属化合物经特殊的先进工艺制成的材料,又称为新型陶瓷材料。主要包括先进陶瓷、非晶态材料、人工晶体、无机涂层、无机纤维等。

    无机非金属材料可按性能、用途和化学组成来分类。具体分类见表 12-1。

12.1.2   无机非金属材料的组成与结构

12.1.2.1   无机非金属材料的基本化学结构

    (1)键合

    材料的结合键通常有离子键、共价键、金属键和分子键四种典型结合键。大多数无机非金属材料的物质结构是由离子键构成的离子晶体(如 Al_2O_3、MgO、CaO 和 ZrO 等)和由共价键组成的共价晶体(如金刚石、Si_3N_4、SiC 等)。实际上材料的结合键很少是单一的键合,一般都是两种或两种以上的混合形式。不同的键合形式,材料的硬度、强度、熔点、导电性能不同。各种键的结构特征和特性列于表 12-2。

表 12-1　无机非金属材料的分类

普通陶瓷(传统陶瓷)	特种陶瓷(近代陶瓷或现代陶瓷或工程陶瓷)					其他硅酸盐陶瓷
	按性能分类	按化学成分分类				
		氧化物陶瓷	氮化物陶瓷	碳化物陶瓷	复合陶瓷	
日用陶瓷 建筑陶瓷 绝缘陶瓷 化工陶瓷(耐酸陶瓷) 多孔陶瓷(隔热、保温)	高温陶瓷 高强度陶瓷 耐磨陶瓷 耐酸陶瓷 压电陶瓷 电解陶瓷 光学陶瓷 磁性陶瓷 生物陶瓷	氧化铝陶瓷 氧化铍陶瓷 氧化锆陶瓷 氧化镁陶瓷	氮化硅陶瓷 氮化硼陶瓷 氮化铝陶瓷	碳化硅陶瓷 碳化硼陶瓷	金属陶瓷 纤维增强陶瓷	玻璃 铸石 水泥 耐火材料

表 12-2　各种键的结构特征和特性

键的类型	离子键	共价键	金属键	分子键
结构特征	无方向性、正负离子相间作紧密堆积、配位数高	有方向性和饱和性、为低配位、低密度结构	无方向性、为很高配位和高密度结构	无方向性、分子按其几何形状许可作紧密堆积
键的强度	中等强度	中等强度	各种强度	弱
晶体的力学性质	熔点和硬度高、膨胀系数小、熔体内为离子	熔点和硬度高、膨胀系数小、熔体内为原子	导热性好、熔点变化大	熔点低、膨胀系数小、熔体内为分子
晶体的电学性质	绝缘体、在熔体中离子导电	绝缘体、半导体、熔体不导电	导电性能好、熔体导电	绝缘体、熔体不导电
晶体的光学性质	折射率较高、完整晶体多为透明	高折射率	不透明、高反射率、与液态性质相似	各种性质来源于独立分子、与溶液或气态的性质相似

由表 12-2 可以看到，离子键和共价键晶体具有高的熔点和硬度，即这两种键具有高的结合强度。这是因为构成离子晶体的基本质点是正、负离子，离子晶体中的正、负离子依靠静电作用力(库仑力)相结合，键合能力高，正、负离子的结合比较牢固。

部分由共价键组成共价键晶体的陶瓷，由于它们的共价键电子分布不均匀，往往倾向于"堆积"在比较负电性的离子一边，称为"极化效应"。极化的共价键具有一定的离子键特性，常常使结合更加牢固，它与高分子化合物的共价键不同，具有相当高的结合能。

(2) 晶体结构

① 硅酸盐结构　硅酸盐是传统陶瓷的主要原料，也是陶瓷组织中的基本晶体相，如莫来石、长石等。硅酸盐的结合键为离子键与共价键的混合键，但习惯上称离子键。硅酸盐的细节结构比较复杂，但它们具有以下共同特点。

构成硅酸盐的基本结构单元是 $[SiO_4]$ 四面体，如图 12-1 所示。四个氧离子紧密排成四面体，硅离子居于四面体中心的间隙；每个 O^{2-} 还可同时与另一个 $[SiO_4]$ 四面体中的 Si^{4+} 相配位(两个 $[SiO_4]$ 四面体共用一个 O^{2-})，即形成离子配位多面体的共顶结构。

两个邻近的硅氧四面体只能通过共用顶角而相互连接，否则结构不稳定，其中的硅可以部分被其他金属离子如 Al^{3+}、B^{3+} 所代替。

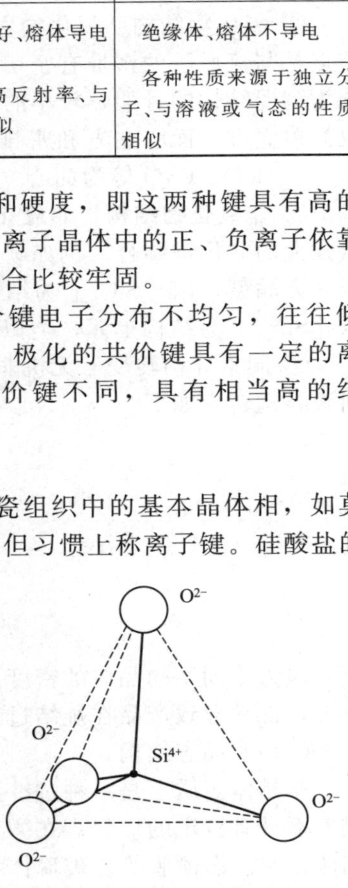

图 12-1　孤立的硅氧四面体

　　硅酸盐结构中的 Si^{4+} 间不直接成键，它们之间的结合通过 O^{2-} 来实现，Si—O—Si 的结合键在氧上的键角接近于 $145°$；$[SiO_4]$ 四面体的每个顶点，即 O^{2-} 最多只能为两个 $[SiO_4]$ 四面体所共用。

　　由于硅酸盐具有以上的结构特点，所以硅酸盐晶体以硅氧为骨干，可以构成如表 12-3 所示多种硅酸盐结构形式。

表 12-3　硅酸盐结构类型及举例

硅酸盐类型		结构特点	含硅阴离子	氧硅原子数的比值	实　例	
					名称	分子式
有限硅氧骨架	单四面体	单个四面体	$[SiO_4]^{4-}$	4.0	镁橄榄石	$Mg[SiO_4]$
		成对四面体	$[Si_2O_7]^{6-}$	3.5	硅钙石	$Ca_3[Si_2O_7]$
	环状	三节四面体单环	$[Si_3O_9]^{6-}$	3.0	蓝锥石	$BaTi[Si_3O_9]$
		六节四面体单环	$[Si_6O_{18}]^{12-}$	3.0	绿柱石	$Al_2Be_3[Si_6O_{18}]$
		六节四面体双环	$[Si_{12}O_{30}]^{12-}$	2.5	整柱石	$KCa_2AlBe_2[Si_{12}O_{30}]$
非有限硅氧骨架	链状	四面体单环	$[SiO_3]^{2-}$	3.0	顽火辉石	$Mg[SiO_3]$
		四面体双环	$[Si_4O_{11}]^{6-}$	2.75	透闪石	$Ca_2Mg_5[Si_4O_{11}]_2(OH)_2$
	层状	单四面体层	$[Si_4O_{10}]^{4-}$	2.5	高岭石	$Al_4[Si_4O_{10}](OH)_8$
	架状	—	$[SiO_2]$	2.0	石英	SiO_2

　　② 氧化物结构　氧化物主要由离子键结合，也有一定成分的共价键。这种结构的显著特点是与氧原子的密堆有密切关系。氧化物中的氧离子（一般比阳离子大）进行紧密排列，作为陶瓷结构的骨架，较小的阳离子则处于骨架的间隙中，大多数氧化物结构是氧离子排列成简单立方、面心立方和密排立方三类晶体结构，金属离子位于其间隙中。例如：氧化物 MgO、BeO、CaO 等为面心立方结构，Al_2O_3 为密排六方结构。

　　③ 非氧化物结构　非氧化物如碳化物、氮化物是特种陶瓷的主要组成和晶体相，主要由强大的共价键结合。例如碳化硅，有 α-SiC 和 β-SiC 两种晶型，前者为六方晶型，后者属于立方晶型，以 $[SiC_4]$ 为结构单元，是共价键性极高的结构；氮化硅是六方晶系的晶体，以 $[SiN_4]$ 为结构单元，类似 $[SiO_4]$ 四面体，是极强的共价键结构。

　　④ 同素异构转变　无机非金属材料晶体相中有些化合物也存在同素异构转变。如 SiO_2 同素异构转变如下：

$$\alpha\text{-石英} \xrightleftharpoons{870℃} \alpha\text{-鳞石英} \xrightleftharpoons{1470℃} \alpha\text{-方石英} \xrightleftharpoons{1713℃} \text{熔融 } SiO_2$$

$$\Updownarrow 573℃ \qquad \Updownarrow 163℃ \qquad \Updownarrow 180\sim270℃ \qquad \text{急冷} \Updownarrow \text{加热}$$

$$\beta\text{-石英} \qquad \beta\text{-鳞石英} \qquad \beta\text{-方石英} \qquad \text{石英玻璃}$$

$$\Updownarrow 117℃$$

$$\gamma\text{-鳞石英}$$

　　因为不同结构晶体的密度不同，所以同素异构转变中总伴有体积变化，会引起很大的内应力，常常导致产品在烧结过程中开裂。

　　(3) 非晶态结构

　　非晶体实质上是一种过冷液体，其主要特点为：近程有序、远程无序性和亚稳态性；外观上不具有特定的形状；在微观上内部质点无序。常见的非晶态结构有玻璃体、聚合物、凝胶体、非晶态薄膜等。玻璃体结构多为金属或非金属物质经高温熔融后快速冷却，从而使质点排列无序；聚合物由于分子链很长，容易保持其无规线团或缠绕状非晶体结构；胶体脱水凝聚形成凝胶，其质点间以范德华力连接，形成无序结构；气相沉积形成的非晶态薄膜也是无规则的非晶态结构。

12.1.2.2 过程装备常用无机非金属材料的组成与结构

（1）陶瓷

陶瓷主要由晶相、玻璃相和气相组成。

晶相是陶瓷的基本组成部分。主晶相的性能往往标志着陶瓷的物理性能和化学性能。

玻璃相是陶瓷组织中的一种非晶态的低熔点固体相，由陶瓷的某些组成物与杂质在烧成过程中形成，一般占 20%～40%，特殊情况可达 20%～60%，特种陶瓷原料纯度高、玻璃相少。玻璃相在陶瓷中主要起黏结分散的晶体相、抑制晶体相的晶粒长大、填充晶体相之间的空隙、提高材料的致密度、降低陶瓷烧成温度的作用。但玻璃相熔点低，热稳定性差，在较低温度下开始软化，导致陶瓷在高温下发生蠕变，因此玻璃相对陶瓷的机械强度、耐热性能不利；另外，在玻璃相中常常还存在一些金属离子，降低了陶瓷的绝缘性能。

气相是陶瓷在烧制过程中其组织内部残留的孔洞，一般占 5%～10%。它是陶瓷生产过程中不可避免地形成并保留下来的，几乎与陶瓷原料和陶瓷生产工艺的各个过程都有密切关系。气相的存在对陶瓷的性能影响显著，一方面可以提高陶瓷抵抗温度波动的能力，并能吸收振动；另一方面是气相使陶瓷的致密度减小、强度降低、抗介质腐蚀性能减弱、介电损耗增大、电击穿强度与绝缘性能下降。对一般陶瓷制品希望尽量控制气孔率，但某些特殊用途陶瓷（如保温、过滤用）需要增加气孔，有时气孔率可高达 60%。

（2）耐火材料

耐火材料的结构包括骨料和基质。

骨料是耐火材料的基本组成，是耐火材料中熔点高、含量多的晶相，也是耐火材料结构的主体，其形态特征直接影响着耐火材料的性能。

基质指填充在骨料颗粒空隙中的物质，也称结合相。结合相的性质及其分布往往成为制品的薄弱环节，因而成为决定制品优劣的关键。

耐火制品能否发挥其最佳的理化性能，在一定程度上取决于骨料与基质的结合状态。当采用高纯物料且在高温烧成的情况下，结合相中低熔物量少，形成高温相的所谓直接结合结构，此耐火材料的整体强度高，得到的制品性能也较好。若结合相中低熔点矿物较多，高温烧成时有液相产生，即所谓的液相烧结，骨料颗粒间形成陶瓷结合，则耐火材料的性能就相对低劣。

表 12-4　直接结合镁砖和普通烧结镁砖的性能

性能指标	直接结合镁砖	普通烧结镁砖
体积密度/(kg·m^{-3})	3.08	2.89
显气孔率/%	15.0	17.2
荷重软化点/℃	>1700	1650
高温强度(1200℃)/MPa	6.86	2.45

表 12-4 给出了直接结合镁砖和普通烧结镁砖的性能比较。由表中数据可以看出由于普通烧结镁砖的显微组织结构中存在较多的玻璃相，制品的高温性能相对直接结合镁砖较差。由此可见，显微组织结构的控制和组成控制一样，对耐火制品的性能起着至关重要的作用。

（3）石墨

石墨是碳元素结晶矿物，碳原子排列成带褶皱的六方网状层（图 12-2）。每一网层间的

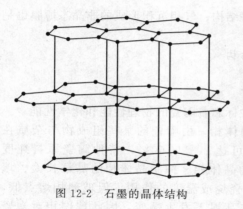

图 12-2 石墨的晶体结构

距离为 0.34nm，同一网层中碳原子的间距为 0.142nm；属六方晶系；晶胞参数为 $a = 0.246nm$，$c = 0.670nm$；晶体结构具有明显的各向异性，有完整的层状解理，单晶体常呈片状或板状，但完整的很少见，集合体通常为鳞片状、块状。

由于石墨层面上以较强的共价键连接，而层面间以较弱的分子间力连接，所以石墨具有断裂性和可压缩性，受外力作用时，极易沿层面方向滑移，因此石墨常用作固体润滑剂和各种固体密封剂。

12.1.3 无机非金属材料的基本性能

在过程装备中应用无机非金属材料，其力学性能、热性能和化学稳定性能十分重要。下面分别予以介绍。

（1）力学性能

力学性能包括材料的弹、塑性变形与蠕变、强度与断裂等。

① 弹、塑性变形与蠕变 材料在弹性变形的范围内，应力和应变成正比例关系，其比例系数称为弹性模量。材料弹性模量是表征弹性变形能力的参量之一。无机非金属材料弹性模量高，其值比金属的大。这是由无机非金属材料的物质结构和显微结构所决定。

材料的塑性变形是在切应力作用下密排原子面（和方向）间的滑移造成的，材料的滑移面和滑移方向越多，在外力作用下滑移的机会就越多。无机材料的滑移系非常少，它主要是以离子键和共价键结合起来的，具有明显的方向性和饱和性，同号离子相遇，斥力增大，故滑移很困难。绝大多数无机非金属材料属于脆性材料，例如 SiO_2、Al_2O_3 等，在常温拉伸（或静弯曲）载荷下不出现塑性变形阶段，即弹性变形阶段结束后，立即发生脆断。这是无机材料最重要的力学特性，也是它的最大弱点。

材料的蠕变是指材料在高温下承受小于其强度极限甚至于屈服极限的某一恒定荷重时，产生塑性变形，变形量随着时间的增长而逐渐增加，甚至导致材料破坏。在常温下基本上不出现或极少出现塑性变形，一般不考虑其蠕变。引起无机材料蠕变的主要因素是材料中低熔点的玻璃相。含有玻璃相的无机材料在高温（达到玻璃相转变温度时，一般以绝对温度表示的熔点 T_n 的 1/2 左右）下，将显示出较强的黏弹性特性，此时若长时间施加恒应力（包括构件自重引起的应力）会慢慢地产生塑性变形而发生蠕变破坏。由于无机材料大多是多晶体，又有强固的离子键或共价键，因此，它的蠕变比金属小，因此无机材料作为高温结构材料时，蠕变问题将非常突出，必须注意正确选择烧结剂或去除某些杂质，以提高其抗蠕变性能。

② 强度与断裂 无机非金属材料的抗压强度较高，约为抗拉强度的10倍以上。但由于其内部和表面存在大量相当于裂纹的气孔、杂质等缺陷，在拉伸状态下很容易扩散形成裂纹，故其抗拉强度和抗剪强度都很低，而且实际强度远远低于理论强度（仅为1/200~1/100），在用作化工结构材料时，目前大多只是用以制作常压或压力较低的设备。无机材料与金属相比高温强度较高。减少无机材料中的杂质和气孔，细化晶粒，提高其致密度和均匀度，有利于提高其强度。

无机非金属材料中的微裂纹的产生及扩展是导致材料断裂的根本原因，根据格里菲斯（Griffith）裂纹强度理论的断裂力学观点，认为对具有裂纹长度为 a 的构件，施加应力 σ 时，裂纹体的断裂取决于裂纹尖端的应力强度因子 K_1：

$$K_1 = Y\sigma a^{1/2}$$

(12-1)

式中，Y 为形状系数，是加载方式、试件形态和裂纹的函数。因此断裂判据：

$$K_1 = Y\sigma a^{1/2} < K_{1c} \tag{12-2}$$

K_{1c} 为材料的断裂韧性值，无机材料由于显微组织不均一和存在各种缺陷，尤其是一些呈不规则形状的孔，所以其 K_{1c} 值比金属小得多，大约只有金属材料的 $1/60 \sim 1/10$。因此要提高其强度、改善脆性，必须控制它内部的裂纹和各种缺陷，近年来开发的许多微晶、高密度、高纯度无机非金属材料，以及高强度的纤维、晶须，对材料的力学性能改善提供了良好的前景。

（2）热性能

无机非金属材料的热性能包括熔点、热容、导热性、热膨胀及耐热冲击性能等。

无机非金属材料由于强有力的离子键和共价键的结合，使它具有熔点高的优点，大多无机材料的熔点在 2000℃ 以上，这是它比金属和高分子材料最为突出的优点。

大多数无机非金属材料低温下热容小，高温下热容大，达到一定温度后热容与温度无关。热容对气孔率敏感，气相越多，热容量越小。

无机非金属材料的导热系数比金属低，如一般化工陶瓷仅为碳钢的 $1/25$，但碳化硅、碳化硼陶瓷除外。无机非金属材料的热膨胀系数比高聚物、金属低，一般为 $10^{-5} \sim 10^{-6} \mathrm{K}^{-1}$。无机非金属材料的耐热冲击性能较差，当温度剧烈变化时容易破裂。值得注意的是虽然无机非金属材料的热膨胀系数比高聚物、金属低，但它的应用在很大程度上是利用它的耐热特性，即大多是在高温条件下使用，大的温差会使构件出现很大的总膨胀量。

（3）化学稳定性能

无机非金属材料有良好的耐腐蚀性能，它们在化工介质中的腐蚀属于纯化学作用或伴有物理、机械作用的化学作用引起的破坏，其耐腐蚀性能与材料的化学成分、矿物组成、孔隙、晶体结构类型、高温下材料性质的变异以及腐蚀介质的性质有关。

普通陶瓷主要成分是 SiO_2，属耐酸材料，对大多数无机酸都很稳定，但不耐氢氟酸、300℃ 以上的磷酸、苛性碱，因为在这些介质中 SiO_2 要溶解。结晶的 SiO_2（石英）有较好的抗碱性能。普通陶瓷中的另一组分 Al_2O_3，经高温烧结后形成结晶型 Al_2O_3，能够抵抗较高温度下的酸或碱的腐蚀。如果材料中含有较多的碱性氧化物如 CaO、MgO，则陶瓷的耐碱性能提高。典型的工程陶瓷如（SiC、Si_3N_4）具有良好的耐酸性能，但同样会被氢氟酸腐蚀，其原因是 SiC、Si_3N_4 中有少量残留在烧结体中的 Si、SiO_2。陶瓷材料在酸（氢氟酸、磷酸除外）中的腐蚀速度几乎与酸的种类无关，主要取决于酸的电离程度与黏度。

无机非金属材料中的开口孔存在，会增加材料与腐蚀介质的接触面，使材料的耐蚀性降低。开口孔若是彼此连通的，介质会穿过材料渗出，当陶瓷材料用作防腐衬里时，渗出的介质会强烈腐蚀基体金属。

通常高温下熔炉的熔渣可以通过气孔、液相和固相侵蚀耐火材料。材料的组成不同，侵蚀机理也不同。一般来说基质的稳定性低于主晶相，溶解速度大，在高温熔渣作用下成为整个制品的薄弱环节，因此改变基质部分的矿物组成，尽量减少其中的低熔物和杂质的含量，可以有效提高材料的抗渣性。另外选择适宜的生产方法，获得结构致密均匀的制品也是提高材料的抗渣侵蚀性的方法。

12.2 过程装备用无机非金属材料的性能特点及应用

12.2.1 化工陶瓷

与日用陶瓷及其他工业陶瓷不同，化工陶瓷是指具有良好的耐腐蚀性能、能制成较大尺寸设备、能耐一定温度急变、耐一定压力的陶瓷材料。由于化工陶瓷的耐酸性能较好而耐碱性差，所以又称为耐酸陶瓷。

化工陶瓷以黏土、瘠性料和助溶剂为主要原料，按一定比例混合，加水捏炼后，经成型、干燥、烧成及上釉而得到最终制品，其化学成分见表 12-5。

表 12-5 化工陶瓷的化学组成

化学成分	SiO_2	Al_2O_3	Fe_2O_3	CaO	MgO	Na_2O	K_2O
质量分数/%	60~70	20~30	0.5~3	0.3~1	0.1~0.8	0.5~3	1.5~2

由于化工陶瓷的主要化学成分为 SiO_2 和 Al_2O_3，经过高温烧结后二氧化硅与三氧化二铝形成莫来石晶体，由此决定了化工陶瓷有很强的化学稳定性，除了氢氟酸、氟硅酸及热或浓的碱液外，几乎能耐包括硝酸、硫酸、盐酸、王水、盐溶液、有机溶剂等大多数介质的腐蚀。

化工陶瓷最大的缺点是抗拉强度低、性脆、导热系数小、热膨胀系数大，不耐热冲击与机械碰撞。因此，化工陶瓷不宜制作压力较大、温度波动较大、尺寸太大的设备，而且陶瓷设备的强度计算与结构设计应根据陶瓷材料的特点进行。

化工陶瓷随配方及烧结温度不同，可分为耐酸陶、耐酸耐温陶与工业瓷三种，它们的物理性能、力学性能、容许规格尺寸、推荐使用温度各不相同，使用时应根据介质条件以及制品结构尺寸、形状，参考相应的腐蚀与防护手册合理选择。

在过程装备中，化工陶瓷主要用于制造接触强腐蚀介质的塔、储槽、容器、反应釜、过滤器、泵、风机、管道及衬里砖、板等。

12.2.2 特种陶瓷

特种陶瓷是指具有特殊力学、物理或化学性能的陶瓷。它们的原料是用化学方法制备的高纯度或纯度可控制的粉料，不是直接取材于天然原料，因此材料的成分与配比可以控制，制品的质量比较稳定，所获得的陶瓷材料的性能比传统陶瓷优异。目前特种陶瓷的研究与开发主要集中在高比强度、高温高强度结构材料和具有特殊功能的材料三方面，其中在工程结构上使用的陶瓷称为工程陶瓷。表 12-6 为常见特种陶瓷的物理-力学性能表。

表 12-6 特种陶瓷物理-力学性能表

类　　型	密度/g·cm^{-3}	显微硬度/MPa	热膨胀系数(20~1000℃)/10^{-6}℃	导热系数(20℃)/[W/(m·K)]	弹性模量/GPa	抗弯强度(三点)/MPa
莫来石陶瓷	3.1	8670	5.6	4.2	69	180
氧化铝陶瓷	3.6~3.9	10000~16000	7.0~8.5	17~39	365	320~500
氮化硅陶瓷	3.16~3.20	24000	2.3~3.3	3~30	310	800~1000
碳化硅陶瓷	2.4~2.6	28400~33200	4.3~5.5	16~20	450	400~900
碳化硼陶瓷	2.50	33000~50000	4.5	25~50	400	350~400
赛隆陶瓷	3.05~3.2	19000~22000	2.4~3.2	40~120	300	700~1000

12.2.2.1 氧化物陶瓷

（1）氧化铝陶瓷

氧化铝陶瓷又称高铝陶瓷，主要成分为 Al_2O_3 和 SiO_2，其中 Al_2O_3 的含量大于 45%。根据陶瓷中主晶相不同，可分为刚玉瓷（$Al_2O_3>90\%$，主晶相为 α-Al_2O_3，俗称刚玉）、刚玉-莫来石瓷（$Al_2O_3>75\%$，主晶相为 α-Al_2O_3，此外还有少量莫来石晶相）和莫来石瓷（$Al_2O_3<60\%$，主晶相为 $3Al_2O_3·2SiO_2$ 化合物，俗称莫来石）。氧化铝含量高的刚玉瓷，杂质少、玻璃相少、气孔少，性能优于刚玉-莫来石瓷和莫来石瓷。

氧化铝陶瓷抗压强度高，抗拉强度与抗弯强度低，其抗压强度比普通陶瓷高，一般是它们的 2～3 倍，高者可达 5～6 倍。在室温下，氧化铝陶瓷的抗拉、抗弯强度比金属的低，但温度在 700℃ 以上时抗拉、抗弯强度却比金属的高。密度大、硬度高，仅次于金刚石、碳化硼、立方氮化硼、碳化硅，具有良好的耐磨性。氧化铝陶瓷抗蠕变能力高，耐高温性能好，能在 1600℃ 下长期使用。

氧化铝陶瓷在酸及酸类介质中具有优良的耐蚀性，对碱液亦耐蚀。对某些高温金属熔液也耐蚀。高铝瓷（$Al_2O_3 < 99\%$）在某些介质中的耐蚀性列于表 12-7。

表 12-7　高铝瓷（$Al_2O_3 < 99\%$）在某些介质中的耐蚀性

酸的种类	温度/℃	腐蚀损耗 /(g/cm²)	酸的种类	温度/℃	腐蚀损耗 /(g/cm²)
HNO_3	20	$< 0.1 \times 10^{-4}$	HF38%	20～100	$< 1 \times 10^{-4}$
HCl	沸腾	0.2×10^{-4}	H_3PO_4 83%	20	1×10^{-4}
HNO_3	100	0.2×10^{-4}[①]		100	$< 5 \times 10^{-4}$
H_2SO_4	100	$< 5 \times 10^{-4}$[①]	NaOH20%	20～100	$< 1 \times 10^{-4}$

注：与浓度无关。

氧化铝陶瓷的主要缺点是脆性大、耐冲击性能差，不能承受环境温度的突变。

氧化铝陶瓷在过程装备中，主要用于制作要求耐蚀耐磨的泵用零件（如轴套、轴承、机械密封环、叶轮）、活塞、阀、热电偶套管等。氧化铝陶瓷也用于其他工业部门，如纺织导线器、火箭用导流罩、熔化金属的坩埚、内燃机火花塞等。

（2）莫来石

莫来石为铝硅酸盐矿物，其晶体化学式为 $Al_2(Al_{2+2x}Si_{2-2x})O_{10-x}$，$x$ 为单位晶胞失去的氧原子数。莫来石的成分是变化的，其组成在理论上存在着争议，其固溶范围大致上介于 0～1 之间。莫来石按其加工方法主要有烧结莫来石和电熔莫来石。烧结莫来石是在窑炉中，基于纯高岭石矿物和氧化铝的反应合成的，可控制化学计量。电熔莫来石是由氧化硅和氧化铝熔融而成，熔融温度控制在 2000℃ 以上，对控制技术要求较高。

莫来石十分稳定，耐火度高达 1850℃，抗化学侵蚀及抗高温蠕变性能好。$3Al_2O_3 \cdot 2SiO_2$ 莫来石弹性模量低，为 200GPa，约为 Al_2O_3 和 SiC 的一半，热膨胀系数小，在 20～1000℃ 时为 5.6×10^{-4}℃$^{-1}$，约为 Al_2O_3 和 ZrO_2 的一半，与 SiC 相近，抗热振性好。电熔莫来石和烧结莫来石耐火砖的性能见表 12-8。

表 12-8　烧结莫来石和电熔莫来石耐火砖的性能比较

莫来石类型	耐火度/℃	密度/g·cm⁻³	开口气孔率/%	可逆性热膨胀率/%	导热系数/W·m⁻²·K⁻¹	蠕变下沉率/%	高温抗弯强度/MPa
电熔	1790	2.75	14	0.49	2.0	0.5	3.0
烧结	1790	2.60	15	0.53	2.2	2.0	2.0

莫来石作为骨料被广泛应用于冶金、玻璃、陶瓷、燃气等工业上。在冶金工业中，主要用作热风炉砖和窑具砖；玻璃工业中主要用在连续玻璃容器、活塞、给水器、旋转管及玻璃窑的顶部和底部结构中；陶瓷工业中主要用作窑具砖和高温结构陶瓷；燃气工业中则主要用在油气化设备及所有气化车间炼焦炉、燃气发生器和水汽发生器中。

12.2.2.2　氮化物陶瓷

（1）氮化硅陶瓷

氮化硅陶瓷是以 Si_3N_4 为主要成分的特种陶瓷。Si_3N_4 与氧化物不同，在高温下不会熔化而是发生分解及升华（分解及升华温度 1800～1900℃），因此氮化硅陶瓷采用一般条件下的高温难以烧结，为此开发了多种烧结方法，有反应烧结氮化硅、热压烧结氮化硅、常压

（无压）烧结氮化硅、重烧结氮化硅等品种。

氮化硅是共价键结合，且结合电子数很高，所以构成原子的结合强度高，呈现很高的弹性模量；氮化硅没有熔点，在 1900℃ 左右分解升华；在高温具有机械稳定性；耐热性稍低于碳化硅；密度为 3.16～3.20g/cm³，热膨胀系数小。而氮化硅陶瓷的性能随制造工艺不同差别较大。

反应烧结氮化硅由于烧结过程中，坯体内残留有一定数量的气孔，使得反应烧结氮化硅陶瓷的强度较低。热压烧结氮化硅是在高温高压下烧成，得到的制品致密，气孔率接近于零，密度接近理论值，其抗弯强度很高，可达 800～1000MPa。常压烧结氮化硅的抗弯强度比较高，接近热压烧结氮化硅，约 800MPa。

氮化硅陶瓷的耐热冲击性能优于硅酸盐材料（石英玻璃、微晶玻璃除外）和氧化铝陶瓷，因为它的热膨胀系数小、导热系数也不低。氮化硅硬度高，仅次于金刚石、氮化硼等几种超硬材料。氮化硅的摩擦因数小，只有 0.1～0.2，同加油的金属表面差不多，还具有自润滑性，可在无润滑剂的条件下工作，因此是一种优良的耐磨材料。Si_3N_4 结构稳定，不易和其他物质反应，具有良好的化学稳定性。反应烧结氮化硅在部分介质中的耐蚀性见表 12-9。反应烧结氮化硅在熔融金属中的耐蚀性列于表 12-10。

由表 12-9 和表 12-10 可知，反应烧结氮化硅陶瓷在硫酸、盐酸、硝酸、磷酸中都有很好的耐蚀性，但氢氟酸除外。且耐酸性能比耐碱性能好。抗氧化温度可达 1000℃。能抵抗熔融金属（铝、铅、锡、锌、镁、铜等）的腐蚀。

表 12-9　反应烧结 Si_3N_4 在介质中的耐蚀性

Si_3N_4 不被侵蚀	Si_3N_4 被侵蚀
20%HCl,煮沸,65%HNO_3,煮沸	NaCl+KCl,盐浴,796℃
HNO_3,煮沸	50%NaOH,煮沸,115h
10%H_2SO_4,70℃,85% H_2SO_4	熔融 NaOH,450℃,5h
H_3PO_4,$H_4P_2O_7$　25%NaOH	48%HF,70℃,3h
Cl_2 气(湿)30℃,Cl_2 气　900℃	3%HF+10%HNO_3,70℃,116h
H_2S 气 1000℃	NaCl+KCl,盐浴 900℃,114h
浓 H_2SO_4+$CuSO_4$+$KHSO_4$	$NaB(SiO_3)_2$+V_2O_5,1100℃,4h
$NaNO_3$+$NaNO_2$ 盐浴 350℃	NaF+ZrF_4,800℃,100h

表 12-10　反应烧结 Si_3N_4 在熔融金属中的耐蚀性

熔融物	温度/℃	接触时间/h	与 Si_3N_4 的作用
铝	800	950	不发生作用
	1000	3000	不发生作用
铅	400	144	不发生作用
锡	300	144	不发生作用
锌	550	500	不发生作用
镁	750	20	弱作用
铜	1150	7	弱作用
铜皮	1300	5	弱作用
含铜熔渣	1300	5	不发生作用
镍铜	1250	5	不发生作用
镍熔渣	1250	5	不发生作用
玄武岩	1400	2	弱作用

氮化硅可用于制作耐蚀、耐磨、耐高温的零件。如过程装备中的耐腐蚀泵用机械密封环、高温轴承、热电偶套管、燃气轮机的部件（如动叶片、静叶片、燃烧器、喷嘴、罩壳）等。

(2) 氮化铝陶瓷

氮化铝陶瓷是以氮化铝（AlN）为主晶相的陶瓷。AlN 晶体以 [AlN₄] 四面体为结构单元的共价键化合物，具有纤锌矿型结构，属六方晶系，一般呈白色或灰白色，高纯度的氮化铝陶瓷呈透明状。氮化铝陶瓷属高温耐热材料，热稳定性好，可达 2200℃，热导率高 [约 200W/(m·K)]，热膨胀系数小（$4.5×10^{-6}$/℃），因而耐热冲击性能优良。机械性能和加工性能好，室温强度高，且强度随温度的升高下降较慢。氮化铝陶瓷介电性能好，绝缘，电阻率高，电性能优良。此外，氮化铝具有不受多种熔融金属（如熔融铝液）和熔融盐（如六氟铝酸钠）侵蚀的特性。对酸稳定，碱液中易被侵蚀。氮化铝易在湿空气中生成极薄的氧化膜，因而耐高温腐蚀性能优良。无毒，可替代有毒性的氧化铍瓷。

氮化铝陶瓷综合性能优良，非常适用于电子工业中的半导体基片和结构封装材料，如高频压电元件和超大规模集成电路基片，以及磁流体发电装置，透明的氮化铝陶瓷还可用作电子光学器件。由于氮化铝耐高温，可用作高级耐火材料和坩埚材料，如熔炼金属的坩埚和浇铸模具、蒸发皿、加热器，以及高温结构件热交换器材料。也可用作防腐蚀涂层，如腐蚀性物质的容器和处理器的衬里等。氮化铝陶瓷硬度高，具有优良的耐磨耗性能，可用作研磨材料和耐磨损零件，如高温透平机的耐蚀部件。氮化铝粉末还可作为添加剂加入各种金属或非金属中以改善这些材料的物化性能和力学性能，如环氧树脂中加入氮化铝粉体可以明显地提高其热导率。

12.2.2.3 碳化物陶瓷

(1) 碳化硅陶瓷

碳化硅陶瓷是用途很广泛的特种陶瓷，主要原料是碳化硅粉。碳化硅和氮化硅一样，在高温下易分解（碳化硅在 1 个大气压下的分解温度为 2400℃），因而不能熔铸，必须采用类似于粉末冶金的方法制造产品。成型、烧结方法类似于氮化硅陶瓷，其制品有反应烧结碳化硅、热压烧结碳化硅以及常压烧结碳化硅几种。

碳化硅陶瓷主要有两种晶体结构，但多数碳化硅是以 α-SiC 为主晶相的。碳化硅的最大特点是高温强度高，在 1400℃时抗弯强度仍保持 500～600MPa，而其他陶瓷材料到 1200～1400℃时强度显著降低。硬度高，耐磨。碳化硅陶瓷的导热能力很强，在陶瓷中仅次于氧化铍陶瓷。由于碳化硅的高温强度高、导热性好，热膨胀系数又比其他陶瓷小，因此与其他陶瓷材料相比，具有优良的耐热冲击性能。

碳化硅是典型的共价键结合的化合物，键合能力很强，是热力学上极稳定的化合物，高纯度的碳化硅不会被 HCl、HNO_3、H_2SO_4、HF 等酸、NaOH 等碱熔液侵蚀，但会被熔融的 Na_2O、Na_2CO_3＋KNO_3、高温 Cl_2 气、硫气等反应而分解。在空气中加热时会氧化，表面形成 SiO_2 层，抑制氧的扩散，使氧化速度降低。但是如果碳化硅陶瓷中含有游离 Si，会降低碳化硅陶瓷在 HF 酸、碱溶液中的耐蚀性能。SiC 与 Si_3N_4 在部分化工介质中的耐腐蚀性能见表 12-11。

表 12-11 SiC 与 Si₃N₄ 在部分化工介质中的耐腐蚀性能

陶瓷种类	实验温度	HF 10%	HCl/HNO₃ 3/1	HCl 36%	HCl 20%	HNO₃ 61%	HNO₃ 25%	H₂SO₄ 95%	H₂SO₄ 30%	H₃PO₄ 35%	NaOH 30%
常压烧结	常温	×	◎	◎	◎	◎	◎	◎	◎	◎	◎
Si₃N₄	煮沸	—	—	○	○	○	○	○	○	○	△
常压烧结	常温	×	◎	◎	◎	◎	◎	◎	◎	◎	◎
SiC	煮沸	—	—	○	○	○	○	○	○	○	△
反应烧结	常温	×	○	◎	—	◎	—	◎	—	◎	○
SiC	煮沸	—	—	○	○	○	○	○	—	○	×

注：◎—全无变化（强度低于 0%）；○—稍有变化（强度低于 30% 以下）；△—有变化（强度低于 50% 以下）；×—相当大变化（强度低于 50% 以上）。

碳化硅陶瓷过去主要用作耐火材料、磨料和发热元件，现已广泛用于石油、化工、微电子、汽车、造纸、航空航天、激光、机械、电力、矿业、原子能等工业领域。在过程装备中，用于制作要求耐磨、耐强腐蚀以及耐高温氧化等条件下工作的零部件，如密封环、轴套、轴承、泵的过流部件、喷嘴、热电偶保护导管以及高温换热器等。由于碳化硅的高硬度、高导热率、高耐腐蚀性，目前已成为机械密封环的最常用材料之一。

（2）碳化硼陶瓷

碳化硼（B_4C）具有六角菱形晶格。单位晶胞有 12 个硼原子和 3 个碳原子，单位晶胞中碳原子构成的链按立体对角线配置。碳原子处于活动状态，可以被硼原子代替，形成置换固溶体，并有可能脱离晶格，形成带有缺陷的高硼化合物。为获得致密的 B_4C，一般应采用热压烧结法来制取。热压烧结的碳化硼陶瓷制品可以达到理论密度的 98%。

碳化硼陶瓷的显著特点是硬度高，仅次于金刚石和立方 BN，它的研磨效率可达金刚石的 60%～70%，大于 SiC 的 50%，是刚玉研磨能力的 1～2 倍。熔点 2450℃，耐酸碱性能好，热膨胀系数小（4.5×10^{-6}℃），能吸收热中子，但抗冲击性能差。

利用碳化硼陶瓷硬度大的特性，可以有作磨料、切削刀具、耐磨零件、喷嘴、轴承、车轴等。利用它导热性好、膨胀系数低、能吸收热中子的特性，用以制造高温热交换器、核反应堆的控制剂。利用它耐酸碱性好的特性，可以制作化学器皿，熔融金属坩埚等。

12.2.2.4　赛隆陶瓷

常压烧结赛隆陶瓷的制造工艺是将 Si_3N_4 粉与适量的 Al_2O_3 粉及 AlN 粉共同混合，成型之后在氮气气氛中烧结，形成 $Si_{6-x}Al_xN_{8-x}O_x$ 型主晶相。式中的 x 表示在 β-Si_3N_4 晶胞中 Si 原子被 Al 原子置换的数目，范围是 0～4.2。例如，50%（摩尔）Si_3N_4＋25%（摩尔）Al_2O_3＋25%（摩尔）AlN 的坯体，即表示为 $Si_{4.94}Al_{1.06}N_{6.94}O_{1.06}$。根据单位晶胞大小和上述各自的组成比例可以算出理论密度分别为 $3.20g/cm^3$ 和 $3.05g/cm^3$。固溶体的性质随其组成和处理温度而异。

由于赛隆陶瓷有可能减少或消除熔点不高的玻璃态晶界，以具有优良性能的晶体的固溶体形态存在，因此具有诸多的优良性能，如常温和高温强度很大、常温和高温化学稳定性优异、耐磨性很高、热膨胀系数低、抗热冲击性好、抗氧化性强、密度不大等。赛隆陶瓷的性能列于表 12-12。

赛隆陶瓷具有许多优异性能，在军事工业、航空航天工业、机械工业和电子工业等方面具有广泛的应用前景。已在机械工业上用作轴承、密封件、焊接套筒和定位销。普通定位销的寿命为 7000 次，而赛隆定位销可达 500 万次。赛隆密封件的性能优于其他材料。

表 12-12　塞隆陶瓷的主要性能

性　能	参　数
结晶形态	(Si·Al)(O₃N)₄ 四面体与硅氧四面体空间联结
理论密度/(g/cm^3)	3.05～3.20
体积密度/(g/cm^3)	2.9
显气孔率/%	<5
抗弯强度/MPa	（四点抗弯）400～450
显微硬度/GPa	13～15
破裂表面能/[$J/(m^2 \cdot$℃)]	40.6
弹性模量/GPa	200～280
泊松比(20℃)	2.288
热膨胀系数(20～1000℃)/10^{-6}℃	2.4～3.2
导热系数(20℃)/[$W/(m \cdot K)$]	40～120

赛隆陶瓷已用作连铸用的分流环、热电偶保护套管、晶体生长器具、坩埚、高炉下部内衬、铜、铝合金管拉拔芯棒以及滚轧、挤压和压铸用模具材料。还可制作透明陶瓷，如高压钠灯灯管、高温红外测温仪窗口。此外还可以用作生物陶瓷，制作人工关节等。

12.2.3 玻璃

由熔融物通过一定的冷却方式，因黏度增加而具有固体的力学性质与一定结构特征的非晶态物体统称玻璃。广义的玻璃包括单质玻璃、有机玻璃和无机玻璃，狭义上仅指无机玻璃。工业上大量生产的是以 SiO_2 为主要成分的硅酸盐玻璃。

玻璃是以多种无机矿物为原料，通过高温熔融，采用吹、压、拉、铸以及灯工焊接等多种成型方法制成各种形状的零部件。

玻璃的使用性能主要体现在以下几个方面。

① 化学稳定性　玻璃的化学稳定性随玻璃中的 SiO_2 含量增高耐酸性能显著提高，但 SiO_2 不耐碱和碱性盐溶液、不耐氢氟酸、氟硅酸的腐蚀。硅酸盐类玻璃长期受水汽作用会发生水解生成碱和硅酸的现象，称为玻璃的风化。玻璃中的碱性氧化物在潮湿的空气中，能与 CO_2 生成碳酸盐，使玻璃发霉。玻璃通过热处理，使某些碱性氧化物与炉气中的 SO_2、SO_3 及水汽作用，生成容易清除的灰色斑点和薄膜，从而降低了玻璃表面的碱性氧化物含量，使玻璃的化学稳定性提高。

② 力学性能　玻璃是典型的脆性材料，在冲击和动负荷作用下，很容易破碎。化学成分不均匀，不良的退火处理会增加玻璃的脆性。玻璃有很高的抗压强度，一般比抗拉强度高 14～15 倍。玻璃的硬度很高约为莫氏 6～8 之间，比一般金属硬，仅次于金刚石、刚玉、碳化硅等。

③ 热性能　玻璃的热膨胀系数随化学成分变化而变化，一般 SiO_2 含量多热膨胀系数低，而 Na_2O、K_2O 含量多则热膨胀系数高。玻璃的导热能力差，只有钢的 1/400。其导热性能主要取决于玻璃密度而与化学组成关系不大。玻璃的热稳定性很差，在急冷急热情况下很容易炸裂。

④ 其他性能　玻璃具有良好的透光性能和折光性等光学性能。在常温下玻璃是优良的绝缘体。

过程装备上的应用常以玻璃的化学稳定性为首选条件，主要应用的是化工玻璃，包括有石英玻璃、硼硅酸盐玻璃、高硅氧玻璃、低碱无硼玻璃及微晶玻璃等，主要成分、性能特点及应用列于表 12-13。

普通玻璃由于是含有 15%～20% 的碱性氧化物（Na_2O、K_2O）的钙钠玻璃，不适用于化学工业。

表 12-13　几种化工玻璃的主要成分、性能特点及应用

名　称	主　要　成　分	性　能　特　点	应　用
石英玻璃	不透明石英玻璃 $SiO_2 \geq 99.3\%$	膨胀系数极小（为普通玻璃的 1/20～1/10），长期使用温度 1100～1200℃，短期使用温度可达 1400℃；有优良的耐酸性能（氢氟酸、磷酸除外），透明石英玻璃耐酸性能优于不透明石英玻璃；耐氯、溴、碘腐蚀，温度>500℃氯、溴、碘也不与石英玻璃起作用；对碱及碱类介质耐蚀性能较差；还有良好的绝缘性能和光学性能。但熔制困难，成本高。不透明石英玻璃各项强度皆比透明石英玻璃低 1/3～1/2	适用于处理高温酸性和中性介质。可制成化学实验设备，以及高纯产品的提炼设备，如超稀有金属锗、铂、镓和化学试剂的生产中；还适用于中、高压锅炉水位表
	透明石英玻璃 $SiO_2 \geq 99.7\%$		
硼硅酸盐玻璃简称硼硅玻璃	SiO_2 73%～82% Al_2O_3 1%～3% Na_2O 3%～10% B_2O_3 5%～10% CaO 0～1%	又称耐热玻璃或硬质玻璃，有良好的化学稳定性，几乎耐所有的无机酸（除氢氟酸、高温磷酸及热浓碱外），有机酸及有机溶剂的腐蚀；热稳定性较高；有良好的灯工焊接性能；一般抗压强度为 600～1300MPa，抗拉强度为 300～90MPa；线胀系数较石英玻璃大	在化学工业上应用最多，制作化学实验仪器、过程装备的蒸馏塔、吸收器、换热器、泵、管道和阀门；温度<160℃，压力为常压和一定真空度

续表

名　称	主 要 成 分	性 能 特 点	应　用
高硅氧玻璃	SiO₂ 95.1% Al₂O₃ 0.95% NaO 0.32% B₂O₃ 3.35%	含 SiO₂ 量仅次于石英玻璃,许多性能与石英玻璃相近,优于其他玻璃,如线膨胀系数低、软化温度高、耐化学腐蚀等,但价格较石英玻璃便宜。长期使用温度<800℃,短期使用温度可达 1100℃左右	可作石英玻璃的代用品
低碱无硼玻璃	SiO₂ 63.5% Al₂O₃ 15.5% NaO 4% CaO 13% MgO 2% F₂ 2%	特点是低碱、无硼,降低了成本;减少了碱含量、增加铝含量,有利提高化学稳定性;氟的引进降低了熔制温度;耐无机酸(除氢氟酸、高热磷酸及强碱外)、有机酸、有机溶剂和盐溶液等介质的腐蚀;灯工焊接性能差;成本低	化工上主要用作玻璃管道以输送腐蚀性液体和气体,以及固体物料
微晶玻璃	SiO₂ 40%~70% Al₂O₃ 10%~30% TiO₂ 7%~15% MgO 10%~30%	有优良的力学性能,其强度比普通玻璃大 6 倍,耐磨性能较好;耐热冲击性能好;耐酸性能与硼硅玻璃相同,但耐碱性能比硼硅玻璃高;可控制某些微晶玻璃的膨胀系数与金属接近	主要作设备的防腐衬里(换热器、反应器、干燥器、分离塔、蒸发器、泵、阀门、管道等)、玻璃泵、机械密封环等

12.2.4　化工搪瓷

化工搪瓷设备是在金属(钢或铸铁)坯体上涂搪含二氧化硅量较高的瓷釉,经 920~960℃多次高温煅烧使之与金属密着,形成致密耐腐蚀的玻璃质薄层(厚度一般为 0.8~1.5mm)的产品。化工搪瓷设备的金属底材,一般都采用低碳钢焊制,也有的用铸铁及钛钢。金属底材选材恰当与否,直接影响搪瓷的质量。目前化工搪瓷设备常用金属底材的钢材牌号一般为 Q235。

由于搪瓷设备是由含硅量高的玻璃质釉密着于金属表面而成,所以它有以下的性能。

① 耐蚀性　能耐有机酸、无机酸、有机溶剂及 pH 值小于或等于 12 的碱溶液,但对强碱、HF 及温度大于 180℃、浓度大于 30%的磷酸不适用;

② 不粘性　光滑的玻璃面对介质不粘且容易清洗;

③ 绝缘性　适用于介质过程中易产生静电的场合;

④ 隔离性　玻璃层将介质与容器钢胎隔离,铁离子不溶入介质;

⑤ 保鲜性　玻璃层对介质具有良好的保鲜性能。

表 12-14 是化工搪瓷的耐腐蚀性能。

表 12-14　化工搪瓷的耐腐蚀性能

介质	浓度/%	温度/℃	耐腐蚀性	介质	浓度/%	温度/℃	耐腐蚀性
盐酸	30	沸点	耐腐蚀	苯胺		沸点	耐腐蚀
硝酸	30	沸点	耐腐蚀	苯		沸点	耐腐蚀
硫酸	10	120	耐腐蚀	甲酸	25	沸点	耐腐蚀
硫酸	98	200	耐腐蚀	磷酸	25	150	耐腐蚀
乙酸		110	耐腐蚀	磷酸	<60	170	耐腐蚀

化工搪瓷设备兼备金属材料的刚韧性和无机非金属材料耐腐蚀性的双重优点,适用于各种液态、气态、液气混合态的化学反应。在石油化工、精细化工、制药、染料、食品等行业得到广泛的应用,可替代不锈钢等贵重金属设备。

12.2.5　保温隔热材料

保温隔热材料是保温材料和隔热材料(也称绝热材料)的统称,指对热传导有显著阻滞作用的材料或复合材料，具有低的导热系数和热容量，除此之外，过程装备用保温隔热材料还要求其具备密度小、柔韧性好、耐高温且防水、防火、防腐蚀等方面的特性。保温隔热材料品种繁多，依据材料的成分、形态、结构以及使用环境、耐温范围等特点有不同形式的分类。过程装备用保温隔热材料都具备难燃防火的特点，下面主要介绍隔热耐火材料和耐火保温材料。

12.2.5.1 隔热耐火材料

隔热耐火材料是一种气孔率高、体积密度低、导热性低、强度和耐磨性较低的耐火材料，显气孔率 40%~85%，体积密度 0.4~1.43g/cm³，又称轻质耐火材料。可制成具有一定形状的制品，也可制成散粒状料。轻质耐火材料的品种较多，主要有黏土质、高铝质、硅质以及某些纯氧化物制品及纤维制品等。生产工艺多采用可形成多孔结构的方法，如胶结多孔物料法、烧尽加入物法、泡沫法、气体发生法和熔融喷吹法等。

隔热耐火材料为多孔结构，故强度低，不宜用于承重结构和与溶液接触的部位，也不耐冲刷和侵蚀。其高温性能主要取决于选用的原料材质。主要用作工业窑炉和其他热工设备的隔热层，一般不宜用于同炉料接触、同熔液接触、同高速气流直接接触的部位，也不宜单独作承重结构，如必须采用，表面应涂覆保护层。表 12-15 给出了常用隔热耐火材料的主要成分和性能特点。

表 12-15 常用隔热耐火材料的主要成分和性能特点

种 类	主要成分	性能特点
轻质硅砖	以硅石为主要原料，SiO_2 含量 91% 以上	显气孔率 60% 体积密度为 0.9~1.10g/cm³ 耐压强度为 1.96~5.83MPa 350℃导热系数为 0.30W/(m·K) 1000℃时的热膨胀系数为 0.92% 使用温度不超过 1550℃
轻质黏土砖	氧化铝含量 30%~46%	显气孔率>82% 体积密度为 0.40~1.50g/cm³ 耐压强度为 0.98~5.88MPa 350℃时导热系数为 0.20~0.70W/(m·K) 使用温度一般为 900~1250℃
轻质高铝砖	主要由莫来石与玻璃相，或者刚玉相与玻璃相组成，氧化铝含量大于 48%	显气孔率>67% 体积密度为 0.4~1.00g/cm³ 耐压强度为 0.80~4.00MPa 350℃时的导热系数为 0.2~0.5W/(m·K) 1000℃时的热膨胀系数为 0.55% 可长期在 1250~1350℃温度下使用
氧化铝空心球砖	主要组成是由工业氧化铝制成的氧化铝空心球，加入刚玉细粉和硫酸铝作结合剂	显气孔率 60%~67% 体积密度为 1.20~1.60g/cm³ 耐压强度为 3~12MPa 1100℃时的导热系数为 1.04~1.16W/(m·K) 最高使用温度 1800℃
硅藻土制品	主要成分是 SiO_2，主要的杂质有氧化镁，氧化铝，氧化铁，氧化钙等	显气孔率 72% 体积密度为 0.45~0.68g/cm³ 耐压强度低，约为 0.39~6.8MPa 350℃时的导热系数为 0.13~0.31W/(m·K) 最高使用温度为 900~1000℃

12.2.5.2 耐火保温材料

工业和民用建筑、工业生产上的热工设备、锅炉、管道等需用大量的耐火保温材料，其应用对节约能源有着重大的意义。

常用的耐火保温材料有以下几种：泡沫玻璃、微孔硅酸钙、石棉、岩棉、矿渣棉、玻璃棉等，主要成分及性能特点见表 12-16。

表 12-16　常见耐火保温材料的主要成分及性能特点

种　类	主要成分	性能特点
泡沫玻璃	主要成分是 SiO_2	表观密度小于 $200kg/m^3$ 强度较高(抗压强度$>0.8MPa$,抗折强度$>0.3MPa$) 导热系数低,一般$<0.07W/(m \cdot K)$ 吸水率低,小于 0.5%,热阻大,抗冻融性好,耐腐蚀和可加工性能好(可锯,可钻,可粘接等)
微孔硅酸钙	以氧化硅,氧化钙和增强纤维为主要原料	表观密度小,一般小于 $250kg/m^3$ 导热系数低,一般为 $0.040 \sim 0.046W/(m \cdot K)$ 抗压强度大于 $5kg/m^2$,抗折强度大于$>0.3MPa$ 最高使用温度一般在 $650℃$ 左右,耐水性好,无毒不燃,可锯切,易加工,不腐蚀管道和设备
石棉	具有镁、铁、钙、钠的硅酸盐矿物结构的天然矿物纤维总称	抗拉强度为 $98 \sim 1598MPa$ 导热系数一般为 $0.07 \sim 0.09W/(m \cdot K)$ 使用温度一般在 $200 \sim 400℃$ 吸湿率在 $1\% \sim 3\%$
岩棉	用精选玄武岩或安山岩等为主要原料	表观密度一般在 $50 \sim 180kg/m^3$ 导热系数为 $0.035 \sim 0.045W/(m \cdot K)$ 使用温度在 $700℃$ 左右,吸湿率小于 1%,在 $750℃$ 加热时不产生火焰闪光和可燃气体
矿渣棉	主要含氧化钙,氧化硅,氧化铝,氧化镁和少量的硫黄	表观密度小,一般小于 $140kg/m^3$ 导热系数低,在 $0.032 \sim 0.044W/(m \cdot K)$ 吸湿率一般不高于 3% 使用温度为 $650℃$ 高温下稳定,绝缘,防火不燃,耐腐蚀,隔声,有一定弹性
玻璃棉	用硅石、细砂、纯碱与石灰石混熔制成	表观密度小,一般小于 $120kg/m^3$ 导热系数低,在 $0.035 \sim 0.040W/(m \cdot K)$ 吸湿率小一般低于 0.01% 使用温度$-120 \sim 400℃$,具有阻燃、无毒、耐腐蚀、化学稳定性强等诸多优点

（1）泡沫玻璃

泡沫玻璃是一种多孔玻璃，是在碎玻璃（主要成分是 SiO_2）中掺入发泡剂（一般采用石灰石，焦炭或者大理石等），加热至熔融膨胀而成的一种高级保温绝热材料。泡沫玻璃的物理性能很大程度上取决于其玻璃原料的成分，发泡剂数量和发泡机理，特别是发泡生产工艺。总的来说，泡沫玻璃制品具有以下特点：表观密度小，强度较高，导热系数低，热阻大，抗冻融性好，吸水率低，不燃，耐腐蚀和可加工性能好（可锯，可钻，可粘接等），可用作建筑墙体、屋面以及框架结构的保温隔热和加热设备、装置的表面隔热。而且在低温、潮湿环境下保冷性能稳定，特别是在深冷工程中，泡沫玻璃是不可多得的保冷材料，可用作冷藏库、冷藏车船和保温车皮的绝热材料。此外，气孔连通的泡沫玻璃，可作过滤材料用，具有耐酸、碱的性能。

（2）微孔硅酸钙

微孔硅酸钙是一种新型硬质保温材料，是由硬钙石型水化物、增强纤维等原料混合，经模压高温蒸压工艺制成的瓦块或板。它具有耐热度高、绝热性能好、抗折、抗压强度高、耐久性、耐水性好、无毒不燃、易加工、不腐蚀管道和设备等优点，目前广泛应用于电力、石油、化工、冶金、建筑以及运输设备等领域的隔热保温，降耗性能优良、价格适中、外形美观且施工方便。除此之外，微孔硅酸钙具有良好的防火阻燃性能，在明火灼烧或高温烘烤下，材料本身不燃、不熔化变形，不会丧失其绝热保温能力。

（3）无机纤维保温绝热材料

用于保温绝热的无机纤维可分为人造纤维如硅酸铝纤维、岩棉、玻璃棉等和天然纤维如石棉等。由于石棉具有很强的致癌作用，许多国家和地区已经限制使用。

① 岩棉和矿渣棉　分别以玄武岩和工业废料矿渣为主要原料，经熔融、压缩空气喷吹或离心法制成的丝状无机纤维。岩棉、矿渣棉及其制品密度小、导热系数低、不燃、吸声效果好，并且具有一定的弹性和柔软性，是目前使用量最大的保温、吸声无机纤维材料。在岩棉和矿渣棉中加入不同性能的胶黏剂还可以进一步加工成为各种形状的异型保温、保冷、隔热、吸声等各种制品，且价格低廉、施工方便。

应用范围：高温设备的锅炉、烤炉、烘箱、储罐、石油化工反应塔、管道及其他热力设备的保温材料；低温设备的冷藏车、库、冰箱以及其他制冷设备的保冷材料；建筑工程的厂房、仓库、住宅和公共建筑的屋面、顶棚、墙体、通风管道以及飞机舱体、火车、汽车厢体和船舶舱壁等的保温。

② 玻璃棉　石灰、硅石、石英粉等矿物质或日用玻璃碎片在熔炉中熔化后，经高速离心或喷制拉制而成的直径在 $6\mu m$ 以下的人造无机纤维，密度小、导热系数低、不燃、吸声效果好，可用作保温、隔热、吸声材料。此外，弹性和柔软性好，适合于各种形状设备的保温、隔热填充料。以玻璃棉为原料还可以进一步加工成为各种形状的异型保温、吸声制品，从而使施工更为简便、快速。

应用范围：具有阻燃、无毒、耐腐蚀、表观密度小、导热系数低、化学稳定性强、吸湿率低、憎水性好等诸多优点，是目前公认的性能最优越的保温、隔热、吸声材料，具有十分广泛的用途。用该材料制成的板、毡、管已大量用于建筑、化工、电子、电力、冶金、能源、交通等领域的保温、保冷、隔热、吸声降噪，效果十分显著。

12. 2. 6　石墨材料

（1）石墨概述

石墨分为天然石墨和人造石墨两种。

石墨是碳元素最重要的单质之一，在自然界中储量丰富，矿藏分布广泛。石墨的密度为 $2.21\sim2.26g/cm^3$，莫氏硬度 $1\sim2$，呈半金属光泽。由于结晶程度的不同，天然石墨分为鳞片状石墨和隐晶石墨。前者是一种片度大于 $1\mu m$ 的大颗粒结晶石墨，呈明显的片状或板状，后者的结晶粒度小于 $1\mu m$ 呈块状集合或粉末状；隐晶石墨通常也称为微晶石墨或土状石墨。

鳞片状石墨原矿中晶体的直径大于 $1\mu m$，肉眼或普通显微镜下就能看到石墨晶体的形状，石墨多呈鳞片状，均匀散布于矿石中。这种石墨品位一般较低，固定碳含量一般不超过 10%，局部特别富集地段的石墨矿则可达 20% 或更多，但可选性好，浮选矿品位可达 85% 以上，石墨质量好，工业用途广，是目前最有价值的一种石墨类型。

隐晶石墨原矿呈微晶集合体产出，只有在电子显微镜下才能观察到其晶形。隐晶石墨的外观呈黑色土状，也叫土状石墨。矿石多呈致密块状，固定碳含量高达 $60\%\sim80\%$，甚至 90% 以上，可选性差，矿石中杂质矿物（石英、方解石等）难以分离，因此其工业应用不如鳞片状石墨那样广泛，市场售价也较低。

人造石墨是由焦炭、沥青混捏、压制成型，在窑炉中隔绝空气焙烧，在 $1300℃$ 下保持 20 天左右，再在 $2400\sim3000℃$ 高温下石墨化处理（未经石墨化处理的制品，不具备石墨性能）。人造石墨在焙烧过程中，由于有机物质分解成气体逸出，使石墨材料形成多孔性。电极石墨的气孔率一般达 $20\%\sim30\%$；优质的化工专用石墨，由于其颗粒细，甚至超细，气孔率只有 10% 左右。这些气孔多呈通孔，对气体和液体有很强的渗透性。这种石墨在电力、冶金、原子能等工业中应用较多。而采取一定方法填充石墨空隙成为不透性石墨则广泛用于制备化工设备。

（2）石墨的性质

石墨由于其特殊的晶体结构，而具有如下特殊性质。

① 耐高温　在隔绝氧气条件下，石墨的熔点为（3850±50）℃，沸点为 4250℃，即使经超高温电弧灼烧，重量的损失很小，热膨胀系数也很小。石墨强度随温度提高而加强，在 2000℃时，石墨强度提高一倍。

② 导电、导热性好　石墨的导电性比一般非金属矿高 100 倍。导热性超过钢、铁、铅等金属材料。

③ 自润滑性好　石墨的润滑性能取决于石墨鳞片的大小，鳞片越大，摩擦因数越小，润滑性能越好。

④ 化学稳定性高　石墨在常温下有良好的化学稳定性，能耐酸、耐碱和耐有机溶剂的腐蚀。

⑤ 机加工性能好　石墨的韧性好，可制成薄片。

⑥ 抗热冲击性能好　石墨在常温下使用时能经受住温度的剧烈变化而不致破坏，温度突变时，石墨的体积变化不大，不会产生裂纹。

（3）过程装备用石墨材料

① 不透性石墨　石墨须通过浸渍制成不透性石墨才能用作过程装备材料。常用的浸渍剂有热固性的酚醛树脂、环氧树脂、糠醛树脂和煤沥青等，也有用有机硅树脂、水玻璃、熔融硫黄、石蜡等。这些浸渍剂填充石墨孔隙，并增强浸渍后石墨的机械强度。根据浸渍剂的不同，浸渍后石墨的化学稳定性、热性能、物理性能、力学性能以及服役条件均有所不同。浸渍剂应具备下列条件：具有良好的化学稳定性、浸渍后能提高石墨强度；浸渍剂能在热工艺条件下固化；浸渍剂的挥发成分和水分应尽量少使得固化后体积变化小；黏度低、流动性好、易于充填石墨孔隙、对石墨的黏附性能优良。

② 膨胀石墨　优质鳞片石墨经酸化处理，高温瞬时膨胀改性可制得膨胀石墨，又称柔性石墨。它除保留原来石墨的耐高温、耐腐蚀等优良性能外，还具有原来石墨不曾有的轻质、柔软、富于弹性等特点，而且增加了许多独特的力学性能。可机械加工成各种密封制品，是一种适用范围广、密封能力强的理想密封材料，广泛用于石油、化工及原子能等工业领域。

（4）石墨的主要用途

① 耐火材料　石墨制品具有耐高温、高强度的性质，在冶金工业中主要用来制造石墨坩埚，在炼钢中常用石墨作钢锭之保护剂，冶金炉的内衬。

② 导电材料　用作制造电极、电刷、碳棒、碳管、石墨垫圈、电视机显像管的涂层等。

③ 耐磨润滑材料　机械工业中润滑油往往不能在高速、高温、高压的条件下使用，而石墨耐磨材料可以在很高的滑动速度下，不用润滑油工作。许多输送腐蚀介质的设备，广泛采用石墨材料制成活塞杯，密封圈和轴承。石墨乳也是许多金属加工（拔丝、拉管）时的良好的润滑剂。

④ 过程装备结构材料　石墨具有良好的化学稳定性，经过不透性处理的石墨，具有耐腐蚀、导热性好，渗透率低等优点，大量用于制作热交换器，反应槽、凝缩器、燃烧塔、吸收塔、冷却器、加热器、过滤器、泵设备，广泛用于石油化工、湿法冶金、酸碱生产、合成纤维、造纸等工业部门。表 12-17 是石墨化工设备的应用实例。

⑤ 铸造、压模及高温冶金材料　由于石墨的热膨胀系数小，能耐急冷急热的变化，可作为玻璃器的铸模，使用石墨后黑色金属得到铸件尺寸精确，表面光洁成品率高，不经加工或稍作加工就可使用。生产硬质合金等粉末冶金工艺，通常用石墨材料制成压模和烧结用的舟。

⑥ 隔热、防射线材料　石墨具有良好的中子减速性，用于原子反应堆中，铀-石墨反应

堆是目前应用较多的一种原子反应堆。还用石墨制造固体燃料火箭的喷嘴，导弹的鼻锥，宇宙航行设备的零件，隔热材料和防射线材料。

表 12-17　石墨化工设备的应用实例

应用领域	应用环境及介质条件	过程装备应用实例
制碱工业	食盐电解、合成盐酸	H_2 与 Cl_2 反应器,HCl 气体冷却吸收塔 饱和食盐水的调温设备
其他无机工业	湿式磷酸 氢氟酸 氢溴酸合成 磺酸 氯化铁 氯化铝	磷酸浓缩器 氢氟酸的冷却吸收塔 由 H_2 与 Br_2 合成 HBr 的反应器 副产品 HCl 气体的吸收塔 氯化亚铁、氯化铁溶液的浓缩器 盐酸水溶液的加热器
金属精炼和表面处理	酸洗、电镀、电解	硫酸盐电解液的调温设备 酸液(盐酸、硫酸)加热器、浓缩器
石油化学工业	氯气甲烷、EDC、氯乙烯单体、全氯丙烯、氯化丙烯	反应气体冷却凝缩,副产品 HCl 吸收塔 丙氯仲醇的加热器
树脂、纤维工业	异相烯酸乙酯 粘胶缧萦 硅单本 氟树脂单体	副产硫铵回收塔 纺丝浴回收循环装置 制造气态盐酸、脱 HCl 的反应器 副产 HCl 气体的吸收塔
其他有机合成工业	一氯代乙酸、单二氯苯 氟隆气、TDI、MDI、石蜡	副产 HCl 的吸收、馏分凝缩设备
制药、农药、食品工业	染料、制药	副产 HCl 的吸收、HCl 酸性处理装置 稀硫酸酸性溶液的处理装置 蛋白质原料盐酸加水分解装置
有害废物回收	有机氯化物废液 排出盐酸、硫酸的回收 废塑料	焦油废液的烧毁、废盐酸的回收塔 废液的蒸发、冷却、凝缩、吸收装置 烧毁工业废料时产生 HCl 的回收塔

习题和思考题

1.何谓陶瓷？何谓陶瓷的物质结构？陶瓷材料的显微结构由哪些相组成？它们对陶瓷的性能各有何影响？

2.陶瓷材料的主要结合键是什么？从键合角度分析陶瓷材料的性能特点。

3.陶瓷材料的哪些性能不利于陶瓷材料在过程装备上应用？

4.为什么陶瓷材料在高温条件下会出现蠕变现象？

5.哪些因素影响陶瓷材料的耐蚀性？

6.特种陶瓷与化工陶瓷有何不同？

7.过程装备上常用的工程陶瓷有哪几种？各有什么特点？

8.常用的化工玻璃有哪几种？各有什么特点？

9.简述化工搪瓷的特性与应用。

10.化工设备常用的无机纤维保温绝热材料有哪几种？各有什么特点？

11.简述石墨的特性与应用。

13 复合材料

导读 本章以纤维增强树脂基复合材料为主，讲授复合材料的性能特点、制备和应用。目的是建立材料"复合"的概念，拓宽材料改性的"复合"思路，着重掌握玻璃钢的性能和应用，了解金属基复合材料和陶瓷基复合材料的特点。

随着工业的发展，对材料性能的要求愈来愈高，原有传统的金属、高分子材料和陶瓷材料的性能已不能同时满足工业上要求的多种性能。单一材料要全面满足强度、韧性、塑性、密度和稳定性、功能性的要求十分困难，因此出现了"复合材料"，即把两种以上具有不同性能的材料通过人工复合制备的一种固体材料，于是复合材料就成为材料家族中最年轻、最活跃的新成员。"复合"就是在金属材料、有机高分子材料和无机非金属材料自身或相互间进行优势互补，获得单一材料无法比拟的、具有综合优异性能的新型材料。

复合材料的发展，经历了古代、近代和现代三个阶段。古人就会使用天然的复合材料——木材、竹子等。最原始的人工复合材料是在黏土泥浆中掺稻草，制成土砖。在泥中掺鬃丝、头发或在熟石膏里加竹浆，可制成纤维增强复合材料。近代复合材料应用最早的有玻璃纤维增强塑料。航空航天、电子和化工等的发展，对材料的韧性、耐磨、耐腐蚀和功能性等提出了更高要求，使现代先进复合材料快速发展起来。

复合材料的性能优于其组成材料，使组成材料取长补短，充分发挥各自的优点，从而创造出单一材料没有的性能（或功能），或者使它们的性能优点在同一时间发挥作用。例如，混凝土是以砂、石、水泥结合的，具有一定的抗压强度，但是脆性大，受到拉伸容易发生裂纹而破坏。因此把钢筋加入到混凝土中，形成钢筋混凝土，大大提高了抗拉和抗弯能力。又如车用轮胎在保持橡胶的柔软性和气密性的同时，加入聚合物纤维（如尼龙帘子布）、钢丝等复合，分担强度。复合材料具有强度高、材料轻、刚性大、抗疲劳性能、减振性能和高温性能好等特点，最早应用于航空、航天等尖端科学技术领域，近年汽车、建筑和过程装备也推广使用复合材料。随着科技的发展，复合材料的生产工艺将不断完善和简化，成本不断降低。专家预测，21世纪复合材料的用量将可能超过钢，成为广泛使用的材料。

13.1 复合增强理论及增强体材料

13.1.1 复合增强理论简介

（1）复合材料的分类

复合材料是多相体系，组成的相一般可分为两类：一类是起黏结剂作用的基体材料，它在复合材料中是比较连续的相；另一类是起提高材料性能的增强体材料，它在复合材料中是相对比较分散的相。复合材料广义地可以按照其组成的基体材料区分为金属基复合材料、树脂基复合材料和陶瓷基复合材料；但是有时也把增强体材料冠于前面，例如纤维增强复合材料、颗粒增强复合材料等。目前在过程装备中的应用较多的是树脂基复合材料（例如玻璃钢）；而金属基和陶瓷基复合材料的品种和应用都相对较少，价格也较高。

复合材料还可以按增强体材料、用途等分类，见表 13-1。

表 13-1 复合材料的分类

分类方式	名称	说明	种类举例
按基体材料	树脂基复合材料	基体相是高聚物树脂	环氧树脂、酚醛树脂、不饱和树脂
	金属基复合材料	基体相是金属	铝基、钛基、镍基
	陶瓷基复合材料	基体相是陶瓷	氮化硅、氧化铝、碳化硅
按增强体	纤维增强、织物增强	增强体是纤维或织物	玻璃纤维、碳纤维、聚合物纤维，金属纤维、玻璃纤维布
	颗粒增强、晶须增强	增强体是粒子或晶须	炭黑、陶瓷、碳化硅晶须
按用途	结构材料	作为承力结构使用	玻璃钢
	功能材料	具有某种物理、化学功能	磁性、导电、光学、阻尼、摩擦
按增强体性能和价格	通用复合材料	增强体是玻纤、金属丝及普通无机物，价格较低	玻璃纤维、钢丝、炭黑
	高级复合材料	增强体是高级纤维或者晶须，价格和性能很高	碳纤维、硼纤维、碳化硅晶须

（2）复合增强

复合材料增强涉及基体材料、增强体材料的性能，特别是它们的结合界面状况、断裂力学行为等因素。工程材料最需要了解的是力学性能的复合增强理论和规律。复合材料微观力学理论主要研究复合材料的有效性能、连续纤维和短纤维复合材料微观强度理论、纤维增强复合材料微观损伤及断裂模型、脆性材料增韧、复合材料微观压缩失稳、压电复合材料微观力学、复合材料微观计算力学和复合材料微观实验技术等。

在颗粒增强复合材料中，承受主要载荷的是基体，颗粒相在金属基体中的作用是阻碍位错运动，在高聚物基体中的作用是阻碍分子链运动，从而提高材料的强度和刚度。其增强效果与颗粒的尺寸、形状、体积含量以及分布状况等有关。一般颗粒的直径在 $0.01 \sim 0.1 \mu m$ 时的增强效果较好。颗粒直径过大（$>0.1 \mu m$），容易造成应力集中而降低材料强度；颗粒直径太小（$< 0.01 \mu m$），难以阻碍基体位错或者分子链的运动，起不到增强作用。

在纤维增强复合材料中，承受主要载荷的是纤维增强体；相对于纤维而言，基体强度和模量低很多，基体的作用是把纤维黏结为整体，使之能协同起作用，并保护纤维不受腐蚀和机械损伤，传递和承受切应力。

在合理的纤维体积百分比条件下，纤维增强的复合原则如下。

$$E_c = E_f V_f + E_m (1 - V_f)$$

式中，E_c、E_f、E_m 分别是复合材料、纤维和基体材料的纵向弹性模量；V_f 是纤维的体积含量。

$$F_c = F_f V_f + F_m (1 - V_f)$$

式中，F_c、F_f 分别是复合材料、纤维的抗拉强度；F_m 是基体材料的抗拉强度；V_f 是纤维的体积含量。

上式表明随着纤维体积含量的增加，复合材料的性能提高。但是，由于复合材料的界面很多、微观结构也不均匀、加之受力的复杂性，上述公式的实用还比较困难。

（3）复合材料的相容性

复合材料的相容性指在加工和使用中，复合材料各个组元之间的配合程度，是复合选材时要考虑的因素，主要有力学相容、热相容和化学相容。

力学相容要求基体材料有足够的强度和韧性，能够将载荷均匀传递到增强体上，不产生明显的不连续现象。

热相容要求基体和增强体材料的热膨胀系数差别不大，在受热和冷却时相互之间不产生明显热应力。

化学相容主要指基体和增强体之间的化学反应。某些组元希望通过化学反应提高基体和增强体之间的结合强度；某些组元则要求避免化学反应，以减少增强体的表面损伤或者复合界面的破坏。

13.1.2 增强体材料

增强体有纤维、织物、颗粒和晶须等。

（1）纤维增强体

表 13-2 列出了一些常用纤维增强体的性能，纤维的品种规格很多，性能差别较大，目前应用最普遍、用量最大的是玻璃纤维。

表 13-2　纤维增强体的性能

品种	纤维类型	熔点（软化点）/℃	密度/（g/cm³）	直径/μm	抗拉强度/×10³MPa	比强度	弹性模量/×10⁵MPa	比模量	优缺点
玻璃纤维	无碱玻璃纤维	700	2.55	10	3.6	14	0.74	2.9	价格低、强度大、密度小、易磨损
	中碱玻璃纤维	749	2.49	—	3.4	—	—	—	
	高强玻璃纤维	840	2.50	10	4.6	18	0.89	3.5	
	石英玻璃纤维	1660	2.10	35	6.0	20	0.74	3.3	
多晶纤维	碳纤维（普通）	3650	1.70	10	2.0	11.8	2.0	11.3	弹性模量大，价格高
	碳纤维（高强）	3650	1.75	7	3.0	17.1	2.2	12.5	
	石墨纤维	3650	1.8	8	1.0	—	1.0	—	
	Al₂O₃纤维	2040	3.15	—	2.1	6.6	1.8	3.5	
	SiC 纤维	2690	2.55	10	3.0	11.5	2.0	7.9	
	BN 纤维	2980	1.90	7	1.4	7.4	0.92	4.8	
金属丝	不锈钢	1400	7.74	17	4.2	5.3	2.0	2.6	
	钨丝	3400	19.4	13	4.0	2.0	4.2	2.1	
	钼丝	2622	10.2	25	2.16		3.29		
	铜丝	1083	7.74	13	0.420		1.96		

（2）颗粒增强体

表 13-3 列出了一些常用颗粒增强体的性能。

表 13-3　颗粒增强体的性能

名　称	粒度/μm	形　状	成　分
轻质碳酸钙	3～10	针状结晶	$CaCO_3$
重质碳酸钙	3～10	不规则粒状	$CaCO_3$
滑石粉	3～10	不规则粒状	$3MgO_4 SiO_2 H_2O$
二氧化钛	约 0.1	球状晶体	TiO_2
炭黑	0.02	不规则粒状	C
云母	20～600	片状	$KAl_2(AlSi_3O_{10})(OH)_2$
二氧化硅		不规则粒状	SiO_2

13.1.3 复合材料的性能特点

由于人们对复合材料进行了优化组合，使之保留并发扬了组成材料的优点，所以复合材料具有许多优越的性能。

(1) 高的比强度和比模量

比强度和比模量是设计选材时考虑材料承载能力的重要指标，在同样强度条件下，比强度越高的材料，零部件的重量越小；在同样模量条件下，比模量越高的材料，零部件的刚度越大。从表 13-4 列出的金属和某些纤维增强复合材料的性能比较看出，复合材料一般都具有较高的比强度和比模量，特别是碳纤维增强环氧材料，其比强度较钢高约七倍，比模量较钢高三倍左右。

表 13-4　金属与某些纤维增强复合材料的性能比较

材　料	密度 /(g/cm³)	抗拉强度 /×10³MPa	弹性模量 /×10⁵MPa	比强度 /×10⁶(N·m·kg⁻²)	比模量 /×10⁸(N·m·kg⁻²)
钢	7.8	1.03	2.1	0.13	27
钛	4.5	0.96	1.14	0.21	25
铝	2.8	0.47	0.75	0.17	27
玻璃钢	2.0	1.06	0.4	0.53	20
高强碳纤维/环氧树脂	1.45	1.5	1.4	1.03	97
高模碳纤维/环氧树脂	1.6	1.07	2.4	0.67	150
硼纤维/环氧树脂	2.1	1.38	2.1	0.66	100
碳化硅纤维/环氧树脂	2.2	1.09	1.02	0.5	46
硼纤维/铝	2.65	1.0	2.0	0.38	75

(2) 良好的抗疲劳和破断安全性能

由于纤维自身的疲劳抗力很高、基体材料的塑性较好，因此纤维增强复合材料对缺口和应力集中的敏感性小，难以萌发微裂纹，并能钝化裂纹尖端、阻止疲劳裂纹的扩展，因此复合材料具有较高的疲劳极限。

由于复合材料中含有大量的纵横交错的纤维，即使外力使少数纤维断裂，载荷会很快重新分配到其他未断的纤维上，裂纹的扩展常常要经过曲折和复杂的路径，因此复合材料构件不会在短时间发生突然破坏，具有良好的破断安全性。

(3) 良好的耐高温性能

比较而言，纤维增强复合材料比基体材料的高温性能好。有许多纤维增强体具有很高的熔点和较高的高温强度，能显著改善复合材料的高温性能。例如，玻璃纤维增强耐热酚醛树脂可以工作到 200℃ 左右。硼纤维或者 SiC 纤维增强铝在 400～500℃ 仍然具有较高的强度和弹性模量，而单纯铝合金在此时的弹性模量几乎为零，强度也显著降低。

(4) 减振性能好

构件的自振频率与材料比模量的平方根成正比，复合材料的比模量大，所以其自振频率很高，在一般服役条件下不易发生共振。另外，复合材料的纤维和基体构成的是非均质多相体系，大量的纤维/基体界面有吸收能量的作用，因此振动在复合材料中的衰减很快。

13.2　树脂基复合材料（玻璃钢）

树脂基复合材料也称纤维增强塑料（fiber reinforced plastics，FRP），这种材料是用纤维及其织物增强热固性或热塑性树脂基体，经复合而成。上面已经介绍了复合材料中增强体材料的种类、形状及特性，其中，以玻璃纤维作为增强体的树脂基复合材料称为玻璃纤维增强塑料，因其强度高，可以和钢铁相比，故又称玻璃钢。随着树脂基复合材料迅速发展，玻璃纤维已不能完全满足某些高温、高强度、高模量的特殊腐蚀介质等方面应用的需要，出现了以碳纤维、硼纤维和晶须纤维等作为增强材料的制品，它们均属于复合材料的范畴。下面仅就玻璃纤维这一类增强材料给予进一步讲述。玻璃钢根据树脂的特点分热固性玻璃钢和热塑性玻璃钢，常用的热固性玻璃钢有：环氧玻璃钢、酚醛玻璃钢和聚酯玻璃钢。

13.2.1　玻璃钢的组成材料与结构

（1）纤维增强材料

作为玻璃钢主要承力材料的纤维，目前使用最多的是玻璃纤维及其制品，它们在玻璃钢中起着增强骨架的作用，对玻璃钢的力学性能起主要作用，同时也减少了产品的收缩率，提高了材料的热变形温度和抗冲击等性能。

玻璃纤维属于无定形离子结构物质，外观为光滑的圆柱体，截面为圆形，玻璃钢使用的玻璃纤维，外径为 $5\sim20\mu m$，相对密度为 $2.4\sim2.7$。由各种金属氧化物和二氧化硅组成的混合物，经熔融后从拉丝炉出来得到的纤维状玻璃，称为单丝。单丝经过浸渍槽集束而成原丝，原丝进行各种纺织加工可制成无捻纱、玻璃布或玻璃带等。树脂基复合材料常用的玻璃纤维有长纤维、短切纤维、玻璃布、玻璃带、玻璃毡等形式。

玻璃纤维的类型很多，根据化学组成分有无碱玻璃纤维、中碱玻璃纤维和高碱玻璃纤维；按外观形状分有连续长纤维、短纤维、空心纤维、卷曲纤维等；按玻璃纤维的特性分有高弹性模量及高强度纤维、耐碱纤维、耐高温纤维和普通玻璃纤维。

玻璃纤维具有高的拉伸强度，无明显的屈服极限、塑性阶段，呈脆性材料特征。直径在 $10\mu m$ 以下的玻璃纤维拉伸强度可达 $1.0\times10^9 Pa$，直径为 $5\mu m$ 可达 $2.4\times10^9 Pa$ 以上，大大超过天然纤维和合成纤维的强度，也超过普通钢材的强度。玻璃纤维只有沿其轴向才具有较大的承载能力，这正是造成玻璃纤维增强复合材料各向异性的根本原因。玻璃纤维的主要缺点是模量不高，约为 $7\times10^{10} Pa$，与纯铝的模量相近，而只有钢材的 $1/3$。

玻璃纤维是一种优良的绝热材料，如玻璃棉的导热系数为 $0.1254kJ/（m\cdot h\cdot ℃）$，而且温度变化对玻璃纤维导热系数影响不大。玻璃纤维的耐热性也较高，线膨胀系数为 $4.8\times10^{-6}℃$，软化点为 $550\sim850℃$，高温下玻璃纤维不会燃烧，$200\sim250℃$ 以下玻璃纤维的强度没有明显变化。

玻璃纤维除了氢氟酸、浓碱和热的磷酸（$300℃$ 以上）以外，对其他的化学药品都有一定的耐蚀性。无碱玻璃纤维的耐水性比有碱纤维好，而有碱纤维的耐酸性比无碱纤维好。但两者的耐碱性能均一般。

玻璃纤维在制品中的排列方式很大程度上影响到玻璃钢的性能。无捻粗纱的纤维是平行排列的，拉伸强度很高，主要用来缠绕高压容器和管道。短切纤维毡是由长度 $50\sim70mm$、不规则分布的短切纤维黏结而成，特点是铺复性好，无定向性，不仅适用于玻璃钢的手糊成型，亦可用于模压及其他连续浸渍工艺。无纺布具有强度高、刚性好、工艺简单等优点。表面毡是将定长玻璃纤维随机均匀铺设而成，其厚度约为 $0.3\sim0.4mm$，主要用于手糊成型产品的表面和内壁，结构层致密、光滑、完整，能防止在载荷应变下产生微细裂纹，从而阻止化学介质的侵入，提高玻璃钢的耐腐蚀性，同时也改善了玻璃钢制品的表面性能。

（2）基体材料

玻璃钢的另一重要组成部分是以合成树脂为主的基体材料，树脂基复合材料的使用性能和工艺性能将随选用的基体材料不同而异。用作基体的材料必须具备以下几个条件：基体材料必须是连续相而不能是分散相，不管它是由什么样的原材料组成，在复合材料中永远是连续存在的；基体应有一定的强度、耐热性能、耐老化性能和介电性能；基体与玻璃纤维的黏附性要好，因为玻璃钢的强度除了取决于玻璃纤维之外，其他性能几乎都取决于基体、基体与玻璃纤维界面的性能；基体在受热或外力冲击时能产生塑性流动，从而把能量传递给玻璃纤维。不同种类的基体，即使具备了上述的条件，但各自还具有特点。

根据聚合物的特性，树脂基复合材料的基体可分为塑料和橡胶两类。塑料基复合材料又按基体的特性分为热固性塑料基复合材料和热塑性塑料基复合材料。热固性塑料基体是以热固性树脂为基本成分，此外还有交联剂、固化剂以及其他一些添加剂。常用的热固性树脂有环氧树脂、酚醛树脂、呋喃树脂、不饱和聚酯和有机硅树脂等。热塑性塑料基体有尼龙、聚烯烃类、苯乙烯类塑料、聚氯乙烯、氟塑料等。树脂基复合材料，如果不特别注明，习惯上都是以塑料为基的复合材料。目前大约占85％以上的玻璃钢是由热固性树脂组成的，常用的耐蚀玻璃钢几乎都是热固性玻璃钢。

（3）辅助材料

为了改善树脂的工艺性及固化制品的性能，或者为了降低成本，需要在配方中加入适当的辅助材料，常用的主要辅助材料有固化剂、引发剂、促进剂、稀释剂、增塑剂、触变剂、增韧剂、填料、颜料等。环氧树脂本身是热固性线型结构，必须用固化剂使它交联成体型的大分子结构。不饱和聚酯树脂可采用引发剂在加热条件下固化，或者使用引发剂和促进剂在室温条件下固化。稀释剂是为了降低树脂胶液的黏度以符合工艺的要求。增塑剂和增韧剂的添加目的是增加树脂的可塑性，改善玻璃钢的韧性，提高抗冲击，抗弯曲性能。触变剂的作用是提高树脂胶液在静止状态下的黏度，避免在糊制大型制品时，特别是垂直面上，常发生的树脂流挂现象，影响制品的质量。树脂中加入一定量的填料，可增加树脂黏度，能改善其流动特性，降低固化时的收缩以及增加表面硬度。填料有黏土、碳酸钙、石墨、金属粉末、石英砂等，有时为了使玻璃钢色泽美观，在树脂中还加入无机颜料。

（4）玻璃钢的层状结构

作为玻璃钢主要组成部分的玻璃纤维和基体，为充分发挥各自的性能，玻璃钢制品一般具有特殊的层状结构，如图13-1所示。

最内侧的耐腐蚀层和介质直接接触，要求有较高的耐蚀和防渗透能力，因此树脂含量较高，约70％～80％，厚度0.5～1.5mm；中间防渗层是为进一步减小介质的渗透和玻璃纤维的侵蚀，树脂含量约为50％～70％，厚度2～2.5mm；增强层为主要的承载层，因此要求有较高的力学性能，玻璃纤维含量占到70％左右，其厚度根据强度计算的结果确定；最外层主要起到防止老化和美观的作用，树脂含量一般为80％～90％，厚度约1～2mm。

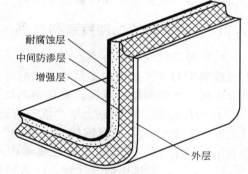

耐腐蚀层
中间防渗层
增强层

外层

图13-1 玻璃钢的层状结构

13.2.2 玻璃钢的制备方法

复合材料的加工工艺对产品的最终性能有重要影响，就玻璃钢而言，同样的玻璃纤维和树脂基体可能得到性能差别非常大的产品。合理的加工工艺将获得良好的界面粘接和较小的残余应力，从而制成性能优良的玻璃钢制品。

玻璃钢的制造大体包含以下的过程：预浸料的制造、制件的铺层、固化及制件的后处理与机械加工等。预浸料是将树脂体系浸涂到玻璃纤维或其织物上，通过一定的处理过程后储存备用的半成品。成型时，可将预浸料根据产品的要求铺置成类似产品的形状后，在一定条件下使基体交联固化，把形状固定下来，并能达到产品设计的性能要求。目前，玻璃钢成型的常用方法有：手糊成型、模压成型、缠绕成型以及连续成型、粒团模压料（BMC）和片状模塑料（SMC）成型、挤出和注射成型等。

(1) 手糊成型

手糊成型是将玻璃纤维及其织物等增强材料黏结在一起的一种无压成型方法，是指在涂有脱模剂的模具上，一边涂刷不饱和树脂、环氧树脂等室温固化的热固性树脂，一边铺放玻璃纤维或纤维制品，然后固化成型的加工工艺过程。它的优点是操作方便、设备简单、不受产品尺寸和形状的限制，可根据产品设计要求铺设不同厚度的增强材料，在各种成型方法中占有主要地位，在国内耐蚀玻璃钢的制造中目前仍以此方法为主，即使在工业发达的先进国家中也还保留着相当地位。缺点是生产效率低、劳动强度大，由于是纯手工操作，产品的质量欠稳定。

(2) 模压成型

模压成型工艺是将一定量的模压料（玻璃纤维和树脂及其辅料混合物）置于金属对模内，在一定的压力和温度下压制而成玻璃钢制品的一种工艺方法。该方法生产效率高，制品的尺寸精确，表面光滑平整，多数结构复杂的制品可以一次成型，不用二次加工，主要用于玻璃钢异型制品的成型。它的缺点是压模的设计与制造较为复杂，初期投资较高，易受设备限制，一般只用于中、小型玻璃钢制品，如阀门、管件等。

(3) 缠绕成型

将连续纤维经浸胶（树脂和辅料）后，在张力作用下按照一定的规律缠绕到芯模上，然后在加热或常温下使树脂固化成一定形状制品的工艺方法。缠绕成型法制备的玻璃钢中玻璃纤维的含量最高可达80%，所以比强度高，质量好且稳定，生产效率高，有利于大批生产。缺点是强度的方向性比较明显，层间的剪切强度低，缠绕设备性能要求高。该成型方法通常仅适用于制造圆柱体、球体和一些正曲率的回转体产品，在防腐设备方面主要用来制备容器、玻璃钢管道、储槽等。缠绕用的树脂大多数为环氧树脂，也有用不饱和聚酯。缠绕规律分环向缠绕、纵向缠绕和螺旋缠绕三种主要方式。

13.2.3 玻璃钢的性能特点和应用

(1) 玻璃钢的性能特点

玻璃钢的性能是由内部结构决定的。它包括树脂和玻璃纤维的化学组成、结构、含量及组合方式、界面间结合状况。玻璃钢的性能具有以下的特点。

① 力学性能 玻璃钢力学性能的突出特点是相对密度小、比强度高。通常玻璃钢的相对密度为 1.4～2.0，只有钢铁的 1/6～1/4，比铝的密度还小。而机械强度却能达到或超过普通钢材的水平。如某些环氧玻璃钢或不饱和聚酯玻璃钢，其拉伸和弯曲强度均能达到 400MPa 以上，若按比强度计算，已达到或超过某些特殊合金钢的水平。

玻璃钢为各向异性非均质材料，应力-应变曲线上无明显屈服点，材料呈脆性破坏。

玻璃钢的力学性能与玻璃纤维的含量和排列分布情况有关。玻璃纤维含量为50%时，性能优良。选择经纬强度不等的单向玻璃布或单向玻璃带做增强材料时，可满足结构不同方向的受力要求。

② 耐化学腐蚀性能 玻璃钢的耐化学腐蚀性取决于纤维、树脂、固化剂和表面处理剂。由于玻璃钢与普通金属的电化学腐蚀机理不同，它不导电，在电解质溶液中不会有离子溶解出来，因而对大气、水和一般浓度的酸、碱、盐等介质有良好的化学稳定性。特别是在强的非氧化性酸和 pH 变化范围广的介质中都有良好的适应性。过去用不锈钢也难以处理腐蚀问题的一些介质，如盐酸、氯气、二氧化碳、稀硫酸、次氯酸钠和二氧化硫等，现在用玻璃钢可以得到很好的解决。

③ 热性能和电性能 玻璃钢的导热系数低，一般在室温下为 1.254～1.672kJ/(m•h•℃)，只有金属的 1/(100～1000)，可以做良好的隔热材料。玻璃钢在高温的作用下，能吸收大量

的热能，而且热传导很慢，可做热防护材料、热烧蚀材料和瞬时耐高温材料。玻璃钢的耐热温度主要取决于树脂-固化剂系统。玻璃钢长期工作的上限温度为玻璃钢强度下降速率开始急剧增加时的温度。

玻璃钢是一种优良的电绝缘材料，可广泛用于制造仪表、电机及电器的绝缘零部件。特别是玻璃钢在高频作用下有着良好的介电性和微波的透过性，是制造高频绝缘产品的优良材料。而且玻璃钢的抗电击穿强度高，可做耐高压的电器零件。

④ 良好的表面性能和施工工艺性　玻璃钢一般和化学介质接触时表面很少有腐蚀产物，也很少有积垢，因此用玻璃钢管道输送流体时，管道内阻力很小，摩擦因数也低。玻璃钢可以通过改变其原材料的种类、数量比例和排列方式，以及不同的成型方法和模具，方便地加工成所需要的任何形状的产品并改善某些性能，以制成能满足各种不同要求的玻璃钢设备，特别是适合于大型、整体和结构复杂的防腐设备的施工要求，更适合于现场的施工和组装。

⑤ 常用玻璃钢的特点　环氧玻璃钢、酚醛玻璃钢、聚酯玻璃钢除具有上述共同的性能特点之外还具有各自的特殊性能。

环氧玻璃钢是玻璃钢中综合性能最好的一种，环氧树脂与玻璃纤维复合时，界面剪切强度最高，所以它的机械强度高于其他的玻璃钢。但环氧树脂的黏度大，加工不大方便，而且成型时需要加热，成型大制件相当困难，所以使用范围受到一定的限制。

酚醛玻璃钢是各种玻璃钢中耐热性最好的一种。它可以在 150℃ 下长期使用。它还具有耐电弧性，耐烧蚀。不足之处是质脆，成型时尺寸不稳定，收缩率大。

聚酯玻璃钢最突出的优点是加工性能好，当树脂加入引发剂和促进剂之后，可以在室温下固化成型。树脂中的交联剂也起着稀释剂的作用，所以树脂的黏度大大降低，因此可采用各种成型方法进行加工成型。不足之处是固化时的收缩率大，耐酸、碱性能差些，不宜制作耐酸碱的设备和管件。

不同类型玻璃钢的耐水性差别却很大，同样经三年浸泡，对加压成型的酚醛类玻璃钢性能无明显变化，而环氧树脂玻璃钢则下降 $20\%\sim40\%$，聚酯类玻璃钢耐水性最差，性能下降 $40\%\sim60\%$。

玻璃钢同其他材料一样也存在一些缺点，刚性差、弹性模量小。耐热性能虽然比塑料高，但低于金属和陶瓷材料，长期耐温性一般在 100℃ 以下，个别只可达到 150℃ 左右。

表 13-5 列出了环氧树脂、酚醛树脂及不饱和聚酯树脂玻璃钢的力学性能。

表 13-5　环氧树脂、酚醛树脂及不饱和聚酯树脂玻璃钢的力学性能

性　能	环氧树脂		不饱和聚酯		酚醛树脂
	E42 环氧树脂	环氧-酚醛	306	307	
拉伸强度/MPa	294	450	283	294	293
拉伸弹性模量/MPa	17650	23170	17650	16670	24323
压缩强度/MPa	243	221	216	—	100
压缩弹性模量/MPa	17650	2000	1570	—	—
弯曲强度/MPa	402	415	333	304	330
弯曲弹性模量/MPa	17650	16170	17650	—	19630
冲击强度/(kg·cm²)	49	284	220	170	82

（2）玻璃钢在过程装备中的应用

玻璃钢是纤维增强塑料中发展最早的。自 1932 年在美国面世后，起初，玻璃钢主要应用于军事工业，随后扩大到建筑、船舶、汽车等领域，是工业部门中发展较快的产品之一。20 世纪 60 年代后期，玻璃钢在过程装备，特别是防腐蚀领域得到更为广泛的应用，并以超过其他领域的速度发展。中国玻璃钢工业虽然起步较晚，但在耐蚀玻璃钢的应用上却大大超过其他应用领域。据统计，主要耐蚀设备的冷却塔、储槽和管道就占玻璃钢总产量的一半以上。例如中国有专门生产玻璃钢冷却塔的工厂，生产的产品有标准型、工业型，节能低噪声型等多个系列，近百个产品，类型、规格较为齐全。同时，还生产大型冷却塔的导风筒叶片以及各种耐腐蚀性的储槽、储罐、反应设备、洗涤器、管道、阀门、泵、管件、烟囱及环境保护的废液、污水处理设备等。

在化工生产过程中，经常会产生各种强腐蚀性物质，所以要求化工过程中的相关设备应有良好的耐腐蚀性能，以保证这些设备在不同介质、不同温度和不同压力等条件下能正常工作或延长使用寿命。用玻璃钢制造的各种罐、管道、泵、阀门、储槽等，在某些情况下比不锈钢、铅、铜、橡胶等材料更为理想。中国耐腐蚀玻璃钢管每年已有数十万米各种规格投入使用，成为玻璃钢应用最多品种之一。储槽的制造有手糊成型也有机械缠绕整体成型。最大容积 $60m^3$，现场组装手糊成型最大容积已有 $600\ m^3$ 储罐，最大塔器 $\phi 3m \times H 12m$，最大风机叶片长度达 $2.4m$，烟囱尺寸达到 $\phi 1.2m \times H 12m$。

玻璃钢可以制造电动机罩、发电机罩、皮带轮防护罩等。风扇叶片、齿轮、轴承、法兰等较为复杂的结构件也都可以采用玻璃钢成型制造，这样可以简化加工工艺与相应的设备，降低成本，节约金属材料。

除了热固性玻璃钢外，耐腐蚀热塑性玻璃钢的应用也愈来愈广。如玻璃纤维增强聚丙烯塑料制作的小口径化工管道，每年也有数万米投入使用，用此材料制造的阀门有隔膜阀、球阀、截止阀，有数万只经开发研制的离心泵、液下泵也已成功投入生产。

13.3 金属基复合材料

13.3.1 金属基复合材料概述

金属基复合材料（metal matrix composites，MMC）包含了很广的种类和结构范围，它们的共同特点是以连续的金属作为复合材料的基体，结合两种或两种以上不同相的物质（包括金属、无机非金属材料以及高分子材料）以物理方式结合而成。

金属基复合材料种类繁多，按基体材料可分为有铝基、镁基、锌基、铜基、钛基、铅基、镍基、耐热金属基、金属间化合物基等复合材料。按增强体材料类型可分为颗粒增强体（如颗粒、短纤维、晶须）、纤维增强体（如金属合金丝）、层板（如包覆板、双金属板）和自生增强（包括反应自生和定向自生）等金属基复合材料。

金属基复合材料的性能取决于所选用金属或合金基体的材料以及增强体的材料、尺寸、形状、含量、分布等，通过优化组合可以获得既保持了金属良好的导热、导电、高强度、抗疲劳等特性，又具有高耐磨、抗高温、低的热膨胀系数、高的尺寸稳定性等优异的综合性能，使其在航天、航空、电子、化工、汽车、先进武器系统中均具有广泛的应用前景。在过程装备领域，铁基复合材料的应用，不仅使钢铁材料的力学性能、耐高温性能以及耐蚀性能得以提高，而且显著改善了加工性能，使其能够用于切削、轧制、喷丸、冲压、穿孔、拉拔、模压等多种成型工艺。

13.3.2 金属基复合材料制备方法

金属基复合材料的复合工艺种类较多，对于不同的复合材料类型有不同的适用方法。颗粒和纤维增强金属基复合材料的制备相对比较复杂和困难，因为在高温下金属基体材料熔融的同时，易与增强体材料发生化学反应，此外，很多金属对增强体表面润湿性差，都会使材料性能降低。表 13-6 列出了金属基复合材料的一些制备方法，其中有的方法还处于实验研究阶段；另外，随着新材料和思维的创新，新的制备工艺也正在不断出现。但是，由于受到价格较高和材料品种较少的制约，颗粒增强、纤维增强以及自生增强类的金属基复合材料在过程装备中的应用数量还非常有限，而金属复合板的应用已经相当广泛。

表 13-6　金属基复合材料的一些制备方法

	制备方法	工艺特点	举　例
薄膜沉积	PVD(物理气相沉积) CVD(化学气相沉积)	从气体中析出金属或陶瓷沉积在基体材料上	Au、Ag、SiC、BN、B_4C、C
	复合电镀 复合化学镀 复合电泳	在镀液中加入经过预处理的固体微粒如SiC、BC、PTFE 等，与金属共沉积，获得微粒弥散分布的复合镀层	SiC/Ni-P、BC/Ni、PTFE/Ni、SiC/Cu、Al_2O_3/Cu Cu/碳纤维、金属/短纤维
高温烧结	爆炸复合法	利用爆炸产生的瞬间高温和高压形成复合材料	W 丝/Cu、18-8 丝/Al、Ti 板/Fe 板
	扩散结合法	热压法、HIP(热等静压)	纤维增强金属
	熔融渗透法	首先用纤维成型工件，然后在熔融金属中加压渗透，复合成材	Al_2O_3 纤维/Al、SiC 纤维/Al-0.5%Ni
	粉末冶金法	金属粉和化合物粉混合、压制和烧结	陶瓷/Cu、陶瓷/Ni
	热轧法	轧制加热的纤维和基体金属获得较长尺寸的纤维增强金属板材	碳纤维/金属、SiC/金属
铸造法	高压凝固铸造法	预热的纤维成型体在熔融金属中加压铸造，复合成型	Al_2O_3/Al、SiO_2/Al
	离心铸造法	高速回转铸造形成外侧含大量强化纤维或粒子、内侧主要含金属的复合铸件	纤维/金属、粒子/金属

13.3.3　金属基复合材料的特性

（1）颗粒增强金属基复合材料

颗粒增强金属基复合材料一般使用价格较低的碳化物、氧化物和氮化物颗粒作为增强体，基体采用铝、镁、钛的合金，增强物在基体中随机分布，其性能是各向同性。颗粒增强通常是为了提高刚性和耐磨性、减少热膨胀系数，提高了高温力学性能、弹性模量。例如某型铝材在添加体积率 20% 的 SiC 颗粒（尺寸为 $10\mu m$）时，弹性模量从 80GPa 提高到 100GPa（提高 25%），热膨胀系数从 21.41 减少到 16.4。与纤维强化比较，颗粒强化工艺的优点是可以用常规的粉末冶金、液态金属挤压铸造、液态金属熔融渗透等方法制造，并且可用铸造、挤压、锻造、轧制等进行二次的成型加工，方法简便，成本低，适合于大批量生产，在汽车、电子、航空、仪表等领域应用广泛。

（2）纤维增强金属基复合材料

纤维增强金属基复合材料是利用高强度、高模量、低密度的碳（石墨）、硼、碳化硅、氧化铝、金属合金丝等的短纤维和长纤维作为增强体的金属基复合材料，基体常是具有较好韧性和低屈服强度的铝合金、钛合金和镍合金等。纤维增强体在金属基体中排列具有一定的方向性，其性能有明显的各向异性，在沿纤维轴向上具有高强度、高模量等性能，而横向性能较差。该复合材料制造过程难度大、制造成本高，目前主要应用有飞机及航天器的部件、发动机的活塞环和连杆等。

（3）金属复合材料

金属复合材料是指将两种或两种以上层板状金属与金属或高分子材料相互完全黏结在一

起组成的复合材料。它具有单一板材所难以达到的综合性能，如抗腐蚀、耐磨、抗冲击、高强度、高导热、导电性能以及保温隔热、隔声减振等。金属复合材料品种繁多，根据复合层板材料的不同可分为金属-金属复合材料和金属-聚合物复合材料。

① 金属-金属复合材料 金属-金属复合材料的制备方法有镀覆、冷压、热压和爆炸复合等，可以制备兼具多种性能的型材。应用不锈钢、铁等复合材料可替代纯有色金属板、管和棒材，制造各类化工压力容器、防腐设备、食品机械、医药机械、公路护栏、轻工等制品，以实现节约贵重有色金属，降低设备造价，提高产品性能等目的。例如，同时具有高强度和耐蚀性的碳钢/不锈钢复合板、碳钢/钛复合板、碳钢/不锈钢复合管等，在过程装备中常用于同时需要耐压和防腐的场合。另外还有航空零部件用的高强铝/纯铝复合箔，提高导电性和强度的碳钢/铜复合线材等。

压力容器用热轧不锈钢复合钢板是以主要承受结构强度的碳素钢（如 Q245R、Q345R）或低合金钢（如 18MnMoNiR、15CrMoR）等为基层，采用热轧复合法，在其一面或两面，整体地、连续地复合一定厚度的接触工作介质起耐腐蚀、防污染作用的不锈钢覆层的复合金属钢板。覆层材料一般为奥氏体不锈钢、铁素体不锈钢或奥氏体-铁素体双相不锈钢。

爆炸焊接法是利用炸药爆炸时产生的巨大的冲击压力，致使碰撞处的材料表面熔融并发生剧烈的塑性变形，从而使基层与覆层金属紧密结合以获得复合材料的复合方法。爆炸焊接法制品质量高、速度快、适应性强，能够实现性质差别较大的金属材料间的结合，而这些金属采用其他方法复合通常是难以实现的。应用爆炸焊接技术可以制造多种金属复合材料，例如，过程装备中适用于耐蚀压力容器、储槽的钛-钢复合板、锆-钢复合板等都是利用爆炸或爆炸-轧制工艺复合而成的。基材大多使用的是碳素钢和低合金钢，而钛-钢复合板的复材可以是纯钛（TA2、TA3），也可以是钛合金（Ti-0.3Mo-0.8Ni、Ti-0.2Pd），而锆-钢复合板是包含了基材、中间过渡材和复材的三层结构，中间过渡材采用的材料是纯钛（TA2、TA3），复材为锆或锆合金。爆炸复合板一般都需要进行热处理以消除残余应力，例如钛-钢复合板去应力退火的要求是在 540℃ 左右保温不超过 3h 的时间，加热和冷却速度为 80～200℃/h。

复合棒是由钛、不锈钢、耐磨合金钢、铜、镍与普通碳钢等组成，替代纯有色金属棒，或用于腐蚀介质中的导电电极。复合管是由各种不锈钢管、钛管、镍管、铜管与碳钢管等组成内复、外复、内外复等三种形式复合管，用于防锈、抗腐蚀管道等。

刃具类复合材料是由可淬硬工具钢与普通碳钢或不锈钢组合成双层或三层复合刃具钢；由马氏体不锈钢与奥氏体不锈钢组合成三层全不锈钢复合刃具钢，应用刃具类复合材料可替代单质工具钢制造各种刀剪制品，可显著提高产品质量和性能。

深拉伸不锈钢复合材料是由奥氏体不锈钢与低碳钢组合成三层不锈钢复合板，这是制造加热器具的高档材料，可以解决当前市场销售的纯不锈钢制品传热不良的缺点。复合板的磁导率高于纯不锈钢，在电磁炉上有良好的电-热转换效率。

导电类复合材料是以铝、铜、银、钛、钢等金属板（或管、棒）组合成各种复合导电材料，可应用于氯碱业电解槽、铝电解、铝型材加工、电子、轧钢设备等各种大电流导电过渡连接导电板、管、棒。

② 金属-聚合物复合材料 常见有两种积层型复合板，一种是金属表面涂敷高分子材料，例如涂层钢板，目的是防大气腐蚀和美化外观。另一种是夹层钢板，即在两层金属板中夹入一层高分子树脂，综合利用钢板的强度、加工性、低价格和高分子树脂的特点，达到轻量化、隔热、隔声以及减振的目的。

另外还有钢为基体、多孔性青铜为中间层、聚四氟乙烯为表面层的复合材料作为高温（270℃）、低温（-195℃）和高应力（140MPa）工况下的无油润滑轴承等。其中的 Fe-

CuPb-PTFE 合金以低碳钢做基体,将铜粉烧结在基体上形成多孔复合结构,在真空环境状态下将 PTFE 和铅复合材料浸渍其孔隙内并涂覆于其表面,形成多层复合结构。其磨损机理是:在初期跑合阶段,材料表面的覆盖层磨损较快,磨损掉的表面覆盖层在摩擦面上形成一薄层润滑膜,起润滑作用。在正常磨损阶段随着表面覆盖层的损耗,多孔铜合金逐渐裸露出来,同时由于摩擦热的产生使浸渍在多孔铜合金内部的 PTFE 和复合材料不断膨胀溢出,膨胀溢出部分作为润滑剂,不断予以补给,使摩擦面始终得到润滑。

实际使用正火状态的钢做基体,表面烧结一层厚度为 0.35mm 的青铜粉,以 PTFE 和铅复合材料浸渍在其孔隙中,并在表面形成一层 0.025~0.030mm 左右的覆盖薄膜。轴套按自润滑方式装配并装机运转试验。经近一年约 1000~1300 个工作小时的运行,其径向磨损量为 0.08~0.13mm,使用寿命达到了预期的效果。自润滑轴套的使用还大大减少了运行过程中的维护工作量。另外,由于减少了浮动油封装置,简化了内部结构,因此采用 Fe-CuPb 自润滑复合材料做轴套的成本也降低。

(4)自生增强金属基复合材料

在金属基体内通过反应、定向凝固等途径生长出颗粒、晶须、纤维状增强物,即自身生长出各向异性的两相的纤维组织,组成自生金属基复合材料。定向凝固是指把熔融的共晶成分或近共易成分的合金以一定的冷却速度按一定的方向凝固,第二相金属化合物就按一定方向长成晶须状。目前,定向凝固共晶合金已发展成包括 Mg、Al、Cu 等低熔点材料以及 Ni、Ti 和碳化物系等高熔点材料的合金体系,其强化相的形状有薄片、层状、板状、纤维状、晶须状等。共晶高温合金已成为一种特殊的尖端材料,应用于高温燃气涡轮和航空航天领域有很大的潜力。

13.4 陶瓷基复合材料

13.4.1 陶瓷基复合材料概述

陶瓷基复合材料(ceramic matrix composites,CMC)又称多相复合陶瓷(multiphase composite ceramic,MCC)或复相陶瓷(diphase ceramic,DC),它是在陶瓷基体中引入第二相,使其力学性能尤其是韧性得到改善的多相复合材料。由于陶瓷材料本身特别是工程陶瓷的某些性能如强度、硬度、耐蚀性、耐高温性等远优于一般的金属和高分子材料,且价格低廉,因此在过程装备中应用广泛,但是普遍存在脆性大、耐热冲击能力差的弱点,使其作为结构材料受到了很大的限制。陶瓷基复合材料正是为了克服这一缺点而逐渐发展起来的,专家们预测在高温至 2200℃条件下使用的材料,唯有陶瓷基复合材料是最有前景的。

陶瓷基复合材料的基体包括氧化物陶瓷、氮化物陶瓷、碳化物陶瓷和玻璃或水泥等无机非金属材料。根据增强体类型可分为纤维增强陶瓷基复合材料、颗粒增强陶瓷基复合材料以及原位生长陶瓷基复合材料等。

13.4.2 陶瓷基复合材料制备方法

陶瓷基复合材料的制备主要包括粉体制备、成型以及烧成三个工艺过程。粉体可以通过物理(如球磨)或化学的方法获得,一般来说,化学制粉比物理制粉设备复杂,工艺过程要求严格,成本较高,但可以获得更纯、更细、组分更加均匀的粉料,从而制成综合性能更好的复合材料。化学制粉可分为固相法、液相法和气相法三种。液相法目前应用最广,主要用于氧化物系列超细粉末的合成。近年来发展起来的多组分氧化物细粉的技术有直接氧化法、化学共沉淀法、溶胶-凝胶法（Sol-Gel）、自蔓燃高温合成法（self-propagating high-temperature synthesis，SHS）等。气相法如化学气相沉积（chemical vapor deposition，CVD）和化学气相渗透（chemical vapor infiltration，CVI）多用于制备超细高纯的氧化物粉体。陶瓷基复合材料的成型工艺包括干压成形、等静压成型、热压铸成型、挤压成型、轧制成型等。表 13-7 列出了一些陶瓷基复合材料的制备方法，其中有的方法还处于实验研究阶段，大规模批量生产还有很大的局限性，因而在过程装备中的应用还有待进一步开发和完善。

表 13-7　陶瓷基复合材料的一些制备方法

制备方法	工艺特点	举 例
CVD 法 （化学气相沉积）	从气体中析出金属或陶瓷沉积在基体材料上	例如 $AlCl_2 + H_2 + CO_2 \longrightarrow Al_2O_3$ 例如 $SiCl_4 + NH_3 \longrightarrow Si_2N_4$
SHS 法 （自蔓延高温合成）	利用陶瓷和陶瓷、或者陶瓷和金属反应的高温热量进行自烧结，形成陶瓷/金属复合体	例如 $Ti + C \longrightarrow TiC$ 例如 $Fe_2O_3 + Al \longrightarrow Fe + Al_2O_3$
直接氧化法	从熔融状态的金属氧化直接形成陶瓷/金属复合体	例如 $Al \longrightarrow Al + Al_2O_3$
热致密法	在高温烧结时加压，以获得致密的产品，有热压和热等静压（HIP）	例如氧化铝，25MPa/1500℃ 碳化硅，15MPa/2050℃
液相烧结法	利用高温烧结时存在的低熔点陶瓷液相渗透和扩散，获得致密的复合材料	
熔体浸渗法	通过浸渗处理可得到完全致密和没有裂纹的基体，预制件到成品尺寸基本不发生变化，适合于制作任何形状复杂的结构件	
Sol-Gel	将金属醇盐在室温下水解，缩聚，得到溶胶和凝胶，再将其进行热处理，得到玻璃和陶瓷	
CVI	在 CVD 基础上发展起来的新方法，能将反应物气体渗入到多孔体内部，发生化学反应并进行沉积，适用于制备由连续纤维增强的陶瓷基复合材料	

13.4.3　陶瓷基复合材料的特性

（1）陶瓷的增韧机理

如上所述，对陶瓷材料进行增强的主要目的是为了增加其韧性，目前认为增韧的方法大致有三种，即弥散韧化；相变韧化；纤维（晶须）韧化，其增韧机制虽然很多，但大致可分为以下 5 个方面。

① 微裂纹增韧　残余应变场与裂纹在分散相周围发生反应，使主裂纹尖端产生微裂纹；

② 相变增韧　由分散相的相变产生应力场来阻止裂纹的扩展；

③ 裂纹扩展受阻　裂纹尖端的韧性分散相发生塑性变形，使裂纹进一步的扩展受阻或裂纹尖端钝化；

④ 裂纹偏转　由于分散相和基体之间产生应力场，从而使裂纹沿分散相发生偏转；

⑤ 纤维（晶须）拔出　基体/纤维界面脱胶或纤维拔出。

这些增韧作用可以单独出现，也可能同时发生。

（2）基体材料的选择

要求基体材料有较高的耐高温性能，尽量满足纤维（或晶须）与基体陶瓷的化学相容性和物理相容性，即在制造和使用温度下，纤维和基体既不会发生化学反应导致性能变差，也不会因热膨胀系数和弹性模量的不同产生过大的残余应力，同时还应考虑到复合材料制造工艺性能。

玻璃基复合材料的优点是易于制作（燃烧过程中通过基体低熔点的黏性流动形成致密化），增韧效果好。缺点是玻璃相容易产生高温蠕变，同时玻璃相还易向晶态转化而发生析晶，使性能下降，使用温度也受到限制。

氧化物类陶瓷主要有 MgO、Al_2O_3、SiO_2、ZrO_2 和莫来石等，但它们均不宜用于高应力和高温环境。非氧化物陶瓷如 Si_3N_4、SiC 等具有较高的强度、模量和抗热振性及优异的高温力学性能，与金属材料相比，这类陶瓷材料还有密度较低等特点。

（3）纤维增强体的选择

陶瓷基复合材料中早期使用的纤维是金属纤维如 W、Mo、Ta 等对 Si_3N_4、莫来石和 Al_2O_3 等陶瓷进行增韧。这种陶瓷基复合材料虽然有较高的室温强度，但缺点是在高温下容易发生氧化。所以开发了 SiC 涂层 W 芯纤维，这种纤维增韧的 Si_3N_4 复合材料，断裂功可提高到 $3900J/m^2$，但强度却仅有 55MPa，并且纤维的氧化性问题仍然存在，当温度为 800℃时，强度严重下降。

碳纤维由于有较高的强度、弹性模量和低的成本而被广泛应用于复合材料领域中，但在高温下碳纤维与许多陶瓷基体会发生化学反应。碳纤维增强石英复合材料，增强增韧效果明显，这一材料已经在我国的空间技术上得到应用。而碳纤维增强氮化硅复合材料因两相之间弹性模量的不匹配所产生的影响无法消除，因而增强上并没有什么显著效果。Nicalon 是由前驱体聚碳硅烷经熔融纺丝后，再热解而成的 SiC 纤维，其中含有过量的氧和碳，有利于 CMC 制造过程中在纤维/基体材料界面上形成富碳层，有利于增韧，但在 1000℃以上会严重氧化，使纤维性能下降，高温下这种纤维增强复合材料还会产生脆化，主要是因为纤维在高温下性能受损，纤维/基体材料界面结合加强。

氧化物陶瓷纤维应用很少，主要是因为它们与许多陶瓷基体界面结合过于牢固，同时纤维本身还很容易发生晶粒长大，如果其中含有玻璃相时，则会发生高温蠕变，起不到良好的增韧效果。但纤维涂层技术的研究和应用，改善了这类纤维的应用前景，还需要开发高性能的陶瓷基复合材料的增韧纤维。

纤维增强陶瓷基复合材料能显著提高冲击韧性和抗热振性，降低陶瓷的脆性，同时陶瓷又保护纤维，使之在高温下不被氧化，因此具有很高的高温强度和弹性模量。例如碳纤维增强氮化硅复合材料可在 1400℃温度下长期使用，用于制作涡轮叶片，碳纤维增强碳化硅用于制作超高速列车的制动器件等。

增韧技术从单一的晶须增韧又发展了多重增韧，如 SiC 晶须和 ZrO_2 增韧，因为 SiC 晶须和 ZrO_2 的晶粒细化和韧化具有可加性，能够产生多重韧化效果，进一步提高了陶瓷材料的断裂韧性，Si_3N_4 和莫来石陶瓷材料的断裂韧性分别提高了 4.7 倍和 7.0 倍。

（4）颗粒增强体的选择

颗粒增强体有刚性（硬质）颗粒和延性颗粒两种，均匀分布于陶瓷基体中，起到增强增韧的作用。刚性颗粒增强体是高强度、高硬度、高热稳定性和化学稳定性的陶瓷颗粒（如 SiC），可以有效提高复合材料的断裂韧性，是制造切削刀具、高速轴承和陶瓷发动机部件的理想材料。延性颗粒是金属颗粒，高温性能低于陶瓷基体材料，因此复合材料的高温力学性能不好，但可以显著改善中低温时的韧性，一般可用于耐磨部件。

（5）原位生长晶须增强陶瓷基复合材料

原位生长晶须增强陶瓷基复合材料（in-situ growth whisker reinforced ceramic matrix composites）又称自增强复相陶瓷。与纤维和颗粒增强陶瓷基复合材料不同，这种复合材料的第二相不是预先添加的，而是在原料中加入可生成第二相的元素（或化合物），使其在陶瓷基体成型、烧成过程中，直接通过高温化学反应或相变过程，在陶瓷基体中同时原位生长出均匀分布的晶须。由于第二相是原位生成的，与陶瓷基体相容性好，因此这种特殊结构的陶瓷复合材料的室温和高温力学性能均优于同组分的其他复合材料。

（6）梯度功能陶瓷基复合材料

梯度功能陶瓷基复合材料（functionally gradient ceramic matrix composites）又称倾斜功能陶瓷，是指从陶瓷基体的表层到内部或者在不同部位呈梯度分布不同类型或者不同数量的增强体，即复合材料的组成和结构在位置上发生了连续的变化，从而使同一个构件呈现出强度、韧性、耐温等性能的梯度变化，获得了性质连续变化的非匀质复合材料。梯度功能陶瓷基复合材料的这一特性使其可以适应不同部位的不同功能需求，减小和克服结合部位的性能不匹配，有效减低可能发生的热应力，已经被广泛应用于核能、航空、电子、化工等领域，其组成也由金属-陶瓷基体发展成为非金属-陶瓷基体以及金属-合金基体、非金属-非金属基体等多种形式的复合材料，应用前景十分广阔。

习题和思考题

1.复合材料有哪些类型？它们的制备方法各有什么特点？

2.应用最广泛的是哪种类型复合材料，为什么？

3.试分析复合材料有什么主要缺点？

4.什么叫玻璃钢？玻璃钢性能上有什么特点？

5.制备树脂基复合材料（玻璃钢）的纤维增强材料、基体材料主要包括哪些材料？各自起什么作用？

6.简要叙述手糊成型、缠绕成型的工艺和特点。

7.举例说明玻璃钢在过程装备上的应用。

8.试比较环氧玻璃钢、酚醛玻璃钢和聚酯玻璃钢在性能上的异同点。

9.研究和发展金属基复合材料和陶瓷基复合材料的必要性。

参考文献

[1] 郑明新. 工程材料. 第五版. 北京：清华大学出版社，2011.
[2] 何世禹. 机械工程材料. 哈尔滨：哈尔滨工业大学出版社，1990.
[3] 金南威. 工程材料及金属热加工基础. 北京：航空工业出版社，1995.
[4] 王于林. 工程材料学. 北京：航空工业出版社，1995.
[5] 文先哲. 晶体缺陷与金属强度. 长沙：中南工业大学出版社，1996.
[6] 杨紫霞. 晶体位错. 武汉：武汉工业大学出版社，1995.
[7] 杨顺华，丁棣华. 晶体位错理论基础. 北京：科学出版社，1998.
[8] 林栋. 晶体缺陷. 上海：上海交通大学出版社，1996.
[9] 《金属学》编写组. 金属学. 上海：上海人民出版社，1976.
[10] 《金属材料及热处理》编写组. 金属材料及热处理. 上海：上海人民出版社，1982.
[11] 《金相图谱》编写组. 金相图谱. 北京：水利电力出版社，1976.
[12] D. R. Askeland 著. 材料科学与工程. 第 4 版. 刘海宽等译. 北京：清华大学出版社，2005.
[13] 曲敬信，汪泓宏主编. 表面工程手册. 北京：化学工业出版社，1998.
[14] 赵文轸主编. 材料表面工程导论. 西安：西安交通大学出版社，1998.
[15] 刘龙江编著. 高能束热处理. 北京：机械工业出版社，1997.
[16] 夏立芳编. 金属热处理工艺学. 第 4 版. 哈尔滨：哈尔滨工业大学出版社，2009.
[17] 夏国华主编. 现代热处理技术. 北京：兵器工业出版社，1996.
[18] T. S. Sudarshan 著. 表面改性技术工程师指南. 范玉殿译. 北京：清华大学出版社，1992.
[19] 曾华良等编著. 电镀工艺手册. 北京：机械工业出版社，1989.
[20] 《金相图谱》编写组. 金相图谱. 北京：水利电力出版社，1986.
[21] 崔忠圻编. 金属学与热处理原理. 第 3 版. 哈尔滨：哈尔滨工业大学出版社，2007.
[22] 冯端等编著. 金属物理学. 北京：科学出版社，1998.
[23] 王广生编著. 金属热处理缺陷分析及案例. 第 2 版. 北京：机械工业出版社，2007.
[24] 《金属机械性能》编写组. 金属机械性能. 上海：上海人民出版社，1976.
[25] 成大先. 机械设计手册. 第五版. 第 1 卷. 北京：化学工业出版社，2007.
[26] 胡德昌，胡小舟编著. 现代工程材料手册. 北京：宇航出版社，1992.
[27] 章燕谋. 锅炉与压力容器用钢. 西安：西安交通大学出版社，1997.
[28] 李俊林等编著. 锅炉用钢及其焊接. 哈尔滨：黑龙江科学技术出版社，1988.
[29] 沈莲. 机械工程材料. 第 3 版. 北京：机械工业出版社，2004.
[30] GB 10623—2008《金属力学性能实验术语》等力学性能实验标准.
[31] 刘正义，吴连生. 机械装备失效分析图册. 广州：广东科技出版社，1990.
[32] 苏锡久，陈英. 金属材料断口分析及图谱. 北京：科学出版社，1991.
[33] 上海交通大学《金属断口分析》编写组. 金属断口分析. 北京：国防工业出版社，1979.
[34] 胡世炎. 破断故障金相分析. 北京：国防工业出版社，1979.
[35] 吴连生. 失效分析技术. 成都：四川科技出版社，1985.
[36] 刘民治，钟明勋. 失效分析的思路与诊断. 北京：机械工业出版社，1993.
[37] [美] 美国金属学会. 金属手册. 第八版第十卷. 失效分析与预防. 北京：机械工业出版社，1986.
[38] 秦晓钟，腾明德. 世界压力容器用钢手册. 北京：机械工业出版社，1995.
[39] 陈晓，秦晓钟. 高性能压力容器和压力钢管用钢. 北京：机械工业出版社，1999.
[40] GB 150—2011 压力容器.
[41] 朱日彰，卢亚轩. 耐热钢与高温合金. 北京：化学工业出版社，1996.

［42］ 西安交通大学《低温材料》编写组.低温材料.北京：机械工业出版社，1988.

［43］ 于福洲.金属材料的耐腐蚀性.北京：科学出版社，1982.

［44］ 化学工业部化工机械研究院.耐蚀金属材料及防蚀技术.北京：化学工业出版社，1990.

［45］ 黄嘉虎，吴剑.耐腐蚀铸煅材料应用手册.北京：机械工业出版社，1991.

［46］ HG 20581—2011.钢制化工容器材料选用规定.

［47］ 有色金属及其热处理编写组编著.有色金属及其热处理.北京：国防工业出版社，1981.

［48］ 邢淑义，王世洪编.铝合金和钛合金.北京：机械工业出版社，1987.

［49］ 朱祖芳等编著.有色金属的腐蚀及应用.北京：化学工业出版社，1995.

［50］ 顾曾迪编著.有色金属焊接.北京：机械工业出版社，1987.

［51］ 辛湘杰，薛峻峰，董敏.钛的腐蚀、防护及工程应用.合肥：安徽科技出版社，1988.

［52］ 方昆凡，黄英主编.机械工程材料适用手册.沈阳：东北工业大学出版社，1995.

［53］ 汪立人主编.化工设备设计全书.铝制化工设备设计.上海：上海科学技术出版社，2002.

［54］ 张文奇.金属腐蚀手册.上海：上海科技出版社，1987.

［55］ 化工部化工机械研究院主编.腐蚀与防护手册.耐蚀材料及防护技术.北京：化学工业出版社，1991.

［56］ 陈匡民主编.化工机械材料腐蚀与防护.北京：化学工业出版社，1990.11.

［57］ 金南威主编.工程材料及金属热加工基础.北京：航空工业出版社，1981.8.

［58］ 陆世英，康喜范编著.镍基及铁镍基耐蚀合金.北京：化学工业出版社，1989.11.

［59］ 谭树松主编.有色金属材料学.北京：冶金工业出版社，1993.10.

［60］ 黄嘉虎.压力容器材料实用手册——特种材料.北京：化学工业出版社，1994.

［61］ 左景伊，左禹.腐蚀数据与选材手册.北京：化学工业出版社，1995.

［62］ 化工部化工机械研究院.化工生产装置的腐蚀与防护.北京：化学工业出版社，1991.

［63］ David M. Kroenke.数据库原理.第 7 版.北京：清华大学出版社，2015.

［64］ 全国化工设备设计技术中心站.SW-98 过程设备强度计算软件包用户手册.1998.

［65］ 国家现代材料科技信息网络中心（http：//www. chimeb. edu. cn/）.

［66］ Ted L. Anderson Software for life prediction in pressure vessels and piping PVP Vol. 380，ASME 1998.

［67］ Hiroyuki Okamure Damage evaluation system for materials used in fossile thermal power plants PVP Vol. 380，ASME 1998.

［68］ 英国工业部腐蚀委员会.工业腐蚀监测.李挺芳译.北京：化学工业出版社，1986.

［69］ 王公善编著.高分子材料学.上海：同济大学出版社，1995.

［70］ 张留成主编.高分子材料导论.北京：化学工业出版社，1993.

［71］ 邢萱主编.非金属材料学.重庆：重庆大学出版社，1994.

［72］ 黄维恒，闻建勋主编.高技术有机高分子材料进展.北京：化学工业出版社，1994.

［73］ 黄锐主编，曾邦禄副主编.塑料成型工艺学.第二版.北京：中国轻工业出版社，2007.

［74］ 翟波，黄有法主编.高分子材料加工机械设计理论基础及应用.广州：华南理工大学出版社，1995.

［75］ 任杰，黄岳元编.氟复合材料应用技术.北京：科学技术文献出版社，1997.

［76］ 封朴编著.聚合物合金.上海：同济大学出版社，1997.

［77］ 赵旭涛，刘大华主编.合成橡胶工业手册.第二版.北京：化学工业出版社，2006.

［78］ 林孔勇等主编.橡胶工业手册.修订版.工业橡胶制品.北京：化学工业出版社，1995.

［79］ 陈正钧，杜玲仪主编.耐蚀非金属材料及应用.北京：化学工业出版社，1985.6.

［80］ 曲敬信，汪泓宏.表面工程手册.北京：化学工业出版社，1998.

［81］ 李国荣等编著.合成树脂及玻璃钢.北京：化学工业出版社，1997.

［82］ 化工部设备中心站.玻璃钢化工设备.上海：上海科学技术文献出版社，1981.

［83］ 王顺享，杨学忠，庄瑛，彭永利编.树脂基复合材料.北京：中国建材工业出版社，1997.

［84］ 于田春主编.金属基复合材料.北京：冶金工业出版社，1995.

［85］ 李顺林主编.复合材料工作手册.北京：航空工业出版社，1988.

［86］ 吴国贞，桂文伯，于丁等编.塑料在化学工业中的应用.北京：化学工业出版社，1985.

［87］ 涂铭旌.材料创造发明学.北京：化学工业出版社，2000.

［88］ 彭福全主编.机械工程材料手册.非金属材料.北京：机械工业出版社，1992.

[89]　朱家才，马业英，李桦编著.非金属材料及其应用.武汉：湖北科学技术出版社，1992.

[90]　王完智主编.工程材料.北京：轻工业出版社，1989.

[91]　阿部弘.川合实 管野隆志著.工程陶瓷　基础研究.应用技术.黄忠良译著.台南：复汉出版社，1984.

[92]　李见主编.新型材料导论.北京：冶金工业出版社，1990.

[93]　N.伊卡诺斯.精密［细］陶瓷导论.陈黄钧，刘坤灵译.晓园出版社，世界图书出版公司，1992.

[94]　付平，常德功.密封设计手册.北京：化学工业出版社，2009.

[95]　郭景坤主编.机械工程手册材料.第二版.工程材料卷.北京：机械工业出版社，1996.

[96]　［日］铃木弘茂主编.工程陶瓷.北京：科学出版社，1989.12.

[97]　王非.化工压力容器设计：方法、问题和要点.第 2 版.北京：化学工业出版社，2009.

[98]　朱张校，姚可夫.工程材料.第 4 版.北京：清华大学出版社，2011.

[99]　邱宣怀.机械设计.第四版.北京：高等教育出版社，2007.

[100]　石安富，龚云表主编.工程塑料手册.上海：上海科学技术出版社，2003.

[101]　张留成，瞿雄伟，丁会利.高分子材料基础.北京：化学工业出版社，2002.

[102]　周达飞，唐颂超.高分子材料成型加工.北京：中国轻工业出版社，2006.

[103]　李光.高分子材料加工工艺学.第 2 版.北京：中国纺织出版社，2010.

[104]　郭静.高分子材料改性.北京：中国纺织出版社，2009.

[105]　王琛.高分子材料改性技术.北京：中国纺织出版社，2007.

[106]　张金升，王美婷，徐凤秀.先进陶瓷导论.北京：化学工业出版社，2007.

[107]　［德］G. W. Ehrenstein 主编.聚合物材料-结构、性能、应用.张萍，赵树高译.北京：化学工业出版社，2007.

[108]　［美］CMH-17 协调委员会编.复合材料手册.汪海，沈真等译.上海：上海交通大学出版社，2016.

[109]　［英］T. W. Clyne, P. J. Withers 主编.金属基复合材料导论.房志刚等译.北京：冶金工业出版社，1996.

[110]　贾成厂.陶瓷基复合材料导论.第 2 版.北京：冶金工业出版社，2002.

[111]　张长瑞，郝元恺.陶瓷基复合材料-原理、工艺、性能与设计.长沙：国防科技大学出版社，2001.

[112]　孙康宁，尹衍升，李爱民.金属间化合物/陶瓷基复合材料.北京：机械工业出版社，2002.